# Grundlagen der Farbtechnologie

# BEISPIELE ZUR METAMERIE

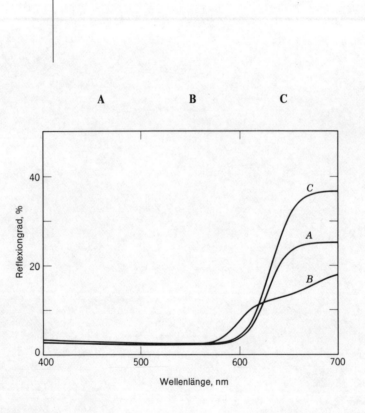

Die Lackaufstriche auf dieser Seite verdeutlichen das Phänomen der Metamerie. Wegen der in der Abbildung dargestellten Unterschiede in ihren spektralen Reflexionskurven sehen die Proben nur unter einer Lichtquelle gleich aus. Für Beobachter mit normalem Farbsehvermögen stimmen die Proben A und B unter Macbeth Tageslicht mit 7500 K überein. B und C sehen unter einer Leuchtstofflampe vom Typ Kaltweiß gleich aus. Bei Glühlampenlicht haben alle drei Proben eine unterschiedliche Farbe. Viele Abmusterungsleuchten, wie z. B. „Spectralight" von Macbeth - siehe Seite 73 und 144 - enthalten die oben erwähnten Lichtquellen.

Die Lackaufstriche wurden von Munsell Color, Macbeth Division, Kollmorgen Corporation, Newburgh, New York zur Verfügung gestellt.

# Grundlagen der Farbtechnologie

ZWEITE AUFLAGE

**Fred W. Billmeyer, Jr.**
Professor der analytischen Chemie
Chemische Falkultät
Polytechnisches Institut Rensselaer
Troy, New York

**Max Saltzman**
Honorarprofessor für Chemie
Polytechnisches Institut Rensselaer und
wissenschaftlicher Mitarbeiter
am Institut für Geophysik und Raumforschung
Universität von Kalifornien, Los Angeles

MUSTER-SCHMIDT VERLAG · GÖTTINGEN · ZÜRICH

Deutsche Ausgabe von
*Principles of Color Technology · Second Edition*
John Wiley & Sons, Inc. 1981.

Übersetzt von Dr.-Ing. Anni Berger-Schunn.

> Die Deutsche Bibliothek — CIP Einheitsaufnahme
>
> **Billmeyer, Fred W.:**
> Grundlagen der Farbtechnologie / Fred W. Billmeyer, Jr.;
> Max Saltzman. [Übers. von Anni Berger-Schunn]. –
> 2. Aufl. – Göttingen ; Zürich : Muster-Schmidt, 1993
>    Einheitssacht.: Principles of color technology <dt.>
>    ISBN 3-7881-4051-8
> NE: Saltzman, Max:

© 1993

MUSTER-SCHMIDT VERLAG · GÖTTINGEN · ZÜRICH

Alle Rechte, auch die des auszugsweisen Nachdrucks,
der photomechanischen Wiedergabe und der Übersetzung
vorbehalten.

Gesamtherstellung: „Muster-Schmidt" KG., Göttingen
Printed in Germany

Zur Erinnerung an Walter H. Bauer, durch dessen Anregung und Unterstützung
die Errichtung des Rensselear Farbmeßlabors ermöglicht wurde.

# Vorwort

Wir sind der Meinung, daß die Hauptgründe für eine Neuauflage der *Grundlagen der Farbtechnologie* von der Notwendigkeit herrühren, die Betonung dessen, was in dieser Wissenschaft wichtig ist, zu aktualisieren. Die Kenntnisse hierzu erwarben wir durch unsere Industrietätigkeit und durch unsere Lehrtätigkeit während der letzten 15 Jahre. In dieser Zeit haben sich die *Grundlagen,* die wir darstellen wollen, nicht geändert. In vielen Fällen hat sich deren praktische Anwendung aber stark automatisiert. Daraus ergibt sich die Tatsache, daß der Anwender der Farbmessung die Grundlagen aus dem Auge verliert. Für uns ergab sich daraus die Notwendigkeit u. a. die folgenden Themen besonders hervorzuheben:

● Metamerie. – Wir betrachten die Metamerie als die wichtigste Eigenschaft, die bei allen Anwendungen der Farbtechnologie zu beachten ist.

● Einige „Randprobleme", die nur indirekt mit der Farbmessung zu tun haben. – Solche Randprobleme sind die Techniken, die eine repräsentative Probennahme und Prüfkörperherstellung ermöglichen, die Anwendung von einfachen statistischen Methoden und gute Verfahren zur Qualitätskontrolle.

● Auswahl von Meßinstrumenten. – Wie wählt man Meßgeräte aus, die für den speziellen Anwendungszweck besonders gut geeignet sind? Die Auswahlhilfen sind in diesem Buch anstelle einer genauen Beschreibung der käuflichen Meßgeräte ausführlich dargestellt, weil der Abschnitt über Meßgeräte wahrscheinlich der Teil des Buches ist, der am schnellsten veraltet.

Wie zu erwarten, hat der gesamte Stoff, der in der 1. Ausgabe in Kapitel 6 B „Einige Annahmen über die Zukunft" dargestellt worden ist, in dieser Ausgabe entweder seinen richtigen Platz in früheren Kapiteln gefunden, sofern er sich bewährt und ältere Techniken abgelöst hat, oder er ist in dieser Ausgabe nicht mehr erwähnt. Anstelle dieses Kapitels haben wir diesmal versucht, die Aufmerksamkeit auf diejenigen Probleme zu lenken, von denen wir annehmen, daß sie auch trotz der weiteren Verbreitung der Farbtechnologie nicht so schnell gelöst werden. Verbunden mit der Neuauflage wurden sowohl die Buchbesprechungen als auch das Literaturverzeichnis völlig überarbeitet und bis zum Jahr 1980 aktualisiert.

Wir sind hocherfreut über die unerwartet zahlreiche Verwendung der *Grundlagen der Farbtechnologie* als Lehrbuch. Hieraus ergab sich aus unserer Sicht jedoch keine Notwendigkeit, den Text zu ändern, um der breiten Verwendung besser Rechnung zu tragen. Eingeführt wurden allerdings einige Rechenbeispiele, um sowohl dem Lehrer als auch dem Schüler zu helfen.

Zum Schluß möchten wir erneut darauf hinweisen, daß wir den Inhalt dieses Buches auf Gebiete beschränkt haben, die innerhalb der Reichweite unseres persönlichen Wissens liegen. Fachgebiete wie das Farbsehvermögen, die farbige Vervielfältigung von Vorlagen oder die Farbphotographie sind nur kurz gestreift. Literaturhinweise und Buchbesprechungen zu diesen Themen sind jedoch in unserem Buch zu finden.

Die Farbtafeln in dieser Ausgabe wurden durch die großzügige Unterstützung der nachfolgend aufgeführten Organisationen ermöglicht: The Federation of Societies for Coatings Technology; Gardner Laboratory Division, Pacific Scientific Campany; Harcourt Brace Jovanovich, Inc.; Inmont Corporation; Mobay Chemical Corporation; Munsell Color, Macbeth Division, Kollmorgen Corporation; Sandoz Colors and Chemicals. Wir möchten Ihnen für ihre Beiträge danken. Besonders möchten wir uns bei der Firma Munsell Color für die Bereitstellung der metameren Proben bedanken, die am Anfang des Buches zu finden sind. Für die Überlassung der Bilder unserer zwei „Standard"-Beobachter möchten wir Herrn Paul Miller aus Los Angeles danken.

*Fred W. Billmeyer, Jr.*
*Max Saltzman*

Troy, New York
Los Angeles, Kalifornien
Januar 1981

# Vorwort zur ersten Auflage

Wir, die Verfasser, haben uns seit Jahren intensiv mit dem Einsatz von Farbmitteln und damit verbunden mit dem Einsatz der Farbmessung in den verschiedensten Industriebereichen befaßt. Uns sind viele Fragen von Kollegen und Mitarbeitern, aber auch von Lieferanten und Kunden gestellt worden. In vielen Fällen wurden die gleichen Fragen wieder und wieder gestellt. Die Antworten auf die meisten Fragen könnten Veröffentlichungen entnommen werden. Sie finden sich oft in solchen ausgezeichneten (und allerdings nur in englischer Sprache käuflichen) Büchern wie *An Introduction to Color* (Evans 1948), *Color in Business, Science, and Industry* (Judd 1952; 1963), *The Science of Color* (OSA 1953) oder *The Measurement of Colour* (Wright 1964). Alle Bücher sind nicht veraltet und maßgebend für das Gebiet der Farbe.

Uns zeigten die beharrlichen Fragen, daß ein einfach geschriebenes Grundlagenbuch fehlt, welches als Einführung in das Gebiet der Farbe – Farbmessung, Farbmittel – und deren Anwendung in der Industrie dienen kann. Dieses Buch versucht, einige der Fragen in einer relativ einfachen Art zu beantworten, und dabei praxisnahe Beispiele zu verwenden.

Unser Buch ist hauptsächlich für den Gebrauch (und wir hoffen, daß es wirklich *benutzt* und nicht nur *gelesen* wird) von Fachleuten bestimmt, die sich aktiv mit Farben beschäftigen, die also z. B. in der Produktion von Farbmitteln – Farbstoffen oder Pigmenten – tätig sind oder gefärbte Produkte – Textilien, Lacke, Kunststoffe – herstellen. Es setzt etwas technisches Wissen voraus, betont dagegen nicht die Mathematik. In zweiter Linie ist das Buch an diejenigen gerichtet, die Farben z. B. als Designer, Verkäufer oder in der Werbung verwenden. Deren Bedürfnisse unterscheiden sich etwas von denjenigen der ersten Gruppe, die unmittelbar mit der Produktion von gefärbten Produkten beschäftigt ist.

Wir beanspruchen weder, daß das Buch vollständig, noch daß es umfassend ist. Es gibt vorwiegend unsere eigene Meinung wieder, obwohl wir uns in starkem Maße auf Veröffentlichungen gestützt und dies auch im Text angegeben haben.

Ursprünglich und nur teilweise als Scherz gedacht, sollte unser Buch den folgenden Titel tragen: *Was jeder von Farben weiß oder zu wissen glaubt*. Wieder und wieder haben wir die Erfahrung gemacht, daß tiefgründige Argumente und wichtige Entscheidungen auf der Annahme beruhen, daß „jeder weiß …". Wir haben dies Buch geschrieben, um zu versuchen, diese schwer zu fassenden Tatsachen darzustellen, die „jeder weiß", die die Leute aber oft vergessen.

# Inhalt

**Kapitel 1  Was ist Farbe?  1**

A.  Worüber in diesem Buch berichtet wird  1
B.  Die physikalischen Reize  2
    Lichtquellen  3
    Wie Stoffe Licht verändern  8
        Transmission  8
        Absorption  10
        Streuung  11
        Andere Aspekte des Aussehens (Appearance)  13
        Spektrale Eigenschaften von Stoffen  13
    Erkennen von Licht und Farbe  15
    Zusammenfassung  17
C.  Die Beschreibung von Farben  17
    Der Versuch auf der einsamen Insel („Desert Island")  18
    Farbkoordinaten  19
D.  Das Aussehen farbiger Proben  20
    Lichtquellen, Farbwiedergabe und Farbumstimmung  20
    Metamerie  21
E.  Zusammenfassung  23

**Kapitel 2  Die Beschreibung von Farben  25**

A.  Systeme, die durch Farbproben dargestellt sind  25
    Willkürliche Anordnungen  25
    Anordnungen, die sich aus dem Verhalten von Farbmitteln ableiten  26
    Anordnungen, die auf Farbmischregeln beruhen  26
        Das Oswald-System  26
    Anordnungen, die eine visuell gleichabständige Stufung zeigen  28
        Das Munsell-System  28
        Das gleichabständige OSA-System (OSA Uniform Color Scales)  30
        Das natürliche Farbsystem (Natural Color System)  30
        Farbkosmos 5000 (Chroma Cosmos 5000)  30
    Die universelle Farbsprache  31

B. Das CIE-System  34
    CIE Normlichtquellen und Normlichtarten  34
    CIE Normalbeobachter  37
        Der farbmeßtechnische Normalbeobachter CIE 1931 (Der 2° Normalbeobachter)  37
        Der farbmeßtechnische Großfeld-Normalbeobachter CIE 1964 (Der 10° Normalbeobachter)  40
    Berechnung der CIE Normfarbwerte  44
    Normfarbwertanteile und CIE Normfarbtafel  47
    Metamerie  52
C. Systeme mit besser gleichabständigen Farbräumen  56
    Lineare Transformationen des CIE-Systems  57
    Gegenfarben-Systeme  59
    Nichtlineare Transformationen des CIE-Systems  60
        Helligkeitsskalen  60
        Gleichabständige Farbräume  62
    Eindimensionale Farbmaßstäbe  64
        Vergilbungsskalen  65
        Andere eindimensionale Farbskalen  66
        Grenzen eindimensionaler Skalen  66
    Weißgrad  66
D. Zusammenfassung  66

**Kapitel 3   Farb- und Farbabstandsmessung  67**

A. Grundlagen der Farbmessung  67
    Prüfung  67
    Auswertung  68
    DENKE und SCHAU HIN  69
B. Die Probe  69
    Zu prüfende Proben  69
    Probenvorbereitung  70
    SCHAU WIEDER HIN  71
C. Visuelle Farbmessung  71
    Probe und Standard  72
    Probe und eine Gruppe von Standards  73
    Meßgeräte, bei denen das Auge als Empfänger verwendet wird  75
        Farbkreisel Kolorimetrie  75
        Farbkomparatoren für Flüssigkeiten  76
        Verbesserte Meßgeräte  76
D. Instrumentelle Farbmessung  77
    Methoden und ihre Merkmale  77
        Unverändertes Licht  77
        Drei farbige Lichtquellen  77
        Monochromatisches Licht  78
    Spektralphotometrie  78
        Lichtquelle, Monochromator und Empfänger  78
        Verkürzte Spektralphotometrie  79
        Probenbeleuchtung und -beobachtung  79
        Berechnung der CIE-Koordinaten  81
        Normung und Genauigkeit  82
    Kolorimetrie  85
        Der Zusammenhang von Lichtquelle und Empfänger  85

       Koordinaten Maßstäbe  86
       Gerätemetamerie  87
       Eichung und Differenzmessungen  87
   Die Auswahl eines Farbmeßgerätes  89
   Merkmale der aktuellen Meßgeräte  90
       Geschwindigkeit  90
       Reproduzierbarkeit  90
       Rechnerkapazität  90
       Zusatzgeräte  90
   Spektralphotometer  90
       Diano Hardy II  90
       Diano Match-Scan  91
       Die Gruppe der Hunter D 54 Meßgeräte  92
       ACS Spectro-Sensor  92
       Die Gruppe der IBM 7409 Geräte  92
   Verkürzte Spektralphotometer  93
       Die Gruppe der Macbeth 2000 Geräte  93
   Kolorimeter  95
       Die Gruppe der Hunter D 25 und Garner XL Geräte  95
       Die Gruppe der Macbeth 1500 Geräte  96
E.  Farbabstandsbestimmung  96
   Auswertung mit visuellen Methoden  97
   Auswertung mit meßtechnischen Methoden  97
       Gleichungen, die auf Munsell Werten beruhen  98
       Gleichungen, die auf Werten von gerade sichtbaren Farbabständen beruhen  99
       Farbabstandsformeln, die auf der Standardabweichung von Farbmusterungen beruhen  100
       Die z. Zt. gültigen CIE Empfehlungen  101
   Wahrnehmbarkeit gegen Akzeptierbarkeit  105
   Der richtige Gebrauch von Farbabstandsberechnungen  105
F.  Spezifikationen von Farben und Toleranzen  106
G.  Zusammenfassung  109

**Kapitel 4   Farbmittel  111**

A.  Einige Sätze zur Terminologie  111
B.  Farbstoffe gegen Pigmente  112
   Löslichkeit  113
   Chemische Struktur  114
   Transparenz  114
   Die Anwesenheit eines Bindemittels  115
   Zusammenfassung  115
C.  Die Einteilung von Farbmitteln  115
   Der Colour Index  115
   Besondere Farbmittel – Fluoreszenzfarben und Plättchen  118
D.  Die richtige Auswahl von Farbmitteln  119
   Informationsquellen  120
       Fachleute  120
       Lieferanten von Farbmitteln  120
       Bücher- und Fachzeitschriften  120
       Die Erfahrung der Verbraucher  121
   Allgemeine Grundsätze für die Auswahl von Farbmitteln  121

E. Farbe als technischer Werkstoff 122
    Die verschiedenen Bedeutungen des Wortes Farbe 122
    Technische Eigenschaften von Farbmitteln 124
    Farbgrenzen 125
    Die Auswahl von Farbmitteln 130
F. Blick in die Zukunft 131
G. Zusammenfassung 132

**Kapitel 5 Die industrielle Technologie des Färbens 133**

A. Die Farbmischgesetze 134
    Additive Mischung 134
    Einfache subtraktive Mischung 137
    Komplexe subtraktive Mischung 139
B. Farbnachstellung 141
    Arten der Farbnachstellung 141
        Unbedingt gleiche Nachstellungen 142
        Bedingt gleiche (metamere) Nachstellungen 144
    Die Auswahl von Farbmitteln 146
        Die Zielvorstellungen bei der Farbnachstellung 146
        Ersteinstellungen 147
        Die Nachstellung von Farben auf dem gleichen Material 147
        Die Nachstellung von Farben auf unterschiedlichen Materialien 147
        Die Identifizierung von Farbmitteln 148
        Aufeinander abgestimmte Farben 149
        Der Ersatz von Farbmitteln 149
    Farbstärke 150
        Visuelle Methoden 150
        Meßtechnische Methoden – Farbstoffe 151
        Meßtechnische Methoden – Pigmente 152
        Farbtiefe 152
    Das Erstrezept 152
        Visuelle Nachstellung 153
        Meßtechnische Hilfen 154
        Rechnerunterstützte Farbnachstellungen 162
    Korrektur der ersten Ausfärbung 167
C. Die Kontrolle der Farbe in der Produktion (Qualitätskontrolle) 168
    Überwachung 169
        Der Wert von Meßgeräten 169
        Der Einfluß der Prozeßvariablen 169
        Mehr als nur Messungen 169
    Endeinstellung 169
    Steuerung 171
D. Andere Gesichtspunkte des Aussehens 172

**Kapitel 6 Probleme der Farbtechnologie und zu erwartende Entwicklungen 173**

A. Ungelöste Probleme 173
    Probleme, die mit der Farbmessung in Beziehung stehen 173
        Normlichtquellen 173

        Beobachterunterschiede   174
        Metamerieindizes   176
        Farbwiedergabeindizes   177
        Probleme mit Farbunterschieden   178
    Probleme, die mit der Messung zusammenhängen   180
        Übereinstimmung von Meßgeräten   180
        Probleme, die mit der Meßgeometrie zusammenhängen   182
        Proben mit besonderen Eigenschaften   182
    Probleme, die mit der Rezeptberechnung zusammenhängen   183
        Probleme mit herkömmlichen Proben und der herkömmlichen Theorie   183
        Proben mit besonderen Eigenschaften   185
B.  Entwicklungstendenzen   186
    Spezifikationen zur Kennzeichnung des Aussehens von Farben   186
        Subjektive (empfindungsgemäße) Begriffe zur Beschreibung von Farben   186
        Objektive Begriffe zur Beschreibung von Farben   187
    Farbumstimmung   188
    Anspruchsvollere Theorien der Lichtstreuung   189
C.  Möglichkeiten zur Fortbildung   191
    Regelmäßig angebotene Schulungskurse   192
        Universitätskurse   192
        Kurse von technischen Organisationen   192
        Kurse von Herstellern   192
    Berufsorganisationen   193
    Literatur   194
D.  Zurück zu den Grundlagen   194


**Kapitel 7    Mit Kommentaren versehene Literatur   197**

A.  Bücher   197
B.  Zeitschriften und Sammelbände   201
C.  Farbwahrnehmung, die Beschreibung und das Aussehen von Farben   203
D.  Farbordnungssysteme   204
E.  Farbmessung   205
F.  Farbabstandsmessung   207
G.  Farbmittel   209
H.  Farbnachstellung   210


**Literaturverzeichnis   213**

**Namenverzeichnis   229**

**Stichwortverzeichnis   233**

# KAPITEL 1

# Was ist Farbe?

## A. WORÜBER IN DIESEM BUCH BERICHTET WIRD

Dies ist ein Buch über *Farbe, Farbmittel* und über das *Anfärben* von Produkten. Das Wort *„Farbe"* kann viele Bedeutungen haben. In diesem Buch kann mit Farbe ein bestimmtes Licht gemeint sein, der Effekt des Lichtes auf das menschliche Auge, oder (am wichtigsten von allen) das Ergebnis dieses Effektes im Bewußtsein des Beobachters. Wir werden jeden der Aspekte der Farbe und deren Zusammenhang beschreiben.

*Farbmittel* andererseits sind rein physikalische Stoffe. Es sind die Farbstoffe und Pigmente, die zum Anfärben von Produkten verwendet werden. *Färben* ist ein physikalischer Vorgang, nämlich der des Anfärbens von Textilien mit Farbstoffen oder der des Einlagerns von dispergierten Pigmenten in Anstrichfarben, Tinten und Kunststoffen. In einem Teil dieses Buches werden die Farbmittel und die Färbeverfahren beschrieben.

Farbe ist jedoch viel mehr als etwas Physikalisches. Farbe ist, was wir sehen – wir werden dies oft wiederholen. Sie ist das Ergebnis der physikalischen Veränderung des Lichtes durch Farbmittel, wahrgenommen durch das Auge (genannt Prozeß der Empfindung) und interpretiert durch das Gehirn (dies führt in die Psychologie). Die Farbwahrnehmung ist eine außerordentlich komplizierten Kette von Vorgängen. Um die Farbe und das Anfärben von Produkten zu beschreiben, müssen wir etwas von allen oben genannten Aspekten verstehen. Ein großer Teil des Buches beschäftigt sich mit diesem Problem.

Wenn wir Farbe in diesem breiten Sinn verstanden haben, können wir uns einigen kaufmännischen Problemen, die mit der Farbe zu tun haben, nähern. Diese Probleme betreffen z. B. Antworten auf Fragen wie „Hat diese Probe die gleiche Farbe, wie diejenige, die ich gestern, letzte Woche oder letztes Jahr hergestellt habe?" (oder einfacher „Stimmen die zwei Färbungen überein?"); „Wie viel von welchem Farbmittel benötige ich, um eine Vorlage nachzufärben?"; „Wie kann ich Farbstoffe auswählen, die für bestimmte Einsatzwecke hinsichtlich Ihrer Eigenschaften optimal sind?"

Früher gab es auf die meisten dieser Fragen nur subjektive Antworten, die auf der Erfahrung und auf dem Gedächtnis von erfahrenen Färbern beruhten. Glücklicherweise ist es durch die Anwendung der Kenntnisse über die Farb-

„Denn die Strahlen (des Lichtes) sind, um exakt zu sein, nicht farbig. In ihnen ist nichts als eine bestimmte Kraft und Veranlagung, die Empfindung dieser oder jener Farbe zu erzeugen."

Newton 1730

technologie und den Einsatz der Farbmessung heute oft möglich, objektive Antworten zu geben. Unter dem Geschichtspunkt der industriellen Anwendung der Farbtechnologie werden wir ausführlich über die objektiven Möglichkeiten berichten.

Das heißt: Wir haben eine kurze Zusammenfassung des Wissenstandes über Farbe, Färbeverfahren und Farbmittel erarbeitet – ein sehr kompliziertes Gebiet. Um zu vereinfachen, haben wir viel ausgelassen. Wir berichten z. B. nicht über unterschiedliche Lehrmeinungen. Wir versuchen das heutzutage bestfundierte Wissen darzustellen und nicht einen Überblick über die unter verschiedenen Gesichtspunkten erarbeiteten Kenntnisse zu jeder Frage zu geben. Wir hoffen, unsere Leser werden durch die Lektüre angeregt, detailliertere und unterschiedliche Darstellungen zu vielen Themen suchen, die wir hier nur kurz behandeln.

Aus diesem Grund – und wir halten dies für besonders wichtig – haben wir eine mit Anmerkungen versehene Bibliographie zusammengestellt (Kapitel 7). Bei der Zusammenstellung der Literatur haben wir versucht, den Inhalt, die Art der Darstellung, den Anteil an Theorie und die Brauchbarkeit für weitergehende Studien anzugeben. Wir hoffen, daß unsere Leser gemeinsam mit uns feststellen, daß dieses Buch nicht mehr als ein Anfang sein kann, so daß sie deshalb Gebrauch von seiner Bibliographie als einem Führer zu der zahlreichen und oft komplexen Literatur über Farben machen.

Dies Buch ist *kein* Nachschlagewerk mit dem Inhalt „wie löse ich meine Probleme" bei Produktionsverfahren in den verschiedenen Industrien. Es zeigt nicht den besten Weg, um Kunststoff mit den niedrigsten Kosten rosa einzufärben. Es enthält ebenfalls keine ausführliche Darstellung, welche Pigmente bei Außenanstrichen zu vermeiden sind. Dagegen wird *berichtet*, wie vermieden werden kann, daß sich der rosa Kunststoff unter Glühlampenlicht von der Vorlage unterscheidet; weiterhin werden Angaben *gemacht*, wo Pigmenteigenschaften wie Lichtechtheit oder andere technisch wichtige Daten zu finden sind.

Dies Buch ist *kein* Nachschlagewerk über Meßgeräte oder ein Katalog von Meßgeräten. Es gibt keine Auskunft, wie ein bestimmtes Meßgerät zu bedienen ist, um Proben eines bestimmten Materials zu messen. Es *berichtet* jedoch, welche Arten von Meßgeräten erhältlich sind und für welche Zwecke sie eingesetzt oder auch nicht eingesetzt werden können.

Dieses Buch ist *keine* mathematische Abhandlung der Farbentheorie. Es gibt jedoch einige Begriffe, die nicht ohne Zahlen erklärt werden können, und einige weitere Begriffe, die sehr viel einfacher durch graphische Darstellungen oder durch Gleichungen als durch viele Worte beschrieben werden können. Wir zögern nicht, die besten und einfachsten Mittel zu verwenden, um unsere Gedanken darzustellen.

Dieses Buch beabsichtigt *nicht,* die „beste" Darstellung der Farblehre zu geben, nicht die „beste" Art zu beschreiben, wie Farbmittel einzusetzen sind und nicht, die „besten" Farbmittel für jeden industriellen Einsatzzweck zu nennen. Dies sind wichtige praktische Fragen. Sie zu beantworten, würde jedoch viel mehr und genauere Darstellungen erfordern, als dies in diesem Grundlagenbuch möglich ist. Sowohl zu diesen Fragen als auch zu anderen, die nicht in diesem Buch diskutiert werden, sind Literaturzitate zu finden.

„Was Du siehst, ist die beste Annahme über das, was vor Dir ist."

A. Ames, Jr.

## B. DIE PHYSIKALISCHEN REIZE

Um Farben zu beschreiben müssen wir sowohl über physikalische Vorgänge, wie z. B. das Entstehen eines Reizes in Form von Licht, als auch über subjektive Vorgänge sprechen, wie z. B. über den Empfang und die Interpretation des Reizes im Auge und im Gehirn. Da Farben eine Sinneswahrnehmung sind, sind

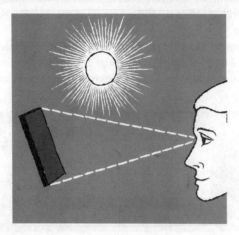 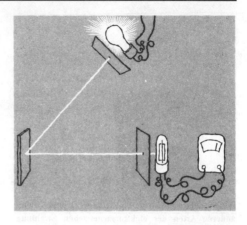

Eine Lichtquelle, eine Probe, das Auge und das Gehirn ...

... oder eine Lichtquelle, eine Probe und ein photoelektrischer Empfänger mit einem Meßinstrument.

die zuletzt genannten Wirkungen sehr wichtig für uns. Als Hilfestellung für das Verständnis betrachten wir zuerst die physikalischen Aspekte der Farbe, welche einfacher zu beschreiben und zu verstehen sind.

Vom rein physikalischen Standpunkt aus betrachtet, bedarf es zur Wahrnehmung von Farben dreier Voraussetzungen; benötigt werden eine Lichtquelle, ein Farbmuster, das von der Lichtquelle beleuchtet wird, sowie das Auge und das Gehirn, um die Farbe wahrzunehmen. Das Auge kann durch einen Photoempfänger und ein Meßinstrument ersetzt werden. Während eine Lichtquelle unmittelbar farbig gesehen werden kann, wenn sie, ohne etwas anderes anzustrahlen, direkt mit dem Auge betrachtet wird *(Lichtquellenwahrnehmung;* siehe Evans 1948, Judd 1961), sprechen wir von einem farbigen Gegenstand immer nur dann, wenn er durch eine Lichtquelle beleuchtet wird *(Probenwahrnehmung),* es sei denn, wir weisen daraufhin.

### Lichtquellen

Sichtbares Licht ist eine Form der Energie. Es ist Teil der elektromagnetischen Strahlung, zu der sowohl Radiowellen als auch Röntgenstrahlen gehören, aber auch ultraviolettes und infrarotes Licht. Licht kann durch seine *Wellenlänge*

 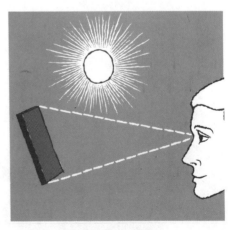

Lichtquellenwahrnehmung

Probenwahrnehmung

# Grundlagen der Farbtechnologie

beschrieben werden. Die normgerechte Einheit für die Wellenlänge ist das *Nanometer* (nm). Früher wurde sie *Millimikron* (mµ) genannt. Ein Nanometer ist 1/ 1.000.000 mm.

Die Beziehung des sichtbaren Lichtes zu den anderen Mitgliedern der Familie ist in der Abbildung auf dieser Seite gezeigt. Die relative Empfindlichkeit des Auges begrenzt den sichtbaren Teil des Spektrums auf ein sehr schmales Wel-

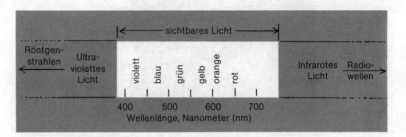

**Das sichtbare Spektrum und seine Beziehung zu den anderen Arten der elektromagnetischen Strahlung (nicht maßstabsgerecht).**

lenlängenband zwischen ca. 380 und 750 nm. Der Farbton, den wir als blau wahrnehmen, liegt in etwa bei Wellenlängen unterhalb 480 nm; grün ungefähr zwischen 480 und 560; gelb zwischen 560 und 590; orange zwischen 590 und 630 und rot bei Wellenlängen größer als 630 nm. Violett, das durch Mischen von rotem und blauem Licht mit den Grenzwellenlängen des sichtbaren Spektrums entsteht, ist der einzige Farbton, der nicht Teil des Spektrums ist.

Viele der Objekte, an die wir als Lichtquellen denken, strahlen Licht aus, welches weiß oder nahezu weiß ist, u. a. die Sonne, heißes Metall, wie die Drähte in einer Glühlampe, und Leuchtstofflampen. Indem er ein Prisma zur Zerlegung des Lichtes in die einzelnen Wellenlängen benutzte, zeigte Sir Isaac Newton vor vielen Jahren (Newton 1730), daß weißes Licht normalerweise aus allen sichtbaren Wellenlängen zusammengesetzt ist. Das Licht jeder Lichtquelle kann beschrieben werden, indem man die relative Strahlungsleistung (oder die Menge des Lichts), die bei jeder Wellenlänge ausgestrahlt wird, angibt. (Da Energie = Leistung × Zeit ist, wird anstelle von Strahlungsleistung manchmal das Wort *Strahlungsenergie* verwendet.) Trägt man die Leistung als Funktion der Wellenlänge auf, erhält man die *relative spektrale Strahlungsverteilungskurve* der Lichtquelle. Ein typisches Beispiel ist die spektrale Strahlungsverteilungskurve von mittlerem Tageslicht, die auf der gegenüberliegenden Seite dargestellt ist.

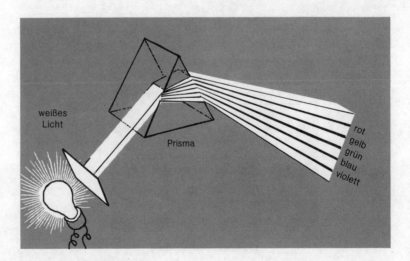

**Zerlegung von weißem Licht in ein Spektrum.**

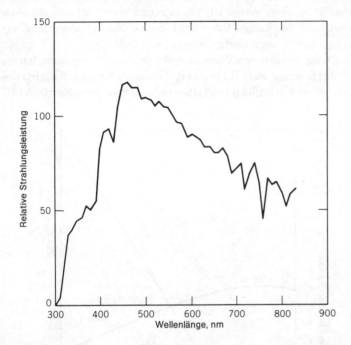

Die relative spektrale Strahlungsverteilung oder die relative Strahlungsleistung bei jeder Wellenlänge für typisches Tageslicht (Judd 1964, CIE 1971).

Eine sehr wichtige Gruppe von Lichtquellen wird *schwarzer Körper* genannt. Sie sehen entgegen ihrem Namen jedoch nur dann schwarz aus, wenn sie kalt sind. Werden sie erwärmt, glühen sie wie Metall, zuerst dunkelrot, wie ein heißer elektrischer Ofen, dann immer heller und weißer, wie die Drähte einer Glühlampe. Echte schwarze Körper sind hohle geheizte Metallkörper, deren Innenraum durch eine kleine Öffnung betrachtet wird. Sie sind wichtig, weil ihre spektrale Strahlungsverteilung und damit ihre Farbe nur von ihrer Temperatur abhängt und nicht von der Art des Körpers. Die Temperatur der schwarzen Körper wird *Farbtemperatur* des schwarzen Körpers genannt. Wolframdrähte, die in herkömmlichen Glühlampen verwendet werden, verhalten sich ähnlich wie schwarze Körper. Ihre Farbtemperatur stimmt jedoch nicht genau mit ihrer wahren Temperatur überein.

Die relativen spektralen Strahlungsverteilungskurven von zwei schwarzen Körpern sind auf Seite 6 dargestellt. Sie repräsentieren den Farbtemperaturbereich, der bei Farbproblemen von Interesse ist. Die Kurve für 2856 K ist die typische spektrale Strahlungsverteilungskurve einer 100 Watt Wolfram-Glühlampe, diejenige für 6500 K liegt im Bereich von Tageslicht. Zu beachten ist jedoch, daß wirkliches Tageslicht, wie die spektrale Strahlungsverteilungskurve auf dieser Seite zeigt, kein schwarzer Körper ist. Ebenfalls sind viele andere reale Lichtquellen, zu denen auch die Sonne, Leuchtstofflampen und Bogenlampen gehören, keine schwarzen Körper.

(Der Buchstabe K bedeutet Kelvin oder absolute Temperatur. Das Gradzeichen und das Wort Grad werden bei absoluten Temperaturen nicht gebraucht. Die absoluten Temperaturen erhält man, wenn man 273 zu den in Grad Celsius, °C, angegebenen Temperaturen addiert.)

Die meisten Gasentladungslampen, wie Quecksilber-, Neon- oder Natriumdampflampen strahlen kein Licht aus, das alle Wellenlängen enthält, sondern nur Licht, das sich aus einigen wenigen Wellenlängen (Linien) zusammensetzt, die charakteristisch für das Material des Gases sind. Ihre spektralen Strah-

6  Grundlagen der Farbtechnologie

lungsverteilungen sind nicht kontinuierlich, wie diejenigen, die vorher beschrieben worden sind. Im Gegenteil, die gesamte Strahlungsleistung, die sie ausstrahlen, ist auf einige wenige, sehr eng begrenzte Wellenlängenbereiche konzentriert. Leuchtstofflampen haben eine kontinuierliche Strahlungsverteilung, die von einigen wenigen Linien überlagert wird (Seite 7).

Durch die internationale Beleuchtungskommission (Commission Internationale de l'Éclairage oder CIE) sind einige Standardlichtquellen festgelegt worden, die bei der Beschreibung von Farben verwendet werden sollen (OSA 1953,

**Die spektrale Strahlungsverteilung von schwarzen Körpern mit Farbtemperaturen von 2856 K (Lichtquelle A) und 6500 K (Pivovonski 1961). (Die Kurven sind so normiert, daß die relative Strahlungsverteilung bei 560 nm 100 ist.)**

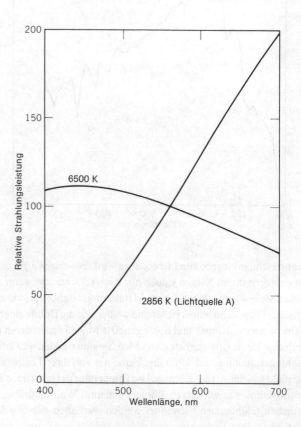

*Lichtquelle:* Ein physikalisch realisierbares Licht, dessen spektrale Strahlungsleistung experimentell bestimmt werden kann. Wenn die Bestimmung durchgeführt und die Strahlungsleistung durch Normung festgelegt worden ist, wird aus der Lichtquelle eine *Normlichtquelle.*

*Lichtart:* Eine Strahlung, die durch ihre relative spektrale Strahlungsverteilung definiert ist. Sie kann oder kann nicht physikalisch durch eine *Lichtquelle* realisiert werden. Ist die Lichtart genormt, wird sie eine Normlichtart. Ist diese durch eine Lichtquelle realisierbar, wird sie eine *Normlichtquelle.*

Wyszecki 1967, CIE 1971). Eine von ihnen, CIE Normlichtquelle A, ist eine Wolfram-Glühlampe mit 2854 K Farbtemperatur; ihre Strahlungsverteilungskurve ist auf dieser Seite dargestellt. Die CIE Normlichtquellen B und C erhält man, indem man das oben beschriebene Glühlampenlicht filtert (Flüssigkeitsfilter). Die Normlichtquelle B mit einer Farbtemperatur von ca. 4800 K hat eine ähnliche Strahlungsverteilung wie Sonnenlicht um 12 Uhr; die Normlichtquelle C mit einer Farbtemperatur von etwa 6500 K approximiert das mittlere Tageslicht. Weitere Lichtquellen, die oft für Farbabmusterungen verwendet werden, sind Xenon-Bogenlampen und Macbeth 7500 K Tageslichtlampen, deren Strahlungsverteilung durch Filterung von Glühlampenlicht mit Glasfiltern erzeugt wird. Die Strahlungsverteilung einiger der beschriebenen Lichtquellen ist auf der gegenüberliegenden Seite dargestellt. Wir müssen jetzt darauf hinweisen, daß in der Terminologie der CIE zwischen einer Lichtquelle und einer Lichtart unterschieden wird. Eine *Lichtquelle* ist eine real existierende Strahlungsquelle, die an- und abgeschaltet werden und für visuelle Farbvergleiche verwendet werden kann. A, B und C sind Lichtquellen, obwohl B und C nur außerordentlich selten als Lichtquellen verwendet werden. Die spektrale Strahlungsverteilung

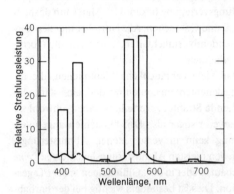

Die spektrale Strahlungsverteilung einer typischen Linien-Lichtquelle, einer Quecksilber-Bogenlampe (IES 1981).

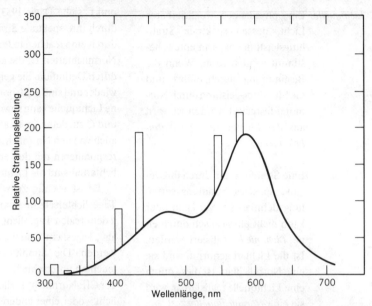

Die spektrale Strahlungsverteilung einer Leuchtstofflampe vom Typ Kaltweiß (IES 1981).

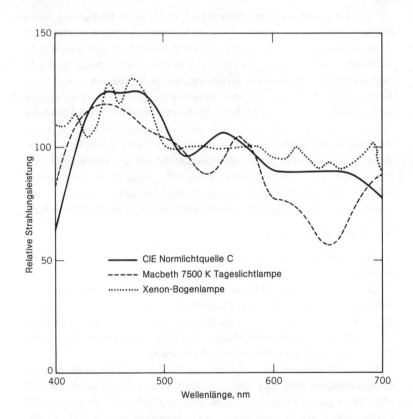

Die spektralen Strahlungsverteilungen von einigen Normlichtquellen, die zur Beschreibung von Farben verwendet werden. (Wyszecki 1967, 1970).

## 8  Grundlagen der Farbtechnologie

*Lichtquelle:* Ein physikalisch realisierbares Licht, dessen spektrale Strahlungsleistung experimentell bestimmt werden kann. Wenn die Bestimmung durchgeführt und die Strahlungsleistung durch Normung festgelegt worden ist, wird aus der Lichtquelle eine *Normlichtquelle*.

*Lichtart:* Eine Strahlung, die durch ihre relative spektrale Strahlungsverteilung definiert ist. Sie kann oder kann nicht physikalisch durch eine *Lichtquelle* realisiert werden. Ist die Lichtart genormt, wird sie eine Normlichtart. Ist diese durch eine Lichtquelle realisierbar, wird sie eine *Normlichtquelle*.

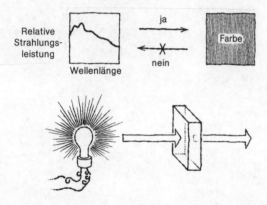

**Die Transmission von Licht durch eine durchsichtige Probe.**

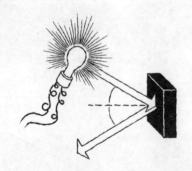

**Die gerichtete oder spiegelgleiche Reflexion von Licht an einer glatten und glänzenden Probe. Bei der gerichteten Reflexion wird alles Licht in eine Richtung zurückgeworfen und zwar so, daß das einfallende und das zurückgeworfene Licht gleiche Winkel mit der Probensenkrechten bilden.**

einer *Lichtquelle* ist durch Messung bestimmbar (für die Normlichtquellen A, B und C siehe Davis 1953, CIE 1971). Im Gegensatz dazu ist eine *Lichtart* nur durch ihre spektrale Strahlungsverteilung definiert, wobei sie nicht unbedingt durch eine real herstellbare *Lichtquelle* darstellbar sein muß. Die Serie der CIE Normlichtarten D, die auf Seite 36 beschrieben werden, sind Normlichtarten durch Definition. Sie geben die Strahlungsverteilung von mittlerem Tageslicht wieder und sind z. Zt. noch nicht als Lichtquellen erhältlich (Wyszecki 1970). Eine Lichtquelle kann sowohl Lichtquelle als auch Lichtart sind. Dies trifft auf A, B und C zu, deren spektrale Strahlungsverteilung bekannt ist. Man kann deshalb auch von den Normlichtarten A, B und C sprechen. Alle Normlichtquellen korrespondieren mit den entsprechenden Normlichtarten, aber nicht alle Normlichtarten sind als Lichtquellen erhältlich.

Es ist wichtig zu wissen, daß viele gebräuchliche Lichtquellen, die als Tageslichtersatz in Abmusterungsleuchten angeboten werden, eine stark von jedem realen Tageslicht abweichende Strahlungsverteilung haben, obwohl sie als „Tageslicht-" oder möglicherweise sogar als „D 65-"Leuchten angeboten werden. Die Strahlungsverteilung kann in verschiedenen Abmusterungsleuchten unterschiedlich sein. In den meisten Abmusterungsleuchten ist *keine* der CIE Normlichtquellen eingebaut, weder in der „Glühlampen"-, der „Tageslicht"- oder einer anderen Position. Dies ist besonders wichtig bei der Farbabmusterung, wenn das Ergebnis dieser Abmusterung von der spektralen Strahlungsverteilung der Lichtquelle abhängig ist. Probenpaare, auf die dies zutrifft, nennt man *„bedingt-gleich"* oder *„metamer"*. Sie werden auf Seite 144 beschrieben.

Viele Lichtquellen können, obwohl sie kein schwarzer Körper sind, durch die Farbtemperatur desjenigen schwarzen Körpers beschrieben werden, dem sie ähneln. Man nennt diese Farbtemperatur *ähnlichste Farbtemperatur*. Wie die Abbildungen auf den Seiten 5 – 7 zeigen, haben viele der Lichtquellen Strahlungsverteilungen, die stark von der eines schwarzen Körpers abweichen. Diese wichtige Beobachtung ist schon über 100 Jahre alt (Grasmann 1853) und sie wird wieder eine Rolle spielen, wenn das Licht, das von einer Probe zurückgeworfen oder durchgelassen wird, besprochen wird. Viele unterschiedliche spektrale Strahlungsverteilungskurven können den gleichen Farbeindruck, beziehungsweise die gleiche *„Farbe"* hervorrufen. Daraus folgt, daß die Farbe eines Gegenstandes oder einer Lichtquelle *keine* Aussage über sie spektrale Strahlungsverteilung zuläßt. Die umgekehrte Aussage ist allerdings richtig: Mit Kenntnis der spektralen Strahlungsverteilung *kann* die Farbe eindeutig beschrieben werden.

### Wie Stoffe Licht verändern

Wenn Licht auf einen Gegenstand fällt, können ein oder mehrere Änderungen, die für Farbe relevant sind, bewirkt werden.

**Transmission.**   Das Licht kann im wesentlichen mit ungeänderter Richtung *durchgelassen* werden. Man spricht von der *Durchlässigkeit (Transmission)* des Stoffs, und nennt ihn *transparent*. Ist der Gegenstand farblos, wird fast das gesamte auffallende Licht durchgelassen. Der kleine Rest wird an den beiden Oberflächen der Probe *reflektiert* (zurückgeworfen).

Diese Reflexion und die noch wichtigere *Streuung* des Lichtes, die nachstehend beschrieben wird, sind stets vorhanden, wenn sich eine Größe, die *Brechungsindex* genannt wird, ändert. Der Brechungsindex gibt an, wie stark die Lichtgeschwindigkeit im Stoff relativ zur Lichtgeschwindigkeit in Luft geändert wird. An jeder Grenze zwischen zwei unterschiedlichen Stoffen ändert das Licht seine Geschwindigkeit. Als Ergebnis dieser Änderung wird ein kleiner Teil des Lichtes zurückgeworfen und die Richtung des Lichtstrahls geändert (es sei denn, das Licht trifft senkrecht auf die Oberfläche). Für viele der häufig verwendeten Materialien ist der Brechungsindex ungefähr 1,5. Der an jeder Oberfläche eines solchen Materials zurückgeworfene Anteil ist ca. 4%, sofern die Oberfläche an Luft grenzt und das Licht senkrecht auffällt. Die Richtungsänderung des Lichtstrahls bei nichtsenkrechtem Auffall ist in gewissem Umfang wellenlängenabhängig, und erklärt somit die Aufspaltung des Lichts in ein Spektrum, wenn es durch ein Prisma geleitet wird.

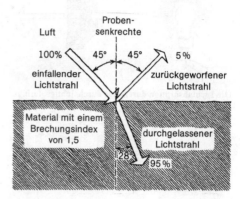

An jeder Grenze, an der sich der Brechungsindex ändert, wird ein Teil des Lichtes zurückgeworfen. Die Richtung des Lichtstrahls wird geändert, wobei die Änderung vom Unterschied der Brechungsindizes an der Grenze und vom Winkel des einfallenden Lichtes abhängt. Im oben dargestellten Beispiel mit einem Einfallswinkel von 45° werden 5% an jeder Oberfläche zurückgeworfen.

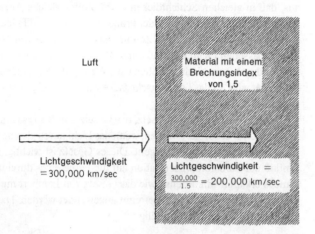

Der Brechungsindex ist die Lichtgeschwindigkeit in Luft (genau in Vakuum, aber beide Geschwindigkeiten sind fast identisch) geteilt durch die Lichtgeschwindigkeit im Material. Luft hat einen Brechungsindex, der sich kaum von 1 unterscheidet.

Da der Brechungsindex wellenlängenabhängig ist, ändern die verschiedenen Lichtfarben ihre Richtung unterschiedlich stark, wenn sie ein Prisma durchlaufen. Der Versuch, der hier dargestellt ist, wurde zuerst von Sir Isaac Newton mit Sonnenlicht im Jahre 1667 ausgeführt (Newton 1730).

## 10 Grundlagen der Farbtechnologie

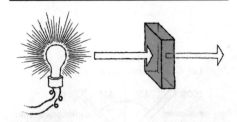

**Die Lichtabsorption durch eine durchsichtige, farbige Probe.**

**Absorption.** Licht kann nicht nur durchgelassen, sondern auch zusätzlich *absorbiert* (verschluckt) werden, und damit als sichtbares Licht verlorengehen. (Wenn sehr viel Licht absorbiert wird, können wir fühlen, daß zumindest ein Teil des absorbierten Lichtes in Wärme umgewandelt wird.) Wenn die Probe nur einen Teil des Lichtes absorbiert, sieht sie farbig, allerdings noch lichtdurchlässig (transparent) aus. Wird dagegen alles Licht absorbiert, ist die Probe schwarz. Man nennt sie dann undurchsichtig *(opak)*.

Ein fundamentales Gesetz der Lichtabsorption (Gesetz von Lambert) sagt aus, daß in gleichen Schichtdicken eines Stoffes gleiche Anteile des Lichtes absorbiert werden. Wenn 1 cm der Probe die Hälfte des auffallenden Lichtes absorbiert, absorbiert der nächste Zentimeter die Hälfte des von der ersten Schicht durchgelassenen Lichtes, so daß nur ½ × ½ oder ¼ des auf die Probe fallenden Lichtes durch 2 cm hindurchgehen usw. Wenn jede Wellenlänge für sich allein betrachtet wird, ist das Lambertsche Gesetz immer gültig, sofern *keine Streuung* stattfindet.

Ein zweites Absorptionsgesetz, das Gesetz von Beer, sagt aus, daß gleiche Mengen Licht absorbiert werden, wenn das Licht durch gleiche Mengen absorbierenden Materials hindurchgeht. Dieses Gesetz ist wichtig, wenn man den Einfluß der Farbstoffkonzentration auf die Farbe eines durchlässigen Gegenstandes erklären will. Ebenso wie das Gesetz von Lambert muß das Beersche Gesetz für jede Wellenlänge getrennt angewendet werden. Das Beersche Gesetz ist nicht für alle Stoffe gültig.

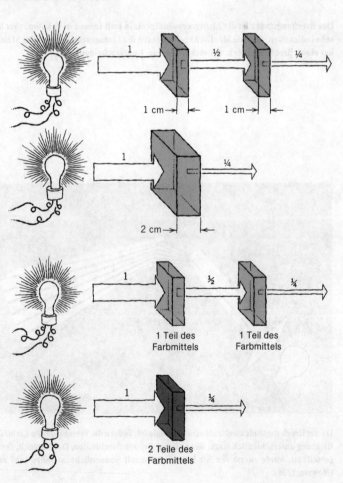

**Das Gesetz von Lambert sagt aus, daß in gleichen Schichtdicken eines Stoffes gleiche Mengen von Licht absorbiert werden.**

**Das Gesetz von Beer sagt aus, daß gleiche Mengen eines absorbierenden Stoffes gleiche Mengen von Licht absorbieren.**

**Streuung.** Licht kann auch noch gestreut werden, wenn es in Wechselwirkung mit Materie tritt. Ein Teil des Lichtes wird absorbiert, ein anderer Teil mit der gleichen Wellenlänge wieder ausgestrahlt. Ein Teil des ausgestrahlten Lichtes geht in eine Richtung, ein anderer Teil in eine andere Richtung, so daß das Licht schließlich in viele verschiedene Richtungen gelenkt wird. Die Effekte der Lichtstreuung sind sowohl weit verbreitet als auch wichtig. Lichtstreuung an Luftmolekülen ist für den blauen Himmel verantwortlich und Streuung an größeren Partikeln ist die Ursache für die weiße Farbe von Wolken, Rauch und die der meisten Weißpigmente.

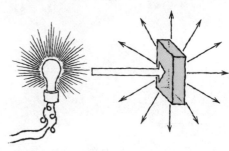

Die Streuung von Licht in einem trüben oder transluzenten Stoff. In solch einer Probe wird ein Teil des Lichtes durchgelassen und ein anderer Teil diffus zurückgeworfen.

Wenn genug Streuung vorhanden ist, sagt man, daß Licht von einer Probe *diffus reflektiert* wird. Wenn nur ein Teil des Lichtes gestreut und ein anderer Teil des Lichtes von der Probe durchgelassen wird, sagt man, diese sei *transluzent* (durchscheinend). Wenn die Streuung so stark ist, daß kein Licht durch die Probe durchtritt (etwas Absorption muß ebenfalls vorhanden sein), sagt man die Probe ist *undurchsichtig*. Die Farbe der Probe hängt von der Größe und der Art der Streuung und Absorption ab. Ist keine Absorption aber die gleiche Menge an Streuung bei jeder Wellenlänge vorhanden, sieht die Probe weiß aus, sonst ist sie bunt.

Es soll hier darauf hingewiesen werden, daß die Streuung des Lichtes durch kleine Partikel hervorgerufen wird, die einen anderen Brechungsindex als ihre Umgebung haben. Die Menge des gestreuten Lichtes hängt in starkem Maße vom Brechungsindexunterschied der zwei Stoffe ab. Haben beide den gleichen Brechungsindex, wird kein Licht gestreut und die Grenze zwischen ihnen ist, wie jeder Mikroskopiker weiß, unsichtbar. Die Menge des gestreuten Lichtes hängt weiterhin in starkem Maße von der Größe der streuenden Teilchen ab. *Sehr* kleine Teilchen streuen nur sehr wenig Licht. Die Streuung nimmt mit zu-

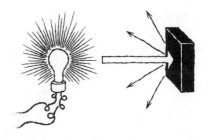

Von einer undurchlässigen Probe wird kein Licht durchgelassen, jedoch ein Teil wegen der Streuung diffus zurückgeworfen. Sowohl undurchlässige als auch transluzente Proben können einen Teil des Lichtes an der Oberfläche reflektieren.

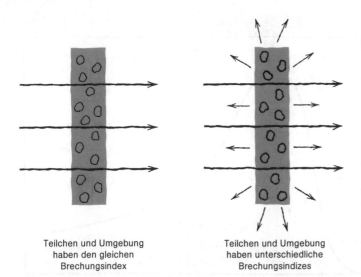

Teilchen und Umgebung haben den gleichen Brechungsindex

Teilchen und Umgebung haben unterschiedliche Brechungsindizes

**Befinden sich Teilchen in einer Umgebung mit dem gleichen Brechungsindex findet keine Streuung statt. Ist der Brechungsindex dagegen verschieden, resultiert Streuung.**

# Grundlagen der Farbtechnologie

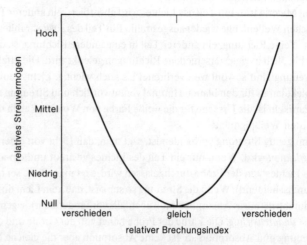

nehmender Teilchengröße solange zu, bis die Teilchen etwa die gleiche Größe wie die Wellenlänge des Lichtes haben. Für noch größere Teilchen nimmt die Streuung wieder ab.

Aus diesem Grund streuen Pigmente das Licht dann besonders gut, wenn ihr Brechungsindex sich stark von dem des Bindemittels unterscheidet, und wenn ihr Teilchendurchmesser etwa der Wellenlänge des Lichtes entspricht. Haben Pigmente einen sehr kleinen Durchmesser und den gleichen Brechungsindex wie das Bindemittel streuen sie so wenig Licht, daß sie durchscheinend aussehen. Die Streuung kann deshalb durch die Auswahl von Pigmenten mit passendem Brechungsindex oder solchen mit der optimalen Teilchengröße beeinflußt werden. Man kann durchlässige Schichten erhalten, wenn man Eisenoxidpigmente mit sehr kleinem Teilchendurchmesser einsetzt, obwohl ein Brechungsindexunterschied zwischen Pigment und Bindemittel vorhanden ist. Durch die Kontrolle der Teilchengröße kann man Streuung durch organische Pigmente erhalten, obwohl deren Brechungsindexunterschied gegenüber dem Bindemittel relativ klein ist.

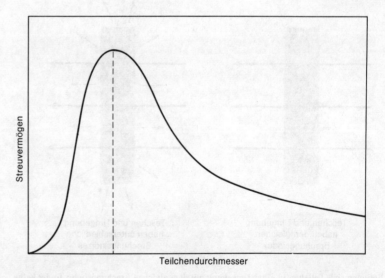

**Streuung als Funktion der Teilchengröße für ein typisches Pigment (Gall 1971).**

Die Gesetze der Lichtstreuung sind komplexer als die Gesetze von Lambert und Beer. Wir erklären sie erst bei der Diskussion der subtraktiven Farbmischung auf Seite 139.

**Andere Aspekte des Aussehens (Appearance).** In diesem Buch über Farbe berichten wir nur nebenbei über Aspekte, die neben der Farbe das Aussehen eines Gegenstandes beeinflussen; dazu gehören Glanz, Metalleffekte, Trübung und Fluoreszenz. Obwohl diese Aspekte oft sehr wichtig für den visuellen Eindruck von Gegenständen sind, berichten wir nur dann kurz darüber, wenn dies notwendig ist (siehe jedoch Evans 1948, Hunter 1975, Christie 1979).

*Glanz* entsteht durch die *gerichtete* Reflexion von Licht an einer glatten Oberfläche. Wenn die Oberfläche Unebenheiten aufweist, wird der Glanz vermindert und die diffuse Reflexion an der Oberfläche vergrößert. Eine absolut matte oder nichtglänzende Oberfläche ist ein diffuser Reflektor. Diffuse Reflexion kann auch durch Streuung hinter einer glatten Oberfläche hervorgerufen werden. In diesem Fall sind gleichzeitig gerichtete und diffuse Reflexion vorhanden. Die meisten durchscheinenden und undurchlässigen Materialien zeigen beide Arten der Reflexion.

**Spektrale Eigenschaften von Stoffen.** Vom Gesichtspunkt der Farbe aus gesehen, kann der Einfluß eines Gegenstandes auf das auffallende Licht durch seine *spektrale Transmissions-* oder *Reflexionskurve* beschrieben werden. (Dies gilt für durchlässige bzw. undurchlässige Proben. Für transluzente Proben, d. h. für Proben, bei denen das durchgehende Licht gestreut wird, werden sowohl die Transmissions- als auch die Reflexionskurve benötigt.) Die Kurven zeigen den Anteil des von der Probe zurückgeworfenen Lichtes für jede Wellenlänge (verglichen mit der Menge des Lichtes, die von einem geeigneten Weißstandard reflektiert wird; Seite 84) oder den entsprechenden Anteil des von der Probe durchgelassenen Lichtes (verglichen mit der von einem geeigneten Standard durchgelassenen Menge, häufig mit Luft). Diese Kurven beschreiben den Gegenstand genauso, wie die spektrale Strahlungsverteilungskurve eine Lichtquelle beschreibt. Die spektralen Reflexionskurven von einigen undurchlässigen farbigen Proben sind auf Seite 14 dargestellt. Vergleicht man diese Kurven mit den Namen der Spektralfarben (Seite 4), so erkennt man, daß die farbigen Proben zumindest das Licht mit den Wellenlängen ihres eigenen Farbnamens zurückwerfen und das Licht mit komplimentären Wellenlängen absorbieren. Man kann deshalb sehr schnell lernen, die Farbe einer Probe zu benennen, wenn man deren Reflexions- oder Transmissionskurve kennt.

Gerichtete Lichtreflexion an einer spiegelgleichen Oberfläche.

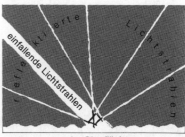

Diffuse Reflexion an einer rauhen Oberfläche.

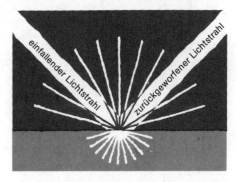

Kombination von diffuser und gerichteter Reflexion hervorgerufen durch Streuung innerhalb und Reflexion an der Oberfläche einer glatten Schicht ...

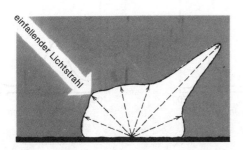

... die quantitativ durch eine Figur beschrieben wird, die man *Indikatrix* nennt. Die Länge jedes Pfeils in dieser Figur gibt die Menge des gestreuten oder reflektierten Lichtes in die entsprechende Richtung an.

**14** Grundlagen der Farbtechnologie

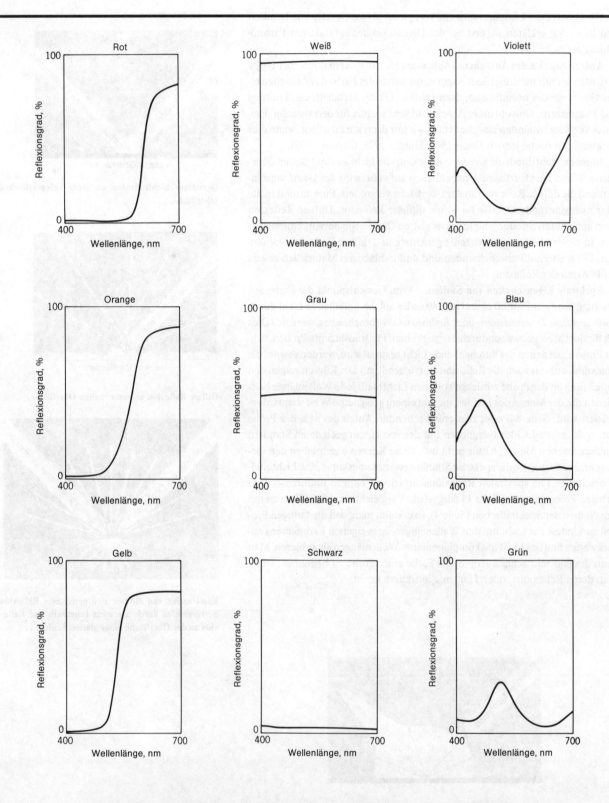

**Die spektralen Reflexionskurven von mehreren undurchlässigen farbigen Proben zusammen mit ihren Farbnamen. Wir verwenden den allgemein üblichen Ausdruck Reflexion und den Buchstaben R. Es existieren jedoch genauere Definitionen (CIE 1970), die mit anderen Buchstaben ($\varrho, \beta$) gekennzeichnet werden.**

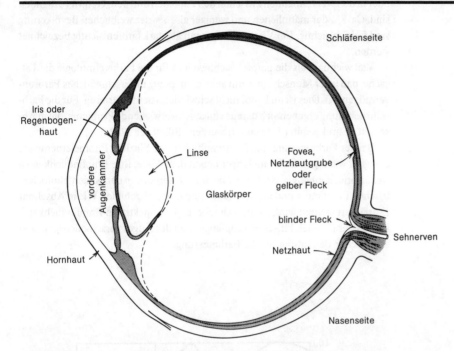

Für unsere Freunde, die meinen, daß ein Buch über Farbe nicht vollständig ist, wenn es keinen horizontalen Schnitt durch das menschliche Auge enthält (Burnham 1963).

## Erkennen von Licht und Farbe

Der bei weitem wichtigste Empfänger von *Farben* ist das Auge, oder richtiger das Auge gemeinsam mit den Nervenleitungen und dem Gehirn. Wir wissen nicht genau, wie der Farbeindruck entsteht, aber alle anderen Empfängersysteme versuchen, das Ergebnis in der einen oder anderen Art nachzubilden (LeGrand 1968, Wassermann 1978, Boynton 1979). Für die Zwecke unseres Buches ist es glücklicherweise nicht wesentlich, genau zu wissen, wie Auge und Gehirn den Farbeindruck hervorrufen. Es ist ausreichend zu sagen, daß das Auge wie ein Photoapparat arbeitet, mit einer Linse, die das Bild des betrachteten Gegenstandes auf die lichtempfindliche Netzhaut abbildet. In ihr befinden sich verschiedene Arten von lichtempfindlichen Empfängern, wegen ihrer Form Stäbchen und Zäpfchen genannt. Mit den Stäbchen können wir in der Dämmerung sehen. Sie tragen jedoch nichts zum Farbeindruck bei, weswegen wir uns nicht nicht näher mit ihnen beschäftigen wollen.

Es wird allgemein angenommen, daß es drei Arten von Zäpfchen in der Netzhaut gibt, und daß diese auf Licht der verschiedenen Wellenlängen unterschiedlich reagieren, also unterschiedliche spektrale Empfindlichkeitskurven haben. Dadurch ist das Auge in der Lage, Farben zu sehen. Die Einzelheiten, wie die Signale von den Zäpfchen gemischt und an das Gehirn weitergeleitet werden, sind sehr kompliziert und brauchen uns nicht zu kümmern. Die Zäpfchen befinden sich vorwiegend im mittleren Teil der Netzhaut, der *Fovea* (Netzhautgrube, gelber Fleck) genannt wird. In der Fovea befinden sich keine Stäbchen. Die visuelle Sehschärfe ist hier am größten.

Ein kleiner Teil der Bevölkerung hat ein fehlerhaftes Farbsehvermögen (Wright 1946, Burnham 1963). Vorwiegend können sie rot und grün nicht unterscheiden. Man sagt, sie sind *farbfehlsichtig*. Die Farbfehlsichtigkeit kann hervorgerufen werden, weil eine Zäpfchenart fehlt, oder weil andere Defekte im Auge

„... Das Auge – bei dem die Natur den großartigen Trick der Adaptation hervorgebracht hat ... im Verlauf der Evolution."

**Rushton 1962**

„... Das Auge ist der äußere Teil des zentralen Nervensystems. Die Großartigkeit des menschlichen zentralen Nervensystems unterscheidet ihn von den Tieren ..."

**Kodak 1965**

oder in den Nervenbahnen zwischen den Zäpfchen und dem Gehirn vorhanden sind. Ca. 8 % der männlichen und weniger als ½ % der weiblichen Bevölkerung sind farbfehlsichtig. Ein Viertel davon kann als stark farbfehlsichtig bezeichnet werden.

Viel wichtiger als die Farbfehlsichtigkeit ist für die Farbtechnologie die Tatsache, daß jeder Mensch ein wenn auch geringfügig unterschiedliches Farbsehvermögen hat. Dies ist im Labor nicht schwierig zu demonstrieren. Für die Farbwahrnehmung ergeben sich daraus einige schwerwiegende Probleme, die in Abschnitt D und Kapitel 5 diskutiert werden (Billmeyer 1980 a).

Bei der Farbmessung sind Photomultiplier und Silizium Photoelemente die einzigen wichtigen Lichtempfänger neben dem Auge. Ihre Empfindlichkeit ist wellenlängenabhängig. *Spektrale Empfindlichkeitskurven* der beiden photoelektrischen Empfänger und die des Auges sind unten abgebildet. Wie in Abschnitt D erläutert werden wird, ist die Tatsache, daß die spektralen Empfindlichkeitskurven der photoelektrischen Empfänger und des Auges verschieden sind, von erheblicher Bedeutung für die Farbmessung.

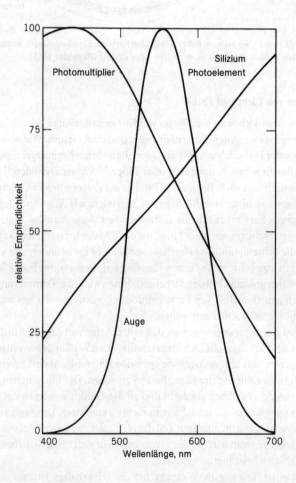

**Die spekralen Empfindlichkeitskurven des Auges und einiger photoelektrischer Lichtempfänger.**

## Zusammenfassung

In diesem Abschnitt haben wir berichtet, daß für die physikalische Erzeugung von Farben drei Voraussetzungen gegeben sein müssen: Eine Lichtquelle, ein Gegenstand, der von der Lichtquelle beleuchtet wird, und irgendein Empfänger, im allgemeinen Auge und Gehirn. Wir haben gelernt, wie jede der drei Größen durch eine eigene Kurve – als Funktion der Wellenlänge aufgetragen – beschrieben wird: Die Lichtquelle durch ihre spektrale Strahlungsverteilungskurve, der Gegenstand durch seine spektrale Reflexions- oder Transmissionskurve und der Empfänger durch seine spektrale Empfindlichkeitskurve.

Die Kombination der drei bewirkt den *Reiz* (oder das Signal), der im Gehirn zum Farbeindruck umgewandelt wird. Wir müssen uns jetzt im Gegensatz zu den oben beschriebenen physikalischen Tatsachen mit einigen Theorien über die Farbwahrnehmung beschäftigen, die wichtig für das Verstehen und Beschreiben des Farbeindruckes sind.

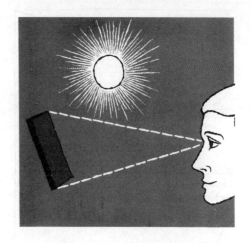

## C. DIE BESCHREIBUNG VON FARBEN

Wir laden jetzt den Leser ein, sich gemeinsam mit uns, dem Begriff der Farbe von einem völlig anderen Gesichtspunkt aus zu nähern, und im Augenblick alles zu vergessen, was im Abschnitt B gesagt wurde. Richtiger müßte es lauten, nur das meiste, aber nicht alles: Nicht vergessen dürfen wir die Bedeutung des Trios: Lichtquelle, Gegenstand und Beobachter.

Unser erstes Ziel ist es, die Farbe so zu beschreiben, wie wir sie sehen. In diesem Abschnitt werden wir das Problem vereinfachen, indem wir nur den Farbeindruck betrachten, der von einem einzelnen Beobachter unter einer Lichtquelle wahrgenommen wird. Besonders wollen wir erfragen, wie ein normalsichtiger Beobachter Farben beschreibt, die von Tageslicht beleuchtet werden. Im Abschnitt D werden wir zu diesem Bild einige Variationen hinzufügen, die sich ergeben, wenn die Lichtquelle, der Beobachter oder beide geändert werden.

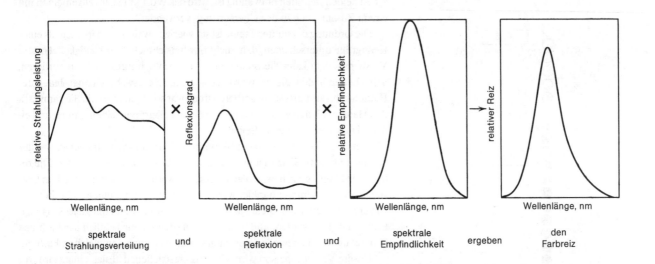

**Der Reiz, den das Gehirn (oder ein Meßinstrument) als Farbe interpretiert, ergibt sich aus der spektralen Strahlungsverteilungskurve der Lichtquelle mal der spektralen Reflexion oder Transmission der Probe mal der spektralen Empfindlichkeit des Empfängers (hier, dem Auge). (Obwohl die Farbreizkurve oberflächlich betrachtet wie die spektrale Empfindlichkeitskurve des Auges aussieht, zeigt ein genauer Vergleich, daß beide in Wirklichkeit recht verschieden sind.)**

18  Grundlagen der Farbtechnologie

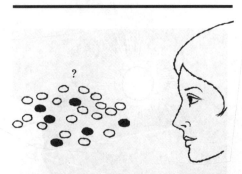

Beim „Desert Island" Versuch werden einer Versuchsperson eine große Anzahl farbiger Steine vorgelegt, die sie hinsichtlich ihrer Farbe sortieren soll ...

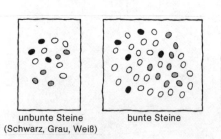

unbunte Steine (Schwarz, Grau, Weiß)     bunte Steine

... Zuerst sortiert sie die *unbunten* oder farblosen Steine aus ...

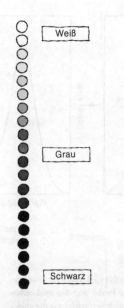

... und ordnet sie hinsichtlich ihrer *Helligkeit* von Weiß über Grau nach Schwarz ...

Wir werden auch dann noch keine vollständige Beschreibung des Farbeindrucks erarbeitet haben. Um das zu tun, müßten wir die unzähligen Reize betrachten, die im Gehirn das komplexe Bild hervorrufen, das wir Farbe nennen (Evans 1974). Zur Vereinfachung und weil das Farbsehen noch immer weitgehend unerforscht ist, betrachten wir nur die Wahrnehmung eines isolierten Farbreizes.

**Der Versuch auf der einsamen Insel („Desert Island")**

Eine der vielen möglichen Ansätze zur Beschreibung von Farben ist der sogenannte „Desert Island" Versuch, der von Judd (1975 a) und anderen beschrieben worden ist. Nimm an, jemand, der sich vorher nie mit Farben beschäftigt hat, ist gezwungen auf einer einsamen Insel zu leben, auf der es viele Kieselsteine mit den unterschiedlichsten Farben gibt. Nimm weiterhin an, der Bewohner der Insel versucht, die Kieselsteine hinsichtlich ihrer Farbe zu sortieren. Können wir der Farbe nun Attribute zuordnen, die mit der Art der Sortierung korrelieren?

Wir können uns viele verschiedene Wege verstellen, die unser einsamer Bewohner zur Lösung des Problems wählt; wir werden nur einen davon beschreiben. Laßt uns annehmen, daß unsere Versuchsperson bei Farben zuerst an die allgemein bekannten Namen wie Rot, Blau, Grün usw. denkt, wie es die meisten von uns tun und zuerst alle Steine aussortiert, die farblos also weiß, grau oder schwarz sind. Anders gesagt, unsere Versuchsperson trennt die *bunten* von den *unbunten* Steinen. (Diese Begriffe, wie viele andere in diesem Abschnitt werden exakt in Kapitel 2 D und 6 D erläutert.)

Die unbunten Steine betrachtend stellt unser Bewohner fest, daß er sie in einer logischen Folge ordnen kann, und zwar von weiß ausgehend über hellgrau zu dunkelgrau bis hin zu schwarz. Diese Anordnung, mit nur einer variablen Größe, der *Helligkeit,* gibt jedem unbunten Stein einen bestimmten Platz in der Sammlung. Ein weiterer gebräuchlicher Name für diese Größe ist *Value*. (Anm. des Übersetzers. Es gibt in der deutschen Sprache kein Wort für Value. Die richtige Übersetzung wäre ebenfalls Helligkeit. Wenn eine Unterscheidung zwischen beiden Begriffen notwendig ist, wird das Wort Value, im allgemeinen mit einem Zusatz, auch in der Übersetzung, verwendet.)

Die Ordnung der bunten Steine ist schwieriger, weil sie sich in mehr als einer Kenngröße unterscheiden, d. h. nicht nur hinsichtlich ihrer Helligkeit. Unsere Versuchsperson kann die Steine zuerst hinsichtlich ihres *Farbtons* sortieren, d. h. Haufen bilden, die sie mit rot, gelb, grün, blau usw. bezeichnet. Jeden der Haufen kann sie nun erneut sortieren und zwar so oft, wie sie will. Sie kann z. B. den Haufen mit den grünen Steinen in einen gelbgrünen, einen grünen und einen blaugrünen Haufen aufteilen.

Jeder der Haufen mit einem bestimmten Farbton kann nun genau wie der mit den unbunten Steinen hinsichtlich seiner *Helligkeit* sortiert werden. Die roten Steine könnten z. B. wie folgt angeordnet werden: Beginnend mit dem hellsten Rosa, dann immer dunkler werdend und endend mit einem sehr dunklen Kirschrot. Jedem roten Stein kann jetzt ein unbunter Stein mit gleicher Helligkeit zugeordnet werden; und wenn die Unterteilung hinsichtlich des Farbtons fein genug war, haben alle roten Steine dieser Gruppe den gleichen Farbton.

Unsere Versuchsperson wird allerdings feststellen, daß sich einige ihrer roten Proben (auch solche mit anderem Farbton) von den anderen roten Proben nicht nur hinsichtlich Farbton und Helligkeit unterscheiden. Sie wird z. B. einen Stein, der die Farbe eines Ziegelsteins hat, mit einem solchen vergleichen, der ein lebhaftes Tomatenrot zeigt. Sie wird erkennen, daß beide Steine den gleichen Farbton haben. Keiner ist gelber oder blauer als der andere. Ebenfalls stellt sie fest, daß beide die gleiche Helligkeit haben, da sie beide dem gleichen mittel-

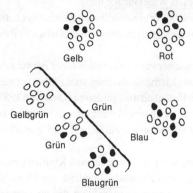

**Als nächstes sortiert sie die *bunten* Steine, zuerst hinsichtlich des *Farbtons* ...**

**... und dann hinsichtlich der Helligkeit innerhalb jeden Farbtons ...**

**... Bemerkend, daß die Steine innerhalb jeder Gruppe noch nicht gleich sind, sortiert sie sie endlich danach, wie stark sie von Grau abweichen, oder hinsichtlich ihrer Farbigkeit, die wir *Buntheit* nennen.**

*FARBTON*
*VALUE ODER HELLIGKEIT*
*BUNTHEIT ODER SÄTTIGUNG*
*Farbkoordinaten*

grauen Stein der unbunten Reihe zugeordnet werden. Sie sind trotz allem stark unterschiedlich. Nach einigem Nachdenken stellt sie fest, daß das dritte Unterscheidungsmerkmal angeben muß, wie stark die Farbe der Steine von Grau abweicht, oder anders ausgedrückt, wieviel Farbe oder Farbigkeit oder *Buntheit* sie enthalten. Weitere Namen für die dritte variable Größe zur Beschreibung von Farben sind *Sättigung* oder *Colorfulness*. (Anm. des Übersetzers: Für diesen Begriff existiert kein deutsches Wort.) In Kapitel 6 B werden wir die feinen Unterschiede zwischen den oben genannten Begriffen kennenlernen.

**Farbkoordinaten**

Wenn unser Schiffbrüchiger alle Steine hinsichtlich Farbton, Helligkeit und Colorfulness (oder Farbton, Helligkeit und Buntheit) geordnet hat, wird er feststellen, daß sein Ordnungssystem es zuläßt, allen weiteren Steinen der Insel einen bestimmten Platz im System zuzuordnen. Keiner, soweit er feststellt, ist nicht einzuordnen. Daraus zieht er nun korrekterweise den Schluß, daß drei und nur drei Größen (laß sie uns *Farbkoordinaten* nennen) bestimmt werden müssen, um Farben zu beschreiben.

Merke, daß wir gesagt haben, drei und nur drei Werte sind notwendig, um *Farben* zu beschreiben. Das *Aussehen* eines Gegenstandes ist damit jedoch nicht vollständig beschrieben. Wie wir auf Seite 13 erläutert haben, beeinflussen andere Faktoren wie die Größe, der Glanz und die Oberflächenstruktur, sowie die Farbe naheliegender weiterer Gegenstände (das *Umfeld*) ebenfalls das Aussehen eines Gegenstandes (Evans 1948).

Das Ordnungssystem mit Farbton, Helligkeit und Buntheit als Farbkoordinaten, das wir beschrieben haben, wird häufig verwendet, um Farben in systematischer Weise zu kennzeichnen, z. B. im Munsell Farbordnungssystem, das auf Seite 28 erläutert werden wird. Obwohl die drei oben beschriebenen Koordinaten oft verwendet werden, ist es möglich, andere Koordinaten als Basis für ein Farbordnungssystem zu wählen. Z. B. kann man die *Klarheit (Brightness)*, eine Kombination von Helligkeit und Sättigung, als eine der Koordinaten wählen. (Anm. des Übersetzers: Das Wort Brightness ist hier nicht entsprechend der CIE Nomenklatur verwendet worden. Dort ist es ein weiteres Maß für die Hellig-

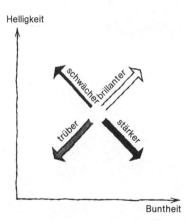

**In Färbereien häufig verwendete Farbkoordinaten. Farbton ist eine andere Variable, die hier nicht berücksichtigt ist.**

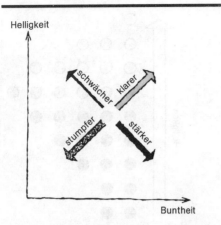

In der Lackindustrie häufig verwendete Farbkoordinaten. Der Farbton ist auch hier eine andere wichtige Größe.

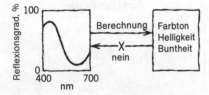

keit und müßte dementsprechend ebenfalls mit Helligkeit übersetzt werden. Die Verfasser weisen weiter unter auf diesen Widerspruch hin.)

Das bedeutet jedoch nicht, daß mehr als drei Koordinaten gleichzeitig benötigt werden, um eine Farbe zu beschreiben, sofern man den einfachen Fall des isolierten Farbreizes annimmt.

Das Wort Brightness wird unglücklicherweise in verschiedener Art verwendet. Wir sprechen hier über Brightness (Klarheit), als einen vom Färber verwendeten Begriff, einer Kombination von Helligkeit und Sättigung (Davidson 1950). Wird der Begriff verwendet, um das Aussehen einer Lichtquelle zu beschreiben, hat er dieselbe Bedeutung wie die Helligkeit bei Körperfarben; der Unterschied wird in Kapitel 6 B beschrieben.

Wir wissen nun, wie eine Farbe einem Beobachter erscheint. Können wir dieses psychologische Konzept der Farbe dem physikalischen Bild, das wir in Abschnitt B entwickelt haben, zuordnen? Dort wurde ausgeführt, daß die Farbe eines Gegenstandes durch seine spektrale Reflexionskurve beschrieben werden kann. Die Antwort ist „ja" oder zumindest „meistens". Wie in Kapitel 2 abgeleitet werden wird, können wir mit Hilfe der Reflexions- oder Transmissionskurve einen Satz von drei Zahlen errechnen, der die Farbe beschreibt. Wenn wir die Rechnung komplex genug machen, korrelieren die Zahlen immer besser mit den Größen, die wir visuell als Farbton, Helligkeit und Buntheit bestimmt haben. Höchstwahrscheinlich werden wir nie in der Lage sein, die Rechnung so zu verbessern, daß die Zahlen *genau* das wiedergeben, was das phantastische menschliche Auge sieht, oder auch nur feststellen können, wann oder wie stark unsere Rechnung davon abweicht. Für die Praxis ist dies allerdings unbedeutend.

Es *ist* allerdings wichtig zu beachten, daß die spektrale Reflexionskurve eines Gegenstandes mehr Informationen enthält, als es die Farbkoordinaten Farbton, Helligkeit und Buntheit oder ein anderes Farbtripel tun. In Kapitel 2 werden wir lernen, wie man Farbkoordinaten an Hand der spektralen Reflexionskurve berechnen kann, und wir werden lernen, daß der umgekehrte Weg nicht möglich ist. Kurz gesagt heißt das, daß viele verschiedene Reflexionskurven bei der Rechnung zu dem gleichen Satz von Farbkoordinaten führen können. Die Auswirkungen dieser Tatsache sind fundamental für die Farbtechnologie. Sie werden deshalb ausführlich im nächsten Abschnitt diskutiert.

## D. DAS AUSSEHEN FARBIGER PROBEN

Nachdem wir ein Gerüst zur Beschreibung des Weges, wie Farben einem Beobachter erscheinen, entwickelt haben, können wir jetzt darüber nachdenken, wie sich das Aussehen ändert, wenn sich die drei wichtigen Faktoren – Lichtquelle, Gegenstand und Beobachter – ändern, die einen Einfluß auf die Farbe haben.

### Lichtquellen, Farbwiedergabe und Farbumstimmung

Zuerst wollen wir eine häufig vorkommende Situation betrachten, bei der sich die Lichtquelle ändert, der Gegenstand und der Beobachter dagegen nicht. Ein allgemein bekanntes Beispiel hierfür ist: Sie kaufen einen braunen Anzug in einem Geschäft für Herrenmoden, das mit warmem Glühlampenlicht beleuchtet ist, und stellen bei Tageslicht auf der Straße fest, daß sich die Farbe des Anzugs in einen häßlichen, grünstichigen Ton verwandelt hat. Was ist geschehen?

In der Zusammenfassung auf Seite 17 haben wir ausgeführt, daß die Reize, die unser Gehirn zum Farbeindruck umwandelt, in unserem Konzept durch Verkettung (durch Multiplikation Wellenlänge für Wellenlänge) der spektralen Strahlungsverteilung der Lichtquelle, der spektralen Reflexionskurve des Gegenstandes und der spektralen Empfindlichkeitskurve des Empfängers (hier des Auges) entstehen. In den Kurven auf Seite 17 ist der Zusammenhang graphisch dargestellt. Wenn sich die Beleuchtung ändert, ändert sich der Reiz, der an das Gehirn geleitet wird, und wir dürfen erwarten, daß sich die vom Gehirn registrierte Farbe ebenfalls ändert. Mit den Ausdrücken, die wir zur Wahrnehmung in Abschnitt C verwendet haben, können wir besser als mit der physikalischen Beschreibung in Abschnitt B sagen, daß die Änderung der Beleuchtung den Anzug grüner, dunkler und weniger farbig erscheinen läßt. Wir schließen daraus, daß sich ebenso wie der visuelle Farbeindruck auch die Farbkoordinaten eines Gegenstandes verändern, wenn er unter einer anderen Lichtquelle betrachtet wird. Diese Eigenschaft von Lichtquellen, welche die Farbe eines Gegenstandes beeinflußt, wird *Farbwiedergabe* genannt. Sie wird ausführlich in Kapitel 6 A besprochen.

Wir erwarten, daß ähnliche Effekte auftreten, wenn die Lichtquelle und der Gegenstand unverändert bleiben, jedoch ein anderer Beobachter abmustert. Dies ist schwerer festzustellen. Da jedoch einige Beobachter mit deutlich unterschiedlichen spektralen Empfindlichkeitskurven des Auges gefunden wurden, ist auch dies zu bestätigen.

Auge und Gehirn sind wundervolle Schöpfungen. Sie versuchen normalerweise Änderungen, die ihnen angeboten werden, zu kompensieren. In einem seiner berühmten Experimentalvorträge zeigte Ralph M. Evans eine Serie von sehr ähnlichen Diapositiven, wobei er die Lichtquelle für jedes Dia etwas veränderte, so daß das letzte Dia mit Glühlampenlicht beleuchtet, das erste dagegen mit Tageslicht betrachtet wurde. Das Auge stimmt sich auf kleine Änderungen ein, die sich zwischen den einzelnen Dias ergeben, und normalerweise registrierten die Zuhörer die Änderung nicht. Zum Schluß wurden das erste und das letzte Diapositiv nebeneinander gezeigt, wobei überraschend ein starker Unterschied sichtbar wurde.

Wir möchten auf die Tatsache hinweisen, daß sogar große Änderungen wegen des Vermögens der Umstimmung (Adaptation) des Auges nicht bemerkt werden, wenn alles, was das Auge sieht, sich mit der Änderung der Lichtquelle (oder des Gegenstandes bzw. des Beobachters) gleichartig ändert. Es gibt allerdings viele Beispiele, wo dies nicht der Fall ist, und diese sind sehr wichtig für die Herstellung oder den Vertrieb von farbigen Produkten.

Die *Farbumstimmung* ist bis heute eines der größten ungelösten Mysterien der Farbwissenschaft (Evans 1974, Bartleson 1978). Wir wissen, daß die Farbwahrnehmung von der Art der Adaptation des Auges, und daß diese von allen Empfängern in der Netzhaut abhängt. Das Phänomen des Simultankontrastes (Chevreul 1854, Albers 1963) macht dies hervorragend sichtbar. Farben sehen unterschiedlich aus, je nach der Farbe ihrer Umgebung bzw. der Farbe des nebenliegenden Gegenstandes. Chevreul kannte diesen Effekt sehr genau und verwendete ihn, um die Farbeffekte, die er bei Gobelin-Teppichen wahrnahm, zu erklären. Das Phänomen wird auch heutzutage in der Textilindustrie und vielen anderen Industrien genutzt. Wir beginnen gerade zu lernen, wie die Ergebnisse der Farbumstimmung quantitativ errechnet werden können (Bartleson 1979 a, b).

## Metamerie

Weil wir uns nun mit den Unterschieden in der Farbe von Gegenständen beschäftigen wollen, die durch eine Änderung der Lichtquellen oder des Beobachters (jedoch nicht von beiden gleichzeitig) bewirkt werden, müssen wir jeweils zwei Gegenstände gleichzeitig betrachten. Eine bestimmte und wichtige Situation ist folgende: Zwei Proben zeigen bei der Abmusterung Übereinstimmung, d. h. sie sind *gleichfarbig*, wenn sie unter einer Lichtquelle abgemustert werden. Unter einer anderen Lichtquelle sind sie jedoch nicht gleichfarbig. Daraus muß

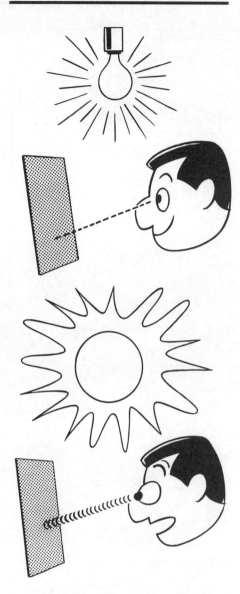

Es ist eine häufige (und manchmal unschöne) Tatsache, daß derselbe Gegenstand unterschiedliche Farben haben kann, wenn er von demselben Beobachter unter verschiedenen Lichtquellen betrachtet wird. Manchmal wird dies *flare* (Anm. des Übersetzers: hierfür gibt es kein deutsches Wort) genannt.

„**Die Kunst der Bildteppich-Weber basiert auf dem** *Prinzip der Mischung von Farben* **und auf dem** *Prinzip ihres Simultankontrastes.*"

**Chevreul 1854**

# 22 Grundlagen der Farbtechnologie

Es ist eine häufige (und manchmal unschöne) Tatsache, daß farbige Probenpaare mit unterschiedlichen spektralen Reflexionskurven unter einer Lichtquelle gleich aussehen, unter einer anderen Lichtquelle dagegen nicht mehr übereinstimmen. Sie werden *metameres Paar* oder *Metamere* genannt. Die Erscheinung heißt *Metamerie*. Einige Verfasser nennen nicht metamere Probenpaare, die stets übereinstimmen, *isomere* Probenpaare. Wir schätzen diesen Ausdruck nicht, weil für einen Chemiker Metamerie und Isomerie die gleiche d. h. keine gegensätzliche Bedeutung haben.

gefolgert werden, daß die beiden Gegenstände unterschiedliche spektrale Reflexionskurven haben. Wenn sie unter einer Lichtquelle gleichfarbig sind, müssen sie andererseits dort die gleichen Farbkoordinaten haben. Zwischen diesen beiden Aussagen besteht kein Widerspruch, denn die spektrale Reflexionskurve enthält sehr viel mehr Informationen als die drei Farbwerte, die daraus abgeleitet worden sind. Viele unterschiedliche spektrale Reflexionskurven führen zu dem gleichen Satz von Farbkoordinaten.

Wir definieren zwei Proben mit unterschiedlichen spektralen Reflexionskurven, aber gleichen Farbkoordinaten bei einer Abmusterungsbedingung, als *metamere Proben* (bedingt gleiche Proben) oder als ein *metameres Paar*. Man sagt, sie zeigen *Metamerie*. Probenpaare, die die gleichen spektralen Reflexionskurven und deshalb auch die gleichen Farbkoordinaten unter allen Lichtquellen haben, sind *nicht metamer* (unbedingt gleich), oder anders ausgedrückt, sie bilden ein *unveränderliches* Paar.

Das Konzept der Metamerie kann auch angewendet werden, wenn zwei Proben für einige Beobachter die gleiche Farbe zeigen, dies für andere Beobachter jedoch nicht tun. Wir nennen dies *Beobachter-Metamerie*. Ursache hierfür sind kleine Unterschiede in den spektralen Empfindlichkeitskurven der Beobachter, obwohl keiner von ihnen farbfehlsichtig ist. Es ist wichtig festzuhalten, daß die zwei „Beobachter" nicht unbedingt Menschen sein müssen. Es können auch zwei Meßgeräte mit stark unterschiedlichen spektralen Empfindlichkeiten sein.

Kenntnisse über Metamerie sind für die Farbnachstellung wichtig. Wie ausführlich in Kapitel 5 B dargelegt wird, müssen zwei Proben, die unter allen Bedingungen unverändert gleich aussehen sollen, identische spektrale Reflexionskurven haben. Dies kann sehr einfach durch den Einsatz der gleichen Farbstoffe zur Anfärbung beider Proben erreicht werden. Wenn dies nicht möglich ist, z. B.

wenn unterschiedliche Materialien wie Textil und Lack übereinstimmen sollen, ist eine unveränderliche Übereinstimmung nur schwer zu erreichen und alle Geschicklichkeit des Koloristen ist notwendig, um eine bedingt gleiche oder metamere Nachstellung zu vermeiden.

Die Eigenschaften des Auges sind bei der Farbabmusterung auch in anderer Weise wichtig, wie jeder, der damit zu tun hat, weiß. Einige Beispiele für Einflüsse auf das Abmusterungsergebnis sind der Adaptationszustand des Auges, die Probengröße, die Farbe des Umfeldes und der Abstand zwischen den Proben (Evans 1948, 1972, 1974; Albers 1963). Es wurde vielleicht noch nicht oft erkannt, daß Meßgeräte unterschiedlich empfindlich gegen Unterschiede im Aussehen und in anderen Aspekten der Probe sind. Dies beeinflußt ihre Brauchbarkeit für die Farbnachstellung und die Farbmessung.

## E. ZUSAMMENFASSUNG

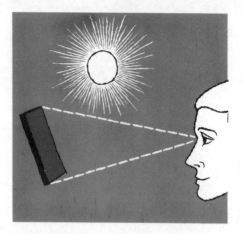

Sollten wir gezwungen sein, nur einen wichtigen Sachverhalt am Ende dieses Kapitels aufzuführen, so wäre es dieser: Im einfachsten Fall eines isolierten Farbreizes gibt es drei wesentliche Faktoren für die Erzeugung, die Wahrnehmung und die Messung von Farben: Die Lichtquelle, die beleuchtete Probe und einen menschlichen oder instrumentellen Beobachter.

Dies ist unglücklicherweise in der Realität nicht wahr. Auf Grund der unterschiedlichsten Erfahrungen wissen wir, daß die wahrgenommene Farbe eines jeden Gegenstandes, die im Gehirn als Farbeindruck interpretiert wird, in gewissem Umfang von der Art der Adaptation und der Empfindlichkeit des Beobachterauges abhängt. Kein Meßinstrument oder Rechner kann dies nachempfinden. Ebenfalls kann dies nicht in Abbildungen dargestellt werden, wie Ralph M. Evans in dem nach seinem Tod veröffentlichten Buch ausführte (1974) und wie er es lebensnah in seinen Experimentalvorträgen demonstrierte. Glücklicherweise kann die industrielle Anwendung der Farbtechnologie ohne großen Verlust auf die einfachen Fälle beschränkt werden, für die sich unsere dargestellten Grundlagen als richtig erweisen.

KAPITEL 2

# Die Beschreibung von Farben

Die methodische Beschreibung und Kennzeichnung von Farben ist wesentlich bei der Lösung von Problemen, die bei Gesprächen über Farben auftreten. Universell anerkannte Sprachen sind notwendig, wenn man über das Aussehen von farbigen Proben sprechen will und die Gesprächspartner sich an verschiedenen Orten befinden oder wenn die Proben nicht gegenwärtig sind. Ebenfalls, wenn man über Proben sprechen will, die man zu verschiedenen Zeiten gesehen hat. Wenn wir über Farbmessungen oder Farbempfindungen sprechen oder auch, wenn wir ein bestimmtes Produkt beschreiben wollen, benötigen wir viele verschiedene Sprachen, um alle Aspekte der Farbe zu beschreiben. In diesem Kapitel beschreiben und bewerten wir Systeme zur Anordnung und zur Beschreibung von Farben, d. h. *Farbordnungssysteme* oder *Farbkörper,* um die Wahl des geeigneten Systems für die vorliegende Fragestellung zu ermöglichen. Das sehr viel schwierigere Problem, Farben so zu beschreiben, wie sie wirklich aussehen, d. h. die genaue Bezeichnung der *Farberscheinung* wird in Kapitel 6 B besprochen.

Von den vielen verschiedenen Wegen, Farbordnungssysteme einzuteilen, haben wir den gewählt, der die Systeme in solche, die als Farbkarten mit realen Proben existieren, und in solche, die nicht auf wirklich existierende Proben aufgebaut sind, unterteilt. Die erste Gruppe ist unterteilt in Sammlungen, die systematisch aufgebaut sind (z. B. visuell gleiche Farbabstände aufweisen) und in solche, auf die dies nicht zutrifft. Innerhalb jeder Klasse und Unterklasse beschreiben wir ein oder mehrere typische Beispiele. Unsere Liste ist jedoch keineswegs vollständig. Viele weitere Systeme sind von Wyszecki (1967) und von Judd (1975 a) beschrieben worden.

## A. SYSTEME, DIE DURCH FARBMUSTER DARGESTELLT SIND.

### Willkürliche Anordnungen

Sammlungen von Farbproben ohne systematische Anordnung sind sehr verbreitet. Es gibt solche, bei denen die Proben völlig zufällig und solche, bei denen sie halbwegs geordnet sind. Die meisten Probensammlungen, die hergestellt worden sind, um die Farben zeigen, in denen ein bestimmtes Produkt geliefert werden kann, sind zufällig oder fast zufällig angeordnet. Karten mit Modefarben (die jedes Jahr neu festgelegt werden), Farbkarten (für Telephone oder

„Eine Nomenklatur der Farben mit ordnungsgemäß in den verschiedensten Farbnuancen angefärbten Proben als ein allgemeiner Standard, auf den bei der Beschreibung von Farben Bezug genommen werden kann, wird lange von Künstlern und Wissenschaftlern gewünscht. Es ist eigenartig, daß nicht bemerkt wurde, daß ein so offensichtlich nützlicher Atlas bei der Beschreibung von historischen Objekten und Kunstgegenständen benötigt wird, bei denen die Angabe der Farbe unbedingt erforderlich ist."

**Syme 1814**

„Eßzimmer. Es soll gelb und zwar sehr *lebhaft gelb* sein. Streiche es in einem leuchtenden Sonnengelb und du kannst nichts falsch machen. Bitte einen deiner Maler, ein Pfund Markenbutter zu kaufen und deren Farbe *genau* nachzustellen."

**Hodgins 1946**

## 26  Grundlagen der Farbtechnologie

Damast-Servietten) oder andere Kataloge von Herstellern sind typische Beispiele. Die *Federal Color Card for Paint* (Federal Specification TT-C-595), die *House and Garden Colors* (Bertin 1978) und die *Color Forecasts* der *Color Association of the United States, Inc.* sind weithin bekannte Sammlungen dieser Art. Bei dieser Art von Sammlungen ist die Tatsache, daß es nicht möglich ist, die Farbe von Zwischentönen aus den in der Sammlung gezeigten Proben abzuleiten, ein bedeutender Mangel, der als Kriterium dafür angesehen werden kann, ob eine Sammlung „willkürlich" genannt wird.

**Anordnungen, die sich aus dem Verhalten von Farbmitteln ableiten**

In einigen Industrien, z. B. in Lack- und Druckfarben-Fabriken, ist es allgemein üblich, eine große Palette von farbigen Proben durch das systematische Mischen von relativ wenigen hochgestättigten Farbmitteln untereinander, sowie mit Weiß, Schwarz und Grau herzustellen. Nicht nur die Farbproben, sondern auch die verkauften Produkte sind wie oben beschrieben hergestellt. Die meisten der großen Hersteller von Malerfarben, sowie von Industrie- und Autolacken haben Farbsysteme dieses Typs. Sie ermöglichen das Erstellen der gewünschten Farbe entweder durch Mischen direkt beim Verkäufer, manchmal unter Zuhilfenahme von Mischsystemen, oder durch Kauf von abgepackten Gebinden. Ähnliche Farbsysteme werden von den Herstellern von Druckfarben oder Kunststoffgranulaten angeboten. Eine historisch wichtige Sammlung dieser Art ist die von Maerz und Paul *A Dictionary of Color* (März 1930). Eine einmalige Sammlung dieses Typs besteht aus den durchsichtigen *Lovibond Gläsern,* mit deren Hilfe eine Vielfalt von Farben durch subtraktive Mischung in einem Farbmischgerät, dem *Lovibond Tintometer* (Seite 76) erzeugt werden kann (Judd 1962 a, b). Ähnliche moderne Systeme, die ebenfalls auf der Mischung von Farbmitteln beruhen, sind das *Pantone* System, das stark im Anzeigendruck verbreitet ist, sowie der *ICI-Farbatlas.*

Bei den meisten dieser Sammlungen ist es möglich, zwischen den dargestellten Farben zu interpolieren. Darüber hinaus sind einige dieser Sammlungen, wie z. B. die Lovibond Gläser, vermessen. Sie können zumindest annähernd zu anderen Farbordnungssystemen in Beziehung gesetzt werden.

**Anordnungen, die auf Farbmischregeln beruhen**

Es ist bekannt, daß Farbmittel oder farbige Lichter, die in bestimmten Verhältnissen gemischt werden, immer wieder die gleiche Farbe ergeben. Es muß somit Gesetze geben, die die Vorausberechnung der Mischfarben gestatten. Sie werden in Kapitel 5 beschrieben. Die Gesetze, die das Mischen von farbigen Lichtern mit Hilfe eines Farbkreisels beschreiben (Seite 135), wurden früher, aber auch noch heute, zur Erstellung von Farbordnungssystemen angewandt.

**Das Ostwald-System.**   Wahrscheinlich ist das am besten bekannte System, das auf der Farbkreisel Kolorimetrie basiert, das Ostwald-System (Ostwald 1931, 1969; Jacobsen 1948). Im Idealfall sind die Farben des Ostwald-Systems durch die Lichtmengen definiert, die von einem Farbkreisel zurückgeworfen werden. Die Segmente der Scheibe bestehen aus Weiß und Schwarz sowie einer hochgesättigten Farbprobe, die mit *Vollfarbe* bezeichnet wird. Es gibt genügend Vollfarben, um einen Farbkreis zu erzeugen. Die Farben, die auf einer Vollfarben-Seite des Ostwald Atlasses dargestellt sind, werden mit *Vollfarbenanteil, Weiß-* und *Schwarzanteil* gekennzeichnet. Der Aufbau des Ostwald-Systems führt zu Reihen, die in etwa den gleichen Farbton, den gleichen Schwarzanteil oder den gleichen Weißanteil haben. Das System ist besonders gut für Künstler, Maler und Druckfarbenhersteller brauchbar, aber auch für solche, die mit Mischungen aus einem Farbpigment und Schwarz- und Weißpigmenten arbeiten.

**Die Farben des Ostwald-System sind Mischungen einer Vollfarbe mit Schwarz und mit Weiß, wodurch dazwischenliegende hellklare, dunkelklare und trübe Farben erzeugt werden (Birren 1969).**

**Anm. des Übersetzers: Bei der Übersetzung wurden die von Ostwald verwendeten Begriffe verwendet.**

# Die Beschreibung von Farben 27

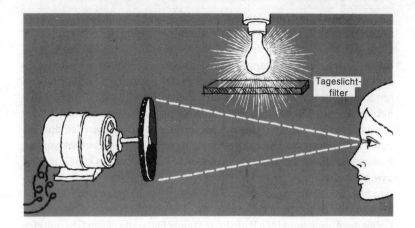

**Das Prinzip der Farbkreisel Kolorimetrie.**

Im Augenblick gibt es keine allgemein käufliche Farbsammlung, die auf dem Ostwald System beruht. Bis vor kurzem war als Annäherung das *Color Harmony Manual* (Granville 1948) zu erwerben. Eine historisch wichtige Sammlung, die auf den Ergebnissen der Farbkreisel Kolorimetrie augebaut ist, ist die von Ridgway *Color Standards and Color Nomenclature* (Ridgway 1912). Weitere moderne Systeme, die auf verschiedenen Grundsätzen der Farbmischung beruhen, sind von Gerritsen (1975, 1979) und von Küppers (1973, 1979) beschrieben worden.

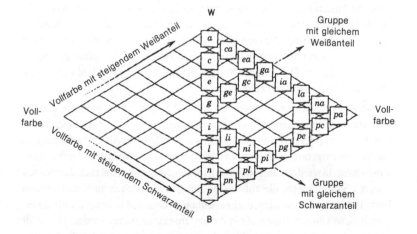

**Jede Seite im Ostwald System enthält eine Vollfarbe – d. h. ein Pigment, das einer Ostwald Vollfarbe nahe kommt (Farbe ohne Schwarz- und Weißanteil) und Mischungen der Vollfarbe mit Schwarz und Weiß. Sie bilden Reihen mit annähernd gleichem Schwarzanteil, annähernd gleichem Weißanteil und annähernd gleichem Vollfarbenanteil.**

*Farbton:* ist die Eigenschaft der Farbe, die durch Wörter wie Rot, Gelb, Grün, Blau usw. beschrieben wird.

*Helligkeit:* ist die Eigenschaft der Farbe, die mit den Wörtern hell, dunkel usw. beschrieben wird. Sie setzt die Farbe zu einem Grau mit gleicher Helligkeit in Beziehung.

*Buntheit:* ist die Eigenschaft, welche die Größe der Abweichung (den Farbabstand) einer Farbe von einem Grau mit gleicher Helligkeit beschreibt.

**Anordnungen, die eine visuell gleichabständige Stufung zeigen**

**Das Munsell System.** Das wahrscheinlich am besten bekannte Farbordnungssystem ist das *Munsell System* (Munsell 1929, 1963, 1969; Nickerson 1940, 1969). Auf dem Grundsatz der Gleichabständigkeit aufbauend ist das Munsell System sowohl eine Sammlung von Lackaufstrichen, die Proben mit untereinander visuell gleichgroßen Abständen repräsentiert, als auch ein System, mit dessen Koordinaten *Munsell Hue* (Munsell Farbton), *Munsell Value* (Munsell Helligkeit), *Munsell Chroma* (Munsell Buntheit) alle vorkommenden Farben beschrieben werden können. Diese drei Koordinaten entsprechen den drei Variablen, die normalerweise zur Beschreibung von Farben verwendet werden; *Farbton* ist die Eigenschaft der Farbe, die durch Wörter wie Rot, Gelb Grün, Blau usw. beschrieben wird; *Helligkeit* ist die Eigenschaft der Farbe, die mit den Wörtern hell, dunkel usw. beschrieben wird. Sie setzt die Farbe zu einem Grau mit der gleichen Helligkeit in Beziehung; *Buntheit* ist die Eigenschaft, welche die Größe der Abweichung (den Farbabstand) einer Farbe von einem Grau mit gleicher Helligkeit beschreibt.

Die Proben des *Munsell Book of Color* (Munsell 1929) sind normalerweise auf Karten oder Seiten mit gleichem Farbton angeordnet, wie Farbtafel 1 zeigt. Auf jeder Seite sind die Proben so angeordnet, daß sich die Munsell Helligkeit in vertikaler und die Munsell Buntheit in horizontaler Richtung ändert. Eine Skala von grauen Proben mit weiß an der Spitze und schwarz am Boden kann man sich als „Stamm" des Munsell „Farbbaums" denken (Farbtafel 2) oder als Reihe mit dem Buntheitswert null auf jeder Seite. Jede Probe trägt eine *Munsell Bezeichnung,* die ihren Platz im System angibt. Diese Bezeichnung besteht aus drei Zeichen, mit denen Munsell Farbton, Helligkeit und Buntheit angegeben werden. Der Munsell Farbton wird durch eine Zahlen- und Buchstabenkombination gekennzeichnet, z. b. 5 Y oder 10 GY. Die Buchstaben sind den 10 wichtigsten Farbtonnamen entnommen (Rot - R, Gelb - Y, Grün - G, Blau - B, Violett - P und den angrenzenden Mischfarben z. B. Grüngelb - GY). Die Zahlen gehen von 1 bis 10. Die Munsell Helligkeit und die Munsell Buntheit werden der Farbtonbezeichnung angefügt und durch einen Schrägstrich (/) voneinander getrennt. Eine typische vollständige Munsell Bezeichnung ist 5 R 5/10. Die Variablen des Systems sind dreidimensional in Farbtafel 3 dargestellt.

Verschiedene herausragende Eigenschaften des Munsell Systems sind der Grund dafür, daß es als nützlich empfunden wird, und deshalb eine weitverbreitete Anwendung gefunden hat. Zuerst ist es der als visuell gleichabständig empfundene Abstand der Proben. Innerhalb der Grenzen der Buntheit (6–10), die durch die Proben des ursprünglich hergestellten *Munsell Book of Color* gegeben sind, gibt es nur geringe Abweichungen von der Gleichabständigkeit in jeder der Munsell Koordinaten. Nur wenige andere Farbsysteme sind annähernd so gut in dieser Eigenschaft: Das Munsell System wird deshalb als Standard verwendet, um andere Systeme daran zu messen.

Ein zweiter wichtiger Vorteil des Munsell Systems besteht darin, daß die Munsell Bezeichnungen nicht an die vorhandenen Proben gekoppelt sind oder von den vorhandenen Proben begrenzt werden. Jede denkbare Farbe kann in das System eingeordnet werden, gleichgültig, ob sie mit existierenden Farbmitteln hergestellt werden kann oder nicht. Im Gegensatz hierzu stehen die meisten anderen Sammlungen, die auf Proben mit hoher Buntheit aufbauen. Sollten Farbmittel gefunden werden, die es erlauben, Proben mit höherer Buntheit herzustellen, so können diese nicht in die Systeme eingeordnet werden. Dies trifft insbesondere auf Systeme zu, die auf Farbmischgesetzen oder dem Farbmittelverhalten beruhen. Sie sind zwangsläufig davon abhängig, welche am besten ge-

Von Johnny Hart

eigneten Farbmittel bei ihrer Ausstellung vorhanden waren, und können nicht in einfacher Weise erweitert werden, um neue Entwicklungen einzubeziehen.

Ein weiterer Vorteil des Munsell Systems ist, daß die Proben des *Munsell Book oft Color* mit sehr geringen Farbtoleranzen hergestellt werden, so daß der Benutzer darauf vertrauen kann, daß die Farbproben in seinem Exemplar sehr gut mit denen in anderen Büchern oder auch mit denen von Neuauflagen übereinstimmen. Wiederum muß der Benutzer darauf hingewiesen werden, daß dies nicht genauso für andere Systeme gelten muß. Von diesen ist bekannt, daß Farbproben mit der gleichen Farbnummer in verschiedenen Auflagen deutlich voneinander abweichen können. In solchen Systemen ist die Angabe einer Farbnummer *nur* brauchbar, um *eine bestimmte Probe in einer bestimmten Auflage* zu beschreiben.

Eine zweite Warnung bezieht sich auf den Gebrauch des Munsell Book of Color oder auch auf den jeder anderen Sammlung von Farbproben: Fast immer wird die Probe der Farbsammlung mit einer Probe verglichen, die nicht mit denselben Farbmitteln gefärbt ist. Zufällige Ausnahmen sind natürlich möglich. Beide Proben haben deshalb unterschiedliche spektrale Reflexionskurven und bilden ein metameres Paar. Alle Vorsichtsmaßnahmen, die in Kapitel 5 B besprochen werden, sind zu beachten, wenn solche metameren Farbvergleiche durchgeführt werden. Die Empfehlungen der Hersteller einer Sammlung hinsichtlich der Beleuchtungs- und Abmusterungsbedingungen müssen befolgt werden, und es ist weiter daran zu erinnern, daß ein Abmusterer mit anderem Farbsehvermögen die Übereinstimmung von Probe und Farbsammlung anderes beurteilt. Da die Farbproben in den meisten Sammlungen große Farbunterschiede zwischen den einzelnen Farbmustern aufweisen, ist bei der Suche nach dem am besten übereinstimmenden Muster die Auswahl eines anderen Musters allerdings wenig wahrscheinlich. Die Metamerie vermindert somit die Brauchbarkeit von Farbsammlungen nicht, sofern sie so benutzt werden, wie dies vom Hersteller vorgeschrieben wird. Diese Warnung trifft auf alle uns bekannten Probensammlungen zu.

Vor vielen Jahren wurden die ursprünglichen *Munsell Book Notations* der matten Proben wegen bestimmter augenfälliger Fehler in den Abständen etwas korrigiert. Die neuen Bezeichnungen sind als *Munsell Renotations* bekannt geworden. Das korrigierte System wird *Munsell Renotation System* genannt (Newhall 1943). Es sind sowohl matte als auch glänzende Proben mit ganzzahligen Munsell Renotation Werten hergestellt worden (Davidson 1975), für welche heute die Bezeichnung *Munsell Werte* allgemein üblich ist. Das Munsell System ist auf diese Weise mit den Farbmeßwerten für alle denkbaren Farben in Bezie-

hung gesetzt werden und zwar auch dann, wenn sie mit den vorhandenen Farbmitteln nicht erzeugt werden können.

Das Munsell System bildet die Grundlage des ISCC-NBS Systems zur Benennung von Farben (Kelly 1955, 1976), das Teil der universellen Farbsprache ist, die weiter unten beschrieben wird.

**Das gleichabständige OSA System (OSA Uniform Color Scales).** Ein unabhängiger Versuch, eine Sammlung mit visuell gleichabständigen Proben zu erstellen, wurde vom Ausschuß für gleichabständige Farbskalen der Optischen Gesellschaft von Amerika (OSA) unternommen. Die Proben (OSA Uniform Color Scales), die als Resultat dieser Arbeit erstellt wurden (MacAdam 1974, 1978; Nickerson 1978, 1981; OSA 1977) bestehen aus 588 verschiedenen Farben. Ihre räumliche Anordnung erfolgt auf den Achsen: Rot–Grün, Grün–Blau und Helligkeit. Bis auf die Randproben hat jede Probe 12 Nachbarn mit gleichgroßem Farbabstand gegenüber der Bezugsprobe (4 Proben mit gleicher Helligkeit, 4 hellere Proben und 4 dunklere Proben). Bei der Anordnung der Proben in diesem System ist ursprünglich nicht an ein Farbordnungssystem gedacht worden. Dafür erlaubt dieses System die Erstellung von vielen visuell gleichabständigen Farbskalen, die aus Mangel an geeigneten Proben früher nicht dargestellt werden konnten.

**Anordnung einer Zentralprobe mit der Helligkeit L = 0, dem Rot-Grünwert g = 0 und dem Gelb-Blauwert j = o und ihren 12 nächsten Nachbarn mit den angegebenen L-, j- und g-Werten. Wie hier gezeigt, sind die Proben im OSA System angeordnet. (Nickerson 1981).**

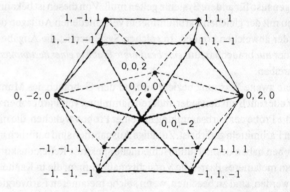

**Das natürliche Farbsystem (Natural Color System).** Ein Farbordnungssystem, das eine teilweise visuell gleichabständige Stufung aufweist, ist in Schweden entwickelt (Hard 1970) und zur schwedischen Norm erklärt worden. Sein Farbtonkreis beruht auf der Annahme von 4 reinen Farben, einem Rot, das keinen wahrnehmbaren Gelb- oder Blauanteil hat, einem Gelb ohne wahrnehmbaren Rot- oder Grünanteil, und genauso definierten Blau- bzw. Grüntönen. (Die Anordnung der 4 Farben im Abstand von 90° auf einem Farbkreis ergibt allerdings keinen gleichabständigen Farbtonkreis.) Für jeden Farbton sind die Proben des Natural Color Systems in Dreieckform angeordnet. Die visuell gleichabständigen Koordinaten sind Sättigung und „Schwarzgrad".

**Farbkosmos 5000 (Chroma Cosmos 5000).** Das japanische Farbforschungsinstitut hat eine umfangreiche Sammlung von Farbproben – Chroma Cosmos 5000 – zusammengestellt, deren Grundlage das Munsell System ist. Beschrieben wird die Sammlung von Birren (1979). Sie enthält 5000 Proben, die auf Seiten mit gleicher Buntheit und nicht wie bei Munsell auf Seiten mit gleichem Farbton angeordnet sind.

## Die universelle Farbsprache

Wir haben uns oft gedacht, daß viele Probleme der Farbtechnologie einfacher gelöst werden könnten, wenn jedermann eine allgemein gültige Farbsprache verwenden würde, die alle wenigstens im allgemeinen Sinne verstehen. Die Sprache sollte es erlauben, Farben mit Namen oder Zahlen, die unmittelbar den bekanntesten Farbordnungssystemen zugeordnet sind, in verschiedenen Genauigkeitsstufen zu beschreiben. Sie sollte eine sinnvolle Übersetzung all der exotischen oder synthetischen Farbnamen ermöglichen.

Solch eine Sprache hat es 15 Jahre lang gegeben (Kelly 1963, 1976) und es ist erstaunlich, daß sie nicht stärker angenommen worden ist. Für den Gebrauch werden 6 Ebenen mit verschiedener Genauigkeit oder Feinheit zur Verfügung gestellt, die angeben, wie Farben zu benennen sind, und zwar entweder mit Namen (Ebene 1–3) oder mit Zahlen (Ebene 4–6).

Der Nutzen der universellen Farbsprache (UCL) kann am Beispiel einer Hausfrau illustriert werden, die einen Sessel mit der Farbe *Sonnenbräune* kauft.

*Was für Farben sind gemeint?*

   Daybreak
   Desert Glass
   Sophisticated Lady
   Surrender
   Whimsical
   Hepatica
   Mignon
   Nuncio
   Nymphea
   Pomp and Power

(Anm. des Übersetzers: die exotischen wohlklingenden Namen wurden nicht übersetzt. Die Antwort ist auf Seite 34 zu finden.)

„Braun?" Ja, ich vermute, wir können es für sie herstellen. (Nachdruck mit Genehmigung der Sterling Lord Agency, Inc., copyright® 1978 von Stanley und Janice Berenstain.)

## 32 Grundlagen der Farbtechnologie

Die sechs Ebenen der universellen Farbsprache (Kelly 1976)

| | Benennung von Farbnamen | | | Farbbezeichnung mit Zahlen und/oder Buchstaben | | |
|---|---|---|---|---|---|---|
| Genauigkeit der Farbbezeichnung | Ebene 1 (am ungenauesten) | Ebene 2 | Ebene 3 | Ebene 4 | Ebene 5 | Ebene 6 (am genauesten) |
| Anzahl der Unterteilungen des Farbkörpers | 13 | 29 | 267[a] | 943–7056[a] | $\simeq 100{,}000$ | $\simeq 5{,}000{,}000$ |
| Art der Farbbezeichnung | Bekannte Farbton und Unbuntnamen (siehe eingekreiste Bezeichnungen im Bild unten) | Alle Farbton und Unbuntnamen (siehe Bild unten) | ISCC-NBS Alle Farbton- und Unbuntnamen mit Zusatzbezeichnungen | Farbordnungssysteme (Sammlungen von Farbstandards, die systematisch im Farbraum verteilt sind) | Visuell interpolierte Munsell Werte (aus dem *Munsell Book Color*) | CIE $(x, y, Y)$ oder meßtechnisch interpolierte Munsell Werte |
| Beispiele von Farbbezeichnungen | Braun | Gelbbraun | helles Gelbbraun (+76) | Munsell 10 YR 6/4[b] | 9 ½ YR 6,4/4 ¼ | $x = 0{,}395$ $y = 0{,}382$ $Y = 35{,}6$ oder 9,6 YR 6,4$_5$/4,3[b] |
| allgemeine Anwendbarkeit | | → ansteigende Feinheit der Farbbezeichnung → ← statistischer Ausdruck von Farbtrends (Aufrollmethode) ← | | | | |

[a] Die Zahlen geben die Anzahl der Farbproben in jeder Sammlung an.
[b] Die kleinste Einheit der Munsell Werte für Munsell Farbton, Munsell Helligkeit und Munsell Buntheit gibt die Genauigkeit an, bis zu der die Munsell Werte in den einzelnen Ebenen festgelegt sind. In Ebene 4 (Farbtonstufung: 1, Helligkeitsstufung: 1 und Buntheitsstufung: 2) in Ebene 5 (Farbtonstufung: ½, Helligkeitsstufung: 0,1 und Buntheitsstufung: ¼) und in Ebene 6 (Farbtonstufung: 0,1, Helligkeitsstufung: 0,05 und Buntheitsstufung: 0,1).

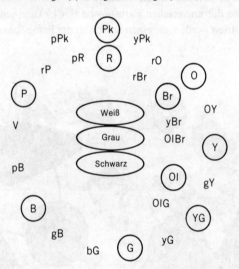

**Abkürzungen für die Farbnamen der universellen Farbsprache Ebene 1 (eingekreist) und Ebene 2 (nicht eingekreist) (Kelly 1976).**

Für sie ist er einfach *braun*. Dies ist eine Bezeichnung der Ebene 1 der UCL. Wird sie um eine genauere Beschreibung gebeten, würde sie die Farbe *Gelbbraun* nennen (Ebene 2), um sie von Rotbraun oder Olivbraun zu unterscheiden. Möglicherweise würde sie die Farbe sogar als *helles Gelbbraun* bezeichnen. Genauer ist es nicht möglich, Farben mit allgemein verständlichen Worten zu beschreiben.

Der Name helles Gelbbraun ist eine Bezeichnung in der Ebene 3 der UCL, welche identisch mit der *ISCC-NBS Method of Designating Colors* –ISCC-NBS Methode zur Bezeichnung von Farben – ist (Kelly 1955, 1976). Auf dieser Ebene sind den Farbstoffnamen der Ebenen 1 und 2 weitere Eigenschaften zugefügt, die es erlauben, auch die zwei anderen Dimensionen der Farbe, Helligkeit und

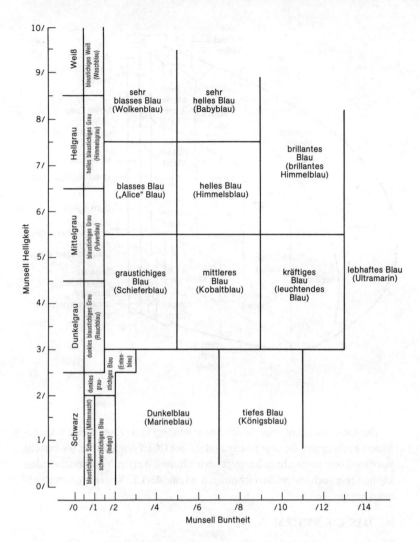

Diese Seite des ISCC-NBS Wörterbuchs der Farbnamen (Kelly 1955, 1976) zeigt die ISCC-NBS Namen in Beziehung zu Farben mit den verschiedensten Munsell Helligkeits- und Buntheits-Werten und Munsell Farbtönen zwischen 9 B und 5 PB. Wir haben einige allgemein bekannte Namen in Klammern zugefügt.

Buntheit, mit einfach zu verstehenden Worten und mit Hilfe von Farbkarten, deren Proben mit den Munsell Werten gekennzeichnet sind, zu beschreiben. Die veröffentlichte Methode beschreibt, wie ein ISCC-NBS Name einem Munsell Werte zugeordnet werden kann. Sie enthält ein Wörterbuch, das die gebräuchlichsten Farbbezeichnungen und die zugehörigen ISCC-NBS-Namen gegenüberstellt. Es wurden Proben hergestellt, welche die Mitte jedes Bereichs im Munsell Farbkörper zeigen, der einem ISCC-NBS Namen zugeordnet ist (Kelly 1958, NSB 1965).

Der Verkäufer des Sessels möchte die helle gelbbraune Sesselfarbe vielleicht ebenfalls genauer beschreiben. Wahrscheinlich wird er fortfahren, Kunstnamen wie Sonnenbräune oder Bambus, Bisquit, Blond oder viele, viele weitere Namen zu benutzen. Wie viel nützlicher würde es sein, wenn er die 4. Ebene des UCL verwenden würde, die die Farbnamen zu Farben im Munsell System in Beziehung setzt. Die Munsell Bezeichnung 10 YR 6/4 und ebenso die ca. 1500 weiteren Bezeichnungen geben, wenn sie erst einmal gelernt wurden, eine sehr viel aussagekräftige Bezeichnung von Farben, als dies das Wort Sonnenbräune tut, das zur Beschreibung der Farbe von Handelsprodukten verwendet wurde, deren ISCC-NBS Name in nicht weniger als 5 verschiedenen Farbblöcken zu finden ist.

Alle Farbnamen, die auf Seite 31 aufgeführt sind, wurden verwendet, um Farben zu beschreiben, die im ISCC-NBS System als helles Violett oder gemäßigstes Violett bezeichnet sind. Haben sie das vermutet?

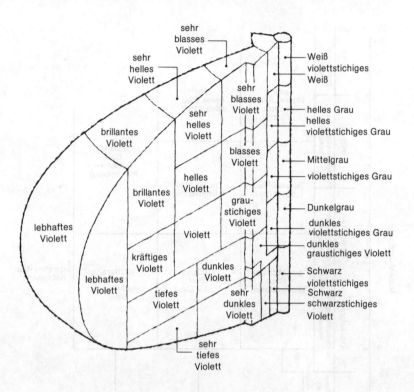

**Eine dreidimensionale Darstellung der ISCC-NBS Farbnamen-Karte für Violett.** Sie zeigt die Blockstruktur, die eine ISCC-NBS Bezeichnung für jeden Bereich des Farbraums ermöglicht (Kelly 1976).

Der Lieferant des Stoffes für den Sessel benötigt ohne Zweifel eine noch genauere Farbangabe, die er in Ebene 5 oder 6 des UCL finden würde. Sie besteht aus visuell oder meßtechnisch interpolierte Munsell Werten. Verwendet werden können aber auch andere Bezeichnungen, wie die des CIE Systems, das nachstehend beschrieben wird.

## B. DAS CIE SYSTEM

Wir kommen jetzt zu Farbordnungssystemen, die höchstens zufällig, wenn überhaupt, in Beziehung zu Farbsammlungen stehen. Das bei weitem wichtigste dieser Systeme, die im allgemeinen zusammen mit Farbmeßgeräten verwendet werden, ist das CIE System (Commission Internationale de l'Éclairage, oder International Commission on Illumination, oder internationale Beleuchtungskommission) (CIE 1931, 1971; Judd 1933; Wyszecki 1967). Dieses System geht von den auf Seite 17 entwickelten Voraussetzungen aus, daß der Farbreiz durch die richtige Kombination einer Lichtquelle, eines Gegenstandes und eines Beobachters beschrieben werden kann. 1931 begann die CIE damit, Lichtquellen und Beobachter zu normen und Methoden zu entwickeln, um Zahlenwerte zu errechnen, die ein Maß für die Farbe einer Probe sind, die von einer genormten Lichtquelle beleuchtet und von dem genormten Beobachter betrachtet wird.

### CIE Normlichtquellen und Normlichtarten

Wir lernten auf Seite 6, daß die CIE 1931 den Gebrauch der Lichtquellen A, B und C als Normlichtquellen empfohlen hat, die, nachdem ihre spektrale Strahlungsverteilung meßtechnisch bestimmt worden waren, als Normlichtarten festgelegt wurden. Die Normlichtquellen und Normlichtarten waren für die Farbtechnologie solange gut geeignet, bis der zunehmende Einsatz von Weißtönern

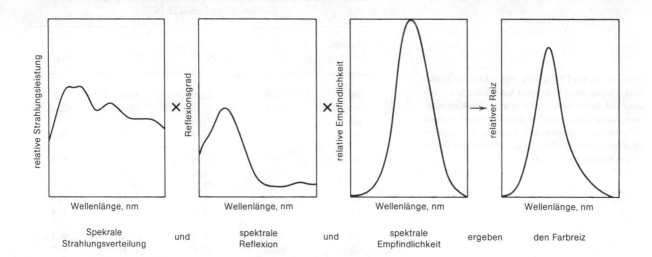

| Spekrale Strahlungsverteilung | und | spektrale Reflexion | und | spektrale Empfindlichkeit | ergeben | den Farbreiz |

es notwendig machte, Lichtarten festzulegen (und wie gehofft wurde auch Lichtquellen), deren UV-Gehalt besser mit dem des natürlichen Tageslichtes übereinstimmt – siehe hierzu auch Kapitel 4.

1965 empfahl die CIE als Ergänzung zu A, B und C eine Reihe von Lichtarten, die auf experimentellen Messungen der Strahlungsverteilung von natürlichem Tageslicht beruhen (Judd 1964). Sie entsprechen mittlerem Tageslicht im Wellenlängenbereich von 300 bis 830 nm mit ähnlichsten Farbtemperaturen (Kapitel 1 B) zwischen 4000 und 25.000 K. Die wichtigste dieser Lichtarten ist D 65 mit einer ähnlichsten Farbtemperatur von 6500 K. Als Alternativen sind D 55 und D 75 mit ähnlichsten Farbtemperaturen von 5500 K und 7500 K festgelegt. Die Empfehlung lautet: „Für den allgemeinen Gebrauch in der Farbmessung sollten die Lichtarten D 65 und A ausreichen." Es hat mehr als 10 Jahre gedauert, bis D 65 allgemein verwendet wird.

CIE Lichtquelle A = Glühlampenlicht (Farbtemperatur 2856 K).
CIE Lichtquelle B = nachgebildetes Sonnenlicht zur Mittagszeit.
CIE Lichtquelle C = nachgebildetes Tageslicht bei bedecktem Himmel.

**... Der Grundbegriff der Normung ...** (aus *Standardization News,* freundlicherweise von ASTM zur Verfügung gestellt.)

## Grundlagen der Farbtechnologie

(Anmerkung des Übersetzers: Mit P wird die Strahlungsleistung einer Lichtquelle bezeichnet. In der Tabelle auf dieser Seite ist die relative Strahlungsleistung angegeben. Dies gilt auch für P in allen folgenden Abbildungen, Tabellen und Formeln. Die relative Strahlungsleistung wird normgerecht mit dem Buchstaben S gekennzeichnet.)

Die spektrale Strahlungsverteilung der CIE Normlichtarten A, B, C und D 65.
Tabellenschritte 5 nm (CIE 1971).

| Wellenlänge nm | $P_A$ | $P_B$ | $P_C$ | $P_{D65}$ |
|---|---|---|---|---|
| 380 | 9,80 | 22,40 | 33,00 | 50,0 |
| 385 | 10,90 | 26,85 | 39,92 | 52,3 |
| 390 | 12,09 | 31,30 | 47,40 | 54,6 |
| 395 | 13,35 | 36,18 | 55,17 | 68,7 |
| 400 | 14,71 | 41,30 | 63,30 | 82,8 |
| 405 | 16,15 | 46,62 | 71,81 | 87,1 |
| 410 | 17,68 | 52,10 | 80,60 | 91,5 |
| 415 | 19,29 | 57,70 | 89,53 | 92,5 |
| 420 | 20,99 | 63,20 | 98,10 | 93,4 |
| 425 | 22,79 | 68,37 | 105,80 | 90,1 |
| 430 | 24,67 | 73,10 | 112,40 | 86,7 |
| 435 | 26,64 | 77,31 | 117,75 | 95,8 |
| 440 | 28,70 | 80,80 | 121,50 | 104,9 |
| 445 | 30,85 | 83,44 | 123,45 | 110,9 |
| 450 | 33,09 | 85,40 | 124,00 | 117,0 |
| 455 | 35,41 | 86,88 | 123,60 | 117,4 |
| 460 | 37,81 | 88,30 | 123,10 | 117,8 |
| 465 | 40,30 | 90,08 | 123,30 | 116,3 |
| 470 | 42,87 | 92,00 | 123,80 | 114,9 |
| 475 | 45,52 | 93,75 | 124,09 | 115,4 |
| 480 | 48,24 | 95,20 | 123,90 | 115,9 |
| 485 | 51,04 | 96,23 | 122,92 | 112,4 |
| 490 | 53,91 | 96,50 | 120,70 | 108,8 |
| 495 | 56,85 | 95,71 | 116,90 | 109,1 |
| 500 | 59,86 | 94,20 | 112,10 | 109,4 |
| 505 | 62,93 | 92,37 | 106,98 | 108,6 |
| 510 | 66,06 | 90,70 | 102,30 | 107,8 |
| 515 | 69,25 | 89,65 | 98,81 | 106,3 |
| 520 | 72,50 | 89,50 | 96,90 | 104,8 |
| 525 | 75,79 | 90,43 | 96,78 | 106,2 |
| 530 | 79,13 | 92,20 | 98,00 | 107,7 |
| 535 | 82,52 | 94,46 | 99,94 | 106,0 |
| 540 | 85,95 | 96,90 | 102,10 | 104,4 |
| 545 | 89,41 | 99,16 | 103,95 | 104,2 |
| 550 | 92,91 | 101,00 | 105,20 | 104,0 |
| 555 | 96,44 | 102,20 | 105,67 | 102,0 |
| 560 | 100,00 | 102,80 | 105,30 | 100,0 |
| 565 | 103,58 | 102,92 | 104,11 | 98,2 |
| 570 | 107,18 | 102,60 | 102,30 | 96,3 |
| 575 | 110,80 | 101,90 | 100,15 | 96,1 |
| 580 | 114,44 | 101,00 | 97,80 | 95,8 |
| 585 | 118,08 | 100,07 | 95,43 | 92,2 |
| 590 | 121,73 | 99,20 | 93,20 | 88,7 |
| 595 | 125,39 | 98,44 | 91,22 | 89,3 |
| 600 | 129,04 | 98,00 | 89,70 | 90,0 |
| 605 | 132,70 | 98,03 | 88,83 | 89,8 |
| 610 | 136,35 | 98,50 | 88,40 | 89,6 |
| 615 | 139,99 | 99,06 | 88,19 | 88,6 |
| 620 | 143,62 | 99,70 | 88,10 | 87,7 |

Die spektrale Strahlungsverteilung der CIE Normlichtarten A, B, C und D 65.
Tabellenschritte 5 nm (CIE 1971).
*(Fortsetzung)*

| Wellenlänge nm | $P_A$ | $P_B$ | $P_C$ | $P_{D65}$ |
|---|---|---|---|---|
| 625 | 147,24 | 100,36 | 88,06 | 85,5 |
| 630 | 150,84 | 101,00 | 88,00 | 83,3 |
| 635 | 154,42 | 101,56 | 87,86 | 83,5 |
| 640 | 157,98 | 102,20 | 87,80 | 83,7 |
| 645 | 161,52 | 103,05 | 87,99 | 81,9 |
| 650 | 165,03 | 103,90 | 88,20 | 80,0 |
| 655 | 168,51 | 104,59 | 88,20 | 80,1 |
| 660 | 171,96 | 105,00 | 87,90 | 80,2 |
| 665 | 175,38 | 105,08 | 87,22 | 81,2 |
| 670 | 178,77 | 104,90 | 86,30 | 82,3 |
| 675 | 182,12 | 104,55 | 85,30 | 80,3 |
| 680 | 185,43 | 103,90 | 84,00 | 78,3 |
| 685 | 188,70 | 102,84 | 82,21 | 74,0 |
| 690 | 191,93 | 101,60 | 80,20 | 69,7 |
| 695 | 195,12 | 100,38 | 78,24 | 70,7 |
| 700 | 198,26 | 99,10 | 76,30 | 71,6 |
| 705 | 201,36 | 97,70 | 74,36 | 73,0 |
| 710 | 204,41 | 96,20 | 72,40 | 74,3 |
| 715 | 207,41 | 94,60 | 70,40 | 68,0 |
| 720 | 210,36 | 92,90 | 68,30 | 61,6 |
| 725 | 213,27 | 91,10 | 66,30 | 65,7 |
| 730 | 216,12 | 89,40 | 64,40 | 69,9 |
| 735 | 218,92 | 88,00 | 62,80 | 72,5 |
| 740 | 221,67 | 86,90 | 61,50 | 75,1 |
| 745 | 224,36 | 85,90 | 60,20 | 69,3 |
| 750 | 227,00 | 85,20 | 59,20 | 63,6 |
| 755 | 229,59 | 84,80 | 58,50 | 55,0 |
| 760 | 232,12 | 84,70 | 58,10 | 46,4 |
| 765 | 234,59 | 84,90 | 58,00 | 56,6 |
| 770 | 237,01 | 85,40 | 58,20 | 66,8 |

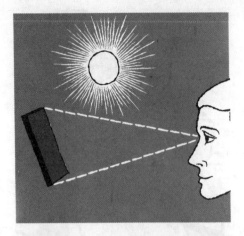

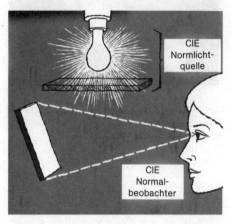

**Das CIE System zur Beschreibung von Farben unterscheidet sich nicht von den anderen Systemen. Außer durch die Normung von Lichtarten und Beobachtern.**

Unglücklicherweise gelang es trotz großer Anstrengungen nicht, Lichtquellen zu schaffen, deren spektrale Strahlungsverteilung den CIE-Lichtarten D genau genug entspricht (Wyszecki 1970), und die CIE hat deshalb keine Lichtquellen empfohlen. Solche Normlichtquellen würden von großem Vorteil für die visuelle Abmusterung insbesondere von fluoreszierenden Proben unter genormtem Tageslicht sein.

Die spektralen Strahlungsverteilungen der wichtigsten CIE Normlichtarten sind auf dieser und der gegenüberliegenden Seite tabelliert.

### CIE Normalbeobachter

**Der farbmeßtechnische Normalbeobachter CIE 1931. (Der 2° Normalbeobachter.)** Die zweite wichtige Empfehlung der CIE war 1931 die eines Normalbeobachters, dessen Farbsehvermögen repräsentativ für das mittlere Sehvermögen der farbnormalsichtigen Bevölkerung ist.

Dies ist Eustace Tilley. Er ist *nicht der wirkliche* CIE Normalbeobachter. (Zeichnung von Rea Irvin® 1925, 1953 The New Yorker Magazine, Inc.)

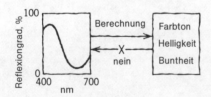

Der Weg, der zu den Daten des CIE Normalbeobachters führt, – ihre experimentelle Ermittlung, ihre Transformation und ihre Anwendung – ist der am schwierigsten zu verstehende Teil des CIE-Systems. Wir unternehmen nicht den Versuch, ihn in allen Einzelheiten zu besprechen, empfehlen jedoch das Studium weiterer Literatur (Wright 1969, Bouma 1971) für alle diejenigen, die ein ins Einzelne gehende Verständnis der durchgeführten Berechnungen erwerben wollen. Wir geben hier nur eine vereinfachte Beschreibung.

In einem sehr alten Versuch (Newton 1730, Grassmann 1853) fällt Licht einer Testlampe auf einen weißen Schirm, der von einer Versuchsperson betrachtet wird. Der nebenliegende Teil des weißen Schirms wird durch Licht von drei verschiedenen Lampen beleuchtet, die so ausgestattet sind, daß sie Licht mit drei stark unterschiedlichen Farben – Rot, Grün und Blau – ausstrahlen. Bei dem Versuch können auch nur eine oder zwei dieser Lampen verwendet werden. Diese *Primärlichtquellen* (Bezugslichtquellen) sind willkürlich ausgewählt, aber sehr genau kontrolliert. Durch Verändern der Intensität jeder der drei Lichtquellen kann der Beobachter die Mischfarbe auf dem weißen Schirm so ändern, daß sie mit derjenigen der Testfarbe übereinstimmt. Die Intensität der drei Lichtquellen kann mit drei Zahlenwerten angegeben werden, die die Testfarbe beschreiben und *Farbwerte* genannt werden.

Es sollte festgehalten werden, daß die spektrale Strahlungsverteilung der Testlichtquelle normalerweise nicht mit derjenigen übereinstimmt, die sich aus der Kombination der drei Bezugslichtquellen ergibt. Sie bilden ein metameres Paar von Lichtquellen (Seite 21) und ihre spektrale Strahlungsverteilung kann nicht aus ihrer Farbe abgeleitet werden.

Wenn die Farben der drei Bezugslichtquellen sehr unterschiedlich sind, kann eine große Anzahl von Testfarben auf diese Art nachgestellt werden. Es ist aber unabhängig von der Wahl der drei Lichtquellen nicht möglich, alle Testfarben wie oben beschrieben nachzustellen, und zwar auch dann nicht, wenn als Bezugslichtquellen Spektralfarben gewählt werden. Dieses Problem kann auf verschiedene Weise gelöst werden. Eine der Möglichkeiten ist es, das Licht einer Bezugslichtquelle dem der Testlichtquelle hinzuzufügen und dann den Farbabgleich durchzuführen. Bei der Beschreibung der Testfarbe, kann man sagen, daß das Licht dieser Lichtquelle von dem Licht der beiden anderen Bezugslichtquellen abgezogen worden ist. Die Testfarbe kann somit durch eine Kombination von positiven und negativen Beiträgen der Bezugsfarben beschrieben werden.

Bei der Verwendung von negativen Beiträgen, wie es oben beschrieben worden ist, kann jede Testlichtquelle durch das Mischen von nur drei farbigen Lichtern nachgestellt werden. So können z. B. in einem sehr wichtigen Versuch alle Spektralfarben mit drei Primärlichtern nachgestellt werden, sofern man positive und negative Beiträge kombiniert. Wenn als Bezugsfarben eine rote (700 nm), eine grüne (546 nm) und eine blaue (436 nm) Spektralfarbe festgelegt werden, so zeigt die Abbildung auf Seite 39 die relativen Beiträge dieser Spektralfarben, die zur Nachstellung aller anderen Spektralfarben von einer Versuchsperson mit normalem Farbsehvermögen benötigt werden, und zwar unter der Annahme, daß jede der Spektralfarben die gleiche Lichtmenge ausstrahlt. Die Beiträge werden mit $\bar{r}$, $\bar{g}$ und $\bar{b}$ bezeichnet. Die $\bar{r}$-, $\bar{g}$- und $\bar{b}$-Werte sind somit die *Farbwerte der Spektralfarben (Spektralwerte)* für diesen bestimmten Satz von roten, grünen und blauen Primärlichtquellen. Vor der Empfehlung von 1931 hat die CIE die mittleren $\bar{r}$-, $\bar{g}$-, $\bar{b}$-Werte einer kleinen Zahl von Versuchspersonen als experimentelle Grundlage für den CIE 1931 Normalbeobachter verwendet.

1931 betrachtete man es als wichtig, die negativen Zahlen der Farbwerte zu beseitigen. Deshalb wurde eine mathematische Transformation der Daten des

Die Beschreibung von Farben 39

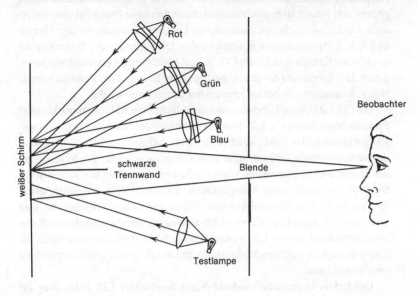

Eine Anordnung zur Erzeugung einer großen Zahl von Farben durch Mischen des Lichtes von drei Lampen mit verschiedenen Farben.

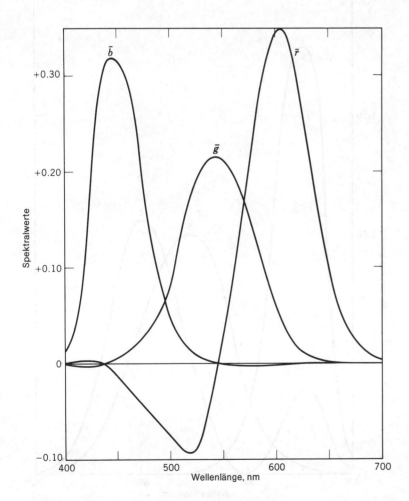

Diese Kurven zeigen für jede Wellenlänge die Spektralwerte $\bar{r}$, $\bar{g}$ und $\bar{b}$ der energiegleichen Spektralfarben für einen bestimmten Satz von roten, grünen und blauen Bezugs-Lichtquellen. Sie stellen die experimentelle Grundlage des CIE 2° Normalbeobachters dar.

Normalbeobachters durchgeführt, wobei die drei oben beschriebenen roten, grünen und blauen Bezugslichtquellen durch drei neue Primärlichtquellen ersetzt wurden, die nicht mit vorhandenen Lampen dargestellt werden können und X, Y, Z Primärvalenzen genannt werden. Die Farbwerte der Spektralfarben mit gleicher Energie sind für das CIE, X, Y, Z-System unten graphisch wiedergegeben. Die Tabelle auf der gegenüberliegenden Seite gibt die Definition des 2° Normalbeobachters in der am meisten benutzten Form wieder.

Die CIE hätte jedes Tripel aus einer unendlichen Anzahl von „unwirklichen" Primärlichtquellen des X, Y, Z-Typs zur Definition des Normalbeobachters auswählen können. Das Tripel, welches sie wählte, hat eine Anzahl von Vorzügen, die auf den nächsten Seiten sichtbar werden. Einer von ihnen ist, daß $\bar{y}$ genau mit der Empfindlichkeitskurve des Auges für die Gesamtenergie, welche zuerst auf Seite 16 besprochen wurde, übereinstimmt. Als Ergebnis dieser Auswahl ist der Y-Wert das Maß für die Helligkeit einer Farbe, und zwar unabhängig von allen weiteren Einflüssen. Die $\bar{y}$-Kurve wird deshalb auch manchmal *spektraler Helligkeitsempfindlichkeitsgrad* $V(\lambda)$ genannt: Bei jeder Wellenlänge wird durch die Kurve gezeigt, in welchem Maße das Auge Energie in Helligkeitsempfindung umwandeln kann.

**Der farbmeßtechnische Großfeld-Normalbeobachter CIE 1964. (Der 10° Normalbeobachter.)** Es ist lange bekannt, daß die Struktur der Netzhaut im

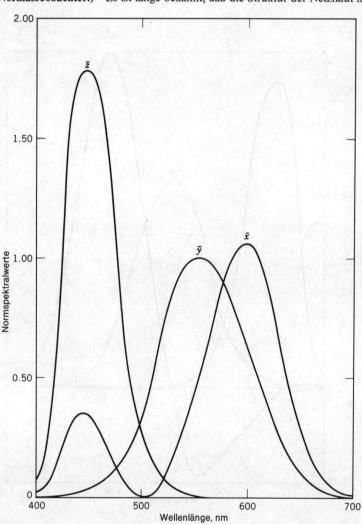

**Die Normspektralwerte der energiegleichen Spektralfarben im X, Y, Z-System definieren den 2° Normalbeobachter in der normalerweise verwendeten Form.**

Die CIE Normspektralwertfunktionen $\bar{x}$, $\bar{y}$ und $\bar{z}$ des 2° Normalbeobachters. Tabellenschritte für die Wellenlänge 5 nm (CIE 1971)

| Wellenlänge (nm) | $\bar{x}$ | $\bar{y}$ | $\bar{z}$ | Wellenlänge (nm) | $\bar{x}$ | $\bar{y}$ | $\bar{z}$ |
|---|---|---|---|---|---|---|---|
| 380 | 0,0014 | 0,0000 | 0,0065 | 580 | 0,9163 | 0,8700 | 0,0017 |
| 385 | 0,0022 | 0,0001 | 0,0105 | 585 | 0,9786 | 0,8163 | 0,0014 |
| 390 | 0,0042 | 0,0001 | 0,0201 | 590 | 1,0263 | 0,7570 | 0,0011 |
| 395 | 0,0076 | 0,0002 | 0,0362 | 595 | 1,0567 | 0,6949 | 0,0010 |
| 400 | 0,0143 | 0,0004 | 0,0679 | 600 | 1,0622 | 0,6310 | 0,0008 |
| 405 | 0,0232 | 0,0006 | 0,1102 | 605 | 1,0456 | 0,5668 | 0,0006 |
| 410 | 0,0435 | 0,0012 | 0,2074 | 610 | 1,0026 | 0,5030 | 0,0003 |
| 415 | 0,0776 | 0,0022 | 0,3713 | 615 | 0,9384 | 0,4412 | 0,0002 |
| 420 | 0,1344 | 0,0040 | 0,6456 | 620 | 0,8544 | 0,3810 | 0,0002 |
| 425 | 0,2148 | 0,0073 | 1,0391 | 625 | 0,7514 | 0,3210 | 0,0001 |
| 430 | 0,2839 | 0,0116 | 1,3856 | 630 | 0,6424 | 0,2650 | 0,0000 |
| 435 | 0,3285 | 0,0168 | 1,6230 | 635 | 0,5419 | 0,2170 | 0,0000 |
| 440 | 0,3483 | 0,0230 | 1,7471 | 640 | 0,4479 | 0,1750 | 0,0000 |
| 445 | 0,3481 | 0,0298 | 1,7826 | 645 | 0,3608 | 0,1382 | 0,0000 |
| 450 | 0,3362 | 0,0380 | 1,7721 | 650 | 0,2835 | 0,1070 | 0,0000 |
| 455 | 0,3187 | 0,0480 | 1,7441 | 655 | 0,2187 | 0,0816 | 0,0000 |
| 460 | 0,2908 | 0,0600 | 1,6692 | 660 | 0,1649 | 0,0610 | 0,0000 |
| 465 | 0,2511 | 0,0739 | 1,5281 | 665 | 0,1212 | 0,0446 | 0,0000 |
| 470 | 0,1954 | 0,0910 | 1,2876 | 670 | 0,0874 | 0,0320 | 0,0000 |
| 475 | 0,1421 | 0,1126 | 1,0419 | 675 | 0,0636 | 0,0232 | 0,0000 |
| 480 | 0,0956 | 0,1390 | 0,8130 | 680 | 0,0468 | 0,0170 | 0,0000 |
| 485 | 0,0580 | 0,1693 | 0,6162 | 685 | 0,0329 | 0,0119 | 0,0000 |
| 490 | 0,0320 | 0,2080 | 0,4652 | 690 | 0,0227 | 0,0082 | 0,0000 |
| 495 | 0,0147 | 0,2586 | 0,3533 | 695 | 0,0158 | 0,0057 | 0,0000 |
| 500 | 0,0049 | 0,3230 | 0,2720 | 700 | 0,0114 | 0,0041 | 0,0000 |
| 505 | 0,0024 | 0,4073 | 0,2123 | 705 | 0,0081 | 0,0029 | 0,0000 |
| 510 | 0,0093 | 0,5030 | 0,1582 | 710 | 0,0058 | 0,0021 | 0,0000 |
| 515 | 0,0291 | 0,6082 | 0,1117 | 715 | 0,0041 | 0,0015 | 0,0000 |
| 520 | 0,0633 | 0,7100 | 0,0782 | 720 | 0,0029 | 0,0010 | 0,0000 |
| 525 | 0,1096 | 0,7932 | 0,0573 | 725 | 0,0020 | 0,0007 | 0,0000 |
| 530 | 0,1655 | 0,8620 | 0,0422 | 730 | 0,0014 | 0,0005 | 0,0000 |
| 535 | 0,2257 | 0,9149 | 0,0298 | 735 | 0,0010 | 0,0004 | 0,0000 |
| 540 | 0,2904 | 0,9540 | 0,0203 | 740 | 0,0007 | 0,0002 | 0,0000 |
| 545 | 0,3597 | 0,9803 | 0,0134 | 745 | 0,0005 | 0,0002 | 0,0000 |
| 550 | 0,4334 | 0,9950 | 0,0087 | 750 | 0,0003 | 0,0001 | 0,0000 |
| 555 | 0,5121 | 1,0000 | 0,0057 | 755 | 0,0002 | 0,0001 | 0,0000 |
| 560 | 0,5945 | 0,9950 | 0,0039 | 760 | 0,0002 | 0,0001 | 0,0000 |
| 565 | 0,6784 | 0,9786 | 0,0027 | 765 | 0,0001 | 0,0000 | 0,0000 |
| 570 | 0,7621 | 0,9520 | 0,0021 | 770 | 0,0001 | 0,0000 | 0,0000 |
| 575 | 0,8425 | 0,9154 | 0,0018 | 775 | 0,0000 | 0,0000 | 0,0000 |

Bei einem Abmusterungsabstand von ca. 45 cm entspricht der Kreis auf der linken Seite dem 2° Feld, auf dem der 1931 CIE Normalbeobachter beruht. Der Kreis auf der rechten Seite entspricht dem 10° Feld, auf dem der 1964 CIE Normalbeobachter beruht.

zentralen Bereich des Auges, der Fovea, von derjenigen der Umgebung abweicht. Bei den Versuchen, die zum CIE 2° Normalbeobachter führten, wurde nur die Fovea beleuchtet, was in etwa einem Sehfeld von 2° entspricht. 1964 empfahl die CIE den Gebrauch eines etwas abweichenden Beobachters als Ergänzung zum 2° Normalbeobachter. Er soll verwendet werden, wenn eine bessere Übereinstimmung mit dem visuellen Abmusterungsergebnis an größeren Proben erwünscht ist, die ein Sehfeld von mehr als 4° im Beobachterauge ausfüllen. Die Kurven $\bar{x}_{10}$, $\bar{y}_{10}$ und $\bar{z}_{10}$ des 10° Normalbeobachters wurden durch Abmusterungsversuche ermittelt, die genauso durchgeführt wurden, wie dies beim 2° Normalbeobachter beschrieben worden ist. Die Netzhaut wurde hier so beleuchtet, daß dies einem Sehfeld von 10° entspricht. Die Versuchspersonen wurden gebeten, den 2° Fleck zu ignorieren. Im Gegensatz dazu wurden die $\bar{x}$, $\bar{y}$, $\bar{z}$ Kurven des 2° Normalbeobachters, wie bereits oben gesagt, ermittelt, indem nur die zentralen 2° des Auges beleuchtet wurden. Der 1931 Normalbeobachter wird deshalb auch manchmal 2° Normalbeobachter genannt. Der farbmeßtechnische Großfeld-Normalbeobachter CIE 1964 wird im Gegensatz dazu 10° Normalbeobachter genannt. Der 10° Normalbeobachter wird erst jetzt 10 Jahre nach seiner Definition in stärkerem Maße verwendet. Die tabellierten Werte von $\bar{x}_{10}$, $\bar{y}_{10}$ und $\bar{z}_{10}$ sind auf Seite 43 ausgedruckt. Ein Wort der Warnung $\bar{y}_{10}$ stimmt nicht mit $\bar{y}$ oder V($\lambda$) überein und der sich daraus ergebende Y Farbwert gibt nicht direkt die Helligkeit der Farbe an. Die Abweichung ist allerdings nicht groß.

Strocka (1970) hat gezeigt, daß die Übereinstimmung zwischen dem Ergebnis der normalerweise üblichen visuellen Abmusterung (größere Proben → größeres Sehfeld) und der Berechnung des Farbabstandes mit dem 2° Normalbeobachter im allgemeinen schlecht ist. Eine viel bessere Übereinstimmung mit dem mittleren visuellen Abmusterungsergebnis erhält man, wenn mit dem 10° Normalbeobachter gerechnet wird. Wenn der 2° Normalbeobachter andererseits richtig angewendet wird (kleine Proben → kleiner Sehwinkel), so ergibt sich auch hier eine befriedigende Übereinstimmung mit dem visuellen Urteil.

Die CIE Normalbeobachter sind Mittelwerte oder Zusammensetzungen, die auf den experimentellen Abmusterungsergebnissen von kleinen Gruppen (etwa 15 bzw. 60) farbnormalsichtiger Versuchspersonen beruhen. Selbst inner-

Die CIE Normspektralwertfunktionen $\bar{x}_{10}$, $\bar{y}_{10}$ und $\bar{z}_{10}$ des 10° Normalbeobachters. Tabellenschritte für die Wellenlänge 5 nm (CIE 1971)

| Wellenlänge (nm) | $\bar{x}_{10}$ | $\bar{y}_{10}$ | $\bar{z}_{10}$ | Wellenlänge (nm) | $\bar{x}_{10}$ | $\bar{y}_{10}$ | $\bar{z}_{10}$ |
|---|---|---|---|---|---|---|---|
| 380 | 0,0002 | 0,0000 | 0,0007 | 580 | 1,0142 | 0,8689 | 0,0000 |
| 385 | 0,0007 | 0,0001 | 0,0029 | 585 | 1,0743 | 0,8256 | 0,0000 |
| 390 | 0,0024 | 0,0003 | 0,0105 | 590 | 1,1185 | 0,7774 | 0,0000 |
| 395 | 0,0072 | 0,0008 | 0,0323 | 595 | 1,1343 | 0,7204 | 0,0000 |
| 400 | 0,0191 | 0,0020 | 0,0860 | 600 | 1,1240 | 0,6583 | 0,0000 |
| 405 | 0,0434 | 0,0045 | 0,1971 | 605 | 1,0891 | 0,5939 | 0,0000 |
| 410 | 0,0847 | 0,0088 | 0,3894 | 610 | 1,0305 | 0,5280 | 0,0000 |
| 415 | 0,1406 | 0,0145 | 0,6568 | 615 | 0,9507 | 0,4618 | 0,0000 |
| 420 | 0,2045 | 0,0214 | 0,9725 | 620 | 0,8563 | 0,3981 | 0,0000 |
| 425 | 0,2647 | 0,0295 | 1,2825 | 625 | 0,7549 | 0,3396 | 0,0000 |
| 430 | 0,3147 | 0,0387 | 1,5535 | 630 | 0,6475 | 0,2835 | 0,0000 |
| 435 | 0,3577 | 0,0496 | 1,7985 | 635 | 0,5351 | 0,2283 | 0,0000 |
| 440 | 0,3837 | 0,0621 | 1,9673 | 640 | 0,4316 | 0,1798 | 0,0000 |
| 445 | 0,3867 | 0,0747 | 2,0273 | 645 | 0,3437 | 0,1402 | 0,0000 |
| 450 | 0,3707 | 0,0895 | 1,9948 | 650 | 0,2683 | 0,1076 | 0,0000 |
| 455 | 0,3430 | 0,1063 | 1,9007 | 655 | 0,2043 | 0,0812 | 0,0000 |
| 460 | 0,3023 | 0,1282 | 1,7454 | 660 | 0,1526 | 0,0603 | 0,0000 |
| 465 | 0,2541 | 0,1528 | 1,5549 | 665 | 0,1122 | 0,0441 | 0,0000 |
| 470 | 0,1956 | 0,1852 | 1,3176 | 670 | 0,0813 | 0,0318 | 0,0000 |
| 475 | 0,1323 | 0,2199 | 1,0302 | 675 | 0,0579 | 0,0226 | 0,0000 |
| 480 | 0,0805 | 0,2536 | 0,7721 | 680 | 0,0409 | 0,0159 | 0,0000 |
| 485 | 0,0411 | 0,2977 | 0,5701 | 685 | 0,0286 | 0,0111 | 0,0000 |
| 490 | 0,0162 | 0,3391 | 0,4153 | 690 | 0,0199 | 0,0077 | 0,0000 |
| 495 | 0,0051 | 0,3954 | 0,3024 | 695 | 0,0138 | 0,0054 | 0,0000 |
| 500 | 0,0038 | 0,4608 | 0,2185 | 700 | 0,0096 | 0,0037 | 0,0000 |
| 505 | 0,0154 | 0,5314 | 0,1592 | 705 | 0,0066 | 0,0026 | 0,0000 |
| 510 | 0,0375 | 0,6067 | 0,1120 | 710 | 0,0046 | 0,0018 | 0,0000 |
| 515 | 0,0714 | 0,6857 | 0,0822 | 715 | 0,0031 | 0,0012 | 0,0000 |
| 520 | 0,1177 | 0,7618 | 0,0607 | 720 | 0,0022 | 0,0008 | 0,0000 |
| 525 | 0,1730 | 0,8233 | 0,0431 | 725 | 0,0015 | 0,0006 | 0,0000 |
| 530 | 0,2365 | 0,8752 | 0,0305 | 730 | 0,0010 | 0,0004 | 0,0000 |
| 535 | 0,3042 | 0,9238 | 0,0206 | 735 | 0,0007 | 0,0003 | 0,0000 |
| 540 | 0,3768 | 0,9620 | 0,0137 | 740 | 0,0005 | 0,0002 | 0,0000 |
| 545 | 0,4516 | 0,9822 | 0,0079 | 745 | 0,0004 | 0,0001 | 0,0000 |
| 550 | 0,5298 | 0,9918 | 0,0040 | 750 | 0,0003 | 0,0001 | 0,0000 |
| 555 | 0,6161 | 0,9991 | 0,0011 | 755 | 0,0002 | 0,0001 | 0,0000 |
| 560 | 0,7052 | 0,9973 | 0,0000 | 760 | 0,0001 | 0,0000 | 0,0000 |
| 565 | 0,7938 | 0,9824 | 0,0000 | 765 | 0,0001 | 0,0000 | 0,0000 |
| 570 | 0,8787 | 0,9556 | 0,0000 | 770 | 0,0001 | 0,0000 | 0,0000 |
| 575 | 0,9512 | 0,9152 | 0,0000 | 775 | 0,0000 | 0,0000 | 0,0000 |

solch einer Gruppe gibt es große Unterschiede in den Normspektralwertfunktionen für die Einzelbeobachter; deshalb ist es unwahrscheinlich, daß ein Beobachter genau dem CIE Normalbeobachter entspricht. Wir diskutieren die Folgerungen, die sich hieraus ergeben, auf Seite 175.

**Berechnung der CIE-Normfarbwerte**

Wir zeigen jetzt, wie die CIE Normfarbwerte berechnet werden, wenn die Probe, für welche dies geschehen soll, bekannt ist, und eine CIE Normlichtart sowie einer der CIE Normalbeobachter gewählt worden sind. Die Abbildungen auf den

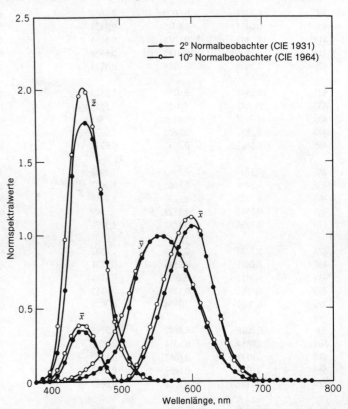

Die Normspektralwertfunktionen $\bar{x}, \bar{y}, \bar{z}$ des farbmeßtechnischen Normalbeobachters CIE 1931 und $\bar{x}_{10}, \bar{y}_{10}, \bar{z}_{10}$ des farbmeßtechnischen Großfeld-Normalbeobachters CIE 1964 werden hier verglichen (CIE Werte 1971). Diese Sätze von Normspektralwerten, die den 2° bzw. den 10° Normalbeobachter bezogen auf dieselben X, Y und Z Primärvalenzen definieren, sind etwas verschieden. Am wichtigsten ist dabei der Unterschied von $\bar{y}_{10}$ und $\bar{y}$ bzw $V(\lambda)$.

Seiten 45 und 46 veranschaulichen die Methode und die Tabelle auf Seite 45 gibt ein Rechenbeispiel. Die P-Werte werden bei jeder der vielen über das sichtbare Spektrum gleichabständig verteilten Wellenlängen (die 16 Wellenlängen, mit denen in der Tabelle gearbeitet wurde, sind die *minimal* mögliche Anzahl) mit R und $\bar{x}, \bar{y}$ bzw. $\bar{z}$ multipliziert und ergeben für jede Wellenlänge die Produkte PR$\bar{x}$, PR$\bar{y}$ und PR$\bar{z}$. Diese werden aufaddiert und ergeben so die Normfarbwerte. (Mathematisch gleichwertig ausgedrückt heißt dies, daß die Flächen unter den Kurven – siehe Seite 46 – errechnet werden.)

Sofern es sich um reflektierende Proben handelt, hat man sich geeinigt, einer nichtfluoreszierenden idealweißen Probe, die bei allen Wellenlängen 100 % des auffallenden Lichtes zurückwirft, den Wert Y = 100 zuzuordnen. Bei durchlässigen Proben wird der Wert Y = 100 einer absolut farblosen Probe, die bei jeder Wellenlänge alles Licht durchläßt (d. h. keiner Probe im Strahlengang), zugeordnet. Um dies zu erreichen, werden die Werte der Produkte P$\bar{x}$, P$\bar{y}$ und P$\bar{z}$ so normiert, daß die Summe aller P$\bar{y}$ Werte 1 ergibt. Die Zahlen in der Tabelle auf Seite 45 sind auf diese Art normiert worden. Die mathematischen Gleichungen für die Normierung und die Berechnung der Normfarbwerte sind auf Seite 47 angegeben. Tabellen wie diese für die Benutzung in Farbmeßgeräten werden auf

| Wavelength (nm) | R (%) | $P_c\bar{x}$ | $P_cR\bar{x}$ | $P_c\bar{y}$ | $P_cR\bar{y}$ | $P_c\bar{z}$ | $P_cR\bar{z}$ |
|---|---|---|---|---|---|---|---|
| 400 | 23,3 | 0,00044 | 0,01 | −0,00001 | 0 | 0,00187 | 0,04 |
| 420 | 33,0 | 0,02926 | 0,97 | 0,00085 | 0,03 | 0,14064 | 4,64 |
| 440 | 41,7 | 0,07680 | 3,20 | 0,00513 | 0,21 | 0,38643 | 16,11 |
| 460 | 50,0 | 0,06633 | 3,32 | 0,01383 | 0,69 | 0,38087 | 19,04 |
| 480 | 47,2 | 0,02345 | 1,11 | 0,03210 | 1,52 | 0,19464 | 9,19 |
| 500 | 36,5 | 0,00069 | 0,03 | 0,06884 | 2,51 | 0,05725 | 2,09 |
| 520 | 24,0 | 0,01193 | 0,29 | 0,12882 | 3,09 | 0,01450 | 0,35 |
| 540 | 13,5 | 0,05588 | 0,75 | 0,18268 | 2,47 | 0,00365 | 0,05 |
| 560 | 7,9 | 0,11751 | 0,93 | 0,19606 | 1,55 | 0,00074 | 0,01 |
| 580 | 6,0 | 0,16801 | 1,01 | 0,15989 | 0,96 | 0,00026 | 0 |
| 600 | 5,5 | 0,17896 | 0,98 | 0,10684 | 0,59 | 0,00012 | 0 |
| 620 | 6,0 | 0,14031 | 0,84 | 0,06264 | 0,38 | 0,00003 | 0 |
| 640 | 7,2 | 0,07437 | 0,54 | 0,02897 | 0,21 | 0 | 0 |
| 660 | 8,2 | 0,02728 | 0,22 | 0,01003 | 0,08 | 0 | 0 |
| 680 | 7,4 | 0,00749 | 0,06 | 0,00271 | 0,02 | 0 | 0 |
| 700 | 7,0 | 0,00175 | 0,01 | 0,00063 | 0 | 0 | 0 |
| | | | Summe = $X$ = 14,27 | | Summe = $Y$ = 14,31 | | Summe = $Z$ = 51,52 |

den Seiten 81 und 180 besprochen. Die CIE hat das Idealweiß als Standard für Reflexionsmessungen festgelegt. Dies wird ausführlicher auf Seite 84 diskutiert.

Wenn $\bar{x}_{10}$, $\bar{y}_{10}$ und $\bar{z}_{10}$ anstelle von $\bar{x}$, $\bar{y}$ und $\bar{z}$ in den oben besprochenen Beispielen benutzt werden, errechnet man die Normfarbwerte $X_{10}$, $Y_{10}$ und $Z_{10}$ für den 10° Normalbeobachter anstelle der Normfarbwerte $X$, $Y$, $Z$ für den 2° Normalbeobachter.

Im CIE System von 1931 ist Y als *Leuchtdichtefaktor* oder *Hellbezugswert* einer reflektierenden oder durchsichtigen Probe definiert, je nachdem, welche der Bezeichnungen gerade zutrifft. Man erwartet eine gute Übereinstimmung mit der wahrgenommenen Helligkeit der Probe.

**Wie man die Normfarbwerte aus den spektralen Verteilungen berechnet.** Die Tabellen der spektralen Verteilungen der Lichtarten P und die Normspektralwertfunktionen $\bar{x}$, $\bar{y}$, $\bar{z}$ sind in vielen Büchern zu finden (Wyszecki 1967, CIE 1971, Hunter 1975, Judd 1975a). Sie werden miteinander multipliziert, um die Produkte $P\bar{x}$, $P\bar{y}$ und $P\bar{z}$ zu erhalten, so wie dies hier für die CIE Normlichtart C und den 2° Normalbeobachter getan wurde. (Die Produkte [Forster 1970, Stearns 1975] wurden so normiert, daß die Summe von $P\bar{y}$ den Wert 1.000 ergibt.)

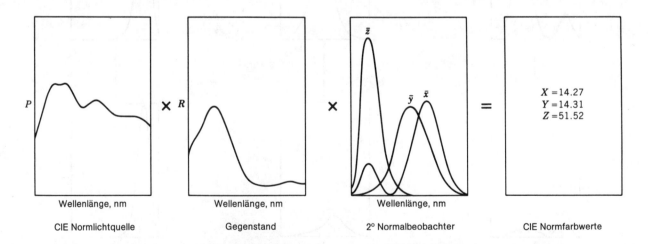

Die CIE Normfarbwerte X, Y, Z einer Farbe erhält man, indem man die relative spektrale Strahlungsverteilung P einer CIE Normlichtart, die Reflexion R (oder die Durchlässigkeit) der Probe und die Normspektralwertfunktionen $\bar{x}$, $\bar{y}$, $\bar{z}$ miteinander multipliziert. Die Produkte werden für alle Wellenlängen des sichtbaren Spektrums aufsummiert. Sie ergeben die Normfarbwerte, wie dies in den graphischen Darstellungen auf dieser Seite und auf Seite 46 dargestellt und durch die auf Seite 47 angegebenen mathematischen Gleichungen beschrieben ist.

46  Grundlagen der Farbtechnologie

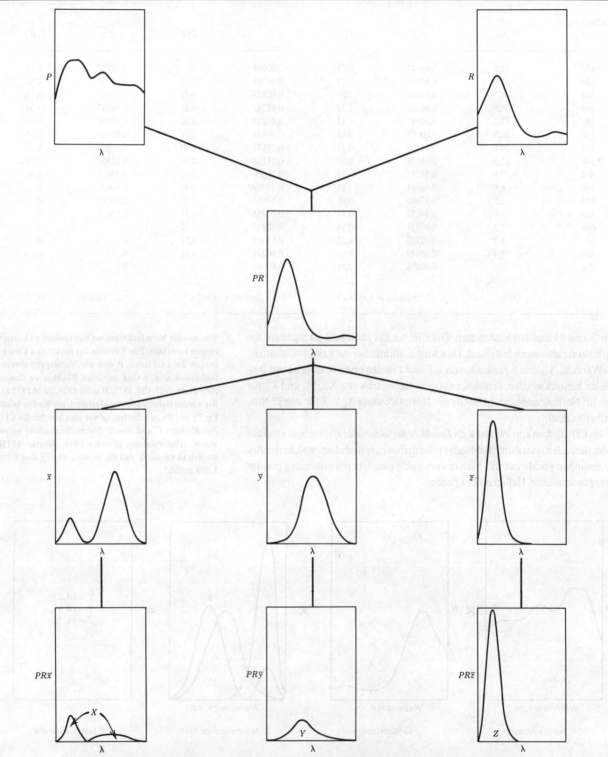

Etwas ausführlicher als in der graphischen Darstellung auf Seite 45 sind hier alle Kurven, die zur Berechnung der CIE Normfarbwerte benötigt werden, als Funktion der Wellenlänge dargestellt. Die Werte der Kurven von P und R werden Wellenlänge für Wellenlänge multipliziert, um die Kurve PR zu erhalten. Diese Kurve wird dann der Reihe nach mit $\bar{x}$, mit $\bar{y}$ und mit $\bar{z}$ multipliziert, um die Kurven PR$\bar{x}$, PR$\bar{y}$ und PR$\bar{z}$ zu erhalten. Die, wie im Text beschrieben, passend normierten Flächen unter diesen Kurven sind die Normfarbwerte X, Y und Z.

Der Wert Y = 100, der einer reflektierenden idealweißen Probe mit einem Reflexionsgrad von 100% bei allen Wellenlängen oder einer absolut farblosen durchlässigen Probe mit einem Transmissionsgrad von 100% bei allen Wellenlängen zugeordnet wird, ist der höchste Wert, den Y bei nichtfluoreszierenden Proben erreichen kann. Es gibt keine entsprechende Einschränkung auf einen Maximalwert von 100 für die Normfarbwerte X und Z. Ihre Werte sind für die oben beschriebenen Proben jedoch durch die spektrale Strahlungsverteilung der verwendeten Lichtart und die spektrale Empfindlichkeitsverteilung des gewählten Beobachters bestimmt. Sie können größer oder kleiner als 100 sein. Wenn z. B. die Normlichtart C und der 2° Normalbeobachter benutzt werden, ergeben sich für die idealweiße oder farblose Probe in etwa X = 98 und Z = 118, wie mit Hilfe der Tabelle auf Seite 45 nachgerechnet werden kann. Die genauen Werte hängen in geringem Umfang u. a. von der Anzahl der zur Berechnung benutzten Wellenlängen ab.

Fluoreszierende Proben können höhere X, Y und Z Werte als das Idealweiß haben, da das Meßergebnis sich aus dem normal reflektierten und dem durch die Bestrahlung angeregten Fluoreszenzlicht zusammensetzt. Ausführlicher wird hierüber in den Abschnitten 4 C und 6 A berichtet.

**Normfarbwertanteile und CIE Normfarbtafel**

Um zweidimensionale Farbkarten zu erstellen, ist es zweckmäßig *Normfarbwertanteile* zu errechnen, welche die Eigenschaften einer Farbe beschreiben, die neben der Helligkeit vorhanden sind. Sie werden *Farbart* genannt und sollen in gewissem Maße mit Farbton und Buntheit korrelieren. Im CIE System errechnen sich die Normfarbwertanteile x, y und z, indem man die Normfarbwerte durch die Summe X + Y + Z der Normfarbwerte dividiert. Da die Summe der Normfarbwertanteile 1 ist, werden nur zwei von den drei möglichen Koordinaten benötigt, um die Farbe zu beschreiben. Einer der Normfarbwerte, normalerweise Y, wird zusätzlich benötigt, um die Farbe eindeutig zu beschreiben.

Eine im CIE System beschriebene Farbe kann in einer *Normfarbtafel* dargestellt werden. Normalerweise benutzt man als Koordinaten x und y. Das bekannteste Merkmal der Normfarbtafel ist wahrscheinlich die Hufeisenform des *Spektralfarbenzugs*, d. h. die Kurve, welche die Punkte verbindet, die den Normfarbwertanteilen der Spektralfarben zugeordnet werden. Die Normfarbwertanteile der Lichtarten der schwarzen Körper und diejenigen der Normlichtarten A, B, C und D 65 sind in der Abbildung auf Seite 48 dargestellt.

Die Normfarbtafeln für die CIE Normalbeobachter von 1931 und 1964 unterscheiden sich geringfügig – siehe Seite 49. Ihr grundsätzliches Aussehen stimmt jedoch überein. Für den Rest des Buches werden wir unsere Aussagen auf den bekannteren 2° Normalbeobachter und die für diesen Beobachter gültige Normfarbtafel beschränken.

Ein alternativer Satz von Farbartkoordinaten im CIE-System, die man manchmal als Helmholtz Koordinaten bezeichnet, sind *farbtongleiche Wellenlänge* (bunttongleiche Wellenlänge) und *spektraler Farbanteil*. Diese Koordinaten korrelieren besser mit den visuellen Aspekten Farbton und Buntheit, obwohl ihre Schrittweite und ihre Abstände nicht visuell gleichabständig sind. Die farbtongleiche Wellenlänge einer Farbe ist die Wellenlänge der Spektralfarbe, die auf der Linie liegt, welche durch die Punkte von Lichtart und Probe geht. Der spektrale Farbanteil ist das Verhältnis der Abstände Probe-Unbuntpunkt zu Spektralfarbe-Unbuntpunkt. Farbtongleiche Wellenlänge und spektraler Farbanteil werden am einfachsten mit Hilfe der sehr großen x, y Normfarbtafeln ermittelt, die im *Handbook of Colorimetry* von A. C. Hardy (Hardy 1936) dargestellt sind, oder mit Hilfe von Rechenprogrammen (Warschewski 1980) errech-

$$X = k \, \Sigma \, PR\bar{x} \text{ oder } X = k \int PR\bar{x} \, d\lambda$$
$$Y = k \, \Sigma \, PR\bar{y} \text{ oder } Y = k \int PR\bar{y} \, d\lambda$$
$$Z = k \, \Sigma \, PR\bar{z} \text{ oder } Z = k \int PR\bar{z} \, d\lambda$$

wobei

$$k = \frac{100}{\Sigma \, P\bar{y}} \quad \text{oder} \quad k = \frac{100}{\int P\bar{y} \, d\lambda}$$

und $P$, $R$, $\bar{x}$, $\bar{y}$ und $\bar{z}$ Funktionen der Wellenlänge sind.

$$x = \frac{X}{X + Y + Z}$$
$$y = \frac{Y}{X + Y + Z}$$
$$z = \frac{Z}{X + Y + Z}$$

Diese Gleichungen definieren die *Normfarbwertanteile x, y und z*. In einigen älteren Büchern werden *x, y* und *z Dreieckskoordinaten* genannt.

Man hat sich geeinigt, Kleinbuchstaben zu benutzen, um Farbwertanteile (wie *x* und *y*) und Großbuchstaben zu benutzen, um Farbwerte (wie *X, Y, Z*) zu kennzeichnen. Eine *Ausnahme* bilden die Normspektralwerte, die den Normalbeobachter definieren. Sie werden mit $\bar{x}$, $\bar{y}$ und $\bar{z}$ gekennzeichnet.

## Grundlagen der Farbtechnologie

net. Liegt der Normfarbwertanteil der Probe zwischen dem Unbuntpunkt und der Purpurlinie, die die Enden des Spektralfarbenzugs verbindet, verfährt man wie in der Abbildung auf Seite 49 gezeigt wird. Die Wellenlänge wird *kompensative farbtongleiche Wellenlänge* genannt und mit $\lambda_c$ gekennzeichnet.

Bei der Betrachtung der Normfarbtafel erkennt man zwei weitere Vorteile, die sich aus der gezielten Wahl von X, Y und Z als Primärvalenzen durch die CIE im Jahre 1931 ergeben. Als erstes wurde der Weißpunkt etwa in die Mitte des Diagramms gelegt, z. B. bei x = 0,310 und y = 0,317 für die Normlichtart C und den 2° Normalbeobachter. Zweitens wurde der Wellenlängenbereich so groß wie möglich gewählt, bei dem eine der drei spektralen Empfindungskurven, nämlich $\bar{z}$ null ist. Dies bedeutet, daß für Spektralfarben mit Wellenlängen größer als ca. 600 nm Z vernachlässigbar ist. Diese Spektralfarben werden nur durch die zwei Normfarbwerte X und Y beschrieben.

Wir werden oft gefragt, wo die Normfarbwertanteile der Primärlichtquellen (Primärvalenzen) X, Y, Z in der Normfarbtafel liegen. Die Antwort ist bei x = 1, y = 0; x = 0, y = 1; und x = 0, y = 0 (hier ist z = 1). Wie alle anderen Punkte, die außerhalb des Spektralfarbenzugs liegen, stellen sie nicht wirklich existierende Farben dar.

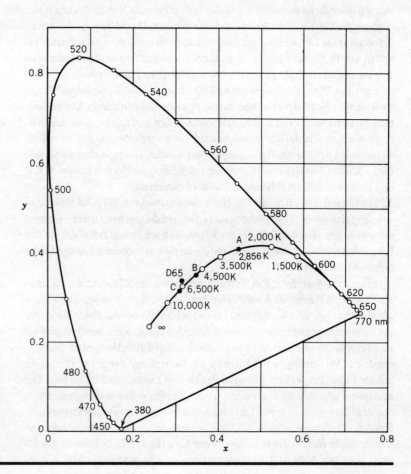

Dies ist die berühmte CIE Normfarbtafel von 1931. Gezeigt werden der hufeisenförmige Spektralfarbenzug mit den durch ihre Wellenlänge gekennzeichneten Spektralfarben, die Purpurlinie, die die Enden des Spektralfarbenzugs verbindet, die Farbarten von schwarzen Körpern, gekennzeichnet mit ihren Farbtemperaturen und die Farbarten der Normlichtarten A, B, C und D 65.

Die Beschreibung von Farben 49

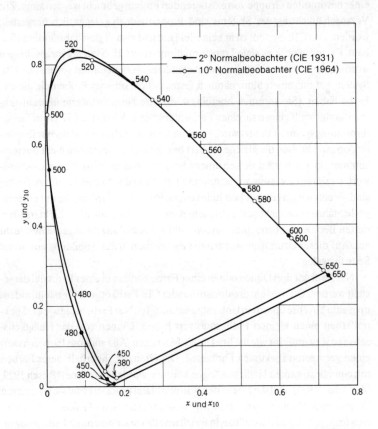

Die CIE Normfarbtafeln von 1931 und 1964 sind sehr ähnlich (Judd 1975 a).

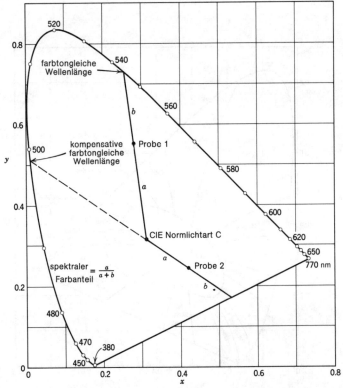

Die Definitionen von farbtongleicher Wellenlänge und spektralem Farbanteil sind in dieser CIE Normfarbtafel gezeigt. Sie sind auch unter dem Namen Helmholtz Koordinaten bekannt (Seite 47).

## Grundlagen der Farbtechnologie

Es ist wichtig, daran zu denken, daß das CIE System nicht in Verbindung zu einer bestimmten Gruppe von existierenden Proben gebracht werden kann. Zur Veranschaulichung des Systems sind Proben jedoch gelegentlich hergestellt worden. Das CIE-System ist in keinerlei Hinsicht visuell gleichabständig aufgebaut. Es sind allerdings viele Transformationen des CIE-Systems vorgeschlagen worden, die zu einem visuell gleichabständigen System führen sollen. Das CIE System hat nur einen Sinn, nämlich festzustellen, ob zwei Proben die gleiche Farbe haben. (Sie stimmen überein, wenn Ihre Normfarbwerte übereinstimmen, andernfalls zeigen sie einen Farbunterschied.) Wenn die CIE Normfarbtafel ordnungsgemäß benutzt wird, kann man mit ihrer Hilfe ebenfalls nur feststellen, ob zwei Proben die gleiche Farbart besitzen, oder, sofern sie nicht übereinstimmen, in welcher Art sie sich unterscheiden. Trotz allem ist es oft wünschenswert, *ungefähr* zu wissen, wo bestimmte Farben in der Normfarbtafel zu finden sind. Wenn wir uns darauf beschränken, an Proben zu denken, die mit einer tageslichtähnlichen Lichtquelle beleuchtet und von einem auf diese Lichtart adaptierten Beobachter betrachtet werden, ist die Vorstellung im allgemeinen recht gut. Auf dieser Grundlage wurden die Farbnamen in der Abbildung auf dieser Seite festgelegt.

Nur zwei der drei Dimensionen einer Farbe können in einer Farbtafel dargestellt werden. Oft wird ein dreidimensionaler CIE Farbkörper hergestellt, indem man eine Y Achse über dem Unbuntpunkt aufträgt. Nur Farben, die wie die Spektralfarben einen kleinen Hellbezugswert haben, können von der Helligkeitsachse so weit entfernt wie die Spektralfarben liegen. Alle anderen Farben haben einen geringeren spektralen Farbanteil. Die Grenzen, innerhalb derer Farben mit einer bestimmten Helligkeit liegen können, wurden berechnet (Rösch 1929, MacAdam 1935). Auf die Ebene der Normfarbtafel projiziert sind sie im unteren Diagramm auf Seite 51 dargestellt. Mit diesen Werten ist die Größe des Farbkörpers im x, y, Y Raum darstellbar, in welchem alle vorkommenden Farben liegen.

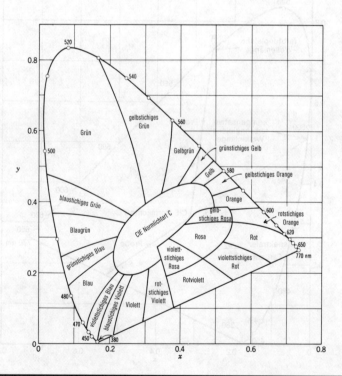

**In dieser CIE Normfarbtafel sind einige Farbnamen eingetragen (Judd 1950, 1952). Sie sind *in etwa* richtig für Farben, die bei Tageslicht von einem Beobachter, dessen Augen auf dieses Licht adaptiert sind, betrachtet werden.**

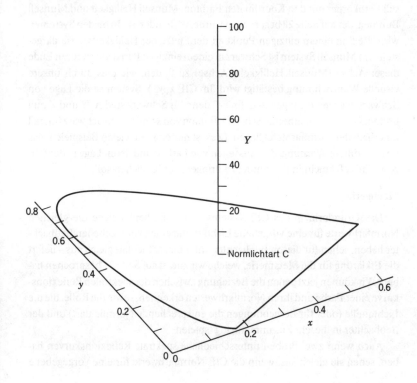

**Die dritte Dimension der Farbe wird zweckmäßig der CIE Normfarbtafel zugefügt, indem man sich die Helligkeitsachse senkrecht davon aufsteigend denkt. Hellere Farben liegen in diesem Farbraum in der Höhe, die ihrer Helligkeit entspricht, senkrecht über dem Punkt ihrer Normfarbart x, y.**

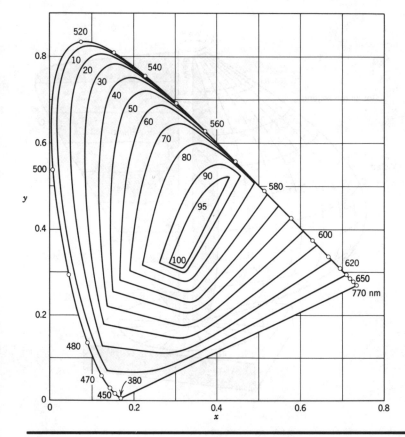

**Je heller die Farbe ist, um so mehr ist der Bereich, in dem ihre Farbart liegen kann, eingeschränkt. Diese Farbtafel zeigt die „MacAdam Grenzen" der Farbarten von realen Farben bei Betrachtung unter Tageslicht (CIE Normlichtart C) für verschiedene Werte des Hellbezugswerts Y (MacAdam 1935).**

Merke, daß ein signifikanter Unterschied sowohl im Konzept als auch in der Form zwischen dem dreidimensionalen CIE x, y, Y Farbkörper und dem Munsell Farbkörper mit den Koordinaten Farbton, Munsell Helligkeit und Munsell Buntheit, der auf Seite 28 besprochen wurde, vorhanden ist. In beiden Systemen wird Weiß in einem einzigen Punkt an der Spitze der Helligkeitsachse dargestellt. Im Munsell System ist Schwarz in einem einzigen Punkt am anderen Ende dieser Achse (Munsell Helligkeits Achse) zu finden, wie dies durch unsere visuelle Wahrnehmung bestätigt wird. Im CIE x, y, Y System ist die Lage von Schwarz dagegen nicht genau definiert, denn für Schwarz sind X, Y und Z null und auf Grund der mathematischen Definition von x und y kann Schwarz überall innerhalb der Normfarbtafel liegen. Dies ist nur eins von vielen Beispielen, das unsere frühere Warnung, das Aussehen von Farben und deren Lage in der CIE Normfarbtafel nicht in Beziehung zu bringen, verdeutlichen soll.

**Metamerie**

Das Grundprinzip des CIE-Systems – zwei Farben, welche die gleichen Normfarbwerte für eine vorgebene Lichtart und einen vorgegebenen Beobachter haben, sehen für diesen Beobachter unter dieser Lichtart gleich aus – liefert die Erklärung für die Metamerie, welche wir zuerst auf Seite 21 besprochen haben. Wir können jetzt genau die Beziehung zwischen der spektralen Reflexionskurve einer Farbe und ihren Normfarbwerten erkennen, sowie die Rolle, die die Lichtquelle (oder für Berechnungen die entsprechende Normlichtart) und der Beobachter in diesem Zusammenhang spielen.

Auch wenn zwei Proben unterschiedliche spektrale Reflexionskurven haben, sehen sie gleich aus, wenn die CIE Normfarbwerte für eine vorgegebene

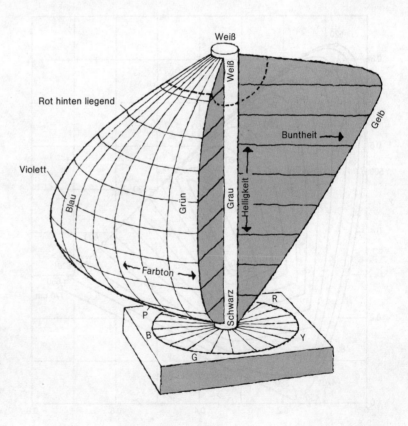

Im Munsell System, das auf der wahrgenommenen Farbe von Gegenständen beruht, haben Weiß und Schwarz eindeutig festgelegte Plätze an der Spitze bzw. am unteren Ende der Helligkeitsachse (Hunter 1975). Alle anderen Farben liegen zwischen ihnen, wobei der Munsell Farbkörper nach außen gewölbt ist, um die Farben die weiter von der Helligkeitsachse entfernt liegen, unterzubringen ...

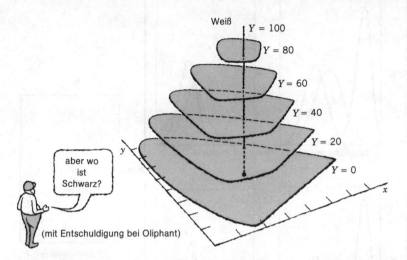

(mit Entschuldigung bei Oliphant)

... Im Gegensatz dazu, hat Schwarz im CIE x, y, Y System, das sich *nicht* um das Aussehen von Farben kümmert, sondern nur darum, ob zwei Farben gleich oder ungleich sind, keinen eindeutig festgelegten Platz.

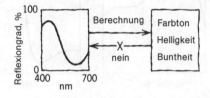

Normlichtart und einen Beobachter übereinstimmen. Ist dies der Fall, bilden sie ein metameres Probenpaar. Es ist einfach einzusehen, daß diese Übereinstimmung nicht mehr besteht, wenn entweder die Lichtquelle oder der Beobachter ausgetauscht werden: Sie haben unter diesen Umständen nämlich nicht mehr die gleichen Normfarbwerte. [In den Abbildungen auf Seite 54 haben wir der Einfachheit halber nur die Änderung der Lichtquelle dargestellt. Wir möchten jedoch betonen daß der Austausch von Beobachtern, *alle mit „normalem" Farbsehvermögen,* von gleicher Bedeutung ist (Billmeyer 1980a), eine Tatsache, die oft übersehen wird!]

Im Gegensatz dazu stimmen die Normfarbwerte von Probenpaaren mit gleichen spektralen Reflexionskurven überein, unabhängig davon, welche Lichtquelle oder welcher Beobachter für die Berechnung gewählt wird. Die Normfarbwerte sind von der Wahl der Normlichtart und der des Beobachters abhängig. Sie sind jedoch in jedem Fall für beide Proben gleich, was bedeutet, daß die Proben unter allen Bedingungen gleich aussehen.

Metamerie ist ohne Zweifel einer der grundlegenden und wichtigsten Aspekte der Farbtechnologie, und wir werden wieder und wieder darauf zurückkommen.

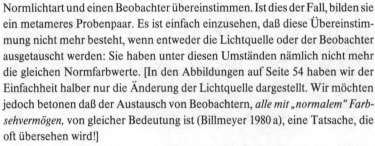

Es ist eine häufig vorkommende (und manchmal unliebsame) Erscheinung, daß Probenpaare mit unterschiedlichen spektralen Reflexionskurven für einen Beobachter oder unter einer Lichtquelle gleich aussehen können, für einen anderen Beobachter (oder wie hier gezeigt) unter einer anderen Lichtquelle aber nicht mehr farbgleich sind. Sie werden *metameres Paar* oder *Metamere* genannt ...

54  Grundlagen der Farbtechnologie

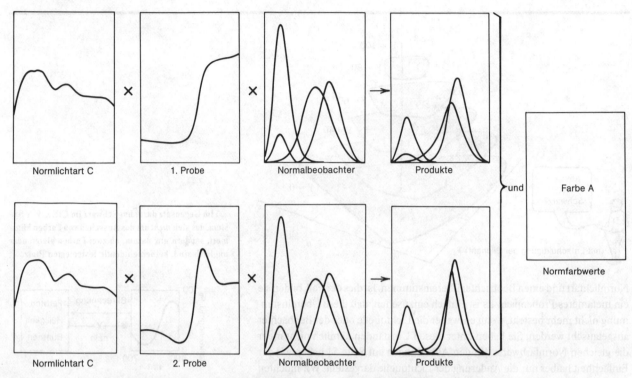

Normlichtart C × 1. Probe × Normalbeobachter → Produkte und Farbe A Normfarbwerte

Normlichtart C × 2. Probe × Normalbeobachter → Produkte Normfarbwerte

... Die zwei Proben eines metameren Probenpaars haben dieselben CIE Normfarbwerte für die Lichtart und den Beobachter, für welche sie gleich aussehen, sogar dann, wenn sie unterschiedliche spektrale Reflexionskurven haben ...

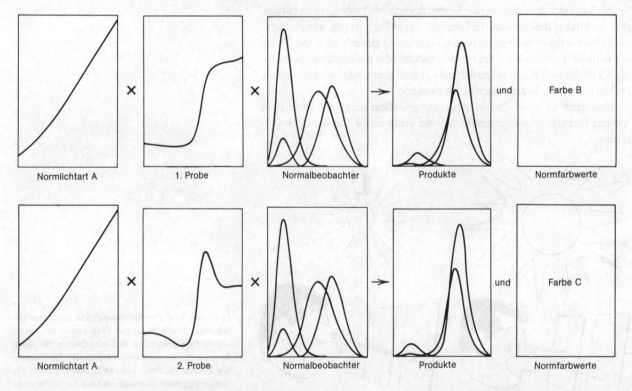

Normlichtart A × 1. Probe × Normalbeobachter → Produkte und Farbe B Normfarbwerte

Normlichtart A × 2. Probe × Normalbeobachter → Produkte und Farbe C Normfarbwerte

... aber sie haben unterschiedliche Normfarbwerte für andere Lichtarten (wie hier gezeigt ist) oder für andere Beobachter, bei denen sie nicht gleich aussehen ...

Die Beschreibung von Farben 55

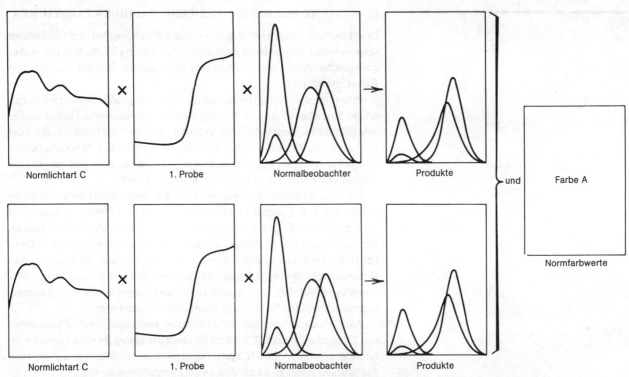

... Im Gegensatz dazu hat ein *nicht metameres* Probenpaar mit denselben spektralen Reflexionskurven dieselben Normfarbwerte und sieht deshalb gleich aus ...

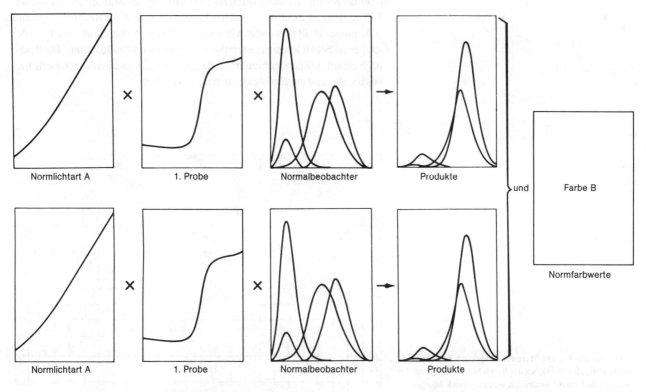

... und zwar auch dann, wenn die Lichtquelle oder der Beobachter ausgetauscht werden: Die Normfarbwerte ändern sich dabei, aber sie bleiben für beide Proben des Paares gleich.

## C. SYSTEME MIT BESSER GLEICHABSTÄNDIGEN FARBRÄUMEN

Es ist bereits oft gesagt worden, daß einer der größten Nachteile des CIE Systems seine in keiner Weise visuell gleichabständige Teilung ist. Warum soll es aber auch gleichabständig sein, wenn es keinerlei Aussagen über das Aussehen von Farben machen soll.

Indem wir uns wieder klarmachen, daß Vorsicht geboten ist, wenn Farbeindrücke Bereichen in der CIE Normfarbtafel zugeordnet werden sollen, mag es eine Hilfe für das Verständnis sein, wenn wir die „Karte" des Farbkörpers mit der uns vertrauten Weltkarte vergleichen, die auf der Mercator Projektion beruht. Wie bekannt, ist sie ebenfalls sehr wenig gleichabständig und verzerrt die Größen und Formen der Länder und Kontinente stark.

Die visuelle Ungleichabständigkeit der CIE Normfarbtafel führt zu ähnlichen Verzerrungen. Z. B. sind die Linien, die visuell gleichen Farbtönen zugeordnet werden, in der CIE x, y Normfarbtafel im allgemeinen schwach gekrümmt, im Munsell System sind sie dagegen Geraden. Kurven mit gleicher Munsell Buntheit sind keine Kreise sondern verzerrte Ovale. Es ist einfach einzusehen, daß als Konsequenz hieraus nicht erwartet werden kann, daß die CIE Koordinaten farbtongleiche Wellenlänge und spektraler Farbanteil genau mit den visuell wahrgenommenen Größen Farbton und Buntheit übereinstimmen.

Aus Gründen, die wir nicht ganz verstehen, sind wegen der oben beschriebenen Eigenschaften des CIE Systems im Laufe der Jahre sehr viele Versuche unternommen worden, das CIE System so zu modifizieren oder zu transformieren, daß es besser visuell gleichabständig wird. Ebenfalls wurden völlig neue Systeme entwickelt, die diese Eigenschaft zeigen sollen. Beide Arten von Systemen sollen eine einfache Umrechnung ihrer Farbkoordinaten in die CIE Farbkoordinaten oder umgekehrt ermöglichen. (Die Umrechnung des Munsell Systems in das CIE System ist nicht einfach. Manchmal wird hierzu ein Rechnerprogramm [Rheinboldt 1960] verwendet. Man benötigt für die Rechnung aber auch bei der jetzt erhältlichen Rechnergeneration einen relativ großen Rechner.) Die Suche nach einem „idealen Farbraum" (Judd 1970) hat sich als überaus schwierig herausgestellt, und ein Einfolg ist noch nicht sichtbar.

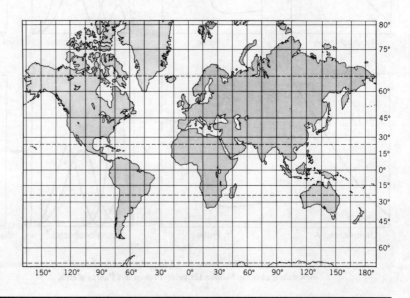

**Genauso wie bei der Mercator Projektion der Weltkarte (Strahler 1965), wo die Bereiche um den Nord- und Südpol stark, Australien und Grönland dagegen weniger stark im Vergleich zu den Ländern in der Nähe des Äquators verzerrt werden . . .**

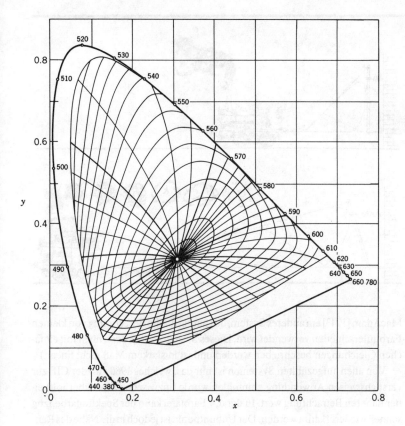

... verzerrt die CIE Normfarbtafel die geraden Farbtonlinien und die Kreise mit gleicher Buntheit des Munsell Systems (Judd 1953), wie hier für die Munsell Helligkeit 5 gezeigt wird.

Warum ist dieses Ziel so wichtig? Wir haben sehr schnell gelernt, die Fehler des Mercator Systems anzuerkennen und mit ihnen zu leben. Genauso hat sich herausgestellt, daß Anwender Farben und Farbunterschiede in vielen unterschiedlichen Farbsystemen beschreiben können, und dies auch tun. Dabei spielt es keine Rolle, ob diese Systeme visuell gleichabständig sind oder auch nicht. Manchmal möchten wir wissen, welche neuen anwendungstechnischen Möglichkeiten ein visuell gleichabständiges Farbsystem gegenüber den heute bekannten Systemen bieten würde.

**Lineare Transformationen des CIE Systems**

Wenn man sich Gedanken darüber macht, wie das CIE System transformiert werden kann, um es besser visuell gleichabständig zu machen, ist es vorteilhaft, zwei unterschiedliche Arten der Transformation in Erwägung zu ziehen, nämlich eine lineare und eine nichtlineare. Mathematiker werden die Auswirkung der beiden Arten erkennen und verstehen. Für uns ist es aber ausreichend zu wissen, daß die linearen Transformationen einige wichtige Vorteile des CIE Systems unverändert lassen, die mit der additiven Farbmischung, die auf Seite 134 besprochen wird, zusammenhängen. Diese sind für das Farbfernsehen und für bestimmte Drucktechniken wichtig. Wir besprechen die linearen Transformationen zuerst, und zwar hauptsächlich aus historischen Gründen.

Eine der ersten linearen Transformationen zur Verbesserung der Gleichabständigkeit des CIE Systems führte zur gleichförmigen UCS Farbtafel (Uniform Chromaticity Scale – UCS) von Judd (1935). Später wurde eine rechtwinklige UCS oder RUCS Farbtafel von Breckenridge (1939) vorgeschlagen, um die Farbe von Signallichtern zu beschreiben. MacAdam (1937) entwickelte ein System (u, v System), das 1960 von der CIE als annähernd visuell gleichabständiges System zur versuchsweisen Anwendung empfohlen wurde. (Später entwickelte

Eine *lineare Transformation* ist eine Gleichung, die eine Größe als Summe oder Differenz von anderen Größen definiert, z. B.

$$x = \frac{X}{X+Y+Z}$$

Eine *nichtlineare Transformation* enthält auch andere mathematische Funktionen (Quadrate oder Quadratwurzeln aber auch die dritte Wurzel als Beispiel) wie (Seite 61)

$$L^* = 116 \left(\frac{Y}{Y_n}\right)^{1/3} - 16$$

*Das inzwischen überholte u, v System CIE 1960*

$$u = \frac{4X}{X + 15Y + 3Z}$$
$$= \frac{4x}{-2x + 12y + 3}$$
$$v = \frac{6Y}{X + 15Y + 3Z}$$
$$= \frac{6y}{-2x + 12y + 3}$$

## 58 Grundlagen der Farbtechnologie

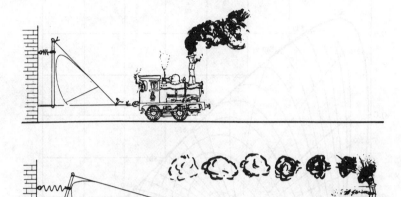

... Viele Versuche wurden unternommen, die bekannte Farbtafel zu dehnen oder andersartig so zu ändern, daß die Verzerrung beseitigt wird (Chamberlin 1955).

*Die Koordinaten u', v' der UCS Farbtafel CIE 1976*

$$u' = u = \frac{4X}{X + 15Y + 3Z}$$
$$= \frac{4x}{-2x + 12y + 3}$$

$$v' = 1{,}5\,v = \frac{9Y}{X + 15Y + 3Z}$$
$$= \frac{9y}{-2x + 12y + 3}$$

Umgekehrt lauten die Transformationsgleichungen

$$x = \frac{27\,u'}{18\,u' - 48\,v' + 36},$$

$$y = \frac{12\,v'}{18\,u' - 48\,v' + 36}$$

MacAdam [1943] ein anderes System, das häufig für die Berechnung von kleinen Farbunterschieden verwendet wird. Dieses System kann jedoch nicht mit einfachen Gleichungen beschrieben werden und ist in starkem Maß nicht linear.)

Von allen aufgezählten Systemen ist nur das, welches 1960 von der CIE zur versuchsweisen Anwendung empfohlen wurde (inzwischen ist es überholt) einer näheren Betrachtung wert. In der u, v Farbtafel kann der Spektralfarbenzug schnell wiedererkannt werden. Der Unbuntpunkt ist jedoch in die Nähe des Randes verschoben. Die Transformationsgleichungen sind relativ einfach, aber die Abstände der Munsell Farben sind immer noch stark unterschiedlich.

Die Gleichabständigkeit des Munsell Systems konnte später verbessert werden (Eastwood 1973), indem man die v Koordinate einfach um 50 % vergrößerte. Die CIE hat empfohlen (CIE 1978), die u, v Farbtafel von 1960 durch die *empfindungsgemäß gleichabständige Farbtafel* u', v' CIE 1976 (UCS-Farbtafel CIE 1976) zu ersetzen. Zu diesem Zeitpunkt ist dies die letzte einer großen Anzahl von linearen Transformationen der 1931 CIE x, y Normfarbtafel, deren Ziel es ist, eine absolut gleichabständige Farbtafel zu schaffen.

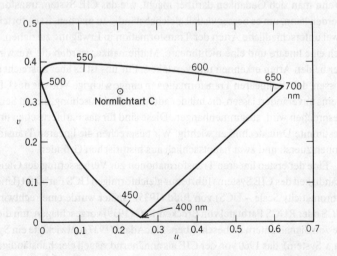

Die u, v Farbtafel CIE 1960 (jetzt überholt) mit dem Spektralfarbenzug und dem Unbuntpunkt (Normlichtart C).

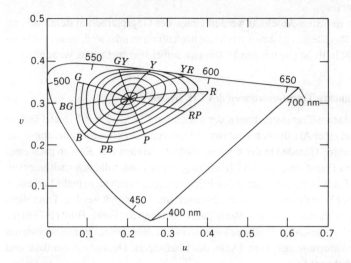

Farborte mit gleichen Werten von Munsell Farbton und Munsell Buntheit und der Munsell Helligkeit 5 in der u, v Farbtafel CIE 1960.

## Gegenfarben-Systeme

Wir schweifen hier ab, um eine weitere Art, Farben zu beschreiben, einzuführen. Dies geschieht mit Hilfe von *Gegenfarben-Koordinaten*. Diese beruhen auf der Annahme, daß die Signale von den Zäpfchen irgendwo zwischen dem Auge und dem Gehirn in solche verschlüsselt werden, die hell-dunkel, rot-grün und gelb-blau anzeigen (Hering 1964). In der Gegenfarben-Theorie (Farbtafel 4) wird angenommen, daß eine Farbe nicht zur selben Zeit rot und grün oder auch gelb und blau sein kann. Sie kann dagegen sowohl gelb als auch rot sein, wie dies bei Orange der Fall ist, oder auch rot und blau wie bei Violett usw. Rot oder Grün können so durch eine einzige Zahl beschrieben werden, die normalerweise mit a bezeichnet wird. a ist positiv, wenn die Farbe rot und negativ, wenn die Farbe grün ist. Entsprechend werden Gelb und Blau durch die Koordinate b beschrieben, die positiv für gelbe und negativ für blaue Farben ist. Die dritte Koor-

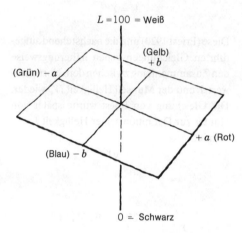

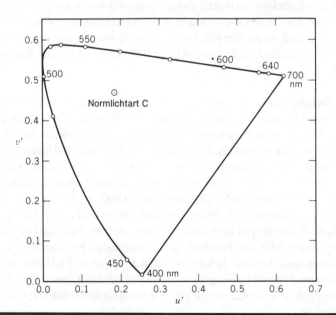

Die kürzlich empfohlene UCS Farbtafel CIE 1976, in die der Spektralfarbenzug und der Unbuntpunkt (Normlichtart C) eingetragen sind (Robertson 1977).

$$V = Y^{1/2}$$

Diese (Priest 1920) und die nachstehend aufgeführten Gleichungen geben näherungsweise den Zusammenhang zwischen dem Normfarbwert $Y$ und der Munsell Helligkeit $(V)$ wieder. Die Gleichung von Priest wurde später von Hunter zur Definition seiner Helligkeit $L$ verwendet:

$$L = 10 Y^{1/2}$$

$$\frac{Y}{Y_{MgO}} = 1,2219\,V - 0,23111\,V^2$$
$$+ 0,23951\,V^3 - 0,021009\,V^4$$
$$+ 0,0008404\,V^5$$

Die obige Gleichung gibt die Munsell Helligkeit an, wie sie im Munsell Renotation System von Newhall (1943) festgelegt ist. 1979 wurde $Y_{MgO}$ für die Abmusterungsbedingung, die bei den Versuchen verwendet wurde, (Beleuchtung unter 45°, Beobachtung senkrecht zur Probe, 0°) der Wert 1,026 zugeordnet. Die Munsell Helligkeitsfunktion kann deshalb jetzt wie unten angegeben geschrieben werden (McLaren 1980, Hemmendinger 1980):

$$Y = 1,1913\,V - 0,22532\,V^2$$
$$+ 0,23351\,V^3 - 0,020483\,V^4$$
$$+ 0,00081935\,V^5$$

dinate gibt die Helligkeit der Farbe an und wird üblicherweise mit L gekennzeichnet.

Im nächsten Abschnitt werden einige der Gegenfarben-Systeme besprochen. Das älteste von ihnen, das heute noch oft verwendet wird, ist das von Hunter (1942). Es ist eng mit den Meßwerten seiner Farbmeßgeräte verbunden.

**Nichtlineare Transformationen des CIE Systems**

Nichtlineare Transformationen der bekannten CIE x, y Normfarbtafel ändern diese in einer Art, die sich stark von den bisher beschriebenen Änderungen unterscheidet. Geraden in der x, y Normfarbtafel werden z. B. Kurven nach einer solchen Transformation. Im CIE Sprachgebrauch sollen die sich nach einer solchen Transformation ergebenden Flächen deshalb auch nicht mehr Farbtafeln und ihre Koordinaten nicht mehr Farbwertanteile genannt werden. Trotz allem kennzeichnen sie natürlich ebenfalls das Aussehen der Farbe. Hunt (1978 b) hat der CIE vorgeschlagen, sie *psychometric chroma diagrams* zu nennen, was wir mit *chroma diagrams* abkürzen. (Anm. des Übersetzers: Deutsche Ausdrücke sind nicht bekannt.)

Die meisten der nichtlinearen Transformation des CIE Systems beinhalten sowohl eine Transformation der Helligkeit als auch eine der Farbart. Sie führen zu besser gleichabständigen Farbräumen. Die meisten von ihnen beruhen auf Gegenfarben-Koordinaten. Wir betrachten die Farbräume, die im Augenblick von Interesse sind, später in diesem Kapitel.

Die wichtigste nichtlineare Transformation des CIE Farbkörpers wurde von E. Q. Adams (1942) entwickelt. Sie beruht auf seinen Untersuchungen zur Theorie des Farbsehens. Viele Farbabstandsformeln wurden auf den Adams Koordinaten aufgebaut, wie wir in Kapitel 3 ausführen werden. Mit einer nur kleinen Änderung ist die Adams Transformation die Grundlage der CIE Empfehlung von 1976, die weiter unten besprochen wird.

Andere nichtlineare Transformationen, die heute nur von historischem Interesse sind, wurden von Hunter (1942), Moon und Spencer (Moon 1943), Saunderson und Milner (Saunderson 1946) und Glasser (1958) beschrieben. Die von Hunter und Glasser sind eng mit den Meßwerten von Farbmeßgeräten verknüpft. Der Farbraum von Hunter wird später beschrieben. Seine Beziehung zu Farbmeßgeräten wird in Kapitel 3 dargestellt. Es existieren noch weitere Systeme, die nur entfernt mit dem CIE System verwandt sind. Sie werden in diesem Buch nicht betrachtet [DIN System (Richter 1955), Coloroid System (Nemcsics 1980)].

**Helligkeitsskalen.** Da die Helligkeit einer Probe eine der wichtigsten Farbkoordinaten ist, wurde der Entwicklung von Maßstäben, die mit der visuellen Empfindung übereinstimmen, sehr viel Aufmerksamkeit geschenkt. Der frühe Helligkeitsmaßstab von Munsell (Priest 1920) geht davon aus, daß die Helligkeit der Wurzel des Hellbezugswerts proportional ist. Dies ist annähernd richtig, wenn die Proben einer Grauskala auf einem weißen Untergrund bewertet werden. Der Maßstab wurde später von Hunter (1942) übernommen, dessen Farbmeßgeräte direkt die Helligkeit L anzeigen. Wenn die Proben über einem mittelgrauen Untergrund abgemustert werden, muß die Gleichung so abgeändert werden, daß die Helligkeit des Untergrundes berücksichtigt wird. Dies führt zum Munsell Helligkeits Maßstab (Newhall 1943), der heute wahrscheinlich überall als Helligkeitsmaßstab anerkannt ist. Glasser (1958) zeigte später, daß die dritte Wurzel eine gute Näherung für die Munsell Helligkeitsgleichung ist.

Noch später übernahm die CIE die Gleichung mit der dritten Wurzel zuerst zur Erweiterung der u, v Farbtafel CIE 1960 zu einem jetzt bereits überholten U*, V*, W* Farbraum CIE 1964, und dann als die z. Zt. empfohlene L* Gleichung (CIE 1978) in die gleichabständigen Farbräume CIE 1976, die unten beschrieben werden. Diese Funktion, die *Helligkeit CIE 1976* genannt wird, ist viel einfacher als die 1943 empfohlene Gleichung für die Munsell Helligkeit V zu berechnen. Hier benötigte man Tabellen und Interpolationsrechnungen zwischen den Tabellenwerten. Die Formel zur Berechnung von L* gilt nur für Y Werte, die größer als 1 sind. Für kleinere Werte ist die rechts unten angegebene Formel zu verwenden.

$$L^* = 116 \left(\frac{Y}{Y_n}\right)^{1/3} - 16.$$

$$\frac{Y}{Y_n} > 0{,}01$$

Die Helligkeit CIE 1976. $Y_n$ ist der Normfarbwert $Y$ für das Bezugsweiß (oder die Bezugslichtquelle). Absprachegemäß ist $Y_n = 100$. Die Gleichung ist nur dann richtig, wenn $Y/Y_n$ größer als etwa 0,01 bzw. $Y$ größer als 1 ist.

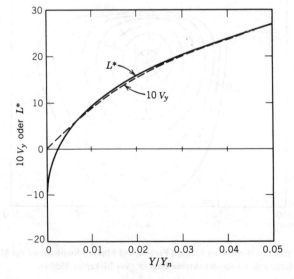

**Vergleich der Munsell Helligkeit ($V_y$) und der Helligkeit CIE 1976 (L*) (aus Robertson 1977).**

„Die Berechnung von $L^*$ für $Y/Y_n$ Werte, die kleiner als ca. 0,01 sind, kann einbezogen werden, wenn die normale Gleichung für $Y/Y_n$ Werte, die größer als 0,008856 sind, und die nachstehende abgeänderte Formel für $Y/Y_n$ Werte, die gleich oder kleiner 0,008856 sind, verwendet wird:

$$L^* = 903{,}29 \left(\frac{Y}{Y_n}\right)"$$

CIE 1978

**Vergleich der Munsell Helligkeit ($V_y$) und der Helligkeit CIE 1976 (L*) für $Y/Y_n$ kleiner als 0,05 (aus Robertson 1977).**

*Gleichungen für die Koordinaten des Hunter Farbraums* für die Normlichtart C und den 2° Normalbeobachter (Hunter 1958).

$$L = 10\, Y^{1/2}$$

$$a = \frac{17{,}5\,(1{,}02\,X - Y)}{Y^{1/2}}$$

$$b = \frac{7{,}0\,(Y - 0{,}847\,Z)}{Y^{1/2}}$$

Für irgendeine andere Lichtart und entweder den 2° oder den 10° Normalbeobachter lauten die Gleichungen:

$$L = 100 \left(\frac{Y}{Y_n}\right)^{1/2}$$

$$a = \frac{175\,(0{,}0102\,X_n)\,(X/X_n - Y/Y_n)}{Y/Y_n^{1/2}}$$

$$b = \frac{70\,(0{,}00847\,Z_n)\,(Y/Y_n - Z/Z_n)}{Y/Y_n^{1/2}}$$

$X_n$, $Y_n$ und $Z_n$ sind die Normfarbwerte für das Bezugsweiß für die gewählte Lichtart und den gewählten Beobachter (Hunter 1966). Einige häufig benötigte Werte von $X_n$, $Y_n$ und $Z_n$ sind der nachstehenden Tabelle zu entnehmen.

*Einige Normfarbwerte für das Bezugsweiß bei der Rechnung mit Wellenlängenschritten von 20 nm (Stearns 1975).*

| Lichtart | Beobachter | $X_n$ | $Y_n$ | $Z_n$ |
|---|---|---|---|---|
| A | 2° | 109,83 | 100,00 | 35,55 |
|  | 10° | 111,16 | 100,00 | 35,19 |
| C | 2° | 98,04 | 100,00 | 118,10 |
|  | 10° | 97,30 | 100,00 | 116,14 |
| $D_{65}$ | 2° | 95,02 | 100,00 | 108,81 |
|  | 10° | 94,83 | 100,00 | 107,38 |

**Gleichabständige Farbräume.** Wenn man sich darüber klar ist, daß dieser Ausdruck nur als Näherung gesehen werden darf, weil ein wirklich gleichabständiger Farbraum noch nicht geschaffen wurde und wahrscheinlich auch nicht entwickelt werden wird, dürfen wir das Wort „gleichabständiger" Farbraum als einen weitverbreiteten Ausdruck benutzen, und als maßgebend in diesem Buch empfehlen. Alle beschriebenen Farbräume sind Gegenfarben-Systeme und nichtlineare Transformationen des CIE X, Y, Z Systems von 1931.

Wahrscheinlich ist der am meisten verwendete Farbraum, abgesehen von dem Farbraum CIE 1931, der L, a, b-Farbraum von Hunter aus dem Jahre 1958. Er diente dazu, die Maßstäbe, die auf der Gegenfarben-Theorie basieren, in starkem Maß für die industrielle Anwendung zu nutzen. Dies führte dazu, daß diese Systeme allgemein L, a, b Systeme genannt werden, unabhängig davon, ob wirklich die Hunter Koordinaten verwendet werden oder nicht. Maßgeblich für die frühe Verbreitung des Hunter Systems war die Tatsache, daß Meßgeräte existierten, mit denen die L, a, b Werte direkt ohne einen zusätzlichen, damals noch nicht existierenden Rechner ermittelt werden konnten.

Um die Güte der Gleichabständigkeit des Hunter Systems zu demonstrieren zeigen wir (wie in den Abbildungen auf den Seiten 57 und 59 für die x, y und die u, v Farbtafeln) die Farbtonlinien und die Kurven für gleiche Buntheiten im Munsell System für den Helligkeitswert 5 im Hunter chroma diagram.

Der Adams Chromatic Value Raum (Adams 1942) hat ebenfalls eine weite Verbreitung gefunden, hauptsächlich deshalb, weil er eng mit der in Kapitel 3 besprochenen Farbabstandsformel, in Verbindung gebracht wird. Nickerson (1950 b) hat Tabellen mit der Helligkeitsfunktion des Munsell Renotation Systems veröffentlicht, die das Arbeiten mit dem Farbraum von Adams sehr erleichterten. Er wird deshalb auch manchmal Adams-Nickerson oder ANLAB Farbraum (siehe Seite 64) genannt.

1973 schlug MacAdam der CIE vor, den ANLAB Farbraum zur Erleichterung der Rechnungen abzuändern. Ersetzt werden sollte die komplizierte Munsell Helligkeitsfunktion V durch L*. Diese Änderung wurde offiziell 1976 empfohlen, und ist unter dem Namen L*, a*, b* Farbraum CIE 1976 bekannt. Die offizielle Abkürzung ist CIELAB (CIE 1978).

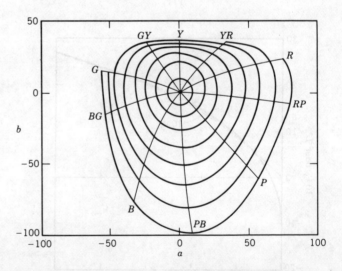

**Farborte mit gleichen Werten von Munsell Farbton und Munsell Buntheit und der Munsell Helligkeit 5 dargestellt im Hunter chroma diagram (aus Nickerson 1950 a).**

Zur selben Zeit hat die CIE einen zweiten gleichabständigen Farbraum zur Anwendung empfohlen, welcher eine Kombination der u′, v′ Farbtafel (Seite 59) und der Helligkeit CIE 1976 L* ist. Die Koordinaten dieses Systems wurden in Variable vom Gegenfarbentyp umgewandelt, wobei die neutralen Farben im 0,0 Punkt liegen. Man erreicht dies, indem man von den u′, v′ Werten der Proben die Werte $u'_n$, $v'_n$ des idealen Weiß (oder an ihrer Stelle die entsprechenden Koordinaten der Lichtquelle) abzieht. Die Differenz $u' - u'_n$ (wo n den Wert für das Idealweiß oder die Lichtquelle bezeichnet) ist die rot-grün Koordinate, mit positiven Werten für rote Farben und negativen Werten für grüne Farben. Entsprechend ist die gelb-blau Koordinate durch $v'-v'_n$ gekennzeichnet, mit positiven Werten für gelbe und negativen Werten für blaue Farben.

Die Unbestimmtheit für den Ort von Schwarz, die im x, y System besteht, wurde ausgeschaltet, indem jede der Gegenfarbenkoordinaten mit L* multipliziert wird, so daß sie null werden, wenn L* null ist, womit ein Punkt auf der Unbuntachse für schwarz eindeutig festgelegt wird. Die so festgelegten Koordinaten werden mit u* und v* gekennzeichnet. Der Farbraum wird L*, u*, v* Farbraum CIE 1976 (CIE 1978) genannt. Die offizielle Abkürzung ist CIELUV.

Es sollte beachtet werden, daß das u*, v* chroma diagramm keine lineare Transformation der Normfarbtafel ist, obwohl dies für die u′, v′ UCS Farbtafel 1976, von dem es abgeleitet wurde, gilt.

Als Teil der Empfehlung von 1976 hat die CIE auch die folgenden Ausdrücke genormt (siehe auch Kapitel 6 B): *Bunttonwinkel CIE 1976, Buntheit CIE 1976* und *Sättigung CIE 1976*. Zu merken ist, daß Bunttonwinkel und Buntheit für das CIELAB und das CIELUV System getrennt definiert sind und deshalb das System angegeben werden muß. Dagegen gibt es nur eine Sättigung CIE 1976, und zwar im CIELUV System. Der Grund hierfür ist, daß die Sättigung mit der Farbart zusammenhängt und von dieser abgeleitet worden ist. Sie ist somit nur bei einer linearen Transformation des CIE x, y Systems eindeutig bestimmbar. Die Zusammenhänge zwischen Bunttonwinkel CIE 1976, Buntheit CIE 1976 und

(Anm. des Übersetzers: In der deutschen Literatur wird anstelle von Buntton (CIE Wörterbuch) meistens das Wort Farbton verwendet. Ebenfalls wird oft nicht zwischen Buntheit und Sättigung unterschieden.)

*Gleichungen für die Koordinaten des L\*, a\*, b\* Farbraums CIE 1976 (CIELAB).*

$$L^* = 116\,(Y/Y_n)^{1/3} - 16$$
$$a^* = 500\,[(X/X_n)^{1/3} - (Y/Y_n)^{1/3}]$$
$$b^* = 200\,[(Y/Y_n)^{1/3} - (Z/Z_n)^{1/3}]$$

$X_n$, $Y_n$ und $Z_n$ sind die Normfarbwerte des Bezugsweiß. Für Werte von $X/X_n$, $Y/Y_n$ oder $Z/Z_n$, die kleiner als 0,01 sind, gilt:

$$L^* = 116\left[f\left(\frac{Y}{Y_n}\right) - \frac{16}{116}\right]$$
$$a^* = 500\left[f\left(\frac{X}{X_n}\right) - f\left(\frac{Y}{Y_n}\right)\right]$$
$$b^* = 200\left[f\left(\frac{Y}{Y_n}\right) - f\left(\frac{Z}{Z_n}\right)\right]$$

wo $f(Y/Y_n) = (Y/Y_n)^{1/3}$ für $Y/Y_n$ größer als 0,008856 und $f(Y/Y_n) = 7,787\,(Y/Y_n) + 16/116$ für $Y/Y_n$ kleiner oder gleich 0,008856 ist. $f(X/X_n)$ und $f(Z/Z_n)$ sind genauso definiert.

Die umgekehrten Transformationengleichungen (für $Y/Y_n > 0,008856$) lauten:

$$X = X_n\left(\frac{L^* + 16}{116} + \frac{a^*}{500}\right)^3$$
$$Y = Y_n\left(\frac{L^* + 16}{116}\right)^3$$
$$Z = Z_n\left(\frac{L^* + 16}{116} - \frac{b^*}{200}\right)^3$$

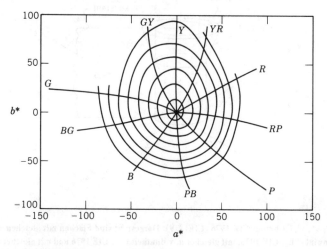

**Farborte mit gleichen Werten von Munsell Farbton und Munsell Buntheit und der Munsell Helligkeit 5 dargestellt im CIELAB chroma diagramm (aus Robertson 1977).**

*Gleichungen für die Koordinaten des Adams-Nickerson ANLAB 40 Farbenraums*

$$L = 9{,}2\,V_y$$
$$a = 40\,(V_x - V_y)$$
$$b = 16\,(V_y - V_z)$$

(Die „40" weist auf einen Normierungsfaktor hin, mit dem die Einheiten denen in anderen Farbräumen angeglichen wurden.) $V_y$ ist die Helligkeitsfunktion des Munsell Renotation Systems, die auf Seite 60 besprochen wurde. $V_x$ erhält man, wenn $X/0{,}9804$ statt $Y$ in dieselbe Gleichung eingesetzt wird. $V_z$ erhält man entsprechend mit $Z/1{,}1810$ statt $Y$.

*Gleichungen für die Koordinaten des $L^*$, $u^*$, $v^*$ Farbraums CIE 1976 (CIELUV).*

$$L^* = 116\left(\frac{Y}{Y_n}\right)^{1/3} - 16$$
$$u^* = 13\,L^*(u' - u'_n)$$
$$v^* = 13\,L^*(v' - v'_n)$$

Die Gleichungen für $u'$ und $v'$ sind auf Seite 58 zu finden. Die Größen $u'_n$ und $v'_n$ beziehen sich auf das Bezugsweiß oder die Lichtquelle. Für den 2° Normalbeobachter und Normlichtart $C$ ist $u'_n = 0{,}2009$ und $v'_n = 0{,}4610$. Andere Werte können aus den auf Seite 62 angegebenen $X_n$, $Y_n$, $Z_n$ Werten errechnet werden. Für $Y/Y_n$ kleiner als 0,01 sind die Gleichungen, die auf Seite 61 für diesen Fall angegeben sind, zu verwenden.

*Bunttonwinkel h im CIELUV und CIELAB System*

$$h_{uv} = \tan^{-1}\left(\frac{v^*}{u^*}\right)$$
$$= \arctan\left(\frac{v^*}{u^*}\right)$$
$$h_{ab} = \tan^{-1}\left(\frac{b^*}{a^*}\right)$$
$$= \arctan\left(\frac{b^*}{a^*}\right)$$

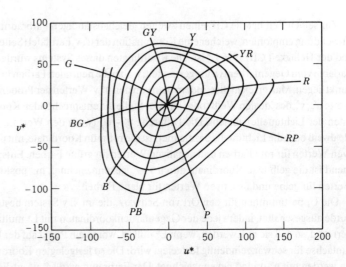

**Farborte mit gleichen Werten von Munsell Farbton und Munsell Buntheit und der Munsell Helligkeit 5 dargestellt im CIELUV chroma diagram (aus Robertson 1977).**

Sättigung CIE 1976 im CIELAB und CIELUV System sind in den Abbildungen auf dieser Seite dargestellt.

Eine naheliegende Frage an dieser Stelle ist, warum die CIE es 1976 für notwendig erachtete, nicht nur einen, sondern zwei gleichabständige Farbräume zu empfehlen. Da die Frage eng mit den Farbabstandsformeln, die mit diesen Farbräumen verbunden sind, verknüpft ist, beantworten wir sie im Kapitel Farbabstandsformeln auf Seite 104.

### Eindimensionale Farbskalen

Genauso, wie Helligkeitsmaßstäbe zur Beschreibung dieser Eigenschaft von farbigen Gegenständen verwendet werden, wurden viele andere eindimensionale Maßstäbe entwickelt, um die Farbe einer Serie von ähnlichen Proben mit einer

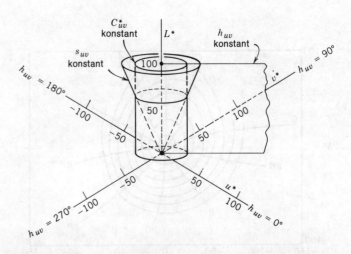

**Der $L^*$, $u^*$, $v^*$ Farbraum CIE 1976 (CIELUV). Dargestellt sind Flächen mit gleichem u, v Bunttonwinkel $h_{uv}$ CIE 1976, mit gleicher u, v Buntheit $C^*_{uv}$ CIE 1976 und mit gleicher u, v Sättigung $s_{uv}$ CIE 1976. Ähnliche Flächen ohne die der Sättigung ergeben sich im $L^*$, $a^*$, $b^*$ Farbraum CIE 1976 (CIELAB) (aus Hunter 1978 a, b).**

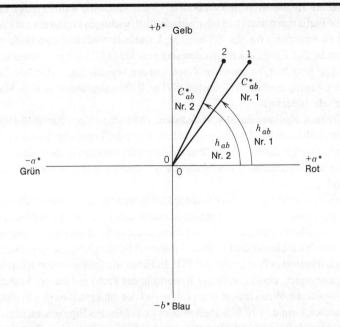

**Bunttonwinkel $h_{a,b}$ und Buntheit $C^*_{ab}$ CIE 1976 im L\*, a\*, b\* (CIELAB) System.** Der Bunttonwinkel wird in Grad angegeben, wobei der Winkel entgegen dem Uhrzeigersinn zunimmt. Der Startpunkt $h_{ab} = 0$ liegt auf der $+ a^*$ Achse. Die Buntheit ist der Abstand der Probe vom Unbuntpunkt ($a^* = b^* = 0$). Die Probe 2 hat einen größeren $h_{ab}$ Wert als die Probe 1, ihr Farbton ist somit gelber. Die Probe 2 hat auch einen kleineren $C^*_{ab}$ Wert als die Probe 1, sie ist somit weniger bunt oder stumpfer.

*Buntheit C\* im CIELUV und CIELAB System*

$$C^*_{uv} = (u^{*2} + v^{*2})^{1/2}$$

$$C^*_{ab} = (a^{*2} + b^{*2})^{1/2}$$

*Sättigung $s_{uv}$ im CIELUV System*

$$s_{uv} = 13\,[(u' - u'_n)^2 + (v' - v'_n)^2]^{1/2}$$

$$= \frac{C^*_{uv}}{L^*}$$

einzigen Zahl zu beschreiben. Häufig weichen solche Probensätze nur in einer Eigenschaft voneinander ab, nämlich in der Menge einer farbigen Verunreinigung. Ihre Farbe ändert sich deshalb mit der Menge der Verunreinigung nur geringfügig und genau voraussehbar z. B. von farblos über gelb nach orange oder rot.

Die Zuweisung einer Farbnummer bedeutet in einem solchen Fall normalerweise die visuelle Bewertung der Proben im Vergleich zu einer Serie von Standards. Wenn die Standards so ausgewählt wurden, daß ihre Farbe und ihre spektralen Transmissions- (oder Reflexions-) Kurven ähnlich denen der Testfarben sind, ist der Vergleich nicht schwierig. Die Zuordnung der Testfarbe zu der Vergleichsskala ist einfach und genau. In diesen Fällen sind einzahlige oder eindimensionale Maßstäbe von großen Nutzen.

**Vergilbungsmaßstäbe.** Da das Vorhandensein eines geringen Gelbstichs bei allen weißen (oder nahezu farblosen) Proben sowohl allgemein üblich als auch meistens unerwünscht ist, wurde der Entwicklung von gleichabständigen Vergilbungsmaßstäben erhebliche Aufmerksamkeit gewidmet. Einige Farbmeßgeräte (Hunter 1942, 1958) geben den Gelbstich direkt als Meßwert b an. Die ASTM (ASTM D 1925) hat einen Gelbmaßstab (Billmeyer 1966 b) genormt, der auf den CIE Normfarbwerten aufgebaut ist. Beide Maßstäbe stimmen mit der visuellen Bewertung nur dann überein, wenn die Proben nur gelbstichig oder blaustichig sind. Bei einem Blaustich ist der Vergilbungsgrad negativ. Die Maßstäbe sollten niemals verwendet werden, wenn rot- oder grünstichige Proben zu bewerten sind.

Bei den Meßgeräten von Hunter wird der Gelbstich mit der Farbkoordinate $b$ gemessen.

Meßwert des Gelbstichs $= + b$

Ein Vergilbungsgrad, der auf den Normfarbwerten für Normlichtart C und den 2° Normalbeobachter beruht (ASTM D 1925, Billmeyer 1966 b).

$$\text{Y.I.} = \frac{128\,X - 106\,Z}{Y}$$

oder genauer

$$\text{Y.I.} = \frac{127.50\,X - 105.84\,Z}{Y}$$

**Andere eindimensionale Farbskalen.** Viele Maßstäbe wurden entwickelt, um die Farbe von natürlichen oder wirtschaftlich wichtigen Produkten mit einer Zahl zu bewerten (Wasser, Schmieröle, Lackbindemittel und andere durchlässige Stoffe). Einige der Maßskalen sind von Judd (1975 a) beschrieben worden. Die Beziehungen zwischen ihnen wurden von der ISCC (Inter-Society Color Council) untersucht (Johnston 1971 b). Richtig angewandt, sind die Maßstäbe sehr brauchbar.

**Grenzen eindimensionaler Maßskalen.** Mit einzahligen Farbmaßstäben werden befriedigende Ergebnisse erhalten, wenn die Testprobe sowohl in der Farbe als auch in der spektralen Transmissionskurve mit den Proben, die zur Eichung und Überwachung des Maßstabs verwendet werden, in etwa übereinstimmt.

Die Testprobe kann in ihrer Farbe jedoch in anderer Art von den Farben der Eichskala abweichen, als diese es untereinander tun. In diesem Fall ist die Testfarbe niemals farbgleich mit einer der Eichfarben, sie kann auch nicht zwischen zwei von ihnen eingeordnet werden. Testfarbe und Eichfarbe bilden in diesem Fall ein metameres Paar (Abschnitt 1 D). In Fällen wie diesem wird es schwierig oder unmöglich, eine zuverlässige Bewertung der Probe mit diesem Maßstab durchzuführen. Wenn man in solch einem Fall den eindimensionalen Maßstab verwendet, kann dies zu fehlerhaften oder irreführenden Ergebnissen führen. Ein bekanntes Beispiel ist die Bewertung von rot- oder grünstichigen Proben mit Hilfe eines Vergilbungsmaßstabs. Dies kann nicht mit befriedigender Genauigkeit geschehen.

**Weißgrad**

Das Konzept des Weißgrades unterscheidet sich etwas von den Konzepten der eindimensionaler Farbskalen, die eben beschrieben worden sind. Der Weißgrad wird mit einem Gebiet oder Teilvolumen des Farbraums in Beziehung gesetzt, in welchem die Proben als weiß bezeichnet werden. Der Weißgrad wird im Prinzip durch den Abstand der Probe vom Ort eines „Idealweiß" im Farbraum bestimmt. Unglücklicherweise gibt es große Widersprüche, die noch dazu mit industriellen und regionalen Vorlieben gekoppelt sind, so daß es bisher zu keiner Übereinkunft über ein „Idealweiß" gekommen ist. Ebenfalls ist nicht eindeutig zu sagen, wie die Abweichung von dem Idealweiß, die in alle Richtungen gehen kann (gegen Blau, Gelb, Rot) bewertet (bevorzugt oder abgelehnt) werden soll. Aus diesem Grund gibt es auch keine allgemein anerkannte Weißgradformel. Das Prinzip, das bei der Entwicklung einer solchen Formel anzuwenden ist und sofern eine bessere Übereinstimmung erreicht ist, die Art einer solchen Formel, sind zusammen mit vielen vorhandenen Formeln von Ganz beschrieben worden (1976, 1979). 1979 hat die CIE eine neue Weißgradformel zum versuchsweisen Einsatz empfohlen. Sie ist auf dieser Seite angegeben.

Die nachstehend angegebene Weißgradformel ist 1979 zur versuchsweisen Anwendung vom Unterausschuß „Weißgrad" der CIE vorgeschlagen worden.

$$W = Y - a(x - x_n) - b(y - y_n)$$

$W$ = Weißgrad
$Y$ = Hellbezugswert
$x, y$ = Normfarbwertanteile der Probe
$x_n, y_n$ = Normfarbwertanteile des alles auffallende Licht reflektierenden Bezugsweiß.

Die Konstanten $a$ und $b$ sind noch nicht endgültig festgelegt. Sie ändern sich mit Auswahl des Farbtons für das beste Weiß (z. B. rotstichiges Blau oder grünstichiges Blau). Für den Fall der Bevorzugung eines neutralen blaustichigen Weiß sind die folgenden Werte festgelegt worden: $a = 800$, $b = 1700$.

## D. ZUSAMMENFASSUNG

In diesem Kapitel wurden einige der Wege beschrieben, wie Farben systematisch bewertet und eingeordnet werden können. Wir haben begonnen, den Farben und deren in Kapitel 1 beschriebenen Eigenschaften Zahlen zuzuordnen. Im nächsten Schritt werden wir beschreiben, welche Aussagen mit solchen Zahlen gemacht werden können. Dies ist der Inhalt von Kapitel 3.

KAPITEL 3

# Farb- und Farbabstandsmessung

Wir haben bisher mehrfach gelernt, daß drei Dinge zur Erzeugung von Farben notwendig sind: Eine Lichtquelle, ein beleuchteter Gegenstand und ein Beobachter, der sowohl das Licht wahrnimmt, als auch das wahrgenommene Licht in Signale umwandelt, die vom Gehirn als Farbe interpretiert werden. Wir haben ebenfalls gesehen, daß es aus vielen Gründen nützlich ist, dem Farbeindruck Zahlen zuzuordnen, so daß er exakt einem Gesprächspartner an einem anderen Ort und zu einer andern Zeit beschrieben werden kann. Wir stellen uns jetzt die Frage, wie dies gemacht werden kann. Wir beschreiben die Farbmessung.

Wenn wir das Wort „Farbmessung" sehen, denken die meisten von uns an Meßgeräte. Dies ist jedoch nur eine Art, Farben zu messen, und wahrscheinlich nicht die am meisten verwendete und einfachste Art. Die visuelle Abmusterung und der visuelle Farbvergleich von gefärbten Proben sind genauso Messungen, wie die mit einem kunstvollen und komplizierten Meßgerät. Es ist nicht notwendig, das Auge und ein Meßgerät als grundsätzlich unterschiedliche Werkzeuge zur Farbmessung anzusehen.

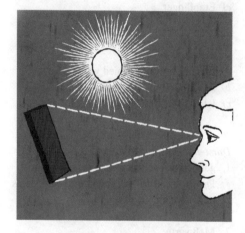

Eine Lichtquelle, eine Probe, das Auge und das Gehirn . . .

Wir dürfen nämlich niemals vergessen, daß Farbe etwas ist, was wir sehen; und die Messung von Farben unter rein physikalischen Gesichtspunkten kann niemals eine genaue Kopie dessen liefern, was unser Gehirn uns als das, „was vor uns ist", beschreibt.

## A. GRUNDLAGEN DER FARBMESSUNG

Unabhängig davon, welche Technik verwendet wird, kann die Farbmessung in zwei Hauptschritte geteilt werden: *Prüfung* und *Auswertung*.

### Prüfung

Der Schritt der Prüfung einer Farbe umfaßt das bekannte Trio, das wir so oft erwähnt haben:

*a)* Eine Lichtquelle, die Probe und Standard beleuchtet

*b)* Die Probe, die beurteilt werden soll und der Standard, gegen den sie verglichen werden soll. Bei der visuellen Beurteilung und bei manchen Meßgeräten werden Probe und Standard zur gleichen Zeit betrachtet. Bei der visuellen Ab-

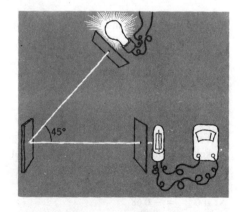

. . . oder eine Lichtquelle, eine Probe und ein photoelektrischer Empänger mit einem Meßgerät.

*Prüfung*
a) Lichtquelle
b) Probe und Standard
c) Empfänger

*Auswertung*
a) Ist ein Farbunterschied vorhanden?
b) Beschreibung des Farbunterschieds
c) Ist der Farbunterschied tolerierbar?

*Darstellung des Farbunterschieds*
1. genormte Fachsprache:
   Die Probe ist grüner, grauer und dunkler als der Standard

2. Meßwerte:

   |   | *Standard* | *Probe* |
   |---|---|---|
   | X | 52,21 | 50,96 |
   | Y | 59,64 | 58,61 |
   | Z | 88,77 | 84,31 |

3. Farbunterschied in Gegenfarben-Koordinaten:
   $\Delta L^* = -0,56$
   $\Delta a^* = -0,83$
   $\Delta b^* = +2,13$
   $\Delta E^*_{ab} = 2,35$

4. Farbunterschied ausgedrückt als Helligkeits-, Buntheits- und Bunttonwinkel-Differenz
   $\Delta L^* = -0,56$
   $\Delta C^*_{ab} = -0,68$
   $\Delta H^*_{ab} = -2,18$
   $\Delta h_{ab} = -6,2°$

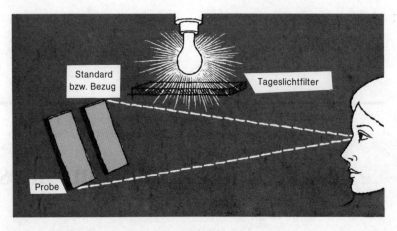

**Bei der visuellen Bewertung von farbigen Proben, werden Probe und Standard normalerweise nebeneinander gelegt und gleichzeitig betrachtet.**

musterung ist das Betrachten von Probe und Standard nacheinander keine gute Verfahrensweise (Newhall 1957), bei Farbmeßgeräten ist dies jedoch allgemein üblich.

c) Eine Empfänger, der das Licht, das von der Probe zurückgeworfen wird, bewertet.

**Auswertung**

Der zweite Schritt wird bei der Farbmessung vorteilhaft in drei Arbeitsvorgänge unterteilt. Sie sind notwendig, um entscheiden zu können, ob Probe und Standard farbgleich sind:

a) Es muß eine Aussage gemacht werden, ob Probe und Standard voneinander abweichen. Dies kann mit Hilfe von Meßwerten geschehen, aber auch mit Worten, die entweder nur gedacht oder ausgesprochen oder aufgeschrieben werden.

b) Unter der Annahme, daß ein Farbunterschied vorhanden ist, muß die Art der Aussage so sein, daß sie von allen mit dem Problem befaßten Personen verstanden wird. Es kann sich dabei um eine normierte verbale Beschreibung handeln, bei der Fachausdrücke, auf die man sich vorher geeignet hat, verwendet werden (Longley 1979). Es genügt jedoch auch die Angabe der Meßwerte allein oder die Angabe der Koordinatenwerte in einem passenden Farbordnungssystem, in welche die visuellen Befunde oder die Meßwerte umgewandelt worden sind.

c) Der Farbunterschied, wie er auch immer beschrieben sein mag, muß bewertet werden. Es muß eine Entscheidung getroffen werden, ob er innerhalb der Toleranz liegt oder nicht. Wir haben uns entschlossen, die zwei letzten Schritte zusammenzufassen, obwohl sie im täglichen Leben voneinander unabhängig durchgeführt werden können, z. B. können unterschiedliche Personen messen und auswerten.

Der letzte Schritt ist der schwierigste des ganzen Verfahrens der Farbmessung und Auswertung. Er ist jedoch derjenige, der das Ziel des ganzen Prozesses darstellt.

## DENKE und SCHAU HIN

Man muß sich darüber klar sein, daß Menschen, wenn nirgendwo sonst, am letzten Schritt der Auswertung beteiligt werden müssen. Der Grund hierfür ist verständlich: Maschinen können nicht denken.

Viele von uns haben die in einer großen Firma deutlich sichtbar angebrachten Schilder, auf denen das Wort DENKE steht, gesehen und waren vielleicht darüber belustigt. Sofern wir aber einmal eine Maschine wie z. B. einen großen Rechner gesehen haben, der fehlerhafte und nutzlose Daten in großer Menge ausdruckt, erscheinen die Schilder weniger lustig. Sie sollen daran erinnern, daß es bisher keine Maschinen, sondern nur Menschen (und vielleicht nicht einmal alle von ihnen) gibt, welche denken können. Deshalb ist unser erster Ratschlag für die Farbmessung, egal wie sie durchgeführt wird, DENKE.

Da wir uns mit einem visuellen Eindruck beschäftigen, ist ein zweiter Ratschlag eigentlich selbstverständlich: SCHAU HIN. Dieser Ratschlag wird ebenfalls viel zu oft nicht befolgt. Wir können nicht stark genug betonen, daß die Proben unabhängig davon, welche Methode zur Farbprüfung verwendet wird, bei der endgültigen Beurteilung auch angesehen werden sollten, denn die Farbübereinstimmung wird vielleicht von irgend jemand visuell bewertet.

Wir meinen, daß an jedem Ort, wo Farben abgemustert werden, die zwei Worte DENKE und SCHAU HIN dauerhaft angebracht werden sollten, um jedermann stets daran zu erinnern.

## B. DIE PROBE

In der Reihenfolge, in der wir die einzelnen Schritte, die bei der Farbmessung beachtet werden müssen, aufzählen, beginnen wir mit der Herkunft und der Herstellung der Probe. Wir glauben, daß sie etwas genauer betrachtet werden sollten.

### Zu prüfende Proben

Es ist eine Tatsache, die wir bei der Farbgebung immer wieder vergessen, daß die Farbmessung nur eine spezielle Anaylsenmethode ist. Als solche teilt sie mit allen anderen Analysenmethoden das gleiche fundamentale Problem, wie repräsentative Proben für die Analyse erhalten werden können (Walton 1959). Die Art, wie die Analysenprobe ausgewählt wird, muß sorgfältig überlegt werden, unabhängig davon, wie die Prüfung und Bewertung der Probe erfolgt. Wenn die Entscheidung getroffen wurde, gespritzte Artikel aus Kunststoff, lackierte Teile oder einen gefärbten Stoffballen mit Hilfe der Farbmessung zu prüfen, muß man sicher sein, daß die ausgewählte Probe wirklich das Material, das geprüft werden soll, repräsentiert.

Die Berechtigung, diese so selbstverständliche Tatsache zu erwähnen, beruht auf unserer Erfahrung, daß die Frage der Probennahme bei der Farbmessung oft nicht beachtet wird. Laboratorien, in denen bei Grundchemikalien, wie z. B. Salzsäure, eine sorgfältige Probennahme nach statistischen Plänen durchgeführt wird, und bei denen Mehrfachprüfungen innerhalb der Prüftoleranz übereinstimmende Ergebnisse liefern müssen, prüfen die Farbe manchmal nur mit einer einzigen Messung an einer Probe, die irgendwie in einer für den Prüfer unbekannten Art gezogen worden ist. Warum dies so ist, können wir nicht sagen, außer daß die Farbmessung in vielen Laboratorien als geheimnisumwittert angesehen wird.

> **Das erste Gesetz der analytischen Chemie sagt, daß das Ergebnis der Analyse nicht genauer als die Probe ist. Das zweite Gesetz sagt, daß es auch nicht genauer als der Standard ist.**
>
> Ben Luberoff

# 70 Grundlagen der Farbtechnologie

**Probenvorbereitung**

Vor Beginn einer visuellen oder instrumentellen Farbmessung muß als erstes gefragt werden, ob die zu messende Probe wirklich das zu prüfende Material verkörpert. Diese Frage beinhaltet sowohl die Probennahme als auch den nächsten Schritt, bei dem die Probe in eine zur Messung geeignete Form umgewandelt werden muß. Während es einige Fälle gibt, bei denen das fertiggestellte Produkt nach einer richtigen Probennahme direkt in einer für die visuelle oder meßtechnische Prüfung geeigneten Form anfällt, muß die Probe meistens für die Messung vorbereitet werden. Eine Stoffprobe muß z. B. in eine vorgegebene Anzahl von Schichten gefaltet werden, Anstrichfarben oder Kunststoffgranulate müssen in gefärbte Prüflinge umgewandelt werden.

Bei Farbmitteln, wie Farbstoffen oder Pigmenten ist das Problem weitaus schwieriger, da es nicht möglich ist, eine brauchbare Qualitätskontrolle des

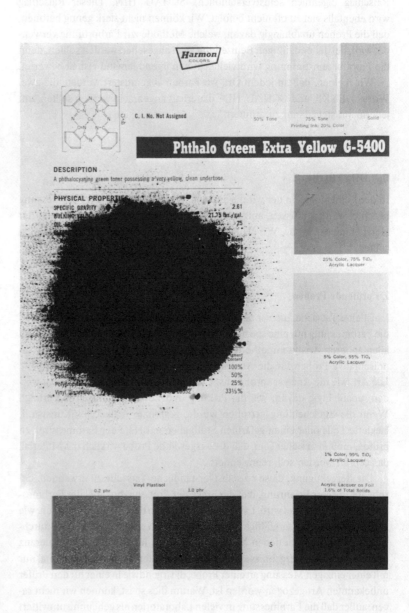

*Munsell Werte der farbigen Muster*

|  |  | H | V | C |
|---|---|---|---|---|
| Druckfarbe | 50% | 5,7 G | 8,4/ 3,2 |
|  | 75% | 6,0 G | 7,5/ 7,7 |
|  | fest | 4,9 G | 6,6/12,6 |
| Acryllack | 25% | 6,0 G | 5,8/10,2 |
|  | 5% | 8,1 G | 7,5/ 7,2 |
|  | 1% | 9,7 G | 8,6/ 3,7 |
| Acryllack auf Folie | 1,6% | 5,3 G | 4,3/10,4 |
| Vinyl-Folie | 1,0 PHR | 3,7 G | 4,2/10,0 |
|  | 0,2 PHR | 4,3 G | 5,8/12,7 |
| Pigment-Pulver |  | 4,4 BG | 4,3/ 6,3 |

**Die meisten Farbmittel sehen im Rohzustand (wie z. B. das Pigment-Pulver, das auf die Musterkarte gestreut ist) völlig anders als in einer für die Prüfung geeigneten Form aus (z. B. dispergiert in einem Lackfilm oder in Kunststoff). Die Munsell Werte der Prüflinge sind oben angegeben, um die Unterschiede zu veranschaulichen.**

Farbmittels an Hand des Aussehens des trockenen Pulvers durchzuführen. Es gibt keinen Ersatz für die Umwandlung des Farbmittels in die Form, in der es Materie anfärbt, und es ist schwierig, Labortechniken zu entwickeln, welche das gleiche Ergebnis wie der Produktionsprozeß mit den gleichen Farbstoffen oder Pigmenten liefern (Saltzman 1963 a, b).

Für die Umwandlung jedes angefärbten Produkts in eine Form, die zur Messung geeignet ist, benötigt man ein genormtes Verfahren, das sowohl wiederholbar (derselbe Prüfer im gleichen Laboratorium) als auch reproduzierbar (verschiedene Prüfer in unterschiedlichen Laboratorien zu verschiedenen Zeiten) ist. Erst in den letzten Jahren steht genug Datenmaterial zur Verfügung, um Aussagen über die Fähigkeit eines Labors, reproduzierbare Proben herzustellen, machen zu können (Peacock 1953, Billmeyer 1962, Johnston 1963, Saltzman 1965). Erst nachdem man sich diese Fähigkeit angeeignet hat und vertrauenswürdige Daten hinsichtlich der Wiederholgenauigkeit verfügbar sind, kann man beginnen, eine Produktionspartie gegen einen anerkannten Standard zu vergleichen. Wir können die Notwendigkeit der Überprüfung jeder Probenvorbereitung mit Hilfe von statistischen Methoden nicht stark genug betonen (Fournier 1978), um sicherzustellen, daß eine genaue Kenntnis der Wiederholgenauigkeit erarbeitet worden ist. Wie wir im weiteren Verlauf dieses Kapitels sehen werden, sind Farbmeßgeräte in den letzten Jahren so genau geworden, daß die Fähigkeit, geeignete Prüflinge herzustellen, häufig das schwächste Glied in der Meßkette ist.

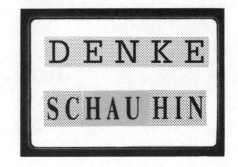

## SCHAU wieder HIN

Die Frage der Umwandlung eines Farbmittels in eine zur Prüfung geeignete Form bekommt ein größeres Gewicht, wenn die Messung der Farbe mit Hilfe von Farbmeßgeräten durchgeführt wird. Vertrauen in die Ergebnisse der Farbmessung von Laboratorien, in denen die Probe ohne Kritik gemessen und die Ergebnisse an eine Zentrale weitergeleitet werden, hat bereits zu großen Fehlern geführt, die durch eine fehlerhafte Probenvorbereitung hervorgerufen worden sind. Wenn ein Lackaufstrich z. B. visuell beurteilt und mit einem Standardaufstrich verglichen wird, kann ein geübter Beobachter feststellen, ob Probe und Standard in gutem Zustand sind. Dies ist etwas, das bis heute kein noch so aufwendiges Meßgerät tun kann. So nützlich Meßgeräte auch sind, sie können nicht denken. Aus diesem Grund empfehlen wir, daß die Probe, deren Farbe gemessen werden soll, vor der Messung *visuell* angeschaut wird, bevor ein Urteil gefällt wird, unabhängig davon, welche Abmusterungstechnik verwendet wird. Dies trifft ganz besonders auf große Laboratorien zu, in denen Probenvorbereitung und Prüfung von verschiedenen Mitarbeitern durchgeführt werden.

## C. VISUELLE FARBMESSUNG

Aus Gründen der Zweckmäßigkeit und nicht wegen irgendwelcher grundsätzlicher Unterschiede haben wir uns entschieden, die Farbabmusterung in die Beschreibung der visuellen und der meßtechnischen Methoden zu unterteilen. In jedem Abschnitt bleiben alle drei Unterteilungen der Prüfung und Auswertung wichtig. Bei der rein visuellen Farbabmusterung können einige Auswertschritte zusammengefaßt werden. Bei vielen Farbabmusterungen ist nur die einfache Entscheidung zu treffen, ob die Probe akzeptierbar oder nicht akzeptierbar ist (ja oder nein Urteil). Es wird nicht versucht, den Farbunterschied anders als mit sehr allgemeinen qualitativen Ausdrücken zu beschreiben.

*Prüfung*
a) Lichtquelle
b) Probe und Standard
c) Empfänger

*Auswertung*
a) Ist ein Farbunterschied vorhanden?
b) Beschreibung des Farbunterschieds
c) Ist der Farbunterschied tolerierbar?

## Probe und Standard

Die visuelle Prüfung und Beurteilung von Farben ist heute noch die am häufigsten verwendete Methode. Die Durchführung solcher Farbvergleiche ist in vielen Normen festgelegt (ASTM D 1535, D 1729, Huey 1972). In der einfachsten Form benötigt man hierzu die Probe, die beurteilt werden soll, und einen Standard (Bezug), die beide zur gleichen Zeit von einem Beobachter unter einer genormten Lichtquelle abgemustert werden. Wenn sich Käufer und Verkäufer auf den Standard und die Abmusterungsbedingungen (einschließlich der genauen Angabe einer oder mehrerer Abmusterungslichtquellen) geeinigt haben, ist ein großer Schritt in die richtige Richtung gemacht, sogar dann, wenn die Beurteilung mit den Augen und Gehirnen von zwei verschiedenen Personen durchgeführt wird.

Für die Beurteilung, ob die Farbe der zwei Proben übereinstimmt oder nicht, ist die visuelle Prüfung der zwei nebeneinanderliegenden Proben unter genormtem Abmusterungslicht unübertroffen. In vielen Fällen ist eine einzige Lichtart für ein genaues Urteil nicht ausreichend, so daß man sich auf zwei oder

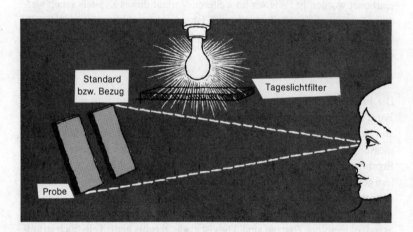

**Das Auge ist ein ausgezeichneter Richter, ob ein Farbunterschied zwischen zwei Proben vorhanden ist oder nicht. ...**

mehr Lichtarten einigen sollte. Wegen des zunehmenden Einsatzes der verschiedensten Lichtquellen, insbesondere von solchen, die sich stark von Tageslicht oder Glühlampenlicht unterscheiden, hat es sich als unbedingt erforderlich erwiesen, mindestens unter zwei (in vielen Fällen unter drei) genormten Lichtquellen abzumustern. Es ist weiterhin wichtig, daß sich Käufer und Verkäufer, sowie alle Laboratorien innerhalb eines Betriebes auf ein bestimmtes Modell einer Abmusterungsleuchte einigen, da sich die Abmusterungsleuchten der verschiedenen Hersteller stark voneinander unterscheiden.

Das verwandte Problem der Beobachterunterschiede ist bisher nicht in der gleichen Art genormt worden. Die Unterschiede im Sehvermögen von Beobachtern, die mit den üblichen Farbsehtests als farbnormalsichtig eingestuft wurden, können zumindest zu so stark abweichenden Urteilen über die Güte einer Farbnachstellung führen, wie dies bei der Verwendung von verschiedenen Lichtquellen der Fall ist (Brown 1957, Nimmeroff 1962, Smith 1963, Billmeyer 1980 a, Kaiser 1980). Sofern die Beobachterunterschiede nicht festgestellt und in Betracht gezogen worden sind, z. B. durch eine vorausgehende Übereinkunft, kann keine Normung von Abmusterungslichtquellen zu befriedigenden Ergebnissen führen. Noch einmal, die Bedeutung der oft nicht wahrgenommenen Un-

... Besonders, wenn Vorsichtsmaßnahmen getroffen wurden, sie unter richtig genormten Abmusterungsleuchten abzumustern (Macbeth Spectralite, freundlicherweise zur Verfügung gestellt von Macbeth Division, Kollmorgen Corporation) ...

terschiede in den Beobachterempfindlichkeiten kann nicht stark genug betont werden. Einfache Testgeräte sind erhältlich (Farbschieber = Color Rules; Hemmendinger 1967), die metamere Probenpaare dazu benutzen, Beobachterunterschiede (aber auch Unterschiede zwischen Lichtquellen) aufzuzeigen. Sie sollten verwendet werden, um sich vor farbnormalsichtigen Beobachtern mit starken Abweichungen vom Mittelwert zu schützen. Wo eine Normung von Beobachtern in der oben geschilderten Art nicht möglich ist, sollte dem mittleren Urteil einer Beobachtergruppe mehr Vertrauen als einem Einzelurteil geschenkt werden.

**Probe und eine Gruppe von Standards**

Der Gebrauch nur eines Standards, gegen den die zu beurteilende Probe verglichen wird, führt sofort zu Schwierigkeiten, wenn Probe und Standard nicht übereinstimmen. Dies rührt von der Tatsache her, daß der Standard nur einen Punkt in der dreidimensionalen Farbenwelt verkörpert. Wenn die Probe nicht mit dem Standard übereinstimmt, möchten wir sowohl die Abweichung exakt beschreiben als auch feststellen, ob sie innerhalb bestimmter vorher vereinbarter Toleranzgrenzen liegt. Das heißt, wir möchten wissen, *wie* und *wie stark* Probe und Bezug voneinander abweichen.

Dies führt zu dem Gebiet des quantitativen und analytischen Urteils, bei dem das Auge weniger meisterhaft als in dem Urteil, ob zwei Proben gleich oder nicht gleich sind, ist. Im Sprachgebrauch der Meßtechnik heißt dies: Das Auge ist ein sehr guter *Null Detektor* (Empfänger), d. h. ein Empfänger, der sehr genau feststellt, ob ein Unterschied zwischen zwei Größen vorhanden ist. In der Abschätzung, wie groß oder welcher Art ein Farbunterschied ist, ist es erheblich weniger vertrauenswürdig.

Dieses Handikap des menschlichen Auges kann kompensiert werden, wenn man ihm mehr als eine Bezugsprobe zum Vergleich zur Verfügung stellt. Wenn der Beobachter eine zweite Bezugsprobe hat, deren Farbunterschied (in einer vorgegebenen Richtung des Farbraums) zu der ersten Bezugsprobe bekannt ist, kann er sehr viel einfacher beurteilen, ob die zu prüfende Probe sich mehr oder weniger von der ersten Bezugsprobe, dem *Sollstandard,* unterscheidet als dies die zweite Bezugsprobe oder der *Grenzstandard* (in der gleichen Richtung) tut.

Die visuelle Abmusterung mit Hilfe von einem oder mehreren Grenzstandards zusätzlich zum Sollstandard wird immer mehr angewendet. Sowohl die Zahl der Grenzstandards als auch die Größe ihres Farbunterschieds gegenüber dem Sollstandard hängt von der zulässigen Größe des Farbunterschieds ab (Kelly 1976). In häufig zur Spezifikation von Signalfarben (z. B. kunststoffummantelte Drähte oder Kabel oder Verkehrszeichen auf Autobahnen) verwendeten Standardsätzen, die sowohl als Liefer- als auch als Produktspezifikationen benutzt werden, gibt es Grenzstandards, die in sechs verschiedenen Richtungen vom Sollstandard abweichen (Farbtafel 5). Zusätzlich zum Sollstandard sind die Grenzwerte für die Helligkeit – heller und dunkler – (Munsell Helligkeit), für den Farbton (Munsell Farbton) und für die Buntheit (Munsell Buntheit) festgelegt. Die Verwendung eines kompletten Satzes von Grenzstandards in Verbindung mit einem genormten Abmusterungslicht führt zu einem sehr befriedigenden Verfahren bei der Qualitätskontrolle. Es ist wesentlich, daß die Grenzstandards nicht metamer zu den Produkten sind, die mit ihrer Hilfe beurteilt werden sollen. Dies ist nicht immer der Fall, wenn käufliche Grenzstandardsätze verwendet werden.

Es ist wichtig, daran zu erinnern, daß zwischen den Bedingungen, unter denen farbige Proben geprüft und denen unter den sie eingesetzt werden, häufig ein großer Unterschied existiert. Die Farbkennzeichnungen auf Drähten und Kabeln sind ein ausgezeichnetes Beispiel. Hier ist es notwendig, daß zwei verschiedenfarbig gekennzeichnete Drähte unter allen Anwendungsbedingungen verschieden aussehen. Farbstandards, die diese Sicherheit geben, müssen sich stark von denen unterscheiden, die benötigt werden, um die Farbgleichheit unter den verschiedensten Abmusterungsbedingungen sicherzustellen. Grenzstandards müssen sowohl dem tolerierbaren Farbunterschied (Kelly 1976) als auch den zu prüfenden Produkten angepaßt werden.

Der Gebrauch von Grenzstandards führt bei der Anwendung folgerichtig zum Einsatz von Meßgeräten. Da die Grenzstandards den Bereich der akzep-

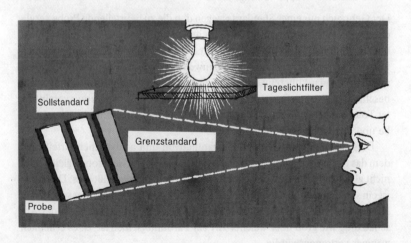

... kann es die Größe des Unterschiedes (zwischen der Probe und dem Sollstandard) sehr viel besser beurteilen, wenn gleichzeitig ein direkter Vergleich mit einem weiteren Farbunterschied (wie dem zwischen Soll- und Grenzstandard) möglich ist.

tierbaren Fabrikationspartien kennzeichnen, ergibt deren Messung mit einem ausreichend empfindlichen Meßgerät Zahlenwerte für die zulässigen Abweichungen. Die tatsächlich ermittelten Zahlenwerte sind vom Typ des Meßgerätes abhängig. Dieses sollte vorher vereinbart werden. Besprochen wird dies genauer im Abschnitt F dieses Kapitels.

Der Gebrauch von Grenzstandards ist insbesondere dort stark verbreitet, wo es sich um die Beurteilung der Farbe von Flüssigkeiten und Feststoffen handelt, die vorwiegend in einer Richtung des Farbkörpers vom Sollwert abweichen. Bei Abweichungen in mehr als einer Richtung jedoch gleich für alle zu prüfenden Stoffe haben sich die eindimensionalen Maßstäbe (Kapitel 2 C) in der Praxis als sehr brauchbar erwiesen.

Eine andere Art des visuellen Farbvergleichs mit vieldimensionalen Standards, die den meisten Menschen unbekannt sind, ist die Verwendung der United States Department of Agriculture Standards zur Klassifizierung von Baumwolle (Nickerson 1957). In diesem Fall sind sorgfältig hergestellte Grenzstandards sowohl für die Farbe als auch für die Beurteilung von Verunreinigungen seit vielen Jahren im Einsatz. Sie sind in allen Teilen der Welt, in denen Baumwolle beurteilt wird, anerkannt.

**Meßgeräte, bei denen das Auge als Empfänger verwendet wird.**

In diesem Abschnitt bilden wir die Brücke zwischen rein visuellen und rein meßtechnischen Farbmessungen, indem wir eine Reihe von Methoden beschreiben, in denen das Auge als Empfänger eingesetzt wird, um den instrumentell hergestellten Farbabgleich festzustellen. Bei diesen Methoden wird die eindrucksvolle Empfindlichkeit des Auges als Null Detektor mit größtem Erfolg eingesetzt.

**Farbkreisel Kolorimetrie.** Eine bezüglich der benötigten Ausrüstung einfachsten Methoden zur Ermittlung von Farbunterschieden ist die Farbkreisel Kolorimetrie (Nickerson 1957). Diese Methode bedient sich der Fähigkeit von Auge und Gehirn, eine Vielzahl von Farben, die in schneller Reihenfolge angeboten werden, als eine einzige Farbe wahrzunehmen. Das Angebot wird verwirklicht, indem man eine durch einen Elektromotor in eine schnelle Drehung gebrachte Scheibe herstellt, deren Sektoren aus verschiedenen Farben bestehen.

Bei der Farbkontrolle wird die zu prüfende Probe ebenfalls in Drehung gebracht und mit der Farbe des Farbkreisels verglichen, dessen Sektoren mit den

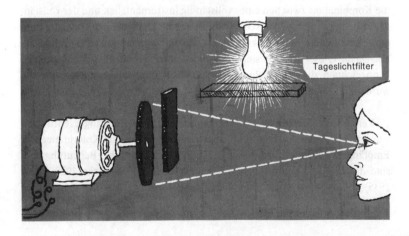

Farbkreisel Kolorimetrie.

Das Prinzip des Farbkomparators.

Das Lovibond Tintometer.

Farbmitteln angefärbt sind, die zur Herstellung der Probe verwendet wurden. Durch Veränderung der Sektorengröße jedes angebotenen Farbmittels kann Farbgleichheit mit der Probe hergestellt werden. Mit diesem Verfahren ist es möglich, mit Hilfe von Zahlenwerten, die die Fläche jedes Farbmittels angeben, den Farbunterschied zwischen der zu prüfenden Probe und einem Bezug anzugeben. Wenn die Abmusterung richtig durchgeführt wird, können Stoffe mit den verschiedensten Oberflächen beurteilt werden, z. B. tiefe Prägungen in Kunstleder oder bedruckte Gegenstände, bei denen nur ein Teil der Fläche bedruckt ist. Der richtige Einsatz der Methode in Verbindung mit der Kenntnis der verwendeten Farbmittel ermöglicht es, die Farbkreiselsektoren so herzustellen, daß mit ihnen eine große Vielzahl von Produkten nachgestellt und die Qualitätskontrolle von Endprodukten, sofern keine andere Methode einsetzbar ist, quantitativ durchgeführt werden kann.

**Farbkomparatoren für Flüssigkeiten.** Bei der Beurteilung der Farbe von Flüssigkeiten ist der Einsatz von Farbkomparatoren, die häufig *chemisches Kolorimeter* genannt werden, ein allgemein übliches Verfahren. (Dies ist eine Fehlbezeichnung vom Gesichtspunkt derjenigen aus gesehen, die Farbmessungen durchführen. Trotz allem ist es eine bei Chemikern weitverbreitete Benennung.) In einem typischen Komparator, ein Beispiel hierfür ist der Farbkomparator von Duboscq, kann entweder die Schichtdicke des Bezugs oder der Probe verändert werden. Haben beide Proben die gleiche Farbe, kann ein Farbabgleich durchgeführt werden. Die relative Schichtdicke der Lösung, die zum Abgleich benötigt wird, ist ein Hinweis auf den Farbunterschied.

Es ist sehr leicht zu erkennen, wie der Ersatz des photoelektrischen Empfängers durch das Auge in dieser einfachen Art des visuellen Vergleichs, bei dem die Gleichheit zwischen Probe und Standard beurteilt wird, zu einer instrumentellen analytischen Methode führt. Es ist hier offensichtlich, daß zwischen der visuellen und einer vollständig instrumentellen Prüfung nur ein relativ kleiner Unterschied besteht. Die einzig Ausnahme – und sie ist sehr wichtig – ist die, daß der geübte Beobachter selbst bei einem so einfachen Vergleich HINSCHAUEN und sehen kann, ob der Farbunterschied zwischen Standard und Probe es zuläßt, daß ein Abgleich durch Veränderung der Schichtdicke gemacht werden kann. Er wird unzulänglich sein, wenn beide Proben einen Farbtonunterschied aufweisen, wenn die Probe trüb ist oder wenn sich Probe und Standard in anderer Art unterscheiden.

Bei der Prüfung von durchlässigen Stoffen wird beim Lovibond Tintometer die Kombination zwischen einer vollständig instrumentellen und der vollständig visuellen Prüfung veranschaulicht. In diesem Gerät werden sorgfältig standardisierte Gläser (Seite 26) kombiniert, um die zu prüfende Probe nachzustellen. Da die Gläser genormt sind, ist es möglich, die Probe mit Zahlenwerten zu kennzeichnen, die auf Art und Zahl der Gläser, die zum Abgleich verwendet wurden, beruhen.

**Verbesserte Meßgeräte.** Bevor photoelektrische Empfänger entwickelt wurden, wurde das Auge in vielen Spektralphotometern und Kolorimetern als Empfänger verwendet. Zwei dieser Geräte, die von historischer Bedeutung sind, sind das Spektralphotometer von Koenig-Martens (McNicholas 1928, Priest 1935) und das Kolorimeter von Donaldson (Donaldson 1947).

## D. INSTRUMENTELLE FARBMESSUNG

Die Aufgabe, das Auge durch ein Farbmeßgerät zu ersetzen, kann wie folgt beschrieben werden: Ein Empfänger, der sehr empfindlich gegenüber qualitativen Unterschieden ist, – kurz gesagt, ein Empfänger, der DENKEN kann, – ist durch einen solchen zu ersetzen, der diese außergewöhnliche Eigenschaft nicht hat, dafür jedoch weitaus fähiger ist, quantitativ zu messen. Um Zahlenwerte zu erhalten, und zwar immer wieder die gleichen Zahlenwerte, müssen wir die Fähigkeit des menschlichen Beobachters opfern, eine Probe unter jedem denkbaren Licht betrachten, und dabei deren Farbton, ihre Helligkeit und ihre Sättigung, sowie viele andere Aspekte des Aussehens beschreiben zu können.

Wenn das Meßgerät nützlich sein soll, muß ein gewisses Urteilsvermögen eingebaut werden, und zwar irgendwo anders als im Empfänger, da die Eigenschaften der käuflichen Empfänger nicht einfach und nicht schnell geändert werden können.

Unser wohlbekanntes Trio – Lichtquelle, Probe und Empfänger – legt den Lösungsweg nah. Für einen vorgegebenen Gegenstand und einen lieferbaren Empfänger, müssen wir die Art des Lichtes ändern, um das Gerät zu befähigen, Farbunterschiede zu bemerken. Licht ist unsere Sonde, unser chirurgisches Skalpell, und Art und Größe der Informationen eines Farbmeßgerätes hängen von der Art und dem Umfang ab, mit der das Licht, das zur Probenbeleuchtung verwendet wird, geändert werden kann. Wir kommen so zu einer Unterscheidung der Farbmeßtechniken durch die Art, in der das Licht im Meßprozeß verarbeitet wird.

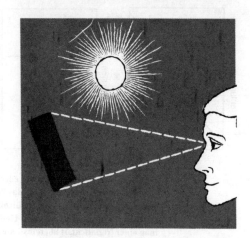

### Methoden und ihre Merkmale

**Unverändertes Licht.** Es ist nicht ganz trivial, über die Methoden zu berichten, in denen das weiße Licht der Lichtquelle unverändert auf die zu beurteilende Probe fällt. Sofern es sich um die visuelle Beurteilung von gefärbten Gegenständen handelt, ist dies immerhin die allgemein übliche Art.

Bei weiterer Unterteilung können wir feststellen, daß es unwichtig ist, welches Licht verwendet wird, wenn die Farbe des Produktes keine Rolle spielt. Als Beispiel für eine derartige Messung sei die Densitometrie von schwarz-weiß Filmen genannt: Um die Schwärzung zu messen, sind fast jede Lichtquelle und jeder Empfänger geeignet.

Fordert man jedoch, daß ein solches Meßsystem irgendeinen Aspekt des Aussehens von gefärbten Proben, speziell deren Helligkeit oder eine damit verbundene Größe (Hellbezugswert, Leuchtdichtefaktor einer durchlässigen Probe, Trübung u. a.) so mißt, daß die Meßgröße mit dem visuellen Urteil übereinstimmt, ist etwas mehr Sorgfalt notwendig. Die Forderung ist hier, daß das Produkt aus der spektralen Strahlungsleistung der Lichtquelle und der spektralen Empfindlichkeit des Empfängers mit dem Produkt der spektralen Strahlungsleistung der gewünschten Lichtart (meistens Normlichtart C) und dem spektralen Hellempfindlichkeitsgrad V($\lambda$) des Normalbeobachters bei jeder Wellenlänge übereinstimmt. Es sind Lichtfilter erhältlich, mit denen diese Forderung für gebräuchliche Lichtquellen und Empfänger erfüllt werden kann.

**Drei farbige Lichtquellen.** Der nächste Schritt zur Verbesserung der Aussagen ist die Verwendung von drei verschieden farbigen Lichtern zur Beleuchtung der Probe, um deren Farbe meßtechnisch zu bestimmen. Diese sind so ausgewählt, daß die Meßwerte des Gerätes drei Zahlen sind, die nach Ei-

*Meßtechnische Methoden*
*a)* unverändertes Licht
*b)* drei farbige Lichtquellen
*c)* einfarbiges (monochromatisches) Licht

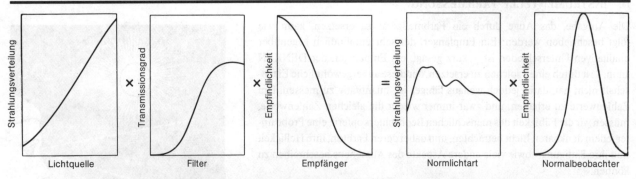

Wenn ein Meßgerät die Helligkeit oder eine mit ihr verwandte Größe in einer Art messen soll, die mit dem visuellen Eindruck übereinstimmt, müssen das Produkt der spektralen Strahlungsverteilung, der im Gerät verwendeten Lichtquelle und der spektralen Empfindlichkeit des Empfängers mit Hilfe eines geeigneten Filters so justiert werden, daß es mit dem Produkt der spektralen Hellempfindlichkeitskurve des Augen V ($\lambda$) und der spektralen Strahlungsverteilung einer Normlichtart übereinstimmt.

chung mit geeigneten Standards, entweder direkt mit den drei CIE Normfarbwerten übereinstimmen, oder in diese durch einfache Rechnungen umgewandelt werden können. Diese Meßgeräte werden *Kolorimeter* genannt (und zwar im korrekten Sinne dieses Wortes und nicht so wie es manchmal von Chemikern verwendet wird). Die Kolorimeter werden später in diesem Kapitel beschrieben.

**Monochromatisches Licht.** Das Wort *monochromatisch* bedeutet „eine Farbe" und monochromatisches Licht ist Licht, das nur eine Farbe (eine Wellenlänge) des Spektrums enthält. Ein *Monochromator* ist ein Gerätebaustein, der z. B. ein Prisma, wie dasjenige, das zuerst von Newton (1730) (Seite 4) verwendet wurde, enthält, um monochromatisches Licht durch Aufspaltung von weißem Licht in ein Spektrum und Ausblendung einer Spektralfarbe herzustellen. Mit einem Farbmeßgerät, in dem monochromatisches Licht verwendet wird, kann die spektrale Reflexions- oder (Transmissions-)Kurve gemessen werden. Wie wir in Kapitel 1 B gelernt haben, enthält diese Kurve alle Informationen, die benötigt werden, um die Farbe einer Probe für jede Lichtquelle und jeden Beobachter zu berechnen. Diese Art der Messung, die *Spektralphotometrie* genannt wird, wird nachstehend beschrieben, dabei wird wiederholt, wie die Normfarbwerte mit Hilfe der spektralphotometrischen oder spektralen Reflexionskurven ermittelt werden.

**Spektralphotometrie**

Die Spektralphotometrie, die Messung der spektralen Reflexions- oder Transmissionskurven von Stoffen, hat neben der Farbmessung viele andere Anwendungsgebiete. Wir werden nur die Spektralphotometrie im sichtbaren Wellenlängenbereich beschreiben, der, wie wir auf Seite 4 gelernt haben, von 380 bis 750 nm reicht. Soweit sie mit Meßgeräten ausgeführt, die speziell für die Farbmessung entwickelt worden sind.

**Lichtquelle, Monochromator und Empfänger.** Die wichtigsten Bausteine eines Spektralphotometers sind die Strahlungsquelle (Lampe), der Monochromator, mit dem monochromatisches Licht erzeugt wird, und ein brauchbarer lichtempfindlicher Empfänger. In den meisten Meßgeräten für die chemische Analytik und in einigen Farbmeßgeräten wird das weiße Licht der Lichtquelle, oft einer Wolfram-Glühlampe, mit Hilfe eines Prismas oder eines Beugungsgitters in ein Spektrum zerlegt. Eine Blende wird verwendet, um einen kleinen Teil des Spektrums zur Probenbeleuchtung auszublenden. Der ausgeblendete Wellenlängenbereich kann abhängig vom verwendeten Meßgerät zwischen einigen

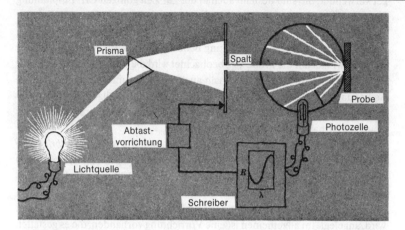

In einem Spektralphotometer, in dem *monochromatisches Licht* zur Probenbeleuchtung verwendet wird, wird das Licht der Lichtquelle in ein Spektrum zerlegt und mit Hilfe eines Spaltes annähernd monochromatisch gemacht, um so die Probe zu beleuchten (in dieser Skizze erfolgt die Beleuchtung diffus mit Hilfe der Ulbrichtchen Kugel). Die Reflexion der Probe wird als Funktion der Wellenlänge des auffallenden Lichtes aufgezeichnet, um so die *spektralphotometrische* (oder die spektrale Reflexions-)*Kurve* der Probe zu erhalten ...

zehnteln und zehn Nanometern betragen. Die Wellenlänge des durch die Blende hindurchtretenden Lichtes wird automatisch verändert, um den gesamten visuellen Wellenlängenbereich zu erfassen. Das monochromatische Licht beleuchtet die Probe, und das von dieser zurückgeworfene Licht wird gesammelt und auf den Empfänger geleitet. Diese Art der Messung wird *monochromatische Beleuchtung* genannt. Viele andere Farbmeßgeräte kehren den Strahlengang um und arbeiten mit *polychromatischer Beleuchtung*. Hier beleuchtet das gesamte Licht der Lichtquelle, normalerweise gefiltertes Glühlampenlicht oder Licht einer Xenonlampe, die beide Tageslicht simulieren, die Probe. Das zurückgeworfene Licht geht durch den Monochromator und fällt dann auf den Empfänger.

**Verkürzte Spektralphotometrie.** Dieser Ausdruck wird verwendet, um die Messung bei einigen (oft 16 – 19) vorgewählten Wellenlängenbereichen (oft ungefähr 20 nm breit) im Gegensatz zu dem traditionellen kontinuierlichen Abtasten von schmalen Wellenlängenbereichen zu beschreiben. Verkürzte Spektralphotometer können z. B. mit 19 Interferenzfiltern ausgestattet sein, deren Durchlässigkeit so ist, daß Licht mit etwa 20 nm Bandbreite hindurchgeht, und so die Messung von 19 Punkten der Reflexionskurve gestatten. Es können aber auch verschiedene Empfänger verwendet werden, um die Punkte der Reflexionskurve für jede der 19 Wellenlängen gleichzeitig zu messen. Instrumente, die diese Technik verwenden, sind etwas einfacher und deshalb nicht so teuer. Sie geben jedoch weniger Informationen über die Reflexionskurve.

**Probenbeleuchtung und -beobachtung.** Bei der Farbmessung werden häufig zwei unterschiedliche Anordnungen von Lichtquellen, Probe und Empfän-

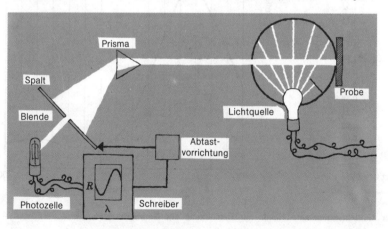

... In der umgekehrten Anordnung, die *polychromatische Beleuchtung* genannt wird, wird die Probe mit weißem Licht (das normalerweise gefiltert ist, um Tageslicht zu simulieren) beleuchtet. Das zurückgeworfene Licht geht durch den Monochromator zum Empfänger.

## 80 Grundlagen der Farbtechnologie

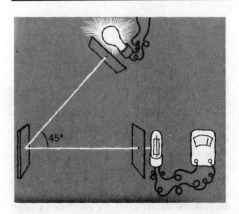

Die 45°/0° Beleuchtungs- und Beobachtungsgeometrie.

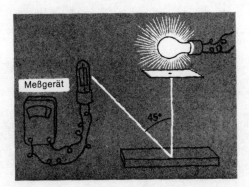

Die 0°/45° Geometrie.

ger verwendet. Sie sind deshalb auch in der zur Zeit gültigen CIE Empfehlung festgelegt. Eine ist eine *gerichtete Meßgeometrie,* bei der ein genau definierter Lichtstrahl aus einer Richtung auf die Probe fällt, die dann aus einer zweiten, ebenfalls genau festgelegten Richtung beobachtet wird. Im Normalfall ist der Einstrahlwinkel auf die Probe 45°, beobachtet wird die Reflexion senkrecht zur Probe. Diese Geometrie wird deshalb auch 45°/0° Geometrie genannt. Diese Bedingung oder die umgekehrte 0°/45° Geometrie, die im allgemeinen das gleiche Ergebnis liefert, stimmt sehr gut mit den Verhältnissen überein, die bei der visuellen Farbabmusterung vorliegen.

Bei der anderen allgemein benutzten Meßgeometrie wird eine *Ulbrichtsche Kugel* verwendet, eine Hohlkugel mit einem Durchmesser von meist mehr als 10 cm Durchmesser, die innen weiß angestrichen ist. Die Ulbrichtsche Kugel sammelt alles Licht, das von der Oberfläche der Probe zurückgeworfen wird. Die Probe wird dabei an ein Loch in der Kugelwand, das Probenöffnung genannt wird, angelegt. Im allgemeinen ist eine Vorrichtung vorhanden, die es gestattet, den Teil des Lichtes einer glänzenden Probe, der direkt reflektiert (Spiegelglanz) wird, mitzumessen oder auszuschalten. Entweder ist der Empfänger oder die Lichtquelle im Inneren der Kugel angebracht, um die Probe entweder zu beobachten oder zu beleuchten. Die Beleuchtung im ersten bzw. die Beobachtung im zweiten Fall erfolgt durch eine weitere Öffnung in der Kugelwand.

| Wellenlänge (nm) | % Reflexion $R$ | Gewichtsfaktor $(P_c \bar{y})$ | Produkt $(P_c R \bar{y})$ |
|---|---|---|---|
| 400 | 23,3 | −0,00001 | 0 |
| 420 | 33,0 | 0,00085 | 0,03 |
| 440 | 41,7 | 0,00513 | 0,21 |
| 460 | 50,0 | 0,01383 | 0,69 |
| 480 | 47,2 | 0,03210 | 1,52 |
| 500 | 36,5 | 0,06884 | 2,51 |
| 520 | 24,0 | 0,12882 | 3,09 |
| 540 | 13,5 | 0,18268 | 2,47 |
| 560 | 7,9 | 0,19606 | 1,55 |
| 580 | 6,0 | 0,15989 | 0,96 |
| 600 | 5,5 | 0,10684 | 0,59 |
| 620 | 6,0 | 0,06264 | 0,38 |
| 640 | 7,2 | 0,02897 | 0,21 |
| 660 | 8,2 | 0,01003 | 0,08 |
| 680 | 7,4 | 0,00271 | 0,02 |
| 700 | 7,0 | 0,00063 | 0 |

Normfarbwert Y, Normlichtart C = 14,31

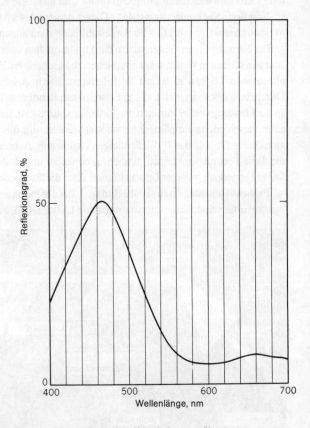

Ein Beispiel für die Anwendung der Gewichtsordinaten-Methode zur Berechnung des Normfarbwertes Y.

Die Ulbrichtsche Kugel hat bei der Messung der Durchlässigkeit von streuenden Proben einen großen Vorteil, da praktisch alles durchgehende Licht erfaßt wird. Für diesen Zweck und für die Messung der Trübung oder verwandter Größen muß diese Beleuchtungs- und Beobachtungsgeometrie verwendet werden. Unglücklicherweise sind die Ergebnisse, die bei der Messung mit der Ulbrichtschen Kugel und der 45°/0° Geometrie erhalten werden, für einige reflektierende Proben nicht identisch (Middleton 1953, Billmeyer 1969).

**Berechnung der CIE Koordinaten.** Wie bereits vorher beschrieben wurde (Seite 45), werden die CIE Normfarbwerte aus den spektralphotometrischen Daten errechnet. Man multipliziert Wellenlänge für Wellenlänge den spektralen Reflexionsgrad der Probe, die relative Strahlungsverteilung der Lichtart und die Normspektralwerte, die den CIE Normalbeobachter definieren. Diese Produkte werden dann für alle Wellenlängen des sichtbaren Spektralbereichs aufaddiert. Es gibt Tabellen (Wyszecki 1967, Foster 1970, Stearns 1975) mit den Produkten der Farbwerte der Spektralfarben und der relativen Strahlungsverteilung von verschiedenen CIE Normlichtarten. Die Produkte werden Gewichtsfaktoren genannt, und diese Methode der Berechnung der CIE Normfarbwerte wird *Gewichtsordinaten Methode* genannt (siehe gegenüberliegende Seite).

Alle Spektralphotometer, die heute für die Farbmessung hergestellt werden, sind mit einem eingebauten Mikroprozessor ausgestattet oder an einen Computer angeschlossen. Diese sind so progammiert, daß die gewünschten Gewichtsfaktoren gespeichert und die CIE Normfarbwerte, die Normfarbwertanteile und viele andere von diesen abgeleitete Größen berechnet werden können. Bevor diese Anwendung der Computer Eingang in die Gerätetechnik gefunden hatte, wurde eine andere nicht so genaue Berechnungsmethode verwendet, bei welcher der Multiplikationsschritt bei jeder Wellenlänge vermieden wird, indem bestimmte Wellenlängen ausgewählt werden, bei denen der spektrale Reflexionsgrad gemessen und aufaddiert wird. Diese Berechnungstechnik wird *Auswahlordinaten Methode* genannt (Seite 82).

Bei der Anwendung der Gewichtsordinaten Methode ist es wichtig, daß die Tabellen mit den Gewichtsfaktoren für eine kleine Anzahl von Wellenlängen (etwa 16 - 19) so berechnet werden, daß die Enden des Spektrums, welche bei der Messung nicht berücksichtigt werden, richtig erfaßt und die bei der Messung nicht erfaßten Wellenlängen richtig interpoliert werden. Bis 1980 hat die CIE noch keine Methoden für die Berechnung empfohlen. Wir halten die Techniken von Foster (1970) und Stearns (1975) für richtig und empfehlen die Verwendung ihrer Gewichtsfaktoren-Tabellen (Seite 180).

Es muß darauf hingewiesen werden, daß die Art und die spektrale Strahlungsverteilung der Lichtquelle im Spektralphotometer nur einen sehr geringen Einfluß auf die Messung der Reflexion (oder der Transmission) oder auf die Berechnung der Normfarbwerte hat, solange die Proben nicht fluoreszieren (Seite 118). Alles was benötigt wird, ist eine Lichtquelle, die ausreichend stabil ist und die genug Licht bei jeder Wellenlänge im sichtbaren Wellenlängenbereich ausstrahlt, damit das Meßgerät vernünftig arbeiten kann, um die spektrale Reflexionskurve zu messen. Die Kurve ist unabhängig von der Art der im Gerät verwendeten Lichtquelle.

Wenn die Kurve bestimmt worden ist, werden die Normfarbwerte mit Hilfe der für diesen Zweck gespeicherten Zahlenwerte berechnet. Es können die Werte für eine gewünschte Lichtart oder für mehrere verschiedene Lichtarten sein, wenn dies gewünscht wird. Die Lichtquelle des Meßgerätes braucht keine von ihnen zu sein und ist es in der Tat auch im allgemeinen nicht.

Reflexionsmessung mit der Ulbrichtschen Kugel. Die gerichtete oder Spiegelreflexion kann bei der Messung ausgeschaltet werden, indem diese Strahlung in einer Lichtfalle absorbiert wird. Diese Skizze veranschaulicht die 8°/d Geometrie . . .

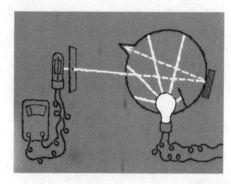

. . . wogegen die d/8° Geometrie in dieser Anordnung dargestellt ist.

Messung der gestreuten Durchlässigkeit mit einer Ulbrichtschen Kugel. Alles Licht, das in die Vorwärtsrichtung von der Probe gestreut oder durchgelassen wird, wird bei der Messung erfaßt. Die umgekehrte Geometrie, mit der beleuchteten Ulbrichtschen Kugel, die eine diffuse Beleuchtung der Probe bewirkt, ergibt die gleichen Ergebnisse.

## 82 Grundlagen der Farbtechnologie

**Normung und Genauigkeit.** Moderne Farbmeßgeräte besitzen eine sehr hohe Genauigkeit, – d. h. Wiederholungsmessungen an derselben stabilen Probe liefern die gleichen Ergebnisse mit hoher statistischer Sicherheit. Die Ungenauigkeit solcher Messungen ist ein nicht mehr ernstzunehmender Teil der Farbmessung. (Dasselbe gilt im allgemeinen nicht für die Genauigkeit der Probenvorbereitung!) Kein Farbmeßgerät kann jedoch genauer sein als die Eichstandards und die Eichverfahren es zulassen. Wenn beide sorgfältig kontrolliert werden, ist die Langzeitgenauigkeit des Gerätes besser als die Langzeitgenauigkeit vieler Produkte, die als Standard verwendet werden (Marcus 1978 a).

Die wichtigen Schritte bei der Eichung eines Spektralphotometers erfordern die regelmäßige Messung einer Anzahl von farbigen Standards zur Überprüfung der Genauigkeit der Eichung durch Überprüfung des gesamten Meß- und Rechenvorgangs und die Analyse der Ursache von Unstimmigkeiten (Carter 1978, 1979). Der erste der Eichschritte betrifft die in regelmäßigen Zeitintervallen durchgeführte Überprüfung der Wellenlängenjustierung und des Reflexionsmaßstabs, um sicherzustellen, daß das Meßgerät richtig arbeitet. Standards für diese Eichschritte werden normalerweise vom Gerätehersteller geliefert.

| Ordinaten-<br>nummer | Wellenlänge<br>(nm) | Reflexion<br>(R) (%) |
|---|---|---|
| 1 | 489,4 | 42,8 |
| 2 | 515,1 | 26,9 |
| 3 | 529,8 | 18,4 |
| 4 | 541,4 | 13,1 |
| 5 | 551,8 | 9,6 |
| 6 | 561,9 | 7,3 |
| 7 | 572,5 | 6,3 |
| 8 | 584,8 | 5,8 |
| 9 | 600,8 | 5,6 |
| 10 | 627,3 | 6,3 |

142,1 ×0,100 = 14,21

Normfarbwert Y, Normlichtart C = 14,21

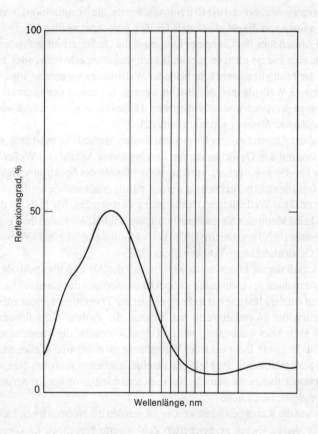

**Ein Beispiel für die Anwendung der Auswahlordinaten-Methode zur Berechnung des Normfarbwertes Y.**

Farb- und Farbabstandsmessung 83

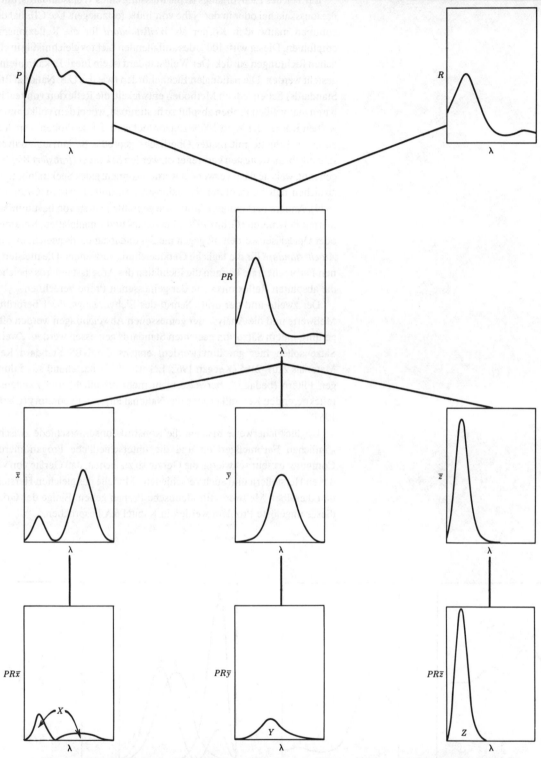

**Hier sind alle spektralen Kurven dargestellt, die zur Berechnung der CIE Normfarbwerte X, Y und Z benötigt werden. Wellenlänge für Wellenlänge werden die Werte der Kurven von P und R miteinander multipliziert, um die Kurve P × R zu ermitteln. Dann wird diese Kurve der Reihe nach mit x̄, mit ȳ und mit z̄ multipliziert, um die Kurven P × R × x̄, P × R × ȳ und P × R × z̄ zu ermitteln. Die Flächen unter diesen (siehe S. 47) richtig normierten Kurven sind die Normfarbwerte X, Y und Z.**

84  Grundlagen der Farbtechnologie

Ein Teil des Eichvorgangs ist die Messung eines Weißstandards, um die Reflexionsskala bei oder in der Nähe von 100 % festzulegen. Die CIE hat den vollkommen mattweißen Körper als *Weißstandard* für die Reflexionsmessung empfohlen. Dieser wirft 100 % des auffallenden Lichtes gleichmäßig in alle möglichen Richtungen zurück. Der Weißstandard ist ein Ideal. Er kann niemals hergestellt werden. Die nationalen Eichbehörden (wie das U.S. National Bureau of Standards) haben jedoch Methoden entwickelt, die Reflexion von real herstellbaren mattweißen Proben absolut zu bestimmen, wobei dem vollkommen mattweißen Körper der Wert 100 % zugeordnet wird. Diese Proben, von denen das zu einer Tablette mit matter Oberfläche gepreßte Bariumsulfatpulver wahrscheinlich am weitesten verbreitet ist, werden *Sekundär (transfer) Weißstandard* genannt, weil sie dazu verwendet werden können, jedes Spektralphotometer so zu eichen, daß die absoluten Reflexionswerte ermittelt werden (Grum 1977, Erb 1979). Andere beständigere Stoffe wie gepreßte Platten von bestimmten fluorinierten Polymeren (Grum 1976), Porzellan- und Emailplatten, Keramikfliesen oder Opalgläser werden oft gegen die Sekundärstandards geeicht und dann als *Arbeitsstandard* für die tägliche Geräteeichung verwendet. Die meisten modernen Farbmeßgeräte können die Eichdaten des Arbeitsstandards speichern und die absoluten Reflexionswerte der gemessenen Probe berechnen.

Der zweite und der dritte Schritt des Eichvorgangs, die Überprüfung der Meßwerte und die Analyse der gemessenen Abweichungen werden oft durchgeführt, indem Sätze von geeichten Standards gemessen werden. Zwei solcher Sätze sollen hier gewähnt werden: erstens die NBS Standard Reference Materials 2101–2105 (Keegan 1962, Eckerle 1977), bestehend aus 5 durchlässigen Filtern (bedauerlicherweise nicht mehr erhältlich) und zweitens die 12 reflektierenden Keramikproben des National Physical Laboratory (Clarke 1968, 1969).

Unglücklicherweise machen die Konstruktionsunterschiede zwischen den käuflichen Farbmeßgeräten und die unterschiedliche Progammierung der Computer es sehr schwierig, die Geräte so zu eichen, daß Geräte von verschiedenen Herstellern und auch verschiedene Modelle des gleichen Herstellers genau dieselben Meßwerte für identische Proben geben. Einige der Gründe für dieses ungelöste Problem werden in Kapitel 6 A besprochen.

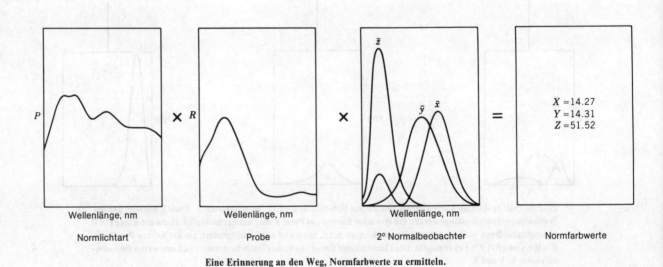

**Eine Erinnerung an den Weg, Normfarbwerte zu ermitteln.**

Die neusten Meßgeräte zeigen eine ausgezeichnete Kurzzeit- und Langzeitwiederholgenauigkeit, und es wird deshalb in Erwägung gezogen, Nachstellungen gegen numerisch gespeicherte Standardwerte zu bewerten, anstatt sich auf die Konstanz körperlich hergestellter Standards zu verlassen (Marcus 1978 a). Dies ist bestenfalls ein risikoreicher Vorschlag, denn er erfordert größte Sorgfalt bei der Pflege und Eichung des Meßgeräts, die bei industriellem Einsatz kaum vorhanden ist. Wir haben bisher noch keine Werte gesehen, die erkennen lassen, daß die Langzeitwiederholgenauigkeit für diesen sehr kritischen Anwendungsbereich vertrauenswürdig genug ist. Bisher ist es noch die beste Methode, Standard und Probe am gleichen Meßgerät zur gleichen Zeit zu messen, um sicherzustellen, daß der Farbunterschied zwischen beiden richtig ermittelt wird.

**Kolorimetrie**

In diesem Abschnitt verwenden wir das Wort Kolorimetrie in einem etwas eingeschränkten Sinn. Im allgemeinen wird darunter jede Art von Farbmeßtechnik verstanden. Hier verwenden wir es jedoch nur zur Beschreibung von photoelektrischen Farbmeßgeräten, die mit drei (oder vier) farbigen Lichtern ausgestattet sind.

*Der Zusammenhang von Lichtquelle und Empfänger.* In Kapitel 2 B haben wir gelernt, daß die Farbe einer Probe durch eine Zahlenkombination aus drei Werten, den Normfarbwerten, beschrieben wird, die ermittelt werden, indem man die spektrale Reflexionskurve der Probe mit der spektralen Strahlungsverteilung einer der Normlichtarten und der Empfindlichkeitsverteilung eines Normalbeobachters, die durch die Farbwerte der Spektralfarben gegeben ist, kombiniert. Wenn wir denselben Vorgang in einem Meßgerät nachstellen wollen, müssen wir Vorkehrungen treffen, die kombinierte Empfindlichkeit der verwendeten Lichtquelle und des Empfängers so einzustellen, daß sie identisch mit der Kombination einer der CIE Normlichtarten (normalerweise Normlichtart C) und den Normspektralwerten ist. Es ist üblich, zu diesem Zweck Glasfilter in den Lichtstrahl des Meßgeräts einzubauen. Die Filter stellen ein optisches Gegenstück zu den Zahlenwerten dar, die verwendet werden, um die Normfarbwerte aus der spektralen Reflexionskurve zu errechnen. Der Annäherungsgrad der instrumentellen Zahlenwerte an die wahren Normfarb-

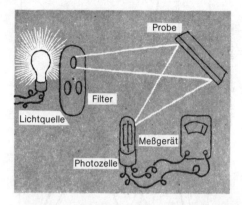

In einem Kolorimeter fällt das Licht von der Lichtquelle durch Farbfilter auf die Probe. Die Reflexion der Probe wird entsprechend der Beleuchtung, die durch das vom Filter durchgelassene Licht gegeben ist, der Reihe nach gemessen.

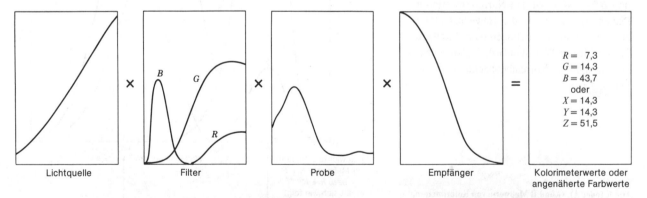

Bei der Kolorimetrie werden die Farbwerte oder Zahlen, die eng mit ihnen zusammenhängen, auf Grund von Messungen mit der eingestellten Geräteempfindlichkeit (Lichtquelle mal Filter mal Empfindlichkeit des Empfängers) erhalten, die durch das CIE System gefordert und in den Bildern oben skizziert ist. Es ist wichtig, zur Kenntnis zu nehmen, daß es schwierig ist, dies mit ausreichender Genauigkeit zu tun.

werte der Proben hängt davon ab, wie gut die Filter die CIE Werte nachstellen.

Die Kurven, die nachgestellt werden müssen, sind in den Bildern auf dieser Seite zusammen mit denen eines speziellen Filtersatzes dargestellt. Eine Ursache für die Schwierigkeiten, die Kurven exakt nachzustellen, liegt darin, daß der Normfarbwert X zwei Spitzen in seiner Kurve aufweist. In einigen älteren Meßgeräten wurde angenommen, daß der kleinere Kurvenzug des X-Wertes eine Form hat, die mit derjenigen der Z-Kurve übereinstimmt, jedoch nicht so hoch ist. Dieses Verfahren hat jedoch nur eine beschränkte Genauigkeit, weshalb die meisten Meßgeräte ein eigenes Filter haben, um den kurzwelligen Teil der X-Kurve nachzustellen.

**Koordinaten-Maßstäbe.** Die Anzeige von Kolorimetern kann auf unterschiedliche Art und Weise erfolgen. Vielleicht ist die einfachste Art von Maßstäben diejenige, die mit Hilfe des weißen Arbeitsstandards so geeicht werden, daß ein absolut weißer Standard die Werte 100 für Licht durch alle Filter ergeben würde. Die Ablesewerte werden oft mit G (für Grün, das dem Norm-

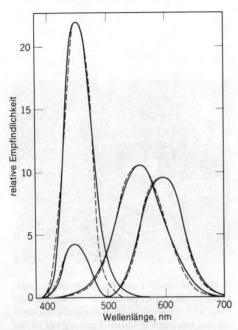

Diese Abbildung zeigt wie gut die CIE Spektralwertfunktionen (ausgezogene Kurven) in einem typischen Kolorimeter (gestrichelte Kurven) nachgestellt werden können.

$X = 0{,}98\,(0{,}8\,R + 0{,}2\,B)$ \quad (3 Filter)

oder

$X = 0{,}98\,(0{,}8\,R + 0{,}2\,R')$ \quad (4 Filter)

$Y = G$

$Z = 1{,}18\,B$

Diese Gleichungen setzen die R (oder A), G und B Meßwerte zu den Normfarbwerten in Beziehung, indem sie die Gewichtsfaktoren zur Errechnung der richtigen Normfarbwerte für den idealen Weißstandard, die Normlichtart C und den 2° Normalbeobachter einbeziehen.

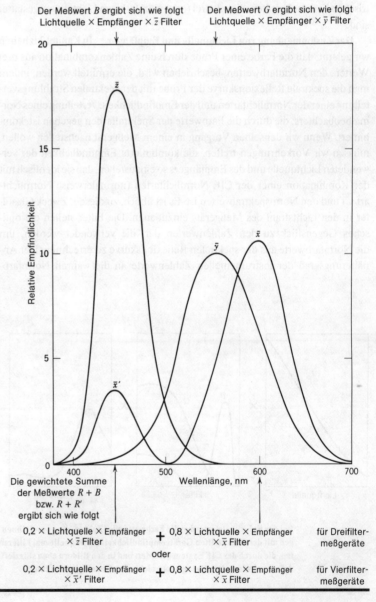

Die R (oder A), G und B Meßwerte von Kolorimetern, die proportional zu den Normfarbwerten X, Y und Z sind, werden durch die Lichtquelle-Filter-Empfänger-Kombination bestimmt, wie dies in dieser Abbildung dargestellt ist.

farbwert Y entspricht), mit R (für Rot oder manchmal mit A für Bernstein, das dem langwelligen Teil der X-Kurve entspricht) und mit B (für Blau, das dem Normfarbwert Z entspricht) bezeichnet. Wenn ein viertes Filter verwendet wird, um den kurzwelligen Teil der X-Kurve nachzubilden, kann der Ablesewert mit R' bezeichnet werden.

Aus den Ablesewerten können die Normfarbwerte X, Y und Z angenähert berechnet werden, indem man einen Bruchteil des Ablesewerts B (bei Dreifilter-Geräten) oder des Ablesewerts R' (bei Vierfilter-Geräten) zu dem Ablesewert R addiert. Anschließend werden die abgeänderten R, G und B Werte mit Faktoren so multipliziert, daß die richtigen Normfarbwerte für Idealweiß erhalten werden. Da der Normfarbwert Y für Idealweiß 100 ist, sind G und Y definitionsgemäß gleich.

Die Ablesewerte von vielen Kolorimetern ergeben unmittelbar Werte in Gegenfarben-Koordinaten. Ein weitverbreiteter Satz (Hunter 1958) besteht aus den Werten L (Helligkeit, mit Y in Zusammenhang stehend), a (Rotstich, wenn der Wert positiv ist, oder Grünstich, wenn er negativ ist) und b (Gelbstich, wenn der Wert positiv ist, oder Blaustich, wenn er negativ ist). In modernen Geräten werden diese Werte mit einem eingebauten Microprozessor berechnet. Die meisten der modernen Geräte erlauben das direkte Ablesen der Normfarbwerte, der CIELAB Koordinaten L*, a*, b* und weiterer Koordinaten. Auf Grund der beschränkten Genauigkeit der Filteranpassung an die Normlichtart und die Kurven des Normalbeobachters erhält man in jedem Fall jedoch nur angenäherte Werte.

**Gerätemetamerie.** Auf Seite 72 haben wir ein Phänomen beschrieben, das *Beobachtermetamerie* genannt wird. Hierbei sehen zwei Proben für einen Beobachter gleich aus, zeigen für einen anderen Beobachter jedoch einen Farbunterschied. Die Ursache sind Unterschiede in den spektralen Empfindlichkeitskurven der beiden Beobachter. Genau die gleiche Situation kann sich bei Farbmeßgeräten ergeben, und früher war ein allgemein bekannter und schwerwiegender Fehler von Kolorimetern die Tatsache, daß jedes Gerät für die gleiche Probe andere Meßwerte ergab, manchmal sogar bei Geräten des gleichen Herstellers und des gleichen Typs. Diese Unterschiede resultieren aus der Tatsache, daß es mit den vorhandenen Lichtquellen, Filtern und Empfängern schwierig war, die Empfindlichkeitskurven der verschiedenen Geräte genau gleich zu machen. In früheren Jahren wurden die Filter für jedes einzelne Gerät getrennt angepaßt, um die bestmögliche Anpassung an die Normkurven zu erreichen. Nach der Verbesserung der Gerätekomponenten, besonders dem Einsatz von Silicium Photoelementen, wird die Einzelanpassung nicht mehr gemacht.

Unabhängig von den Fortschritten in der Technologie zeigen die einzelnen Meßgeräte nach der üblichen Eichung mit einem Weißstandard auch heute noch Unterschiede in ihren Empfindlichkeitskurven, so daß die gleichen farbigen Proben immer noch unterschiedliche Werte ergeben (Billmeyer 1962, 1965, 1966a). Die Unterschiede sind für dunkle und hochgesättigte Proben größer. Aus diesem Grund *sollten* Meßwerte von Kolorimetern, die wie oben beschrieben ermittelt wurden, *nie* ernsthaft als solche mit irgendeiner „absoluten" Bedeutung angesehen werden und *sollten nie* zur Normung, für Lieferspezifikationen oder ähnliches verwendet werden. Darüber hinaus können mit Filterkolorimetern stets nur die Werte für eine Normlichtart und einen Normalbeobachter ermittelt werden, so daß das Vorhandensein einer Metamerie zwischen Probe und Standard nicht entdeckt werden kann.

**Eichung und Differenzmessungen.** Der vielleicht größte Vorteil von Kolorimetern ist ihre Empfindlichkeit, kleine Farbunterschiede zwischen nahezu gleichen Proben zu erkennen und zu bewerten. Die *Farbunterschiedsmessung*

$$L = 10\,G^{1/2}$$

$$a = 70\,G^{1/2} \times \frac{A-G}{A+2G+B}$$

$$b = 28\,G^{1/2} \times \frac{G-B}{A+2G+B}$$

Gleichungen zur Berechnung von Farbkoordinaten des Hunter Typs (Scofield 1943) mit Hilfe der Kolorimeter Ablesewerte *A, G* und *B*.

Gleichungen für die *Koordinaten des L*, a*, b* Farbraums CIE 1976 (CIELAB)*.

$$L^* = 116\left(\frac{Y}{Y_n}\right)^{1/3} - 16$$

$$a^* = 500\left[\left(\frac{X}{X_n}\right)^{1/3} - \left(\frac{Y}{Y_n}\right)^{1/3}\right]$$

$$b^* = 200\left[\left(\frac{Y}{Y_n}\right)^{1/3} - \left(\frac{Z}{Z_n}\right)^{1/3}\right]$$

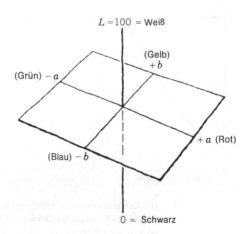

**Gegenfarben-Maßstäbe**

*(Farbabstandsmessung)* ist sehr gut reproduzierbar, und mit richtig geeichten Kolorimetern werden die gleichen Werte erhalten (Billmeyer 1962, 1965). Die richtige Art, Kolorimeter zu verwenden, ist deshalb die Messung von Farbunterschieden.

Der Schlüssel zum Erreichen dieser guten Wiederholgenauigkeit und dadurch zur Erweiterung des Anwendungsbereichs der Kolorimeter liegt im Prinzip der „probennahen" Eichung der Geräte. Es ist ein Standard herzustellen, der eine sehr ähnliche Farbe und eine sehr ähnliche spektrale Reflexionskurve wie die zu messenden Proben hat. Je kleiner der Farbunterschied zwischen Standard und zu messender Probe ist, um so besser ist die Wiederholgenauigkeit der Meßwerte. Die Forderung nach einer ähnlichen spektralen Reflexionskurve bedeutet im allgemeinen, daß Standard und Probe aus dem gleichen Material hergestellt und mit denselben Farbmitteln angefärbt sein müssen, d. h. daß sie nicht metamer sein dürfen.

Wenn die einzelnen Messungen, die durchgeführt werden sollen, Farbabstandsmessungen zwischen verschiedenen Proben sind, kann als Standard eine der Proben gewählt werden, deren Meßwerte in diesem Fall unbedeutend sind. Wenn allerdings die absoluten Farbwerte der Proben ermittelt werden sollen, müssen die absoluten Werte des Standards mit einer unabhängigen Methode mit bekannter Genauigkeit, z. B. einem Spektralphotometer, ermittelt werden. Wenn das Kolorimeter so geeicht wird, daß die richtigen Werte für den Standard angezeigt werden, wird es die richtigen absoluten Werte für Proben mit solchen Farben anzeigen, die *in einem kleinen Bereich des Farbraums* um den Standard herum zu finden sind.

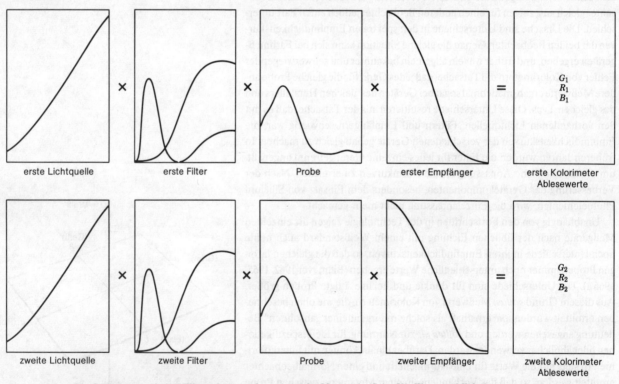

Die Gerätemetamerie ist völlig analog zu anderen Arten der Metamerie (Seite 52): Wenn zwei Kolorimeter unterschiedliche Empfindlichkeitskurven haben, zeigen sie im allgemeinen unterschiedliche Ablesewerte für ein metameres aber sonst übereinstimmendes Probenpaar. Alle Filterkolorimeter leiden in gewissem Umgang unter der Gerätemetamerie.

Die Farbabstandsmessung ist selbstverständlich nicht auf Kolorimeter beschränkt. Mit Spektralphotometern kann die Abstandsmessung ebenfalls mit großem Erfolg durchgeführt werden, und die meisten modernen Spektralphotometer, die speziell zur Farbmessung entwickelt worden sind, haben die Möglichkeit, die Werte einer der Proben „zu speichern" und als „Standard" abzurufen. Das nächste Muster wird dann als „Probe" gemessen. Danach wird der Farbabstand zwischen „Standard" und „Probe" berechnet (siehe Abschnitt E). Mit der erhöhten Genauigkeit und Schnelligkeit der modernen Spektralphotometer sind viele der Vorteile von Kolorimetern für diese Art der Messungen verschwunden.

**Die Auswahl eines Farbmeßgerätes**

Die Entscheidung über den Einsatz eines Farbmeßgerätes sollte nie ohne sorgfältige Überlegungen getroffen werden. Zu wenig oder zu viel Aufwand für den Einsatzzweck kann Unzufriedenheit hervorrufen und die Investition wertlos machen. Johnston (1970, 1971 a) hat die Notwendigkeit beschrieben, als ersten Schritt das Farbmeßproblem zu definieren und dann das geeignete Gerät für diesen Zweck auszuwählen. Die Checkliste (Johnston 1970) auf dieser Seite ist eine Zusammenfassuung der möglichen Einsatzgebiete von Farbmeßgeräten und markiert diejenigen, für die Kolorimeter am besten geeignet sind.

A. ☐ Qualitätskontrolle ☐ Lieferant ☐ Käufer
   1. Visuelle Abmusterunsbedingungen: ☐ festgelegt ☐ nicht festgelegt
   2. Farbsehvermögen des Abmusterers: ☐ normal ☐ fehlsichtig ☐ nicht bekannt
   3. Toleranzen: (c)* ☐ festgelegt ☐ nicht festgelegt
                        ☐ vernünftig ☐ unvernünftig ☐ ?
   4. Probenunegalität: (c) ☐ bekannt ☐ nicht bekannt
   5. Genauigkeit der Probenherstellung: (c) ☐ bekannt ☐ nicht bekannt
   6. Zuverlässigkeit der Beurteilung der Güte der Nachstellung: (c) ☐ bekannt ☐ nicht bekannt
   7. Standards: (c) ☐ stabil und unveränderlich ☐ nicht stabil, Änderung mit der Zeit und durch die Benutzung
        (s)† ☐ nicht metamer ☐ metamer
                 ☐ gleich in allen Arten des Aussehens ☐ unterschiedlich im Aussehen
                 ☐ ausreichende Lieferung ☐ nicht ausreichende Lieferung
        (s) ☐ festgelegter und geschützter Urstandard ☐ kein Urstandard oder Bezug

B. ☐ Herstellungsverfahren (c oder s können hilfreich sein)
   1. Genauigkeit der Zusammensetzung ☐ sehr genau ☐ nur annähernd
   2. Kontrolle der Einsatzstoffe ☐ gut ☐ schlecht
   3. Kontrolle der Herstellungsbedingungen ☐ gut ☐ schlecht

C. ☐ Nachstellung
   1. Nachstellung eines übergebenen Musters ☐ muß nicht metamer sein (s) ☐ kann metamer sein (s)
                 ☐ Verwendung identischer Farbmittel ☐ Farbmittel nicht festgelegt
                 ☐ gleiches Aussehen ☐ unterschiedliches Aussehen
   2. Genauigkeit der Nachstellung ☐ sehr nahe (c) ☐ ähnlich (c)

D. ☐ Anderes ☐ Forschung ☐ Konstruktion

\* (c) beruhend auf der Kolorimetrie
† (s) beruhend auf der Spektralphotometrie

Die Art der zu messenden Proben sollte als nächstes berücksichtigt werden: Der Zustand (fest, flüssig, pulvrig), Durchlässigkeit, Fluoreszenz, Oberflächenstruktur und Zustand der Oberfläche, Glanz, Gleichförmigkeit und Richtungsabhängigkeit, Empfindlichkeit gegenüber Wärme, Licht oder Feuchtigkeit und auch die Größe müssen beachtet werden. Anschließend können die Gerätebeschreibungen oder zusammenfassende Artikel (Billmeyer 1978 c, Rich 1979) gelesen werden, um die richtige Wahl eines Gerätes zu treffen, dessen Möglichkeiten und Kosten mit den Anforderungen übereinstimmen.

**Merkmale der aktuellen Meßgeräte**

Zwischen 1976 und 1978 kam eine völlig neue Generation von Farbmeßgeräten auf den Markt, deren Merkmale sowohl unkonventionelle Meßmethoden als auch Fortschritte bei der verwendeten herkömmlichen Optik und Elektronik sind. Obwohl die Erfahrung zeigt, daß die Lebensdauer einer Gerätegeneration sehr viel kürzer als die einer Buchauflage ist, werden die wichtigsten dieser Instrumente nachstehend beschrieben. Einige andere Meßgeräte, die noch angeboten werden oder früher zu kaufen waren, sind ebenfalls erwähnt.

Die wichtigen neuen Meßgeräte haben eine Anzahl von stark verbesserten Eigenschaften gemeinsam, z. B. die nachstehend beschriebenen:

**Geschwindigkeit.** Spektralphotometer mit Meßintervallen von 20 nm können jetzt, genauso wie die Kolorimeter, die Normfarbwerte in nur wenigen Sekunden ermitteln: Die Messung mit kleineren Wellenlängenintervallen dauert etwas länger. Es ist deshalb möglich, Messungen an mehreren theoretisch gleichen Proben durchzuführen und durch Mittelwertbildung die Unsicherheit, die durch Probenunterschiede gegeben ist, zu verringern.

**Reproduzierbarkeit.** Die modernen Farbmeßgeräte können die Meßwerte von stabilen gleichmäßigen Proben mit einer Unsicherheit wiederholen, die kleiner als ein zehntel des gerade wahrnehmbaren Farbunterschieds ist. Diese Leistung wird z. T. durch eine interne Speicherung der Eichdaten und durch die Mittelung von Mehrfachmessungen erreicht. Dies bedeutet, daß die Farbmeßgeräte nicht mehr das schwächste Glied in der Meßkette sind.

**Rechnerkapazität.** Die wichtigen modernen Farbmeßgeräte sind mit Digitalrechnern verbunden oder mit Mikroprozessoren ausgerüstet. Die Berechnung einer großen Zahl von Farbkoordinaten und Farbabstände erfolgt schnell und automatisch.

**Zusatzgeräte.** Schreiber, Plotter, Bildschirme sowie Magnetbänder oder Magnetplatten sind im allgemeinen erhältlich. Praktisch alle neuen Farbmeßgeräte können als Teil eines modernen Farbrezeptiersystems, das in Kapitel 5 beschrieben wird, erworben werden.

**Spektralphotometer**

In diesem Abschnitt werden die neuen Spektralphotometer beschrieben. Die Beschreibung erfolgt in alphabetischer Ordnung der Hersteller.

**Diano Hardy II.** Obwohl die Spektralphotometer, die auf der Konstruktion von Arthur C. Hardy (1935, 1938) beruhen, nicht neu sind (sie wurden früher von General Electric hergestellt) und der Hardy II seit mehreren Jahren auf dem Markt ist, ist das Gerät hier aufgeführt, weil es das erste war, welches einige der oben beschriebenen technischen Fortschritte anbot. Es ist ein echtes registrierendes Gerät (und benötigt deshalb eine längere Meßzeit als verkürzte rechnergesteuerte Spektralphotometer), das mit einer Ulbrichtschen Kugel ausgestattet und mit einem Rechner verbunden ist. Wahlweise ist die Messung mit polychromatischer Beleuchtung für fluoreszierende Proben oder mit der empfindlicheren monochromatischen Beleuchtung möglich. Die Messung der Gesamtdurchlässigkeit trüber Proben, bei der die Probe an die Kugelwand angelegt wird, gehört zur Standardausrüstung. Es ist in jeder Hinsicht ein Präzisionsgerät und in vielen Fällen noch das Standardgerät zur Ermittlung der Geräteleistung. Zusätzlich zur registrierten Reflexionskurve werden die Reflexionswerte auf einer Schreibmaschine ausgedruckt.

Das Diano Hardy II Spektralphotometer (freundlicherweise von der Diano Corp. zur Verfügung gestellt).

**Diano Match-Scan.** Das neueste der beschriebenen Meßgeräte ist ein Gerät, das im Prinzip in herkömmlicher Weise aus sehr gut geprüften Komponenten aufgebaut ist (z. B. wird ein Gittermonochromator verwendet), andererseits aber alle Merkmale moderner Meßgeräte aufweist. Es wird mit einem Kleinrechner kontrolliert. Seine Kugelgeometrie und die Wahl von polychromatischer oder monochromatischer Beleuchtung sind mit denen des Hardy II identisch. Genauso wie bei diesem Gerät kann die Meßfläche der Probe kontinuierlich von etwa 20 mm bis herunter zu 2 mm Durchmesser geändert werden. Es ist

Das Diano Match-Scan Spektralphotometer (freundlicherweise von der Diano Corp. zur Verfügung gestellt).

wahrscheinlich das vielseitigste der neuen Meßgeräte. Schreibmaschinenausgabe der Ergebnisse gehört zur Standardausrüstung, ein Schreiber ist lieferbar.

**Die Gruppe der Hunter D 54 Meßgeräte.** Das erste lieferbare Meßgerät der neuen Generation (Christie 1978), das D 54 P, ist ein mit Ulbrichtscher Kugel ausgerüstetes Einstrahlspektralphotometer, das als Monochromator einen rotierenden Interferenzkeil verwendet. Das D 54 A mit 0°/45° Meßgeometrie kam Ende 1979 auf den Markt (Burns 1980). Das D 54 P ist mit polychromatischer Beleuchtung ausgerüstet. Messungen der Gesamtdurchlässigkeit können ausgeführt werden. Die Größe der Meßfläche ist allerdings wegen der noch zu beschreibenden Kugelfehler begrenzt. Da es sich um ein Einstrahlgerät handelt, hängen die Leistungsfähigkeit der Kugel und damit die gemessenen Reflexionswerte von der Höhe des Reflexionswertes ab (Goebel 1967). Die notwendigen Korrekturwerte werden beim Hersteller mit einer vernünftig gealterten Kugel ermittelt und im Microprozessor gespeichert. Eine neutralgraue Keramikprobe wird zur regelmäßigen Kontrolle der Korrekturwerte mitgeliefert. Das Gerät ist empfindlich gegen die Verschmutzung der Kugel und der Benutzer muß darauf achten, daß keine farbigen Teilchen (Fasern) in die Kugel gelangen. Die Grauprobenwerte liegen sehr schnell außerhalb der Toleranz. Ein Thermodrucker ist eingebaut, ein anspruchsvolles Registriergerät ist als Zusatzgerät lieferbar.

Das Spektralphotometer D-54 P von Hunter mit dem wahlweise erhältlichen Tectronic Plotter (freundlicherweise von Hunter Associates Laboratory zur Verfügung gestellt). Der ACS Spectro-Sensor stimmt in den optischen und mechanischen Teilen mit der Meßeinheit des D-54 P überein, hat jedoch einen anderen Microprozessor.

**ACS Spectro-Sensor.** Die Firma Applied Color Systems liefert ein elektronisch anspruchsvolleres Modell des Hunter D 54 P Gerätes als Spectro-Sensor (Stanziola 1979). In diesem Gerät stehen dem Benutzer viel mehr Kontrollmöglichkeiten auf Grund der aufwendigeren Software zur Verfügung. Z. B. kann die Mittelwertbildung von aufeinanderfolgenden Messungen vielseitiger erfolgen und der Benutzer kann seine eigenen Korrekturfaktoren mit Hilfe der Graustandards ermitteln. In anderer Hinsicht stimmt der Spectro-Sensor mit dem Hunter D 54 P überein.

**Die Gruppe der IBM 7409 Geräte.** Die IBM 7409 Geräte sind mit einer Vielzahl von Probenhaltern lieferbar, die mit dem Gerät durch eine Faseroptik verbunden sind. Wie vom Hersteller des Gerätes zu erwarten ist, werden umfangreiche Rechnermöglichkeiten zur Verfügung gestellt. Der Meßkopf enthält eine Glühlampe, deren Licht im wesentlichen ungefiltert auf die Probe fällt. Ein Tageslichtsimulator ist nicht lieferbar, so daß das Gerät nicht zur Messung von fluoreszierenden Proben geeignet ist, wenn deren Farbe bei Tageslichtbeleuchtung bestimmt werden soll. Der Meßkopf enthält ebenfalls ein rotierendes Inter-

Das IBM 7409/10 Farbmeßsystem. Gezeigt werden der Rechner (ganz links), Lichtquelle und Empfänger (ganz rechts) und die Meßköpfe für die Messung der Gesamtreflexion, der winkelabhängigen Reflexion (Goniophotometrie), und für Vielwinkel-Messungen (im Hintergrund von links nach rechts), die Meßköpfe für die gerichtete Reflexion, der transportable Meßkopf und der Meßkopf zur Messung von durchsichtigen Proben (im Vordergrund von links nach rechts), (freundlicherweise von IBM Instrument Systems zur Verfügung gestellt).

ferenzfilter als Monochromator (die gleiche Einheit, die bei den Hunter- und ACS-Geräten verwendet wird) und ein Silicium Photoelement als Empfänger. Der normalerweise mitgelieferte Probenhalter verwendet die 0° Beleuchtung und die Betrachtung der Probe unter 45°, während zusätzliche Probenhalter lieferbar sind, die die Betrachtung bei einer Vielzahl von Winkeln ermöglichen. Ebenfalls gibt es einen transportablen Meßkopf.

Andere Spektralphotometer zur Farbmessung sind unglücklicherweise nicht mehr lieferbar. Hierzu gehören das vielseitige Zeiss DMC-26 Gerät (und sein Vorgänger das DMC-25), das in Deutschland hergestellt wurde. Verschiedene Spektralphotometer für die Analytik, darunter die verschiedenen Cary Geräte (hergestellt von Varian) und das Unicam Gerät (das in England von Pye gefertigt wird), sind mit einem Kugelzusatz für Reflexionsmessungen lieferbar. Wegen Unterschieden in der Konstruktion sind sie jedoch nicht so gut für Farbmessungen geeignet.

### Verkürzte Spektralphotometer

**Die Gruppe der Macbeth 2000 Geräte.** Diese Geräte (Kishner 1978), die in der Macbeth Division von Kollmorgen hergestellt werden, sind die Farbmeßgeräte mit den allermeisten Neuerungen. Verwendet wird eine Xenon Blitzlichtlampe als Lichtquelle zur Probenbeleuchtung, die einen außerordentlich kurzen Lichtimpuls liefert und so gefiltert ist, daß die Strahlung mittlerem Tageslicht entspricht. Abweichend von den meisten anderen Meßgeräten ist eine Probenbeleuchtung mit einer Glühlampe nicht lieferbar. Im Macbeth 2001 Gerät wird die Probe diffus mit Hilfe einer Ulbrichtschen Kugel beleuchtet; in den 2001 A und 4045 (einer Variante für die kontinuierliche Messung) Geräten wird die Probe unter 45° beleuchtet, die Betrachtung erfolgt unter 0°. Äußerlich sieht das Meß-

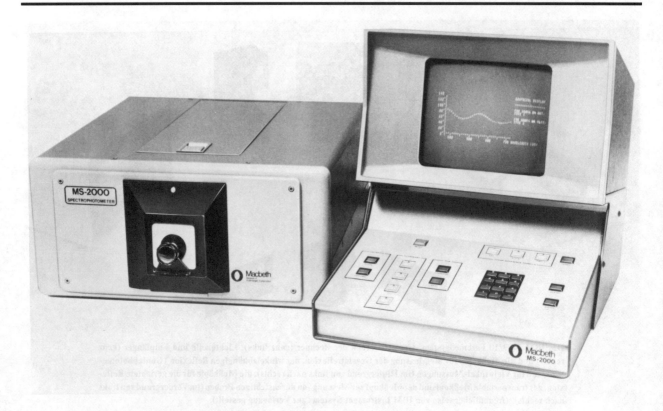

Das Macbeth MC 2000 Spektralphotometer (freundlicherweise von der Macbeth Division der Kollmorgen Corporation zur Verfügung gestellt).

gerät wie ein Einstrahlgerät aus, weil kein Referenzstrahl bzw. keine Probenöffnung für den Bezugsstandard sichtbar ist. Dies ist jedoch nicht der Fall, denn es ist ein echtes Zweistrahlgerät mit einem internen Bezug (im Fall des 2001 ist es die Kugelwand des Gerätes). Ein feststehender Gittermonochromator projiziert das gesamte von der Probe zurückgeworfene Spektrum auf eine Reihe von 17 Silicium Photoelementen als Empfänger, die in 20 nm Schritten über das Spektrum verteilt sind. Die Bandbreite der Empfänger-Filter-Kombination ist 16 nm. Bei jedem Lichtblitz der Xenonlampe werden so gleichzeitig 17 gleichmäßig über das Spektrum verteilte Werte der Reflexionskurve gemessen. Eine weitere Neuerung in diesem Gerät ist die Verwendung eines logarithmischen Photometermaßstabs. Dadurch ergibt sich zwar eine ausgezeichnete Empfindlichkeit und Wiederholgenauigkeit, andererseits ergeben sich einige Schwierigkeiten, wenn die Durchlässigkeit oder die Reflexion von Proben mit Meßwerten, die annähernd 100 % sind, oder wenn Proben mit Durchlässigkeiten unterhalb 0,1 % gemessen werden sollen. Dies sollte von denjenigen beachtet werden, die derartige Proben zu messen haben. Die Gesamtdurchlässigkeit kann mit diesen Geräten nicht gemessen werden. Die Macbeth 2000 Geräte sind wahre verkürzte Spektralphotometer und können im Gegensatz zu den meisten anderen beschriebenen Geräten nicht mehr als die 17 oben beschriebenen Reflexionswerte zur Verfügung stellen. Die Geräte sind mit einem Bildschirm ausgerüstet. Sowohl ein Drucker als auch ein Plotter, der mit Hilfe eines Rechners interpolierte Kurven aufzeichnet, sind als Zusatzgeräte lieferbar.

Das Hunter D 25-9 Kolorimeter. Gezeigt werden der 45°/0° Meßkopf (mit einer Rundumbeleuchtung unter 45°) (angebaut), sowie Meßköpfe mit der Kugelgeometrie und der 45°/0° Geometrie (mit einer Beleuchtung aus zwei um 180° versetzten Richtungen) (freundlicherweise von Hunter Associates Laboratory zur Verfügung gestellt).

Früher hergestellte verkürzte Spektralphotometer, die weit verbreitet eingesetzt wurden, sind das Macbeth KCS-18 Gerät, das Diano ChromaScan Gerät und in Europa das Zeiss RFC-3 Gerät und der Spectromat der Firma Pretema.

**Kolorimeter**

**Die Gruppe der Hunter D 25 und Gardner XL Geräte.** Sowohl Hunter als auch Gardner stellen gut geprüfte und vertrauenswürdige herkömmliche Vierfilter-Geräte mit einer Anzahl von Beleuchtungs- und Beobachtungsbedin-

Das Garder XL-805 Kolorimeter (freundlicherweise von Gardner Laboratory Division, Pacific Scientific Co. zur Verfügung gestellt).

gungen und einer Anzahl von Berechnungsmöglichkeiten her. Beide Gerätegruppen sind in verschiedenen Entwicklungsstufen seit vielen Jahren auf dem Markt.

**Die Gruppe der Macbeth 1500 Geräte.** Diese Geräte sind optisch mit den verkürzten Spektralphotometern der Serie 2000 identisch. Sie werden jedoch mit einfacherer Software unter der Bezeichnung „Kolorimeter" verkauft. (Die 1500 A Version hat die 45°/0° Meßgeometrie, die 1500 Version ist mit der Kugel ausgerüstet). Der bedeutendste Unterschied zwischen beiden Geräteserien besteht in der Ausgabe der Meßdaten. Die Kolorimeter geben nur Farbwerte und keine spektralen Reflexionswerte aus. Sie sind jedoch viel mehr als ein herkömmliches Dreifilter-Kolorimeter, weil sie (1) eingesetzt werden können, um Metamerien zu erkennen, und (2) weil ihre Farbwerte ebenso genau wie die der entsprechenden Spektralphotometer sind, da die herkömmlichen optischen Analogfilter nicht mehr benötigt werden.

Das Macbeth 1500 „Kolorimeter" – in Wirklichkeit ein verkürztes Spektralphotometer (freundlicherweise von der Macbeth Division der Kollmorgen Corporation zur Verfügung gestellt).

Andere herkömmliche Kolorimeter werden von der Firma Neotec (Ducolor) hergestellt. In früheren Jahren waren der Colormaster von Meeco und das Elrepho von Zeiss sehr beliebt. Zur Zeit werden auch einige sehr viel billigere Kolorimeter verkauft. Ihre Genauigkeit ist aber sehr viel schlechter, als die, welche für eine wirkliche zufriedenstellende Farbmessung gefordert wird.

## E. FARBABSTANDSBESTIMMUNG

Am Anfang dieses Kapitels teilten wir das Gebiet der Farbmessung in *Prüfung* und *Auswertung* ein. Da diese zwei Teile des Meßvorgangs normalerweise gleichzeitig ausgeführt werden, wenn die Messung visuell ausgeführt wird, wurde sie gemeinsam im Abschnitt C betrachtet. Da Meßgeräte jedoch nicht denken können, ist es üblich – und vernünftig – die Probleme der Auswertung vor denen der meßtechnischen Prüfung zu betrachten.

**Auswertung mit visuellen Methoden**

Wir haben gesehen, daß die menschliche Auge-Gehirn-Kombination einen beinahe unübertroffenen Null-Detektor darstellt. Das bedeutet, sie kann genau feststellen, ob zwei Proben exakt übereinstimmen oder einen Unterschied zeigen. Ist jedoch ein wahrnehmbarer Unterschied zwischen Probe und Standard vorhanden, gibt es sogar zwischen geübten Abmusterern eine beträchtliche Vielfalt von Meinungen, sowohl über die Art als auch über die Größe der Abweichung. Bei ungeübten Abmusterern ist die Vielfalt der Urteile eine Quelle der Verwirrung und Mutlosigkeit. Einer der wesentlichen Gründe, daß Meßgeräte hilfreich sind, ist die Tatsache, daß sie sich bei der Schlichtung der Meinungsvielfalt als wertvoll erwiesen haben. Mit Meßgeräten ist die Beschreibung des Farbabstands zwischen Standard und Probe eindeutig, sogar dann, wenn die Umwandlung der Meßwerte in visuelle Merkmale subjektiv interpretierbar ist (Thurner 1965).

Die Umwandlung der Meßwertunterschiede von Standard und Probe in eine Sprache und in Wörter der visuellen Farbempfindung, die allen Betroffenen vertraut ist, ist in keiner Weise einfach. Mit geübten Abmusterern und einem genormten System von Farbbegriffen ist es möglich, die Farbabweichung zwischen Standard und Probe so zu beschreiben, daß sie eine Bedeutung für andere geübte Personen hat (Longley 1979). Im wirklichen Leben ist dies jedoch nicht immer so. Vertrauen kann in Grenzstandards gesetzt werden. Die endgültige Beurteilung besteht dann nur noch in der Feststellung, ob die gemessenen Werte für die Probe innerhalb oder außerhalb des Bereichs liegen, der durch die Grenzstandards als akzeptierbar festgelegt worden ist (Simon 1961). Dies erfolgt am besten durch die Verwendung von Farbtoleranzmustern, wie in Abschnitt F beschrieben werden wird.

**Auswertung mit meßtechnischen Methoden**

Idealerweise sollte das Endresultat einer Farbmessung ein Zahlensatz sein, mit dem die Art und die Größe des Farbabstands zwischen Standard und Probe so beschrieben wird, daß die Zahlenwerte, in Ausdrücken der visuellen Wahrnehmung interpretiert, stets die gleiche Bedeutung besitzen. Dies war das Ziel der vielen Wissenschaftler, welche die visuell gleichabständigen Farbordnungssysteme, die in Kapitel 2C beschrieben worden sind, erdacht haben. Wir sahen dort, daß dieses Ziel nicht erreicht wurde. Viele Experten zweifeln, ob dieses Ziel jemals erreicht werden kann (Wright 1959).

Trotzdem hat die Berechnung einer Zahl für die Größe des Farbabstands einen beträchtlichen Wert, so lange man daran denkt, daß gleiche Farbunterschiedszahlen für unterschiedliche Farben nicht gleich großen visuellen Farbabständen entsprechen (Nickerson 1944, Davidson 1953, Kuehni 1971, 1972). Ein zusätzliches Problem ergibt sich aus der Tatsache, daß es in der Praxis viele Wege für die Berechnung von Farbabständen gibt, die untereinander Anlaß zu viel Verwirrung geben, und daß die verschiedenen Farbabstandswerte nicht übereinstimmen, geschweige denn mit der visuellen Empfindung. Viele ältere Untersuchungen (Nickerson 1944, Davidson 1953, Ingle 1963, Little 1963) wurden durchgeführt, um diese Tatsache zu belegen, die jetzt allgemein anerkannt

*Prüfung*
a) Lichtquelle
b) Probe und Standard
c) Empfänger

*Auswertung*
a) Ist ein Farbunterschied vorhanden?
b) Beschreibung des Farbunterschieds
c) Ist der Farbunterschied tolerierbar?

| Gleichung | Farbabstand für | | |
|---|---|---|---|
| | Paar 1 | Paar 2 | Paar 3 |
| Nickerson-Balinkin | 5,6 | 6,1 | 4,8 |
| NBS | 6,4 | 6,1 | 5,0 |
| Hunter | 2,7 | 2,5 | 2,6 |
| Adams Chromatic Value | 3,6 | 5,6 | 4,4 |
| MacAdam (Simon-Goodwin Tafeln) | 10,0 | 10,9 | 6,8 |

Die Werte (Little 1963) veranschaulichen die Behauptung, daß es keine zwei Farbabstandsformeln gibt, welche die gleiche Aussage für die gleichen Probensätze liefern. Deshalb *ist es unbedingt notwendig, daß die genaue Berechnungsmethode festgelegt wird, wenn Farbabstandswerte für irgendwelche Zwecke verwendet werden.*

*Der Ausbleichindex von Nickerson*

$$\Delta E = \tfrac{2}{5} C \Delta H + 6 \Delta V + 3 \Delta C$$

H, V und C sind Munsell Farbton, Munsell Helligkeit und Munsell Buntheit. Das Zeichen $\Delta$ vor den Werten steht für den Unterschied zwischen Probe und Standard. Der Farbabstand wird mit $\Delta E$ bezeichnet. Der Grund hierfür ist wahrscheinlich bereits in der Vergangenheit verloren gegangen.

*Die Farbabstandsformel von Balinkin*

$$\Delta E = \left[ (\tfrac{2}{5} C \Delta H)^2 + (6 \Delta V)^2 + \left( \tfrac{20}{\pi} \Delta C \right)^2 \right]^{1/2}$$

*Die Farbabstandsgleichung von Adams-Nickerson (ANLAB 40)*

$$\Delta E = 40 \{ (0{,}23 \, \Delta V_y)^2 + [\Delta (V_x - V_y)]^2 + [0{,}4 \, \Delta (V_y - V_z)]^2 \}^{1/2}$$

V ist die auf Seite 60 definierte Munsell Helligkeitsfunktion. Der Faktor 40 vor der Gleichung wird häufig verwendet, um die Größe der Farbabstandseinheit zu „normieren".

aber zu wenig beachtet wird. Weiter ist es *nicht* möglich, Farbabstandswerte, die mit *irgendwelchen* zwei unterschiedlichen Methoden ermittelt worden sind, mit Hilfe eines mittleren Umrechnungsfaktors (über eine Ausnahme wird später berichtet) umzurechnen, obwohl in einigen früheren Veröffentlichungen und Büchern Umrechnungsfaktoren angegeben und ihr Gebrauch empfohlen wird.

Wir beschreiben jetzt einige der Farbabstandsformeln, die weite Verbreitung gefunden haben. (Viele davon erfreuen sich dieser Verbreitung noch heute.) Im Hinblick auf die CIE Empfehlung von 1976, die für die praktische Anwendung eine oder die andere der zwei neuen Farbabstandsformeln empfiehlt (CIE 1978), sollte vieles, was jetzt folgt, als historischer Hintergrund und nicht als Empfehlung für die Anwendung gesehen werden. Von Hunter (1975) gibt es eine ausführliche Beschreibung der Historie der Farbabstandsformeln. Ein umfassender Überblick (Wyszecki 1972) und eine Auflistung von Gleichungen (Friele 1972) sind zweckmäßige Zusammenstellungen bis 1971.

Aus der Art der Einführung ist zu sehen, daß alle Farbabstandsformeln so konstruiert wurden, daß sie Ergebnisse liefern, die einen oder den anderen Satz von visuellen Daten richtig wiedergeben (aber nicht mehr als einen, da solche Datensätze nicht miteinander vereinbar sind). Manche Gleichungen haben eine Form, die auf den Vorstellungen irgendeiner Theorie des Farbensehens beruht. Dies ist aber nicht immer der Fall, und andere haben eine rein empirische Gestalt.

**Gleichungen, die auf Munsell Werten beruhen.** Die Gleichmäßigkeit der Probenabstände im *Munsell Book of Color* (Seite 28) läßt auf gleiche Farbunterschiede zwischen nebeneinanderliegenden Proben schließen (wobei die zylindrische Form des H, V, C Systems beachtet wird). Die Unterschiede sind sehr viel größer, als die, welche industriell interessant sind. Aber sowohl die früheren Untersuchungen, die zur Munsell Verteilung geführt haben, als auch kürzlich durchgeführte Studien (Markus 1975, Billmeyer 1978 b) zeigen, daß die Gleichmäßigkeit der Stufung bis herunter zu der vier- bis fünffachen Sichtbarkeitsschwelle erhalten bleibt.

Die erste uns bekannte Farbunterschiedsformel, der Ausbleichindex von Nickerson (1936), addiert einfach die Unterschiede in den Munsellwerten von Probe und Standard. Balinkin (1941) hat diese Formel überarbeitet, damit sie der euklidischen Geometrie entspricht, bei der der kleinste Abstand zwischen zwei Raumpunkten die Quadratwurzel aus der Summe der Quadrate der auf die drei Raumachsen projizierten Einzelabstände ist. Seit dieser Zeit wurde die Annahme, daß der Farbenraum euklidisch ist, beibehalten, und nur in wenigen Fällen in Zweifel gezogen (z. B. Judd 1970).

Wegen der Schwierigkeiten, die Munsell Werte aus den Normfarbwerten zu errechnen, waren diese Gleichungen und deren spätere Abwandlungen (Godlove 1951, Judd 1970) nicht sehr beliebt. Adams (1942) verwendete seine chromatic-value Theorie des Farbensehens, um eine Formel zu entwickeln, die weite Verbreitung gefunden hat. Sie wird heute Adams-Nickerson oder ANLAB-Formel genannt. Als Hilfe zur Berechnung der Munsell Helligkeits(Value)-Funktion, die in dieser Gleichung verwendet wird, werden in großem Umfang Tabellen verwendet. (Siehe Nickerson 1950 b, Billmeyer 1963 a, McLaren 1970. Verkürzte Tabellen sind in vielen Lehrbüchern über Farben zu finden.) Später führte Glasser (1958) die dritte Wurzel als Näherung für die Value-Funktion ein, wie auf Seite 61 beschrieben worden ist. Saunderson (1946) und Reilly (1963) beschreiben weitere Modifikationen. Die gegenwärtige CIE Empfehlung leitet sich direkt aus der ANLAB Formel ab, wie auf Seite 103 beschrieben wird.

Erst kürzlich hat der Ausschuß für gleichmäßige Farbskalen der Optischen Gesellschaft von Amerika eine Farbabstandsformel veröffentlicht

(MacAdam 1974), die auf der räumlichen Verteilung der OSA Proben aufgebaut ist. Der Ausschuß empfiehlt deren Gebrauch jedoch nicht für kleine Farbunterschiede.

**Gleichungen, die auf Werten von gerade sichtbaren Farbabständen beruhen.** Einige der ersten Werte über Farbabstände wurden bereits vor der Schaffung des CIE Systems ermittelt, indem gerade sichtbare Farbunterschiede bewertet wurden. Diese Daten wurden verwendet, um einige frühe Transformationen der Normfarbtafel zu errechnen, die zu einer mehr gleichabständigen Form der Tafel führen sollten. Einige gut bekannte Farbabstandsformeln bauen auf diesen alten Werten und Transformationsgleichungen auf.

Eine Farbabstandseinheit, die auf der gleichförmigen Farbtafel von Hunter (1942) beruht, wurde National Bureau of Standards oder NBS Einheit genannt (alternativ Judd Einheit, nach Deane B. Judd). Die Formel wurde selten verwendet, aber die Bezeichnung „NBS Einheit" wurde fälschlicherweise für Ergebnisse verwendet, die mit Hilfe anderer Farbabstandsformeln errechnet wurden, einschließlich derjenigen mit der Adams-Nickerson Formel. Eine andere und sehr unterschiedliche Farbabstandseinheit ist diejenige, die sich einfach und direkt aus den Hunter Kolorimeter Ablesewerten L, a, b ableitet (Hunter 1958). Schließlich wurde die Farbabstandsformel, die auf der MacAdam (1937) Transformation der x, y Farbtafel, die 1960 von der CIE als u, v Farbtafel genormt wurde, kombiniert mit der Helligkeitsskala, die auf der dritten Wurzel beruht, um einen Farbraum zu ergeben (Wyszecki 1963) von der

*Die Farbabstandsformel, auf der die National Bureau of Standards (NBS) Einheit beruht:*

$$\Delta E = f_g \{[221\, Y^{1/4}(\Delta \alpha^2 + \Delta \beta^2)^{1/2}]^2 + [k\Delta(Y^{1/2})]^2\}^{1/2}$$

$f_g$ trägt dem Einfluß von glänzenden Proben bei der Bestimmung von Farbabständen Rechnung.

$k$ setzt die Helligkeits- und Farbartmaßstäbe in Beziehung.

$\alpha$ und $\beta$ sind unten definiert.

Der Glanzfaktor ist $f_g = Y/(Y+K)$, wobei $K$ normalerweise 2,5 gesetzt wird. $k$ wird normalerweise 10 gesetzt.

$$\alpha = \frac{2{,}4266\, x - 1{,}3631\, y - 0{,}3214}{1{,}0000\, x + 2{,}2633\, y + 1{,}1054}$$

$$\beta = \frac{0{,}5710\, x + 1{,}2447\, y - 0{,}5708}{1{,}0000\, x + 2{,}2633\, y + 1{,}1054}$$

*Die Farbabstandsformel, die direkt die Ablesewerte der Hunter und Gardner Kolorimeter verwendet:*

$$\Delta E = (\Delta L^2 + \Delta a^2 + \Delta b^2)^{1/2}$$

$\Delta L, \Delta a, \Delta b$ sind die Unterschiede der Hunterkoordinaten L, a, b zwischen den Proben. Diese Koordinaten sind als Funktion der CIE Normfarbwerte auf Seite 62 definiert.

**Die Linienstücke in dieser Normfarbtafel zeigen in zehnfacher Vergrößerung (gemittelt aus den Werten vieler Beobachter), wie stark sich zwei Farbreize unterscheiden müssen, damit ein Farbabstand zwischen ihnen gerade sichtbar wird. Wenn die x, y Normfarbtafel absolut gleichabständig wäre, hätten alle Linienstücke die gleiche Länge unabhängig von ihrer Richtung oder Lage in der Farbtafel (von Judd 1963, nach Wright 1941).**

*Die CIE 1964 Farbabstandsformel, die jetzt durch die Empfehlungen der CIE von 1976 ersetzt worden ist:*

$$\Delta E = [(\Delta U^*)^2 + (\Delta V^*)^2 + (\Delta W^*)^2]^{1/2}$$

$$W^* = 25\, Y^{1/3} - 17$$

wo

$$Y_{max} = 100$$

$$U^* = 13\, W^*(u - u_n)$$

$$V^* = 13\, W^*(v - v_n)$$

$u_n$ und $v_n$ sind die Farbartkoordinaten der Lichtart. Für die CIE Normlichtart $C$ ist $u_n = 0{,}2009$ und $v_n = 0{,}3073$.

CIE 1964 als Empfehlung angenommen. Sie ist durch die CIE Empfehlung von 1976 ersetzt, in der die CIELUV Formel, die auf Seite 103 beschrieben wird, empfohlen wird.

**Farbabstandsformeln, die auf der Standardabweichung von Farbabmusterungen beruhen.** In einer Serie von Veröffentlichungen haben MacAdam und seine Mitarbeiter seit 1942 (MacAdam 1942, 1943, 1957; Brown 1949, 1957) Daten mitgeteilt, die angeben, mit welcher Unsicherheit die Nachstellung von farbigen Lichtern möglich ist. Aus diesen Daten wurden die berühmten MacAdam Ellipsen in der Normfarbtafel abgeleitet, oder sofern die Helligkeitsunsicherheit ebenfalls berücksichtigt wird, die korrespondierenden MacAdam Ellipsoide. Später ermittelte Brown (1957) die Ellipsen für 12 Beobachter, Wyszecki (1971) untersuchte noch mehr Beobachter, und Rich (1975) ermittelte entsprechende Ellipsen für Körperfarben. Die Unterschiede, die gefunden wurden, repräsentieren die Spannweite in der Farbabstandswahrnehmung von Beobachter zu Beobachter innerhalb des normalen Farbsehens.

MacAdam (1943) beschrieb, wie die Ellipsendaten zur Berechnung von Farbartunterschieden verwendet werden können. Simon (1958) [und andere (Davidson 1955 b, Foster 1966)] kombinierten diese Daten mit einem modifizierten Helligkeitsmaßstab vom Munsell Typ und stellten Diagramme zur Verfügung (erhältlich zuerst von der Union Carbide Corporation, jetzt von Diano), die sehr nützlich für die schnelle Ermittlung von Farbabständen ohne Rechner sind, wie in Abschnitt F bei der Besprechung der Farbabstandsdiagramme erläutert werden wird.

*Die MacAdam Farbabstandsformel in der für die Bestimmung mit Hilfe der Simon-Goodwin Tafel modifizierten Form*

$$\Delta E = \left[ \frac{1}{K}(g_{11}\,\Delta x^2 + 2g_{12}\,\Delta x\,\Delta y + g_{22}\,\Delta y^2 + G\,\Delta Y^2) \right]^{1/2}$$

$g_{11}$, $2g_{12}$ und $g_{22}$ sind Konstanten, deren Werte von $x$ und $y$ abhängen. $G$ und $K$ sind Konstanten, deren Werte von $Y$ abhängen. Die Werte der Konstanten sind in die Simon-Goodwin Tafeln „eingearbeitet".

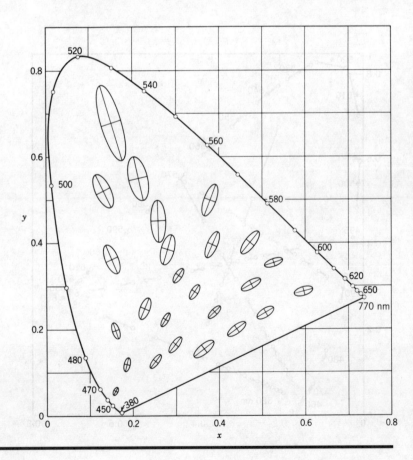

**Dies sind die berühmten MacAdam Ellipsen (1942). Sie zeigen die Flächen in der Normfarbtafel, die der zehnfachen Standardabweichung des Farbabgleichs für einen Beobachter entsprechen.**

Farb- und Farbabstandsmessung 101

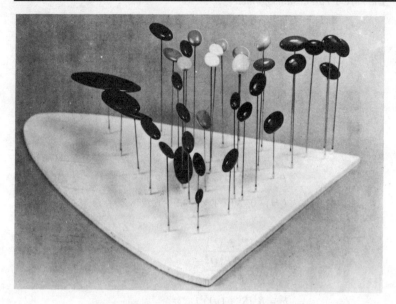

Die MacAdam Ellipsoide über der x, y Normfarbtafel.

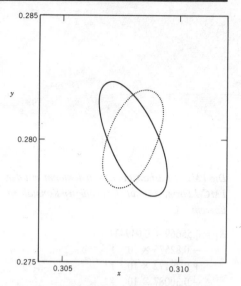

Die mittlere Ellipse (gepunktet) für die 12 Beobachter von Brown (1957) für einen Punkt der Normfarbtafel verglichen mit der Ellipse für einen dieser Beobachter.

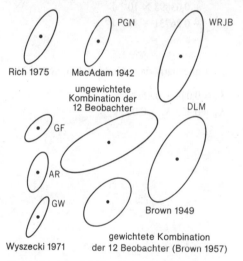

Für eine Farbart wird die Variation der Ellipsen dargestellt, die von MacAdam (1942), Brown (1949, 1957), Wyszecki (1971) und Rich (1975) für verschiedene Beobachter ermittelt wurden.

Später arbeiteten MacAdam, Friele und Chickering (1967, 1971) gemeinsam, um zwei neue Farbabstandsformeln zu entwickeln, die als FMC-1 und FMC-2 Formel bekannt geworden sind. Die letztere wurde in der Software einiger der ersten Meßgeräte verwendet, die mit Digitalrechnern ausgestattet waren, und erreichte deshalb beträchtliche Popularität, da die Rechnerprogramme leicht erhältlich waren. Trotz des weitverbreiteten Gebrauchs dieser Formeln sind weder diese noch andere Gleichungen, die auf den MacAdam Ellipsen beruhen, in die CIE Empfehlung von 1976 aufgenommen worden.

**Die z. Zt. gültigen CIE Empfehlungen.** Die Farbabstandsgleichungen CIELAB und CIELUV sind Teil der CIE Empfehlungen von 1976 (CIE 1978). Empfohlen werden neue Farbräume, Farbabstandsgleichungen und die Benennung der Koordinaten, die auf den Seiten 58 und 63 besprochen worden sind. Die Gleichungen ergeben sich unmittelbar aus den Farbkoordinaten, die dort beschrieben worden sind.

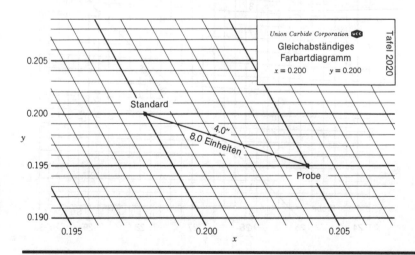

Ein Ausschnitt aus einem Simon-Goodwin-Farbabstands-Diagramm, in dem die Berechnung des Farbabstands zwischen einem Standard mit x = 0,200, y = 0,200, Y = 29,0 und einer Probe mit x = 0,205, y = 0,195, Y = 25,0 dargestellt ist. Dieses Diagramm wurde mit den Werten von $g_{11}$, $2g_{12}$ und $g_{22}$ erstellt, die für x = ca. 0,200 und y ca. 0,200 ermittelt wurden. Es wird benutzt, um den „unkorrigierten" Farbartunterschied zwischen Probe und Standard zu ermitteln. Auf dem Originaldiagramm entspricht ½ in. = 1 MacAdam-Einheit. Für die obige Differenz wurden 8 MacAdam-Einheiten errechnet (siehe Seite 102) ...

## Die FMC-1 Farbabstandsformel

$$\Delta E = [(\Delta L)^2 + (\Delta C_{r-g})^2 + (\Delta C_{y-b})^2]^{1/2}$$

$$\Delta L = \frac{K_2 l}{a} \left[ \frac{P \Delta P + Q \Delta Q}{(P^2 + Q^2)^{1/2}} \right]$$

$$\Delta C_{r-g} = \frac{K_1}{a} \left[ \frac{Q \Delta P - P \Delta Q}{(P^2 + Q^2)^{1/2}} \right]$$

$$\Delta C_{y-b} = \frac{K_1}{b} \left[ \frac{S(P \Delta P + Q \Delta Q)}{P^2 + Q^2} - \Delta S \right]$$

$P = \phantom{-}0{,}724\,X + 0{,}382\,Y - 0{,}098\,Z$

$Q = -0{,}480\,X + 1{,}370\,Y - 0{,}1276\,Z$

$S = \phantom{-0{,}480\,X + 1{,}370\,Y -\,} 0{,}686\,Z$

$$a^2 = \frac{\alpha^2 (P^2 + Q^2)}{1 + \dfrac{NP^2 Q^2}{P^4 + Q^4}}$$

$b^2 = \beta^2 [S^2 + (pY)^2]$

$\alpha = 0{,}00416 \qquad \beta = 0{,}0176$

$p = 0{,}4489 \qquad l = 0{,}279$

$N = 2{,}73 \qquad K_1 = K_2 = 1$

*Die FMC-2 Farbabstandsformel stimmt mit der FMC-1 Formel bis auf die zugefügten Konstanten überein*

$K_1 = 0{,}55669 + 0{,}049434\,Y$
$\phantom{K_1 =} - 0{,}82575 \times 10^{-3}\,Y^2$
$\phantom{K_1 =} + 0{,}79172 \times 10^{-5}\,Y^3$
$\phantom{K_1 =} - 0{,}30087 \times 10^{-7}\,Y^4$

$K_2 = 0{,}17548 + 0{,}027556\,Y$
$\phantom{K_2 =} - 0{,}57262 \times 10^{-3}\,Y^2$
$\phantom{K_2 =} + 0{,}63893 \times 10^{-5}\,Y^3$
$\phantom{K_2 =} - 0{,}26731 \times 10^{-7}\,Y^4$

oder alternativ dazu (Judd 1975 a, Seite 323)

$K_1 = 0{,}054 + 0{,}46\,Y^{1/3}$
$K_2 = 0{,}465\,K_1 - 0{,}062$

... Die „unkorrigierte" Farbartdifferenz ΔC wird nun in das Helligkeitsdiagramm (Y) übertragen, das der Helligkeit des Standards entspricht. Die „korrigierte" Farbartdifferenz ist der Abstand zwischen diesem Punkt und der Grundlinie, hier 9,0 MacAdam-Einheiten. Der gesamte Farbabstand entspricht der schrägen eingezeichneten Linie oder 13 MacAdam-Einheiten. (Um die Testberechnungen gut erklären zu können, wurde ein relativ großer Farbabstand gewählt. Weiter sei darauf hingewiesen, daß Y in den Originaldiagrammen von Simon und Goodwin als Dezimalzahl dargestellt ist, z. B. 0,25 und 0,29, und nicht mit den Werten 0 bis 100 (d. h. 25 und 29), wie dies der CIE Nomenklatur entspricht.

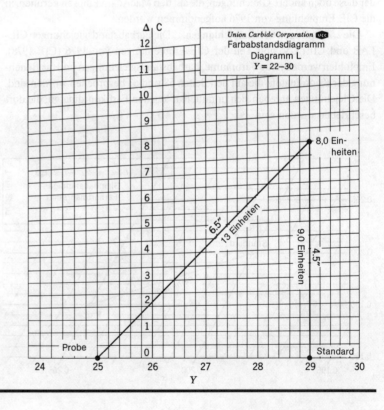

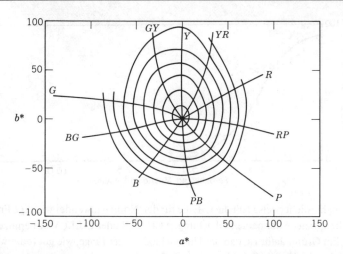

Farborte mit gleichen Werten von Munsell Farbton und Munsell Buntheit und der Munsell Helligkeit 5 dargestellt a*, b* Diagramm der CIE 1976 (Robertson 1977).

*Die CIE L\*, a\*, b\* (CIELAB) Farbabstandsformel von 1976*

$$\Delta E^*_{ab} = [(\Delta L^*)^2 + (\Delta a^*)^2 + (\Delta b^*)^2]^{1/2}$$

Die Größen dieser Gleichung sind auf Seite 63 definiert.

*Die CIE L\*, u\*, v\* (CIELUV) Farbabstandsformel von 1976*

$$\Delta E^*_{uv} = [(\Delta L^*)^2 + (\Delta u^*)^2 + (\Delta v^*)^2]^{1/2}$$

Die Größen dieser Gleichung sind auf Seite 58 definiert.

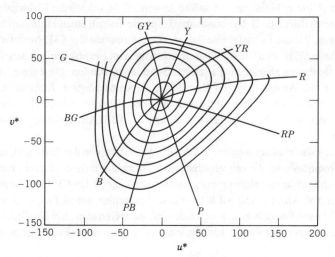

Farborte mit gleichen Werten von Munsell Farbton und Munsell Buntheit und der Munsell Helligkeit 5 dargestellt im u*, v* Diagramm der CIE 1976 (Robertson 1977).

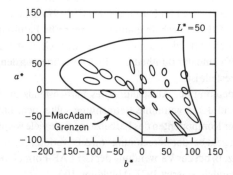

Die MacAdam-Ellipsen im a*, b* Diagramm der CIE 1976 (aus Robertson 1977).

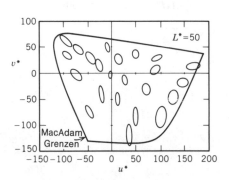

Die MacAdam-Ellipsen im u*, v* Diagramm der CIE 1976 (aus Robertson 1977).

Dieses Diagramm (Davidson 1953) zeigt über einen sehr weiten Bereich von Farbabständen (hier MacAdam-Einheiten), daß einige Abmusterer eine vorgelegte Probe als innerhalb der Toleranz liegend beurteilen, während andere sie ablehnen. Die mittlere Toleranzgrenze (ausgezogene Linie) ändert sich jedoch langsam mit der Größe des Farbabstands.

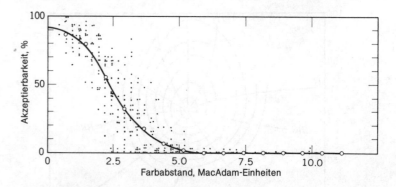

*Die Aufspaltung der CIELAB und CIELUV Farbabstandsformel in die Unterschiede von Farbton CIE 1976, Helligkeit CIE 1976 und Buntheit CIE 1976.*

$$\Delta E^*_{ab} = [(\Delta H^*_{ab})^2 + (\Delta L^*)^2 + (\Delta C^*_{ab})^2]^{1/2}$$

$$\Delta E^*_{uv} = [(\Delta H^*_{uv})^2 + (\Delta L^*)^2 + (\Delta C^*_{uv})^2]^{1/2}$$

*Der Farbtonunterschied CIE 1976*

$$\Delta H^*_{ab} = [(\Delta E^*_{ab})^2 - (\Delta L^*)^2 - (\Delta C^*_{ab})^2]^{1/2}$$

$$\Delta H^*_{uv} = [(\Delta E^*_{uv})^2 - (\Delta L^*)^2 - (\Delta C^*_{uv})^2]^{1/2}$$

*Beziehungen zwischen den Farbtonunterschieden CIE 1976 und den Farbtonwinkeln CIE 1976 im CIELAB und CIELUV System für kleine Farbtonunterschiede von gesättigten Proben*

$$\Delta H^*_{ab} = C^*_{ab} \Delta h_{ab} (\pi/180)$$

$$\Delta H^*_{uv} = C^*_{uv} \Delta h_{uv} (\pi/180)$$

Unglücklicherweise läßt die CIE die für den Normalanwender wichtige Frage offen, welche der beiden Gleichungen CIELAB oder CIELUV er benutzen soll. Ein Grund dafür ist, daß der Unterschied bei der Frage, wie gut (oder wie schlecht) sie mit visuellen Abmusterungsdaten übereinstimmen, zwischen beiden nur gering ist. Robertson (1977) hat gezeigt, daß weder die MacAdam-Ellipsen noch die Munsell Farben durch eine der Gleichungen gut wiedergegeben werden. Unserer Meinung nach sollten Anwender, die sich mit der Farbwiedergabe beschäftigen (z. B. Druckindustrie), und die deshalb einen Farbraum bevorzugen, dessen Farbtafel eine lineare Transformation der CIE Normfarbtafel (Seite 57) ist, den CIELUV Raum bevorzugen und wahrscheinlich deshalb auch die daraus abgeleitete Farbabstandsformel verwenden. Diejenigen, die sich mit der Anwendung von Farbmitteln in Anstrichfarben, Kunststoffen, Textilien usw. beschäftigen, und denen die Adams-Nickerson-Formel vertraut ist, werden wahrscheinlich die Anwendung der CIELAB Gleichung bevorzugen.

Hier sollte erwähnt werden, daß es eine Ausnahme von der Regel gibt, daß Farbabstandswerte, die mit verschiedenen Formeln errechnet wurden, nicht mit einem mittleren Faktor umgerechnet werden können: Die CIELAB Formel und die ANLAB bzw. ANLAB 40 Formel sind so ähnlich, daß die Farbabstände, die mit diesen Formeln errechnet werden, mit guter Genauigkeit in die CIELAB Werte umgerechnet werden können, indem man sie mit dem Faktor 1,1 multipliziert.

Es ist zweckmäßig, den CIELAB oder CIELUV Farbabstand $\Delta E^*$ in solche Komponenten aufzuspalten, die mit Farbton, Helligkeit und Buntheit, korrelieren. Das bedeutet, daß man sich die Größen $\Delta H^*$, $\Delta L^*$ und $\Delta C^*$ wünscht. Die Wurzel aus der Summe der Quadrate dieser Größen ergibt dann $\Delta E^*$. Die Unterschiede in der Helligkeit CIE 1976 und der Buntheit CIE 1976 sind hierzu brauchbar. Der Unterschied im Farbtonwinkel CIE 1976 hat diese Eigenschaft jedoch nicht. Die CIE hat deshalb empfindungsgemäße Farbtonunterschiede $\Delta H^*_{ab}$ und $\Delta H^*_{uv}$ definiert. Diese können nur aus dem Gesamtfarbabstand, der Helligkeit CIE 1976 und der Buntheit CIE 1976 berechnet werden, wie dies auf dieser Seite dargestellt ist.

Über die Bedeutung der Aufspaltung des Farbabstands in die einzelnen Komponenten und deren getrennte Betrachtung sollte nicht hinweggesehen werden. Keine der Komponenten des Farbabstands, die viele wichtige Informationen enthalten, geht bei der Berechnung von $\Delta E^*$ verloren, egal ob es sich um $\Delta L^*$, $\Delta a^*$, $\Delta b^*$ (z. B. bei der Verwendung der CIELAB-Formel) oder um $\Delta H^*$, $\Delta L^*$ und $\Delta C^*$ handelt. (Derby 1973, Abbildung 10.)

Ein Wort der Warnung: Alle modernen Farbmeßgeräte berechnen den Farbabstand ohne Rücksicht auf die verwendete Gleichung und den gerade wahrnehmbaren Farbunterschied auf zwei oder mehr Dezimalstellen. Die zweite und dritte Dezimale sind für die visuelle Beurteilung ohne Bedeutung.

**Wahrnehmbarkeit gegen Akzeptierbarkeit**

Wenn die Meßwerte zu einem einzigen Farbabstandswert umgerechnet und alle Warnungen beachtet worden sind, ist das letzte Problem bei der Farbmessung die Umwandlung der Farbabstände in den Begriff der *Akzeptierbarkeit* der Probe im Vergleich zum Standard. Wenn richtig ausgewählte und hergestellte Grenzstandards verwendet werden, wird dieser Schritt automatisch durchgeführt.

Wenn die Grenzen der Akzeptierbarkeit in Farbabstands-Einheiten ausgedrückt werden, ergibt sich ein echtes Problem. Es ist nicht nur wahr, daß in jedem bisher entwickelten System gleiche Farbabstandswerte nicht mit gleichen visuellen Farbunterschieden korrelieren. Es wurde darüber hinaus festgestellt, daß ein akzeptierbarer Farbabstand ein statistisches Problem darstellt (Davidson 1953). D. h. nicht alle Abmusterer stimmen in ihrem Urteil überein, wie groß eine handelsübliche Toleranz sein darf. Sowohl individuelle Unterschiede in der Wahrnehmbarkeitsgrenze als auch persönlicher Geschmack sind hier unzweifelhaft wichtig.

Vielleicht ist in den Fällen, in denen die Wünsche des Kunden eine Rolle spielen, die beste Art des Vorgehens die, über einen längeren Zeitraum Farbmessungen durchzuführen, so daß ein Ergebnisprotokoll der Vergangenheit vorliegt. Wenn der Kunde in seinem Urteil über die zulässige Toleranz konstant ist, ist es möglich, auf diesem Weg zu einer Vereinbarung über einen *akzeptierbaren* Farbunterschied zu kommen, sogar dann, wenn dieser nur in geringem Zusammenhang mit der Sichtbarkeitsschwelle steht. Einige Koloristen (Kuehni 1975 a) finden, daß es keinen grundsätzlichen Unterschied zwischen der Sichtbarkeitsschwelle und dem tolerierbaren Farbabstand gibt, es sei denn, daß die Toleranzgrenze etwas größer als die Sichtbarkeitsschwelle ist; andere (wir eingeschlossen) finden, daß die grundsätzliche Frage, was akzeptierbar ist und was nicht, vorher zwischen Käufer und Verkäufer geklärt werden sollte. Dies ist die einzig vernünftige Geschäftsgrundlage. Wenn instrumentelle Methoden eine Rolle spielen sollen, müssen sie genau festgelegt werden. Dazu gehören die Meßtechnik, die graphische oder rechnerische Umwandlung der Meßdaten und die Beurteilung der Ergebnisse. Die Übereinkunft von Käufer und Verkäufer ist genauso ein Teil der Brauchbarkeit der Farbmessung für Lieferspezifikationen wie die Meß- und Rechentechnik selbst.

**Der richtige Gebrauch von Farbabstandsberechnungen**

Was ist nun aber der richtige Weg, Gebrauch von Farbabstandsberechnungen zu machen? Wir meinen, er kann in den nachstehend dargestellten fünf Regeln zusammengefaßt werden (Billmeyer 1970, 1979 b). Wenn sie allgemein befolgt würden, würden viele der Zweifel, viel des Durcheinanders, sowie viele der Diskussionen und der Auseinandersetzungen über die Größe handelsüblicher Toleranzen verschwinden, und das Leben vieler unserer Kollegen würde sehr viel glücklicher werden.

1. *Wähle eine einzige Berechnungsmethode und verwende sie ständig.* Da es keinen großen Unterschied macht, welche Formel verwendet wird – keine von ihnen stimmt wirklich gut mit den visuellen Urteilen überein – sollte die Auswahl für den internen Gebrauch nach folgenden Gesichtspunkten erfolgen: Die Formel sollte bekannt und gut anwendbar sein, oder aber es sollten Erfahrungen mit ihr vorliegen. Für den externen Gebrauch sollte *aber* den zur Zeit gültigen

> Wähle eine einzige Berechnungsmethode zur Ermittlung von Farbabständen und verwende sie ständig.

CIE Empfehlungen gefolgt und die CIELAB oder CIELUV Gleichungen verwendet werden.

2. *Gib stets genau an, wie die Rechnungen durchgeführt wurden.* Stelle sicher, daß die genaue Formel mit allen Maßstabsfaktoren und den anderen festgelegten Variablen aufgeschrieben wird und an einem leicht zugänglichen Ort zu finden ist. Dies kann z. B. ein Firmenbericht, eine ASTM-Methode, ein Buch, eine Veröffentlichung oder eine Vereinbarung zwischen Hersteller und Kunden sein. Weise dann stets auf diese Quelle hin. Vergiß nicht, daß die Ergebnisse in gewissem Maße von der Art des verwendeten Meßgerätes abhängen, und daß dieses deshalb ebenfalls festzulegen ist.

3. *Versuche nie, Farbabstände, die mit verschiedenen Farbabstandsformeln errechnet wurden, mit Hilfe von mittleren Umrechnungsfaktoren ineinander umzurechnen.* Mit einer einzigen Ausnahme (Adams-Nickerson und CIELAB) ist der einzig richtige Weg, derartige Umrechnungen durchzuführen, folgender: Gehe zurück zu den gemessenen Daten von Standard und Probe und berechne den Farbabstand neu. Es muß betont werden, daß im allgemeinen keine Übereinstimmung zwischen den Farbabstandswerten, die mit zwei verschiedenen Methoden ermittelt wurden, vorhanden ist. Der Vergleich verschiedener Methoden (Nickerson 1944, Davidson 1953, Ingle 1962, MacKinney 1962, Little 1963) zeigt ausnahmslos, daß die erhaltenen Antworten *nicht* übereinstimmen unabhängig davon, welche „Korrektions"- oder „Anpassungs"-Faktoren angewendet wurden. Über den Daumen gepeilt ist es allerdings zweckmäßig, sich daran zu erinnern, daß die MacAdam-Einheit annähernd der gerade sichtbaren Farbabstandsschwelle entspricht, während die Einheiten anderer Formeln, die annähernd der handelsüblichen Toleranz entsprechen, 2- bis 4mal so groß sind. Zwischen den Formeln mit diesen größeren Einheiten besteht kein signifikanter Unterschied in der Größe der Einheit. Zu ihnen gehören folgende Formeln: Adams, CIELAB, CIELUV, Hunter und NBS.

4. *Benutze berechnete Farbabstandswerte solange nur als erste Näherung, um Toleranzen festzulegen, bis sie durch visuelle Urteile bestätigt werden.* Findet man z. B., daß mit der in Punkt 1. festgelegten Formel für eine helles Rot $\Delta E = 2$ ein guter Toleranzwert ist (es sei denn der Farbtonunterschied ist zu bedeutend), so darf man nicht erwarten, daß dieser Wert auch für ein tiefes Gelb, ein Kastanienbraun, ein brillantes Grün oder ein dunkles Marineblau gilt. Heutzutage erfüllt keine Farbabstandsformel diese Bedingung. Hat man es nur mit wenigen Farben zu tun, kann man die Toleranz für jede von ihnen durch den Vergleich mit visuellen Urteilen festlegen, wobei so viele Abmusterer wie möglich herangezogen werden sollten. Sind so viele verschiedene Farben zu prüfen, daß dieser Weg nicht anwendbar ist, können die Ergebnisse von einer Farbe vorsichtig auf andere naheliegende Farben übertragen werden, bis man sicher ist, daß das Urteil *richtig* ist.

5. *Erinnere stets, daß niemand Farben auf Grund von Zahlenwerten akzeptiert oder ablehnt. Es zählt nur, was man sieht.* Benutze Farbabstandsberechnungen zur Vereinheitlichung, zur Registrierung, aus praktischen Gründen und zur Objektivität, aber SCHAUE stets auch HIN.

## F. SPEZIFIKATIONEN VON FARBEN UND TOLERANZEN

Letzten Endes hängt der Verkauf und der Kauf von gefärbten Produkten davon ab, ob die farbliche Übereinstimmung der gelieferten Ware innerhalb bestimmter Toleranzen liegt. Laß uns jetzt darüber nachdenken, wie diese Toleranzen festgelegt werden sollen.

Farbtoleranzen werden unglücklicherweise manchmal mit Hilfe einer von zwei nicht wünschenswerten Methoden festgelegt. Eine davon ist, die Toleran-

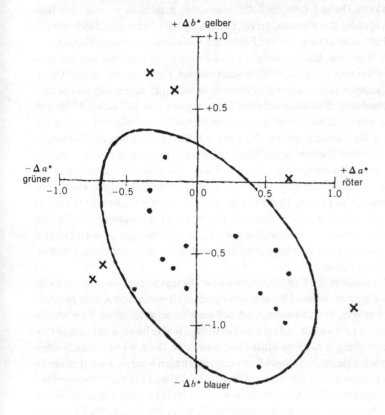

Wenn Proben eines gefärbten Materials, die in der Vergangenheit geliefert wurden, vorhanden und gemessen sind, und wenn die Meßwerte der vom Kunden akzeptierten Proben (Punkte) und der von ihm zurückgewiesenen Proben (Kreuze) korrelieren, kann ein Farbtoleranz-Diagramm erstellt werden, indem man die Differenzen $\Delta a^*$ und $\Delta b^*$ von Standard und Probe in eine CIELAB Farbtafel mit dem Standard als Mittelpunkt einträgt. Der Bereich der Akzeptierbarkeit der annähernd ein Kreis oder eine Ellipse aber auch eine unregelmäßige Kurve sein kann, wird eingezeichnet. Der Standard kann manchmal nicht in der Mitte der Toleranzkurve liegen (Seite 108) ...

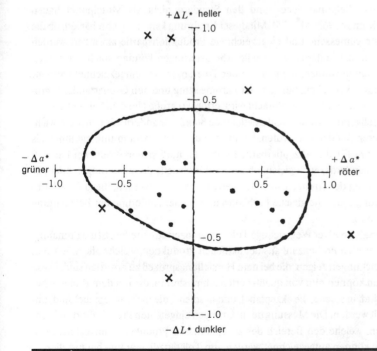

... Ein zweites Diagramm wird benötigt, in welchem die Helligkeitsdifferenz $\Delta L^*$ entweder gegen $\Delta a^*$ oder gegen $\Delta b^*$ aufgetragen wird. Gewählt wird die Koordinate, die die größere Streuung der Werte zeigt. Natürlich können alle anderen gleichabständigen Farbräume wie z. B. CIELUV oder die Diagramme von Simon-Goodwin verwendet werden. Die CIELAB Diagramme sind nur als Beispiel gewählt worden.

zen so klein wie möglich zu machen, solange der Verkäufer dies möglich machen kann. Die andere ist, die Toleranzen so eng zu machen, wie dies der Fähigkeit entweder des Abmusterers oder des Meßgerätes entspricht. Beide Methoden haben den entscheidenden Fehler, die Anforderungen nicht zu berücksichtigen. Wenn die Anforderuungen zum Grundsatz der Kontrolle gemacht werden, dann sind sie es, die erfüllt werden müssen. Denn, um ein Beispiel aus einem anderen Industriezweig zu verwenden, es würde dumm sein (um es mild auszudrücken) Stahlstäbe mit einer Toleranz von einem hunderstel Millimeter zu bestellen, um Straßenbeläge zu armieren. Ein Grund dafür dies nicht zu tun ist u. a. die Tatsache, daß der Preis um so höher ist, je kleiner die Toleranzen sind. In dieser Hinsicht ist die Situation bei der Farbmessung anormal, weil die meisten Anforderungen immer noch „absolut" farbgleiche Nachstellungen verlangen. In den letzten Jahren gibt es ein größeres Verständnis dafür, realistische Toleranzen zu fordern. Diese werden besonders durch die Bereitstellung von Grenzstandards in verschiedenen Richtungen des Farbraums erfüllt. Wo eine „absolut farbgleiche" Nachstellung benötigt wird, kann eine „absolut farbgleiche" Nachstellung im allgemeinen bereitgestellt werden, wenn man bereit ist, hierfür zu zahlen.

Wir glauben, daß Farbtoleranzen notwendig sind und daß sie aufgestellt werden sollen, um zu einer Übereinkunft zwischen Hersteller und Käufer zu gelangen. Ein Weg, dies zu tun, ist, Farbmeßwerte zu verwenden, um Toleranzdiagramme zu entwickeln, indem man die Meßwerte aller früher hergestellten Produktionschargen zu deren Aufstellung verwendet. Diese Werte sollten in einen geeigneten gleichabständigen Farbraum eingetragen werden, wie z. B. in die Simon-Goodwin Diagramme, die auf den Seiten 101 und 102 besprochen worden sind, oder in die CIELAB a*, b* Tafel, wie auf Seite 107 gezeigt worden ist. Wie in den Abbildungen dargestellt, werden die Werte für jede hergestellte Charge mit unterschiedlichen Zeichen für akzeptierte und abgelehnte Chargen eingetragen. Wenn eine genügend große Anzahl von älteren Werten eingetragen worden ist, sollte es möglich sein, eine Toleranzkurve einzuzeichnen, wobei diese eine Ellipse oder ein Kreis sein kann oder auch nicht. Sie kann unsymmetrisch um den Zielpunkt liegen und den Standard nicht als Mittelpunkt haben (MacKinney 1962, Abb. 75). Mit dieser Erfahrung kann man abschätzen, ob die nächste gemessene und eingezeichnete Produktionspartie akzeptiert werden wird. Grenzstandards für visuelle Abmusterungen können solchen Chargen entnommen werden, die nahe an der Toleranzgrenze eingezeichnet wurden.

Dieses Vorgehen, bei dem der Farbmessung und den Grenzstandards großes Vertrauen entgegengebracht wird, erfordert große Umsicht bei der Eichung des Meßgerätes. Da sich real existierende Standards ändern können, ist es wichtig, deren Stabilität zu prüfen, bevor man die Übereinstimmung mit ihnen als Kriterium für die Akzeptierbarkeit wählt. Es muß sichergestellt werden, daß Grenzstandards, ganz gleich, ob sie nur für visuelle Abmusterungen oder zur Festlegung der Grenzen von Meßwerten verwendet werden, die gleiche Farbänderung (oder die gleiche Farbkonstanz) bei der Änderung der Beleuchtung aufweisen.

Ein alternativer Weg, richtige Toleranzgrenzen zu erstellen, ist die Entnahme einer großen Probenzahl aus der aktuellen Produktion, welche alle möglichen Abweichungen zeigen, die bei dem Herstellungsprozeß zu erwarten sind. Diese Proben können nun von qualifizierten Abmusterern, die mit dem Problem befaßt sind, in solche, die akzeptabel, und in solche, die nicht akzeptabel sind, unterteilt werden. Die Messung der in Gruppen eingeteilten Proben führt zu Farbwerten, welche den Bereich des akzeptierbaren Produkts kennzeichnen. Die Werte können aufgezeichnet werden, um Toleranzdiagramme herzustellen.

Alle Meßergebnisse sind von den Fehlern des Meßgerätes abhängig, deshalb muß dafür Sorge getragen werden, daß das Meßgerät richtig arbeitet. Es sollte selbstverständlich sein, daß die Summe aller Meßfehler die Größe der Toleranz nicht überschreitet oder auch nur ein signifikanter Anteil der Toleranz ist (Johnston 1963). Wenn diese Bedingung jedoch erfüllt ist, wird als Ergebnis viel Zeit und Energie eingespart, wenn die Farbmessung entweder visuell oder instrumentell das zu liefernde Material automatisch ohne weitere Rechnung oder Diskussion einordnet.

Der Sinn einer Spezifikation – nicht nur bei Farben – ist es, dem Verkäufer eine Möglichkeit zur Verfügung zu stellen, mit der er dem Kunden Ware anbieten kann, die für seinen Verwendungszweck brauchbar ist (Webber 1976). Wenn die Spezifikation zu eng gefaßt ist, wird keine Lieferung von brauchbarer Ware möglich sein; ist sie zu weit gefaßt, wird das gelieferte Material für die Weiterverarbeitung nicht geeignet sein. Wiederum ist dies ein Fall der Übereinkunft von Käufer und Verkäufer: Die Spezifikation definiert ein Produkt, das der Hersteller zur Verfügung stellen und der Käufer mit befriedigender Wirtschaftlichkeit gebrauchen kann. Nicht alle Aspekte der Farbe sind in einer Spezifikation gleich wichtig: Der Farbton ist meistens wichtiger als die Farbstärke (siehe Seite 149).

Die Anwendung der instrumentellen Farbmessung als Drohung oder Waffe im Verhältnis von Käufer und Verkäufer, durch die Messung von sehr kleinen Farbabständen, die keine wirtschaftliche Bedeutung haben, ist ein Mißbrauch der Farbmessung, und einer, der nicht zu ihrem Fortschritt beiträgt. Andererseits ist dort der Grund für ihren Einsatz gegeben, wo die instrumentelle Farbmessung als Hilfsmittel für die visuelle Beurteilung eingesetzt wird, wo sie benutzt wird, um die Fähigkeit reproduzierbare Proben, die sich nicht unterscheiden, herzustellen, und wo sie benutzt wird, die Anzahl der Proben zu ermitteln, die für ein vertrauenswürdiges Ergebnis benötigt werden (Johnston 1963, 1964; Saltzman 1965). Der Verwendung von Meßgeräten zur Bestimmung der Einflußgrößen beim Herstellungsprozeß von gefärbten Produkten ist eine geeignete Anwendung der Farbmeßtechnik und eine, die dazu dient, die Ungenauigkeit, die durch die Messung im Vergleich zu der, die durch die Technik der Probenahme und der Probenvorbereitung hervorgerufen wird, aufzuzeigen.

## G. ZUSAMMENFASSUNG

Wir glauben daran, daß die Farbmessung die gleiche ist, einerlei, ob nur das Auge allein verwendet wird, oder das Auge und andere Geräte gemeinsam verwendet werden. Die Meßgeräte sind Hilfen für das Auge. Wie die verwendeten Methoden zeigen, ist es Ihre Aufgabe, die erhaltenen Meßwerte so umzurechnen, daß die Farbe einer Probe oder der Farbabstand von zwei Proben so beschrieben wird, wie das Auge ihn sieht. Dies macht die Meßgeräte in keiner Weise unterlegen. Sie sind aber nur eine Hilfe und kein Urheber. Sie treten nicht an die Stelle des geübten Auges, und der Verstand der damit befaßten Personen trägt weit mehr als der Taschenrechner der Leute, die die Rechnungen durchführen, zum Ergebnis bei. Jedoch kann ein gut arbeitendes Farbmeßgerät genauso wie ein Taschenrechner eine große Hilfe für den Koloristen sein und in vielen Fällen der Ersatz für Jahre der Erfahrung in der Lernphase.

Indem wir immer wieder betonen, daß es keinen grundsätzlichen Unterschied in der Farbmessung, die mit dem Auge ausgeführt und der, die mit anderen Geräten durchgeführt wird, gibt, glauben wir, daß ein zunehmend richtiger Einsatz von Farbmeßgeräten einige der Probleme der Farbmessung und des Farbvergleichs lösen wird, insbesondere dann, wenn quantitative Daten gewünscht werden.

Zusätzlich kann die Farbmessung als Grundlage für ein „Farbgedächtnis" nützlich sein. Die Unglaubwürdigkeit des Gedächtnisses, sofern der Farbeindruck betroffen ist, ist gut bekannt (Bartleson 1960). Der richtige Einsatz von Meßgeräten gibt dem Hersteller von gefärbten Produkten eine Aufzeichnung der Produktionsdaten und deren Streuung, sowie die Grenzen der Akzeptierbarkeit, unabhängig vom Gedächtnis eines oder mehrerer Abmusterer. Wie lange es dauern wird, bis die Aufzeichnung der Vergangenheit von den meisten Personen an Stelle ihrers schlechten Gedächtnisses akzeptiert wird, ist eine Frage, die von Psychologen beantwortet werden muß. In der Praxis haben wir gefunden, daß diejenigen, die am besten mit der Farbmeßtechnik vertraut sind, am leichtesten vom Wert der gesammelten Meßdaten zu überzeugen sind.

Daraus ziehen wir den Schluß und haben dies zu zeigen versucht, daß es keinen Widerspruch zwischen der Farbmessung mit dem Auge und der instrumentellen Farbmessung gibt. Richtig angewendet, kann das Meßgerät die Nützlichkeit des Auges erweitern. Das Auge ist letztendlich das Verantwortliche; das Farbmeßgerät die Hilfe. Ungeachtet unseres zunehmenden Bewußtseins über die Fehlbarkeit des Auges bei kritischen Urteilen, die dazu führt, Mehrfachabmusterungen durchzuführen, kann man jedoch nicht verkennen, daß es das visuelle Aussehen ist, das im Endeffekt zählt.

KAPITEL 4

# Farbmittel

Bis jetzt haben wir unsere Leser viele Male darauf hingewiesen, daß die wahrgenommene Farbe eines Gegenstandes von der Kombination der spektralen Strahlungsverteilung der Lichtquelle, der spektralen Transmission oder Reflexion des Gegenstands, auf den das Licht fällt, und der spektralen Empfindlichkeit des Auges abhängt. Wir zögern trotzdem nicht, dies erneut zu tun. Weil dieses Kapitel sich nur mit einem dieser Faktoren beschäftigt, ist es hier besonders wichtig, sich an die dreifache Natur dessen zu erinnern, was wir Farbe nennen. Wir setzen hier voraus, daß die Lichtquelle und der Beobachter sich nicht ändern, und untersuchen die Stoffe, die eingesetzt werden, um die spektrale Transmission- oder Reflexionskurve des Gegenstandes zu verändern.

Alle Stoffe, die die wahrgenommene Farbe von Gegenständen verändern oder von Natur aus farbloses Material anfärben, werden *Farbmittel* genannt. Es handelt sich um *Farbstoffe* und *Pigmente,* die Textilien anfärben, die mit Hilfe von Bindemitteln auf Holz oder Metall aufgetragen oder die der Kunststoffmasse zugefügt werden, um deren ursprüngliche Farbe zu verändern. Bunte Farbmittel sind dadurch gekennzeichnet, daß sie ein selektives Streu- und Absorptionsvermögen besitzen (d. h., daß diese Größen wellenlängenabhängig sind). Dadurch verändern sie die spektrale Strahlungsverteilung des auffallenden Lichts. Unbunte schwarze und graue Farbmittel sind nichtselektive Absorber. Weißpigmente streuen nichtselektiv. Wir haben das Wort *Stoff* zur Beschreibung der Produkte, die Materialien anfärben, gewählt, um diejenigen Farbeffekte, wie die Farbe von Federn oder das Schillern bestimmter Insekten, auszugrenzen, die durch Lichtbrechung hervorgerufen werden.

## A. EINIGE SÄTZE ZUR TERMINOLOGIE

Obwohl Farbmittel der korrekte Ausdruck zur Beschreibung der Stoffe ist, die zum Anfärben von Materialien eingesetzt werden, wird dieser Begriff immer noch wenig gebraucht. Die meisten Menschen bevorzugen es, von Farbstoffen und Pigmenten zu sprechen, anstatt den übergeordneten Begriff zu verwenden. Um alle Farbmittel zu erfassen, benötigen sie zwei Wörter. Außerdem ist die ungenaue Definition von Farbstoffen und Pigmenten, die in Abschnitt B besprochen wird, ein gewichtiger Grund, den Begriff Farbmittel zu verwenden.

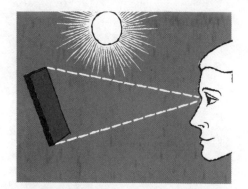

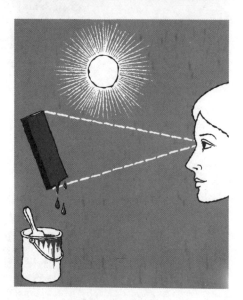

*Farbmittel* **verändern die spektrale Reflexionskurve und damit die Farbe eines Gegenstandes.**

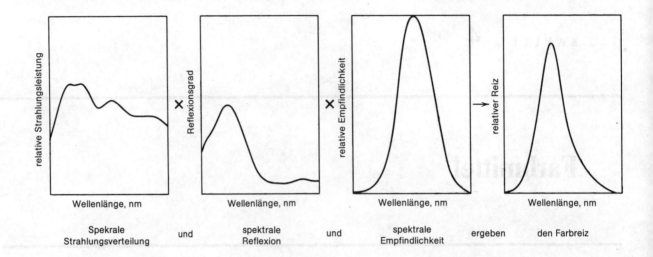

Noch verwirrender ist für diejenigen, die nach einer genauen Definition suchen, die Verwendung des Wortes *Farbe* anstelle des Wortes *Farbmittel*. Diese Bezeichnung hat jedoch Tradition, wie daran zu erkennen ist, daß bei vielen Firmen das Wort Farbe im Firmennamen enthalten ist. Da Tradition schwer auszurotten ist, wird es noch lange Zeit dauern, bis das Wort Farbe für Stoffe, die zum Anfärben benutzt werden, nicht länger verwendet wird. Wie in diesem Buch verwendet, beschreibt das Wort *Farbe* einen Sinneseindruck, der durch das Zusammenwirken der drei Größen Lichtquelle, Gegenstand und Beobachter bewirkt wird.

## B. FARBSTOFFE GEGEN PIGMENTE

In der Vergangenheit, als die Verhältnisse noch relativ einfach waren, war der Unterschied zwischen einem Farbstoff und einem Pigment einfach zu beschreiben. Ein Farbstoff war ein wasserlöslicher Stoff, der verwendet wurde, um Produkte in einer wässrigen Lösung anzufärben. Ein Pigment bestand aus unlöslichen Partikeln, die dem anzufärbenden Produkt in dispergierter Form zugefügt wurden. Obwohl diese einfache Unterscheidung auch heute noch in den meisten Fällen richtig ist, gibt es inzwischen so viele Ausnahmen, daß weitere Unterscheidungsmerkmale gesucht werden müssen, um die beiden Typen von Farbmitteln voneinander zu unterscheiden. Es gibt keine Definition, die für sich allein befriedigt, weil ein vorgegebener chemischer Stoff je nach seinem Einsatz sowohl als Farbstoff oder als Pigment eingeordnet werden kann.

Die Definition im Wörterbuch weicht von dem einfachen Kriterium der Löslichkeit ab. Entsprechend dem *ungekürzten Wörterbuch von Merriam-Webster* (Webster 1961) kann ein Farbstoff löslich oder unlöslich sein. Ein Pigment ist jedoch „relativ unlöslich". In diesem Buch besprechen wir die funktionellen oder strukturellen Pigmente nicht. Man versteht darunter normalerweise farblose oder wenig absorbierende und streuende Stoffe, die Lacken oder Kunststoffen zugesetzt werden, um die Viskosität oder andere Eigenschaften des pigmentierten Systems, die nichts mit der Farbe zu tun haben, zu ändern.

In den nachfolgenden Unterabschnitten untersuchen wir einige der allgemein verwendeten Kriterien zur Unterscheidung von Farbstoffen und Pigmenten.

**Farbtafel 1**

Anordnung von Proben im *Munsell Book of Color* (freundlicherweise zur Verfügung gestellt von Munsell Color, Macbeth Division, Kollmorgen Corporation).

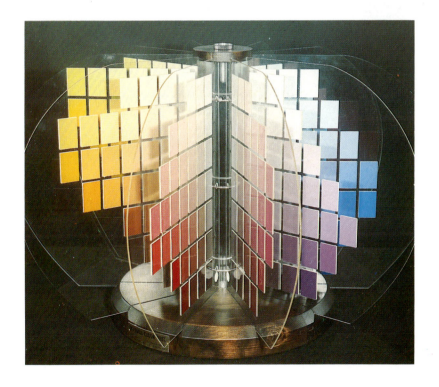

**Farbtafel 2**

Der *Munsell Color Tree* (Munsell Farbbaum) (freundlicherweise zur Verfügung gestellt von Munsell Color, Macbeth Division, Kollmorgen Corporation).

**Farbtafel 3**

Der Zusammenhang von Munsell Farbton, Munsell Helligkeit und Munsell Buntheit. Der Kreis zeigt die Munsell Farbtöne in der richtigen Reihenfolge. Die senkrechte zentrale Achse ist der Maßstab für die Helligkeit. Die Strahlen, die von der mittleren Achse ausgehen, zeigen die Buntheitsschritte. Die Buntheit nimmt von der Mitte ausgehend zu (freundlicherweise zur Verfügung gestellt von Munsell Color, Macbeth Division, Kollmorgen Corporation).

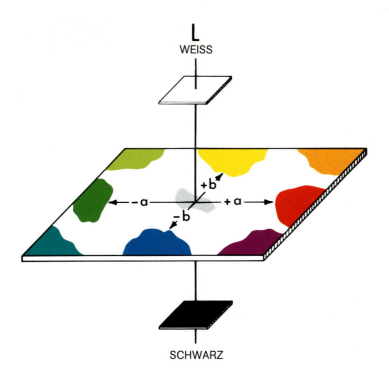

**Farbtafel 4**

Koordinaten des L, a, b Farbraums. In diesem und ähnlichen Gegenfarben-Systemen ist L der Helligkeitsmaßstab, a ist die rot-grün und b ist die gelb-blau Koordinate. Die Abbildung zeigt, welche der Farben bei jeder Gegenfarben Koordinate durch positive und welche durch negative Werte von a oder b gekennzeichnet sind (freundlicherweise zur Verfügung gestellt von Gardner Laboratory Division, Pacific Scientific Company).

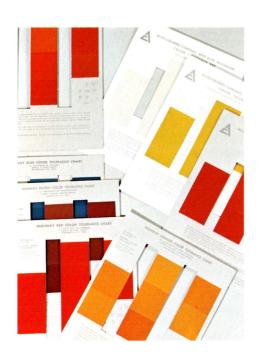

**Farbtafel 5**

Eine Karte mit Grenzstandards für den zulässigen Farbabstand. Der Farbabstand ist in der Mitte angeordnet. Sechs Grenzstandards (heller, dunkler, stärker, grauer und Farbtonabstände in zwei Richtungen) sind um den Standard angeordnet. Löcher in der Karte erlauben es, die Karte auf die zu beurteilende Probe zu legen, so daß diese unmittelbar neben den Standards betrachtet werden kann (freundlicherweise zur Verfügung gestellt von Munsell Color, Macbeth Division, Kollmorgen Corporation).

# Foron Blue S-BGL Pat.
# Foron Blue S-BGL Paste Pat.

100 parts Granulated = 200 parts Paste

For sublimation-fast ternary combination shades—including thermosol dyed shades—with Yellow-Brown S-2RFL* and Scarlet S-3GFL*, Red S-FL*, Rubine SE-GFL* or Rubine S-2GFL*.

| Dacron+ 54 Dyestuff | Thermosol[1] g/l | High temperature (100% PE) % | Carrier (100% PE) % | Daylight ISO | Xenon lamp ISO | Fade-O-meter AATCC | Dry heat ISO 150°C (302°F) 180°C (356°F) 210°C (410°F) | | Steam fixation ISO 108°C (226°F) 115°C (239°F) 130°C (266°F) | |
|---|---|---|---|---|---|---|---|---|---|---|
| | | | | | | | S | P | S | P |
| (light blue) | 1.6 | 0.072 | 0.072 | 6L | 6 | 5 | 5 5 5 | 5 5 5 | 5 5 5 | 5 5 5 |
| (medium blue) | 6.6 | 0.6 | 0.6 | 6LD | 6 | 5 | 5 5 5 | 5 5 5 | 5 5 5 | 5 5 5 |
| (dark blue) | 20 | 1.8 | 1.8 | 6DY | 6–7 | 5 | 5 5 5 | 5 5 4–5 | 5 5 5 | 5 5 4–5 |
| (navy blue) | 40 | 3.6 | 3.6 | 6–7 DY | 6–7 | 5–6 | 5 5 5 | 5 4–5 3–4 | 5 5 5 | 5 5 4 |

### Rate of dyeing curves

........... Carrier process
——— High temperature process

### Thermosol curves

——— 100% Polyester fabric 30 g/l
- - - - - Polyester/cotton fabric 20 g/l

[1] g/l are valid for the polyester component of a 67/33% polyester/cotton blend, increase of dry weight 60%

**Farbtafel 6**

Eine typische Musterkarte für einen Textilfarbstoff. Obwohl in diesem Beispiel weder die Nummer des Colour Index noch die Konstitution des Farbstoffs angegeben ist, kann diese Information beim Hersteller erfragt werden (freundlicherweise zur Verfügung gestellt von Sandoz Colors and Chemicals).

# Quindo® Magenta RV-6832
Colour Index: Pigment Red 122, 73915

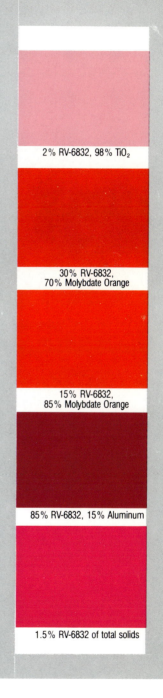

2% RV-6832, 98% $TiO_2$

30% RV-6832, 70% Molybdate Orange

15% RV-6832, 85% Molybdate Orange

85% RV-6832, 15% Aluminum

1.5% RV-6832 of total solids

### Characteristics and Recommended Uses:
Quindo Magenta RV-6832 is a lightfast, non-bleeding, soft-textured, easy-grinding quinacridone pigment which has a clean magenta undertone and high tinting strength. RV-6832 provides bright full tone reds when combined with organic and inorganic orange pigments, and a full range of darker reds when combined with red oxides. RV-6832 is recommended for automotive OEM, refinish, and all industrial coatings including thermosetting and thermoplastic acrylic, alkyd, nitrocellulose, urethane, epoxy, polyester, and water based systems.

### Grinding Equipment and Recommendations:
Recommended for sand mills, stationary and circulating shot mills and ball mills, as well as for two roll mills for chip manufacture.

### Lightfastness:
Exterior full shade..................................Excellent
Exterior tint shade ...........................Excellent-good

Florida Exposure: 18 months

| Total Color Change in CIELAB Units | Thermosetting Acrylic |
|---|---|
| 80% RV-6832/20% Aluminum | 4 |
| 20% RV-6832/80% Aluminum | 5.5 |
| 20% RV-6832/80% $TiO_2$ (12 months) | 4 |

### Physical Properties:
Bleeding in:

| | | | |
|---|---|---|---|
| Xylol | None | Water | None |
| Lacquer Solvents | Trace | 5% Hydrochloric Acid | None |
| Ethanol | Slight | 5% Soda Ash | None |
| Petroleum Solvents | None | 10% Caustic | None |

Specific Gravity .................................................1.47
Bulking Value (lbs./gal.) .....................................12.23
Oil Absorption ...................................................56

### Available Forms:
Quindo Magenta RV-6803
Quindo Magenta RV-6823
Quindo Magenta Presscake RV-6831

Empirical Formula:.... $C_{22}H_{16}N_2O_2$
Chem. Abstract No:... 980-26-7
E.P.A. Code No: ........ R110-8688

**Farbtafel 7**

Eine typische Musterkarte für ein Pigment (freundlicherweise zur Verfügung gestellt von Mobay Corporation, Dye and Pigment Division).

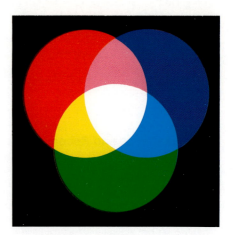

Additive Mischung

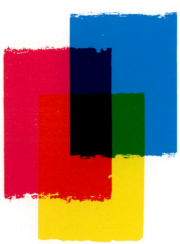

Subtraktive Mischung

**Farbtafel 8**

Diese Bilder zeigen, wie in Kapitel 5 A besprochen, das Ergebnis einer additiven und einer einfachen subtraktiven Farbmischuung. Als Resultat des Zusammenwirkens von je zwei der insgesamt drei roten, grünen und blauen Lichter ergeben sich bei der additiven Mischung die Farben Gelb, Violett und Cyan (Blaugrün). Werden alle drei Lichter mit den richtigen Mengen überlagert, ergibt sich Weiß. Die Primärfarben für die einfache subtraktive Farbmischung sind Gelb, Violett und Blaugrün. Paarweise ergeben sich die Farben Rot, Blau und Grün. Werden alle drei mit den richtigen Mengen eingesetzt, erhält man Schwarz.

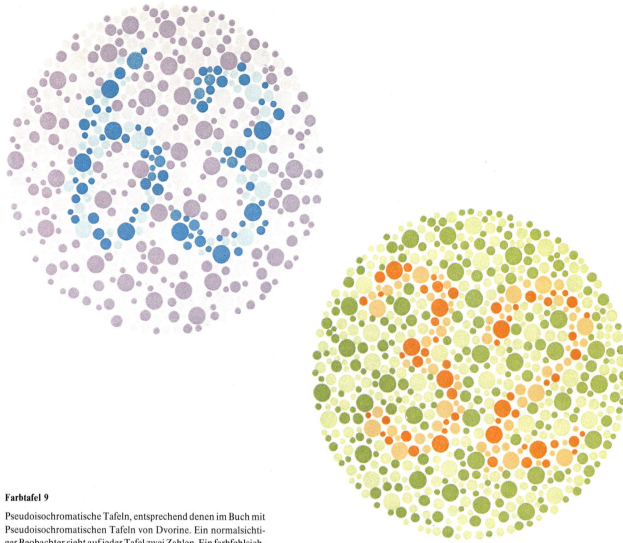

**Farbtafel 9**

Pseudoisochromatische Tafeln, entsprechend denen im Buch mit Pseudoisochromatischen Tafeln von Dvorine. Ein normalsichtiger Beobachter sieht auf jeder Tafel zwei Zahlen. Ein farbfehlsichtiger Beobachter sieht nur bunte Punkte. (Mit Erlaubnis nachgedruckte Dvorine Pseudoisochromatische Tafeln. Dvorine Color Vision Test Ausgabe 1944, 1953, 1958 von Harcourt Brace Javanovich Inc. Alle Rechte vorbehalten.)

**Farbtafel 10**

Der Farnsworth-Munsell 100 Farben-Test. Ein ausgezeichneter Test zur Ermittlung des Farbunterscheidungsvermögens und der Art der Farbfehlsichtigkeit (freundlicherweise zur Verfügung gestellt von Munsell Color, Macbeth Division, Kollmorgen Corporation).

**Farbtafel 11**

Der ISCC Color-Matching Aptitude Test zur Ermittlung des Farbunterscheidungsvermögens. Er wurde vom Inter-Society Color Council entwickelt und ist bei der Federation of Societies for Coating Technology zu kaufen (freundlicherweise von der Federation zur Verfügung gestellt).

**Farbstoff (Dye)** \ ˈdī \ n -s [ ME *dehe,* fr. OE *dēah, dēag;* akin to OE *dīegol* secret, hidden, OS *dōgalnussi* secret, hiding place, OHG *tugōn* to become variegated, *tougan* dark, hidden, secret, L *fumus* smoke – more at FUME] **1:** Farbe, die durch Färben erzeugt wird. **2:** ein natürlicher oder besonders ein synthetisch hergestellter entweder löslicher oder unlöslicher Stoff, der verwendet wird, um gefärbte Produkte (Textilien, Papier, Leder oder Kunststoff) aus einer Lösung oder einer feinverteilten Dispersion, manchmal mit Hilfe eines Beizmittels herzustellen. – Er wird auch Farbstoff (Dyestuff) genannt. Vergleiche Pigment, Anschmutzen, Anfärben: siehe Farbstoff Tabelle – **von dunkelster Farbe** oder **vom dunkelsten Anblick**: von der schlimmsten Art < ein Schurke der schrecklichsten Art >: im meist verwendeten Sinn < ein intellektueller Verbrecher >

**Pigment** \ ˈpigmənt \ n -s [ L *pigmentum* pigment, paint, fr. *pingere* to paint + *-mentum -ment* – more at PAINT] **1 a:** Ein natürlicher oder synthetischer anorganischer oder organischer Stoff, der anderen Stoffen Farbe einschließlich Schwarz oder Weiß vermittelt; z. B. ein Pulver oder eine leicht zu pulverisierende Substanz gemischt mit einer Flüssigkeit, in der sie relativ unlöslich ist, verwendet um Lacken, Email oder anderen Beschichtungsmaterialien, Tinten, Kunststoffen und Kautschuk sowohl Farbe als auch andere gewünschte Eigenschaften wie z. B. Opazität zu vermitteln. **b:** Ein chemischer Bestandteil (Füllstoff oder Stabilisator), der bei der Herstellung von Kautschuk oder Kunststoff verwendet wird – vergleiche Farbstoff 2. **2 a:** Jede der verschiedenen farbigen Substanzen in Tieren oder Pflanzen, z. B. feste oder opake färbende Stoffe in einer Zelle oder im Gewebe. **b:** Jeder der zahlreichen verwandten farblosen Stoffe (wie verschiedene Enzyme)

Mit Genehmigung aus Webster's Third New International Dictionary, veröffentlicht 1966 von der G. & C. Merriam Company, dem Verlag des Merriam - Webster Wörterbuchs.

## Löslichkeit

Viele Jahre wurde allgemein behauptet, daß „Farbstoffe löslich und Pigmente unlöslich" sind. Dies ist im allgemeinen richtig: Die meisten Farbstoffe sind zumindest in einem bestimmten Stadium des Färbeprozesses von Geweben oder Fasern wasserlöslich. Es gibt jedoch einige Ausnahmen oder zumindest Grenzfälle. Küpenfarbstoffe sind z. B. normalerweise in Wasser unlöslich, sie werden jedoch während des Färbeprozesses chemisch gelöst. Dispersionsfarbstoffe für Kunstfasern sind nur sehr wenig löslich. Sie sind jedoch so fein dispergiert, daß die Behauptung, daß sie sich grundsätzlich von echt gelösten Stoffen unterscheiden, eine akademische Argumentation ist. Beim Pigment-Klotzverfahren wird die Klotzflotte, die einen dispergierten unlöslichen Küpenfarbstoff enthält, auf das Textil aufgebracht. Der Farbstoff wird auf der Faser in eine lösliche Form mit Hilfe verschiedener Techniken, die wir hier nicht diskutieren, überführt und dann in eine unlösliche Form zurückverwandelt, d. h. auf der Faser „fixiert". Die anderen Bestandteile der Klotzflotte werden danach nicht mehr benötigt, um den Farbstoff auf der Faser zu binden. Sie werden deshalb nach Beendigung des Färbevorgangs ausgewaschen.

Während die meisten Farbstoffe aus wässrigen Lösungen appliziert werden, beginnt die Textilindustrie wegen des Abwasserproblems damit zu experimentieren, Farbstoffe in Lösungsmitteln zu lösen und sie aus dieser Lösung zu applizieren. Das Lösungsmittel wird zurückgewonnen, so daß die Betriebe von verschmutztem Abwasser entlastet werden. Abgesehen davon, daß Wasser durch ein organisches Lösungsmittel ersetzt wird, ist das Kriterium der Löslichkeit auch hier erfüllt. Das verwendete Lösungsmittel hat nur die Aufgabe, einen engen Kontakt zwischen dem Färbematerial und dem Farbstoff sicherzustellen.

Im Gegensatz zu Farbstoffen sind Pigmente in dem Medium, in dem sie eingesetzt werden, immer unlöslich: Ist eine geringe Löslichkeit vorhanden (sie wird in der pigmentverarbeitenden Industrie *Bluten* genannt), so wird sie stets

114  Grundlagen der Farbtechnologie

„Wenn ich ein Wort verwende" sagte Humpty Dumpty in einem ziemlich verächtlichen Ton, „meint es genau das, was es auf Grund meiner Wahl bedeuten soll – nicht mehr oder weniger."

**Carroll 1960, Seite 269**

Obwohl die Transparenz (Durchsichtigkeit) oder der Mangel an Transparenz manchmal verwendet wird, um ein Pigment von einem Farbstoff zu unterscheiden, ist dieses Unterscheidungsmerkmal nicht immer richtig. Hier wird dasselbe Farbmittel mit unterschiedlicher Transparenz gezeigt, die durch unterschiedliche Teilchengröße und einem verschiedenen Dispersionsgrad hervorgerufen wird. Die Teilchengröße der rechts gezeigten Probe ist kleiner.

Wie auf Seite 12 beschrieben wurde, muß ein Farbmittel einen Brechungsindex haben, der sich von dem des Stoffes, in das es eingearbeitet wird, unterscheidet, um Licht ausreichend zu streuen. Der Brechungsindexunterschied ist bei der linken Probe größer.

als ein Fehler angesehen. Wir kennen keine Ausnahmen von dieser Regel. Anders gesagt, wenn ein Farbmittel, das normalerweise als unlösliches Pigment eingesetzt wird, in gelöster Form verwendet wird, wird es einfach Farbstoff genannt.

### Chemische Struktur

Eine weitere historische Unterscheidung von Farbstoffen und Pigmenten ist die Annahme, daß Farbstoffe organische und Pigmente anorganische Verbindungen sind. Auch hier hat sich die Situation mit der Zeit verändert. Die Zahl anorganischer Farbstoffe ist annähernd null, die Zahl organischer Pigmente ist jedoch mit dem Wachstum der chemischen Industrie kontinuierlich angewachsen. Heute ist diese Differenzierung nur in einer Richtung richtig: Die meisten Farbstoffe sind noch immer organische Verbindungen. Es ist aber nicht mehr wahr, daß die meisten Buntpigmente anorganisch sind. Hinsichtlich der eingesetzten Mengen überwiegen die anorganischen Pigmente, jedoch nicht hinsichtlich des Verkaufswertes. Bis vor kurzer Zeit waren alle Weißpigmente anorganisch, z. B. Titandioxid oder Zinkoxid, jetzt gibt es jedoch sehr kleine Kugeln aus Kunststoff, die bewiesen haben, daß sie als sehr leichte und leistungsfähige streuende Pigmente eingesetzt werden können.

### Transparenz

Ein anderes Unterscheidungsmerkmal ergibt sich beim Einsatz von Farbstoffen und Pigmenten zur Anfärbung von Harzen wie Lackbindemitteln oder Kunststoffen. Farbmittel, die sich in den Harzen lösen und transparente (durchscheinende) Mischungen ergeben, werden Farbstoff genannt, im Gegensatz zu Pigmenten, die sich nicht lösen, sondern das Licht streuen und trübe, transluzente oder opake Mischungen ergeben. Außer daß die Löslichkeit in einem organischen Lösungsmittel und nicht in Wasser zur Debatte steht, ist das Löslichkeitskriterium zur Unterteilung der Farbmittel in Farbstoffe und Pigmente hier im allgemeinen erfüllt. Wenn Opazität gefordert wird, werden Pigmente eingesetzt, wogegen Farbstoffe (die im allgemeinen als lösungsmittellösliche oder öllösliche Farbstoffe klassifiziert werden) dann eingesetzt werden, wenn ein Harz nach der Anfärbung transparent bleiben soll.

In den meisten Fällen ist dieses Unterscheidungsmerkmal noch heute richtig, jedoch können viele organische (und sogar einige anorganische) Pigmente so fein dispergiert werden, daß die mit ihnen hergestellten angefärbten Harze oder Lackfilme vollkommen durchscheinend sind. In vielen Fällen zeigen sie eine so geringe Streuung, daß auf Grund einer einfachen visuellen Betrachtung unmöglich entschieden werden kann, ob ein Kunststoff mit einem öllöslichen Farbstoff oder einem gut dispergierten Pigment angefärbt ist.

Um die gewünschte Transparenz zu erreichen, wird in den meisten Fällen darauf geachtet, daß das Pigment nicht nur sehr gut dispergiert ist, sondern auch den gleichen Brechungsindex wie das Harz hat. Organische Pigmente erfüllen diese Forderung. Einige anorganische Pigmente, wie die transparenten Eisenoxide haben eine so geringe Teilchengröße, daß sie sichtbares Licht nicht streuen und deshalb transparent sind. Opazität erreicht man am besten, wenn man den Brechungsindexunterschied zwischen Harz und Pigment möglichst groß macht. Organische Stoffe sind selbst dann, wenn sie unlöslich sind, im allgemeinen schlecht geeignet, Opazität zu erzeugen, weil ihr Brechungsindex dem des Harzes zu ähnlich ist. Um Opazität mit Hilfe von organischen Pigmenten zu erzeugen, ist man auf die Lichtstreuung von relativ großen Teilchen angewiesen. Dies ist nur auf Kosten der Farbstärke zu verwirklichen. Diese Eigenschaft der Pigmente wird später in diesem Kapitel besprochen (Seite 117 und 131).

**Die Anwesenheit eines Bindemittels**

Ein letzter Unterschied, für uns derjenige mit der größten Stichhaltigkeit und den wenigsten Ausnahmen, ist derjenige, der auf der Art und Weise beruht, wie ein Farbmittel an das Substrat angelagert wird. Wenn das Farbmittel eine Affinität zum Substrat (Textil, Papier) hat, wird es beim Färbeprozeß Teil des angefärbten Materials, ohne daß hierzu ein Bindemittel als Zwischenträger notwendig ist. Wir nennen ein solches Farbmittel Farbstoff. Durch die Substantivität oder die Affinität zu einem Substrat werden Pigmente sehr klar von Farbstoffen unterschieden. Pigmente haben keine Affinität zum Substrat und benötigen ein Bindemittel, um das Pigment am Substrat zu verankern. Ein Pigment, das ohne Bindemittel auf ein Substrat aufgetragen wird, wird nicht am Substrat haften.

Die Anwendung dieses Unterscheidungsmerkmals, der Notwendigkeit eines Bindemittels, ist für die Beurteilung der meisten Systeme einfach. Direktfarbstoffe, Küpenfarbstoffe, Dispersionsfarbstoffe, lösungsmittellösliche Farbstoffe oder andere Farbstofftypen sind deshalb Farbstoffe, weil sie *kein* Bindemittel benötigen, um am zu färbenden Material zu haften. (Dies gilt auch für das „Pigment" Klotzverfahren, weil kein Bindemittel nach Beendigung des Färbeprozesses auf dem Textil verbleibt. Im Fall des Klotzverfahrens mit Hilfe eines Harzes ist das Farbmittel, auch wenn es dieselbe chemische Struktur hat, ein Pigment, weil das Harz dazu verwendet wird, das Pigment an das Substrat zu binden.)

Pigmente sind andererseits deshalb Pigmente, weil sie in ein Bindemittel eingearbeitet werden müssen, um am Substrat zu haften, z. B. in einer Anstrichfarbe, die auf eine Hauswand gestrichen wird. Im Fall eines Kunststoffs, der in der Masse angefärbt wird, indem diesem ein unlösliches dispergiertes Farbmittel zugefügt wird, schummeln wie ein bißchen, indem wir den Kunststoff Bindemittel nennen. Wird ein löslicher Farbstoff zum Anfärben verwendet, nennen wir denselben Kunststoff Substrat.

**Zusammenfassung**

Es ist augenfällig, daß die besprochenen Kriterien meistens übereinstimmende Aussagen liefern. In den meisten Fällen sind viele Farbmittel zugleich löslich, organisch, transparent und benötigen in einem vorgegebenen System kein Bindemittel. Sie werden deshalb nach allen Kriterien Farbstoff genannt. In Fällen, in denen es Widersprüche gibt, hängt der gewählte Name von der Anwendung des Farbmittels ab. Wenn es nach den meisten der akzeptierten Kriterien als Pigment eingesetzt wird, sollte es Pigment genannt werden. Wird dasselbe Farbmittel (siehe unten) als Farbstoff nach einem der akzeptierten Kriterien eingesetzt, sollte es Farbstoff genannt werden. Für uns ist der wichtigste Unterschied derjenige der Affinität: Ist das Farbmittel nach dem Färbeprozeß Teil des Substrats, ohne daß ein Bindemittel für die Fixierung benötigt wird? Das Farbmittel, das kein Bindemittel benötigt, ist ein Farbstoff, ansonsten ist es ein Pigment.

## C. DIE EINTEILUNG VON FARBMITTELN

Während Farbmittel auf viele Arten unterteilt werden können, folgen wir bei unserer Beschreibung dem System, welches in dem Standardwerk über Farbstoffe und Pigmente, dem *Colour Index* (SDC und AATCC 1971, 1976) verwendet wird. In der Terminologie empfehlen wir allerdings in diesem Buch, daß das Standardwerk, das aus 6 Bänden mit 4500 Seiten besteht, „Farbmittel Index" (Colorant Index) genannt werden sollte.

**Der Colour Index**

Im *Colour Index* sind die Farbmittel entsprechend ihrer Anwendungs-

C. I. No. 69810 C. I. Vat Blue 14
C. I. Pigment Blue 22

$$\left[ \text{[structure]} \right] Cl_x$$

Dieselbe chemische Verbindung kann abhängig von der Anwendung entweder als Farbstoff oder als Pigment eingesetzt werden. Der *Colour Index* trägt dieser Tatsache Rechnung, indem derselben fünfstelligen C. I. Nummer, die die chemische Struktur angibt, wie oben gezeigt, zwei Gattungsnummern zugeordnet sind, die den verschiedenen Einsatzzwecken Rechnung tragen.

methoden unterteilt und mit einer Gattungsnummer, z. B. C. I. *Vat* Red 13 C. I. *Disperse* Blue 7, C. I. *Pigment* Yellow 73 und einer weiteren Nummer, die aus 5 Zahlen besteht, gekennzeichnet. Unter dieser Nummer ist die chemische Konstitution jedes Farbmittels, sofern sie bekannt ist, zu finden. (Die genaue chemische Struktur vieler Farbmittel wird von den Herstellern immer noch geheimgehalten.) Die vollständige Kennzeichnung unserer Beispiele lautet: C. I. Vat Red 13, C. I. Nr. 70320; C. I. Disperse Blue 7, C. I. Nr. 62500; C. I. Pigment Yellow 73, C. I. Nr. 11138. Da die Benutzer des *Colour Index* am häufigsten an den anwendungstechnischen Eigenschaften der Farbmittel interessiert sind, ist die Einteilung unter dem Gesichtspunkt der Einsatzbereiche sinnvoll. Das System wurde seit der zweiten Auflage des Colour Index (1956, 1963) nicht geändert. Es ist ähnlich dem der ersten Auflage (1924, 1928) und dem früherer deutscher Zusammenstellungen dieser Art (Schultz 1931).

Die aus fünf Zahlen bestehende Konstitionsnummer wird einem Farbmittel unabhängig von seinem Einsatzzweck zugeordnet, so daß zu einer solchen Nummer zwei oder mehr C. I. Gattungsnummern gehören können. Z. B. haben C. I. Vat Blue 14 und C. I. Pigment Blue 22 die gleiche Nummer C. I.Nr. 69810. C. I. Acid Yellow 21 und Food Yellow 4 haben beide die gleiche Konstitutionsnummer C. I. Nr. 19140.

In der dritten Auflage des *Colour Index* ist die chemische Konstitution in 31 Gruppen unterteilt. Mit Ausnahme der Gruppe der anorganischen Pigmente sind in jeder dieser chemischen Gruppen Farbmittel mit mehr als einer Gattungsnummer oder mehr als einem anwendungstechnischen Einsatzzweck zu finden. Es gibt 21 Gattungsklassen. Eine dieser Klassen enthält alle Pigmente; alle anderen Klassen betreffen Farbstoffe. Im *Colour Index* sind annähernd 600 Pigmente aufgeführt, verglichen mit etwa 7000 Farbstoffen. Dieser Unterschied ist vorwiegend durch die Tatsache bedingt, daß Farbstoffe eine Affinität zu dem zu färbenden Material haben müssen. Für die vielen unterschiedlichen anzufärbenden Materialien werden verschiedene Farbstoffe benötigt. Kunstfasern benötigen z. B. andere Farbstoffe als Textilien auf Zellulosebasis. Während einige Farbstoffe verschiedene, wenn auch ähnliche Materialien, anfärben können, benötigt jedes Substrat im allgemeinen jedoch speziell hierfür entwickelte Farbstoffe.

Bei Pigmenten trägt die Auswahl eines geeigneten Bindemittels den verschiedenen Substraten Rechnung. Dasselbe Pigment kann eingesetzt werden, um Holz, Metall, Leder, Papier oder sogar Textil mit Hilfe verschiedener Bindemittel oder Harze, in denen das Pigment dispergiert wird, anzufärben. Unter-

Liste der Gattungsnamen der Farbstoffklassen im *Colour Index*, dritte Auflage. Merke: Alle Pigmente sind in einer einzigen Klasse vereint.

Acid dyes (Säurefarbstoffe)
Naphtholfarbstoffe (Naphtholfarbstoffe)
   Coupling components (Kupplungskomponenten)
   Diazo components (Diazo-Komponenten)
Basic dyes (Basische Farbstoffe)
Developers (Entwickler)
Direct dyes (Direktfarbstoffe)
Disperse dyes (Dispersionsfarbstoffe)
Fluorescent brighteners (Weißtöner)
Food dyes (Lebensmittelfarbstoffe)
Ingrain dyes

Leather dyes (Lederfarbstoffe)
Mordant dyes (Chromfarbstoffe)
Natural dyes (natürliche Farbstoffe)
Oxidation bases (Oxidationsbasen)
Pigments (Pigmente)
Reactive dyes (Reaktivfarbstoffe)
Reducing agents (Reduktionsmittel)
Solvent dyes (Lösungsmittellösliche Farbstoffe)
Sulfur dyes (Schwefelfarbstoffe)
Condense sulfur dyes
Vat dyes (Küpenfarbstoffe)

schiede in der Affinität eines vorgegebenen Farbstoffs zu einem bestimmten Subtrat machen es notwendig, eine unterschiedliche Farbstoffgruppe für jedes der vielen zu färbenden Substrate zu verwenden. Nur eine relativ kleine Anzahl von Pigmenten eignet sich für den Einsatz in einer breiten Palette von Harzen und Bindemitteln. Die Natur des Harzes und die anwendungstechnischen Bedingungen haben einen Einfluß auf die Art des einsetzbaren Pigments. Hierüber wird in Abschnitt E berichtet.

Im großen und ganzen können die meisten Substanzen, die im *Colour Index* als Farbstoffe ausgewiesen sind, als solche verwendet werden. Ebenfalls werden die als Pigmente aufgeführten Produkte als solche eingesetzt. Es gibt jedoch einige Ausnahmen. Wie wir bereits gesehen haben, werden einige Küpenfarbstoffe als Pigmente eingesetzt. Dieselben Chemikalien, die Zwischenprodukte zur Herstellung von Azofarbstoffen sind (C. I. Azoic Diazo Components und C. I. Azoic Coupling Components), können ebenfalls eingesetzt werden, um unlösliche Azopigmente herzustellen. Und es gibt viele Fälle, wo ein löslicher Farbstoff durch eine chemische Behandlung in ein unlösliches Pigment umgewandelt wird.

Der *Colour Index* vermittelt eine große Zahl von nützlichen Informationen über die aufgeführten Farbstoffe und Pigmente. Neben der chemischen Konstitution werden die Anwendungsmethoden, Echtheitsdaten, die Herstellerfirmen und die Handelsnamen angegeben. Eine ausgezeichnete Beschreibung des sinnvollen Gebrauchs des *Colour Index* ist in der Veröffentlichung von Wich (1977) nachzulesen.

Ohne die Nützlichkeit des *Colour Index* in Frage zu stellen, möchten wir ein Wort der Warnung zufügen. Handelsübliche Farbmittel, und zwar sowohl Farbstoffe als auch Pigmente, die unter derselben chemischen Konstitution und derselben Gattungsnummer aufgelistet sind, können sich voneinander unterscheiden. Bei Farbstoffen sind die Produkte, auch wenn sie nicht identisch sind, im allgemeinen austauschbar, sofern der Hersteller nicht angegeben hat, daß sein Produkt der angegebenen C. I. Konstitutionsnummer oder der Gattungsnummer „nur ähnlich" ist. Bei Pigmenten liegt eine unterschiedliche Situation vor. Pigmente sind in dem Medium, in dem sie eingesetzt werden, unlöslich. Sie müssen deshalb dispergiert werden. Sie sind im allgemeinen für einen speziellen Einsatzzweck, z. B. Anstrichfarben, Kunststoffe oder Druckfarben, präpariert (oder gefinished). Um die beste oder die mit dem geringsten Zeitaufwand herzustellende oder die stabilste Dispersion zu erzeugen, benötigt eine vorgegebene chemische Substanz (gekennzeichnet durch die Konstitutionsnummer) bei der Produktion eine spezielle Nachbehandlung oder ein spezielles Finish. Diese Nachbehandlung ergibt die gewünschte Kombination von mittlerer Teilchengröße, Teilchengrößenverteilung, Teilchen- oder Kristallform ohne oder mit Hilfe von oberflächenaktiven Substanzen, um die Leistung des Pigments im vorgegebenen System zu optimieren. Produkte mit gleicher chemischer Konstitution, wie z. B. Quinacridone mit der C. I. Nr. 46500 und der einzigen Gattungsnummer C. I. Pigment Violet 19, werden mit mindestens zwei verschiedenen kristallinen Modifikationen verkauft. Eine von ihnen ist violett und die andere rot. In einigen Fällen sind die unterschiedlichen Modifikationen als Untergruppen einer Gattungsnummer zu finden, z. B. C. I. Pigment Blue 15, 15 : 2 und 15 : 3. Alle drei haben die Konstitutionsnummer C. I. Nr. 74160, Phthalocyanine Blue. Auch innerhalb einer Untergruppe werden Produkte gefunden, die für einen speziellen Einsatzzweck gefinished sind. Ein anderes Beispiel ist C. I. Pigment Yellow 74, welches in mindestens zwei verschiedenen Formen verkauft wird. Eine hat eine hohe Farbstärke, eine sehr kleine mittlere Teilchengröße und eine relativ geringe Lichtechtheit, die andere (die dieselbe C. I. Nummer

C. I. No. 37500
C. I. Azoic Coupling Component 1

2-Naphthol

C. I. No. 37035
C. I. Azoic Diazo Component 37

p-Nitroaniline

*Para Red*
C. I. No. 12070
C. I. Pigment Red 1

Ein anderer Fall, in dem dieselbe chemische Komponente Farbstoff oder Pigment sein kann. In den gezeigten Beispielen kann die Azoic Coupling Component 1 auf der Faser mit der Azoic Diazo Component 37 kombiniert werden. Als Kombination wird die Substanz mit der *Colour Index* (C. I.) Nr. 12070 erzeugt. Läßt man dieselben Komponenten ohne Faser reagieren, isoliert und trocknet das entstandene Produkt, wird es C. I. Pigment Red 1 genannt, welches unter dem Namen Para Red wohlbekannt ist. In ähnlicher Art kann Permanent Carmin C. I. Nr. 12490 auf der Faser oder als Pulver hergestellt werden. Die Kombination auf der Faser wird Naphthol Färbung genannt, das Pulver ist ein Pigment.

Ein typischer Säurefarbstoff C. I. No. 15510, C. I. Acid Orange 7

$$NaO_3S-\text{C}_6H_4-N=N-\text{C}_{10}H_6-OH$$

kann in das klassische verlackte Pigment Persian Orange, C. I. Pigment Orange 17 verwandelt werden

$$\frac{Ba}{2}O_3S-\text{C}_6H_4-N=N-\text{C}_{10}H_6-OH$$

$$+ Al_2O_3 \cdot nH_2O$$

indem man ihn mit $BaCl_2$ (um das Bariumsalz des Säurefarbstoffs herzustellen) und $Al_2(SO_4)_3$ behandelt und $Na_2CO_3$ zufügt (um Aluminium Hydrat $Al_2O_3 \cdot nH_2O$ zu binden).

*Ein löslicher Farbstoff wird in ein unlösliches Pigment umgewandelt, indem man ihn mit einem Salz reagieren läßt und auf Aluminium Hydrat ausfällt.*

hat) hat eine mittlere Teilchengröße, die sehr viel größer ist, eine viel geringere Farbstärke, und damit verbunden eine höhere Lichtechtheit. Viele Pigmente sind austauschbar, jedoch nicht alle. Je kritischer der Anwendungsbereich ist, um so weniger wird die verallgemeinerte Klassifikation im *Colour Index* ausreichen. In solchen Fällen ist es besser, den *Colour Index* nur als Starthilfe zu verwenden und dann die Musterkarten der Hersteller zur genaueren Information zu benutzen.

Darstellungen über den neusten Stand der Chemie von synthetischen organischen Farbmitteln können bei Venkataraman (1952–1978) gefunden werden. Während in den meisten Bänden über organische Farbstoffe berichtet wird, gibt es in Band V ein ausgezeichnetes Kapitel über organische Pigmente von Lenoir (Lenoir 1971). Die dreibändige Abhandlung, die von Patterson (1973) herausgegeben wurde, stellt Informationen über die Chemie und die Technologie von organischen Pigmenten zur Verfügung.

**Besondere Farbmittel – Fluoreszenzfarben und Plättchen**

Die wahrgenommene Farbe jedes gefärbten Produkts hängt von der Art des beleuchteten Lichts, dem Produkt selbst und dem Beobachter ab. Es gibt einige spezielle Farbmittel, bei deren Einsatz dieser Zusammenhang schwieriger zu erklären ist. Es handelt sich hier um fluoreszierende weiße oder bunte Farbmittel und um Pigmente in Plättchenform, wie Aluminium und Perlmutt. Einige spezielle Probleme, die mit ihrem Einsatz verbunden sind, werden in Kapitel 6 A besprochen.

Zu den fluoreszierenden Farbmitteln gehören die optischen Aufheller (sie werden auch Weißtöner – fluorescent whitening agents: FWAs – genannt) und farbige fluoreszierende Farbstoffe und Pigmente. Alle fluoreszierenden Farbmittel absorbieren Licht in einem Wellenlängenbereich und strahlen einen Teil des absorbierten Lichts als Licht mit längeren Wellenlängen aus. Die Weißtöner absorbieren ultraviolettes Licht (<380 nm) und strahlen das absorbierte Licht im sichtbaren Spektralbereich aus. Aus diesem Grund kann die Menge des zurückgeworfenen Lichts bei den Wellenlängen, bei denen das Fluoreszenzlicht ausgestrahlt wird, mehr als 100 % des auffallenden Lichtes betragen. Die Umwandlung von unsichtbarem ultraviolettem Licht in sichtbares Licht befähigt Weißtöner, weiße Materialen „weißer als weiß" zu machen. Dies wird dadurch bewirkt, daß ein weißgetöntes Produkt mehr *sichtbares* Licht zurückwirft, als von der Lichtquelle auf das Produkt auffällt. Dadurch sieht es heller als ein nicht weißgetöntes Material aus, das höchstens alles auffallende Licht zurückwerfen kann. Um diesen Effekt zu erzielen, muß die Lichtquelle genügend Energie bei den zu absorbierenden Wellenlängen im ultravioletten Spektralbereich ausstrahlen, damit Emission von sichtbarem Fluoreszenzlicht möglich ist. Ist die richtige spektrale Strahlungsverteilung der Lichtquelle nicht vorhanden, können wir keine Emission von Fluoreszenzlicht erwarten. Es ist offensichtlich, daß die Probe insgesamt nicht mehr *Strahlung* aussenden kann, als auf sie aufgefallen ist. Die gesamte Strahlungsleistung sowohl im ultravioletten als auch im sichtbaren Spektralbereich ist im allgemeinen größer als die im *sichtbaren* Spektralbereich zurückgeworfene Strahlung. Der Unterschied im sichtbaren Bereich ergibt sich aus der Umwandlung von ultravioletter Strahlung in sichtbares Licht. Weißtöner emittieren das Fluoreszenzlicht im blauen Bereich des Spektrums. Weil verschmutzte Textilien normalerweise gelbstichig sind, wird der Betrag des durch die Verschmutzung absorbierten blauen Lichts durch das emittierte blaue Fluoreszenzlicht ersetzt. Weißtöner werden aus dem gleichen Grund eingesetzt, um dem Gelbstich von Harzen entgegenzuwirken. Zu diesem Zweck ersetzen sie blaue Pigmente (wie z. B. Waschblau) oder Farbstoffe.

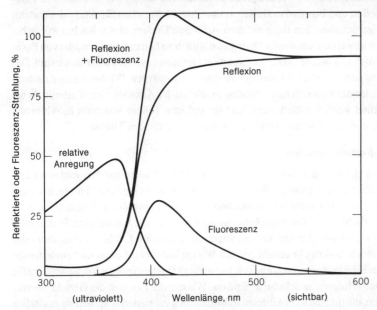

Wie ein Weißtöners (FWA) die Farbe eines Materials ändert. Die Abbildung zeigt die gedachte Reflexionskurve eines etwas gelblichen Stoffes, mit hohen Reflexionswerten bei längeren Wellenlängen im sichtbaren Spektralbereich, die abnehmen, je kleiner die Wellenlänge wird und sehr klein im ultravioletten Spektralbereich werden. Der Weißtöner (FWA) absorbiert Strahlung im ultravioletten Spektralbereich (relative Anregung) und emittiert Fluoreszenzlicht im kurzwelligen Bereich des sichtbaren Spektrums. Das Fluoreszenzlicht wird gemeinsam mit dem normal reflektierten Licht von der Probe ausgestrahlt. Gesehen wird die Summe beider Strahlungen. In diesem Fall erscheint die Probe „weißer als weiß", denn die Summe überschreitet die unter normalen Bedingungen maximal möglichen 100 %.

Es ist wichtig, sich daran zu erinnern, daß eine spezielle Lichtquelle, die genug ultraviolettes Licht enthält, benötigt wird. Natürliches Tageslicht, genauso wie viele allgemein verwendete Leuchtstofflampen enthalten ausreichende Mengen von ultraviolette Strahlung, um fluoreszierende Farbmittel anzuregen. Allerdings kann die ausgesandte Fluoreszenzstrahlung sich von Lichtquelle zu Lichtquelle stark unterscheiden.

Produkte, die auf diese Art und Weise „weißgemacht" wurden, können nur dann gemessen werden, es sei denn, wenn eine Lichtquelle mit der richtigen spektralen Strahlungsverteilung verwendet. In dieser Hinsicht unterscheidet sich die Messung fluoreszierender Proben von derjenigen nichtfluoreszierender Proben, wo jede Lichtquelle, die Strahlung bei allen Wellenlängen des sichtbaren Spektrums ausstrahlt, verwendet werden kann. Ein zweiter wichtiger Unterschied ist der, daß fluoreszierende Proben mit polychromatischer Beleuchtung gemessen werden müssen. Bei Verwendung der richtigen Lichtquelle und bei Zerlegung des reflektierten oder durchgelassenen Lichts erhält man eine spektralphotometrische Kurve, die zumindest qualitativ mit der wahrgenommenen Farbe der Probe übereinstimmt. Bis heute gibt es noch keine genormte Methode zur Messung fluoreszierender Proben (Billmeyer 1979 c).

Es gibt auch bunte fluoreszierende Farbmittel (Lenoir 1971). Sie werden für Sicherheitspapiere und als Signalfarben eingesetzt, aber auch für Zwecke der Werbung und der Dekoration.

Das Aussehen einer anderen Klasse von Produkten, die Plättchenpigmente – entweder Aluminium, das in den Metalleffekt-Autolacken eingesetzt wird, oder natürliche bzw. synthetische perlmuttähnliche Plättchen (Bolomey 1972) – enthalten, ist in starkem Maße von der Beleuchtungs- und Beobachtungsgeometrie abhängig. Diese Bedingungen müssen für die visuelle Beurteilung von Lacken oder Kunststoffen mit Plättchenpigmenten genau festgelegt werden. Besondere Zusatzgeräte werden auch benötigt, wenn die Farbe von Proben, die mit Plättchen angefärbt sind, gemessen werden soll. Bis jetzt sind weder die Meßgeräte noch die Berechnungsmethoden genormt (Billmeyer 1974).

## D. DIE RICHTIGE AUSWAHL VON FARBMITTELN

Die Fähigkeit, geeignete Farbmittel für einen vorgegebenen Einsatzzweck auszuwählen, ist von weitaus größerer Bedeutung für die Verbraucher von Farbstoffen und Pigmenten als Kenntnisse ihrer chemischen Struktur oder anderer Eigenschaften. Ein Buch mit dem vielfachen Umfang dieses Buches würde benötigt werden, um dieses Thema ausführlich zu behandeln. Es müßte von Fachleuten geschrieben sein, die Experte auf weitaus mehr Gebieten als wir sind. Das Problem ist jedoch zu wichtig, um ignoriert zu werden. Wir besprechen deshalb einige der wesentlichen Grundlagen, die bei der Auswahl eines Farbmittels beachtet werden sollten, zum Teil hier und zum Teil im Abschnitt E. Wir geben Hinweise auf weitere Informationsquellen zu diesem Thema.

**Informationsquellen**

Wir glauben, daß es drei wichtige Informationsquellen zur Auswahl von Farbmitteln gibt, die sowohl für den Anfänger auf dem Gebiet der Farbtechnologie als auch manchmal für ihre Kollegen mit Erfahrung wertvoll sind.

**Fachleute.** Die beste Informationsquelle für die Auswahl von Farbmitteln ist wahrscheinlich der Rat von älteren Kollegen mit Erfahrung im Labor oder Betrieb. Sofern ein geduldiger, mit Wissen behafteter Lehrer und ein lernwilliger Schüler zusammenarbeiten, bietet diese Quelle die beste Voraussetzung für eine erfolgreiche Schulung. Sind das Wissen, die Zeit und die Geduld vorhanden, dürften die so erhaltenen Informationen die besten sein, weil sie zusätzlich die vorhandene Erfahrung im Labor oder in der Produktion beinhalten. Es ist allerdings auch eine Situation, die dazu führen kann, Märchen zu lernen, die in diesem Betrieb oder bei einer Gruppe von Mitarbeitern entstanden sind.

**Lieferanten von Farbmitteln.** Eine bedeutende Informationsquelle für die meisten Anwender sind die Farbmittel-Lieferanten. Ihre Information ist entweder in der Form von Musterkarten (Farbtafel 6 und 7) oder in Form von Informationsblättern, die an die Kunden verteilt werden, erhältlich. Die Information erfolgt aber auch durch persönlichen Kontakt zwischen dem Kunden und Mitarbeitern der Marketing-Gruppen der Lieferanten. Die so gegebenen Informationen können zugegebenermaßen auch kaufmännische Gesichtspunkte enthalten, aber dies ist leicht zu erkennen und zu berücksichtigen. Es ist nur eine geringe Erfahrung notwendig, um zu erkennen, welche Firmen bzw. welche ihrer Mitarbeiter vertrauenswürdige Informationen liefern. Die technischen Daten, die in den Musterkarten angegeben werden, werden im Textteil der Karte genau definiert. Im allgemeinen stimmen die Prüfmethoden mit internationalen Prüfnormen überein, z. B. mit denen der Internationalen Organisation für Normung (ISO), mit den nationalen Normen (ASTM - Anm. des Übersetzers in Deutschland DIN) oder mit Normen, die von technischen Organisationen wie dem AATCC (Schlaeppi 1974) erstellt worden sind. Es ist jedoch wichtig, daran zu denken, daß die für Pigmentsysteme oder Textilfärbungen angegebenen Echtheitsdaten im engeren Sinne nur für diese Systeme gültig sind. Sie sollten deshalb nur als Richtschnur verwendet werden, wenn die Farbmittel in anderen Systemen eingesetzt werden. Als Ausgangspunkt für die Farbmittelauswahl sind die Musterkarten der Hersteller, und wenn notwendig Informationen ihrer Marketing Abteilungen, eine sehr wertvolle Informationsquelle für die richtige Farbmittelauswahl für eine zu lösende Aufgabe.

**Bücher und Fachzeitschriften.** Es gibt zwar nur wenige Bücher und Fachzeitschriften, die sich mit dem Einsatz (im Gegensatz zur Chemie) der Farbmittel in bestimmten Industrien beschäftigen, aber die meisten von ihnen sind sehr gut. Mit Ausnahme des *Colour Index* und des *AATCC Technical Manual* geben sie unglücklicherweise im großen und ganzen die gleichen Informationen, die auch die Farbmittel-Lieferanten zur Verfügung stellen. Es würde sehr nützlich sein, wenn die Informationen mehr vom Gesichtspunkt der Verbraucher her

---

*Hinweise auf Veröffentlichungen, die sich mit dem Einsatz von Farbmitteln beschäftigen*

AATCC *Technical Manual,* jährlich

*Modern Plastics Encyclopedia,* jährlich

    Patton 1973

*Review of Progress in Coloration,* jährlich

    Venkataraman 1952–1978

    Webber 1979

gegeben werden würden. Es muß allerdings festgestellt werden, daß sich die veröffentlichten Informationen von Werbeschriften darin unterscheiden, daß sie vom Herausgeber kontrolliert worden sind. Wie bei allen Veröffentlichungen (einschließlich der Bücher über die Grundlagen der Farbtechnologie) hängt die Vertrauenswürdigkeit des Inhalts sowohl vom wissenschaftlichen Ruf der Verfasser als auch vom Ruf des Verlages ab.

**Die Erfahrung der Verbraucher.** Hat der Verbraucher eigene praktische Kenntnisse erworben, wird sein persönliches Wissen Vorrang vor allen anderen Informationen haben. Dies muß auch so sein, denn er allein arbeitet genau unter den Bedingungen, die bei der Produktion vorherrschen. Wie bei allen Verallgemeinerungen müssen wir auch hier eine Warnung aussprechen: Sollte die Erfahrung eines Koloristen in einem speziellen Fall nicht mit dem allgemein veröffentlichten Wissensstand übereinstimmen, sollte er das Problem noch einmal überarbeiten. Es kann sein, daß ein Arbeitsschritt nicht richtig ausgeführt wurde. Manchmal kann hier die Beratung durch den Farbstoff- oder Pigment-Lieferanten eine große Hilfe sein. Dieser Rat sollte besonders dann befolgt werden, wenn in einem Laboratorium oder in der Produktion „genau nach den Angaben des Lieferanten" gearbeitet wurde, die Ergebnisse sich jedoch von denen unterscheiden, die von Lieferanten vorausgesagt wurden. Wenn es auch absolut normal und meistens auch gerechtfertigt ist, die Erfahrung, die bei der Produktion im eigenen Betrieb gewonnen wurde, als Maßstab zu nehmen, sollten ernstzunehmende Unterschiede zwischen der eigenen und der allgemeinen Erfahrung stets offen diskutiert werden (Wegmann 1960, Smith 1962, Herzog 1965).

**Allgemeine Grundsätze für die Auswahl von Farbmitteln**

In den allermeisten Fällen ist die Klasse des einzusetzenden Farbmittels durch das anzufärbende Material diktiert. Weiterhin wird die Auswahl oft von anderen Personen als den Koloristen im Laboratorium getroffen. Jede Stoffklasse bei Textilien, jeder Kunststofftyp und jedes Anstrichsystem stellt seine eigenen Anforderungen.

Eine der wichtigsten Fragen, die ein Kolorist vom Management beantworten bekommen muß, ist die nach der Menge des anzufärbenden Materials, damit er, sofern dies möglich ist, die rationellste Färbemethode auswählen kann. Bei dem vorgegebenen Problem der Anfärbung eines bestimmten Materials kann der Kolorist eine Vorentscheidung treffen, wenn er die oben angegebenen Informationsquellen nutzt. In den Fällen, in denen eine Wahl zwischen Pigmenten und Farbstoffen möglich ist, wird sie von der Ökonomie, den vorhandenen Apparaturen oder wie in Abschnitt E erläutert wird, von technischen Überlegungen beeinflußt.

Nach der vorausgegangenen Diskussion über Farbmittel und den herausgestellten Unterschieden zwischen Farbstoffen und Pigmenten scheint es klar zu sein, daß in den allermeisten Fällen die Entscheidung für eines der beiden Farbmittel vorgegeben ist. Es bestehen wirklich Unterschiede zwischen Farbstoffen und Pigmenten. Allerdings gibt es einige Fälle, wo entweder Farbstoffe oder Pigmente zum Anfärben eingesetzt werden können. Einige Beispiele, wo eine solche Wahl möglich ist, sind:

1. Der Einsatz eines Farbstoffs oder eines Pigments in einer Druckfarbe für den Flexodruck.

2. Die Anfärbung eines Kunststoffs. Man kann ihn aus vorgefärbtem Granulat (eingefärbt entweder mit Farbstoffen oder Pigmenten) herstellen, oder ihn nachträglich anfärben oder lackieren.

3. Die Verwendung von „spinngefärbten" Fasern, die Anfärbung von Fasern, von gesponnenem Garn, das Anfärben oder Bedrucken des fertigen Stoffs.

### Der Eichelhäher    Der Lorbeerbaum

Wie wir deutlich sehen, ist der blaue Eichelhäher dem grünen Lorbeerbaum so ähnlich, daß man sagen kann, daß der einzige Hinweis auf einen Unterschied in ihrem Farbton zu finden ist. Wenn Sie farbnormalsichtig sind, sehen Sie diesen Unterschied sofort.

– R. W. Wood    1917

### E.  FARBE ALS TECHNISCHER WERKSTOFF
#### Die verschiedenen Bedeutungen des Wortes Farbe

Bis jetzt haben wir nur eine der vielen Bedeutungen des Wortes Farbe hervorgehoben, und zwar diejenige, die von ihnen und uns als Sinneseindruck wahrgenommen wird, der durch das Zusammenwirken der spektralen Strahlungsverteilung, mit der die Lichtquelle beschrieben wird, einem betrachteten Gegenstand und der Reaktion des Augen hervorgerufen wird. An dieser Stelle ist es sinnvoll, auf einige spezielle Bedeutungen hinzuweisen, in denen das Wort *Farbe* heute in der Farbtechnologie verwendet wird.

Wir wollen mit dem Designer oder Modeschöpfer beginnen, weil er das entwirft, was schließlich verkauft wird. Der Designer denkt an den Effekt, den eine neue Farbe, ein neuer Farbton oder eine neue Nuance bei einem gefärbten Material hervorrufen wird. Natürlich ist das Wort neue *Farbe,* in dem Sinne, in dem

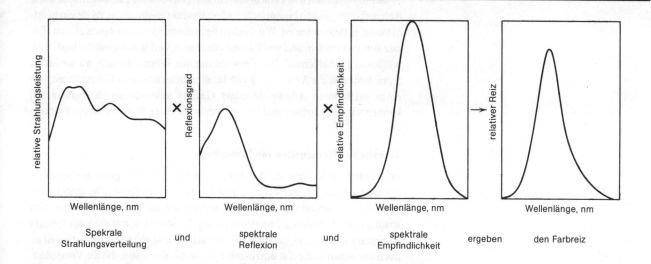

es hier verwendet wird, nicht mit unserem bisherigen Sprachgebrauch vereinbar, da alle Farben bereits existieren. Für den Designer kann es die Wiederbelebung einer alten Moderichtung sein. Sie kann neu für das betreffende Produkt sein und zwar als Ergebnis von neu entwickelten Farbmitteln oder Färbemethoden, die es erstmalig ermöglichen, das Produkt mit dieser Farbe herzustellen.

Vom Gesichtspunkt des Designers aus gesehen, gibt es eine unendlich große Zahl von Farben, auf jeden Fall mehr Farben als irgendwer zur irgendeiner Zeit zur Anfärbung einer bestimmten Gruppe von Handelsprodukten einsetzen will. Die unendliche Zahl von Farben ist allerdings nur eine theoretische Größe, denn es ist nicht möglich, alle Farben auch industriell nachzustellen. Um das Thema etwas zu vereinfachen, wollen wir die Frage nach der „Eignung" einer Farbe für einen bestimmten Einsatzzweck nicht diskutieren. Wenn ein Designer entscheidet, daß Parkbänke nicht länger dunkelgrün sein sollen, sondern himmelblau mit rosa Punkten, so sollten diejenigen, die die Rohstoffe für die Bänke liefern, und diejenigen, die das Endprodukt herstellen, nicht sagen: „Niemand wird sich auf diese Bänke setzen." Wir müssen hier erst einmal die Designer, Modeschöpfer (oder die Verbraucher) ihre Ideen hinsichtlich der Farbe, die bestimmte Produkte haben sollen, umsetzen lassen.

Der Hersteller von Farbmitteln spricht von einer neuen *Farbe* in einem ganz anderen Sinne. Hier bedeutet es entweder die Entwicklung eines neuen chemischen Stoffs, der als Farbmittel dienen kann, oder die Modifikation eine bekannten chemischen Komponente, manchmal durch Verbilligung des Herstellprozesses. In beiden Fällen ist das Farbmittel neu, und zwar entweder seine chemische oder seine physikalische Form oder beide.

Zum Schluß sei die wichtigste Bedeutung der Worte neue *Farbe* besprochen, nämlich diejenige, die der Kolorist darunter versteht. Die Existenz der Koloristen beruht auf der Notwendigkeit, die Ideen der Designer umzusetzen. Sie sind technisch und praktisch ausgebildete Mitarbeiter, welche die geeigneten Farbmittel und die beste Färbemethode für das anzufärbende Material auswählen. Wir neigen dazu, zu behaupten, daß Koloristen Farbmittel als einen technischen Rohstoff betrachten (Saltzman 1963 a, b).

Selbstverständlich ist es nicht absolut korrekt, von Farbe als einem speziellen Rohstoff oder gar von einem technischen Produkt zu sprechen, da sie ein nichtmaterielles Phänomen ist. Wir denken bei diesem Sprachgebrauch an den Einsatz von Farbmitteln und von Färbemethoden in Verbindung mit der besten erhältlichen Färbetechnik. Die Verwendung des Wortes *Technik* im weitesten Sinne bedeutet die Anwendung von fundierten technischen Grundsätzen, um einen bestimmten Arbeitsschritt mit Gewinn auszuführen. So verstanden, können wir den Einsatz von Farben vom technischen Standpunkt aus betrachten.

**Technische Eigenschaften von Farbmitteln**

Wir wollen zuerst über die Wahlmöglichkeiten eines Designers nachdenken, der angeben soll, aus welchem Material ein bestimmtes Produkt hergestellt und mit welchen Farbmitteln es angefärbt werden soll. Im Idealfall wünscht er sich absolut freie Hand sowohl bei der Auswahl des Materials, aus dem das Produkt hergestellt werden soll, als auch bei der Farbe. Diese glückliche Situation ist jedoch nur selten in die Tat umzusetzen, denn die Koloristin, die die Vorstellungen des Modeschöpfers umsetzen soll, sieht sofort eine Reihe von Grenzen, innerhalb derer sie arbeiten muß. Diese Grenzen beinhalten auch Überlegungen über die Kosten der Farbmittel und der Färbemethoden, sowie die Festlegung der Echtheitseigenschaften des zu färbenden Produktes. Alle diese Einschränkungen beeinflussen in gewissem Umfang die Wahl des Materials, der Farbmittel und der Färbemethoden. Sie schränken somit den Farbumfang ein, der dem Designer zur Verfügung steht.

Die Anfärbbarkeit eines bestimmten Werkstoffs ist deshalb eine der Eigenschaften, die gemeinsam mit anderen bei einer bestimmten Aufgabe in Erwägung gezogen werden muß. Natürlich hat die Anfärbbarkeit eine von Fall zu Fall unterschiedlich große Bedeutung. In vielen Fällen ist das Material festgelegt und der Kolorist muß damit so gut wie möglich fertig werden. Ein Beispiel ist die Auswahl eines bestimmten Gewebes wegen seiner speziellen Eigenschaften. Soll der Designer jedoch einen Behälter entwerfen, in dem ein Produkt in einem Einzelhandelsgeschäft ausgestellt werden soll, kann er bei der Auswahl des Materials die Anfärbbarkeit berücksichtigen.

Auch dann, wenn die Auswahl des Materials durch andere Anforderungen als die Anfärbbarkeit bedingt ist, hat der Kolorist manchmal die Freiheit zu entscheiden, mit welcher Färbemethode das Material angefärbt werden soll. Man kann von dem Grundsatz ausgehen, daß der Produzent um so mehr Freiheiten hat, Kundenwünsche zu erfüllen, je später im Produktionsprozeß die Anfärbung erfolgt. Andererseits ist die Qualität der Farbgebung um so besser zu kontrollieren, je früher die Anfärbung im Produktionsprozeß erfolgt. Beide Fälle kommen in der Praxis vor. Einige Industrien sind dazu übergegangen, ihre Produkte so früh wie möglich anzufärben, z. B. können Kunstfasern bereits beim Spinnen gefärbt werden. Andere haben sich dafür entschieden, die Farbgebung erst beim Verkauf des Produktes durchzuführen. Hierzu gehören z. B. die Anstrichfarben für den do-it-yourself Sektor, wo die Farbmittel und die Grundfarben mit Hilfe eines Mischsystems erst beim Verkauf gemischt werden, um die gewünschte Farbe herzustellen.

Wie bei vielen industriellen Entscheidungen ist die Wahl der Farbmittel und der Färbemethoden im allgemeinen ein Kompromiß zwischen den Wünschen der Designer oder Modeschöpfer und der realen Welt der Farbmittel und den Kosten des Färbeprozesses. In einer idealen Welt gäbe es keine Kostenbeschränkung, jedoch Farbmittel, mit denen jeder Farbton auf jedem Substrat mit jeder gewünschten Echtheit hergestellt werden kann. Es ist offensichtlich, daß diese Voraussetzungen nicht existieren. Aus diesem Grund muß der Kolorist, der die Entwürfe des Modeschöpfers in die realistische industrielle Praxis umsetzen muß, vom Zeitpunkt der Farbplanung an wissen, welche technischen Eigenschaften benötigt werden.

**Farbgrenzen**

Unsere Überlegungen der Anfärbbarkeit beginnen mit dem Problem der Durchführbarkeit. Können die Wünsche des Modeschöpfers so umgesetzt werden, daß das bearbeitete Produkt seinen ästhetischen und preislichen Vorstellungen entspricht? Wenn wir über die Durchführbarkeit nachdenken, beginnen wir uns mit dem Problem der „Farbgrenzen" zu beschäftigen. Dies ist ein allgemein üblicher Ausdruck, um die Gesamtzahl der unter gegebenen Umständen wahrzunehmenden Farben zu beschreiben. Es gibt mehrere Grenzen für die zur Verfügung stehenden Farben. In der Sprache des CIE Systems (Kapitel 2 B) sind dies in der Reihenfolge ihrer Bedeutung:

1. Die Grenzen aller real herstellbaren Farben sind durch den Spektralfarbenzug in der CIE Normfarbtafel dargestellt.

2. Die Grenzen aller Farben mit einem vorgegebenen Hellbezugswert (Normfarbwert Y) sind durch den Optimalfarbenkörper (MacAdam 1935) definiert.

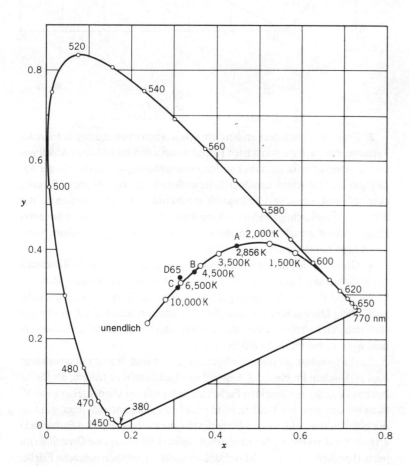

Der Spektralfarbenzug ist die Grenze aller realisierbaren Farben ...

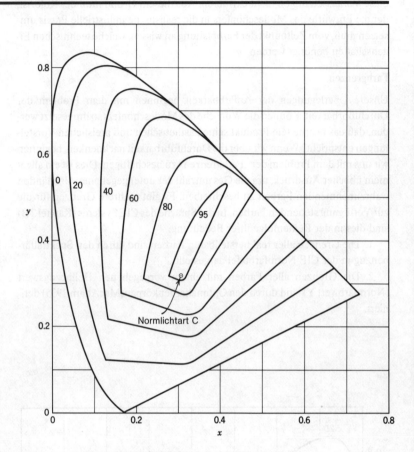

... Die MacAdam Grenzen (1935) definieren alle Körperfarben, die mit einem vorgegebenen Hellbezugswert möglich sind ...

3. Engere Grenzen des Farbbereichs von Körperfarben ergeben sich aus der Tatsache, daß auch die dunkelsten Farben einen wenn auch kleinen Anteil von Licht an ihrer Oberfläche zurückwerfen, der unabhängig von der Größe der Absorption ist. Der Anteil der Oberflächenreflexion ist glanzabhängig. Er kann auch farbtonabhängig sein. Er kann bis annähernd 4% des auffallenden Lichtes betragen. Berücksichtigt man diese Korrektur, erhält man eine andere Serie von Projektionen des Farbraums auf die Farbebene, deren Fläche verkleinert und deren Lage etwas verschoben ist (Atherton 1955).

4. Grenzen, die durch die Verarbeitungseigenschaften und die Reaktivität des Substrats sowie durch die geforderten Eigenschaften des fertigen Materials bedingt sind. (Nähere Ausführungen zu den Grenzen für Anstrichfarben, siehe Moll 1960.) Die Berücksichtigung dieser Grenzen reduziert die Bereiche des realisierbaren Farbraums ebenfalls. Sie sind jedoch nicht so einfach zu berechnen, wie dies bei Punkt 1 bis 3 der Fall war.

5. Die Grenzen, die durch Farbmittel gegeben sind. Wir beginnen uns jetzt dem praktischen Problem der Auswahl von Farbmitteln zu nähern, die für die Nachstellung der gewünschten Farbe eingesetzt werden können. Hier beschäftigen wir uns nicht mit Theorie, nicht mit einem bestimmten System, sondern mit physikalisch realisierbaren Farbeffekten, die mit existierenden Farbmitteln erreicht werden können. Normalerweise ergibt sich hieraus eine Grenzlinie für jedes Helligkeitsniveau. Sie ist viel kleiner als die theoretisch mögliche Fläche.

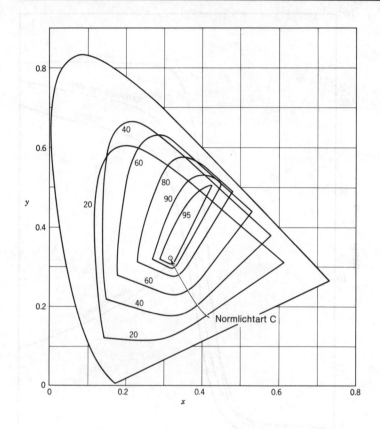

... Die Atherton und Peters Grenzen (Atherton 1955), berücksichtigen die Oberflächenreflexion ...

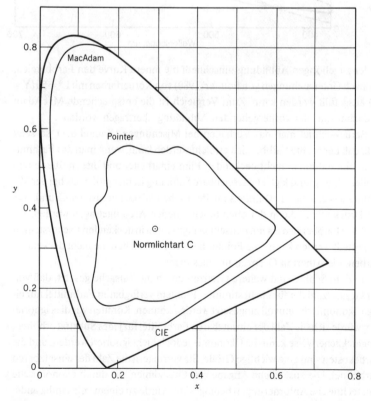

... während die Eigenschaften von real existierenden Farbmitteln die Bereiche der möglichen Farben weiter einschränken (Pointer 1980).

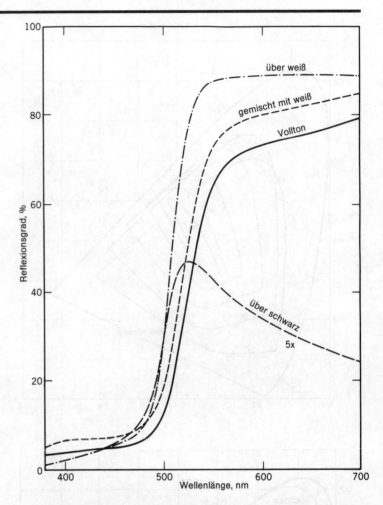

Reflexionskurven von Chromlichtgelb, die erhalten werden, wenn das Pigment erstens in eine durchsichtige Folie eingearbeitet und über einem Untergrund gemessen wird, der Titandioxid als Weißpigment enthält, und zweitens, wenn es mit demselben Titandioxid in einer deckenden Anstrichfarbe eingesetzt wird (aus Johnston 1973). Die steilere Kurve wird mit der über dem weißen Untergrund gemessenen Folie erhalten, was bedeutet, daß hier die größere Sättigung erreicht wird. Gezeigt sind auch die Kurven für das Pigment allein, aufgetragen in deckender Schicht (Vollton) und für die gleiche oben beschriebene Folie, wenn diese über Schwarz gemessen wird (in fünffacher Vergrößerung).

In der zugehörigen Abbildung umschließt die innere Kurve den Farbbereich, der nach Untersuchungen von Pointer (1980) von Körperfarben mit $L^* = 50$ ($Y = 20$) ausgefüllt werden kann. Zum Vergleich ist die entsprechende MacAdam Grenzlinie aus der vorhergehenden Abbildung übertragen worden.

Berücksichtigt man das Verhalten bei Mischungen (Kapitel 6 A), so zeigt sich, daß der größte Farbbereich erreicht werden kann, wenn man das Farbmittel in einen dünnen nicht deckenden Film einarbeitet und diesen über einen weißen Untergrund legt. Die erreichbare Sättigung ist hier größer als bei der Mischung des gleichen Farbmittels mit demselben Weiß. Dies ist der Grund, daß mit Druckfarben, die in der oben beschriebenen Art aufgetragen werden, ein größerer Farbbereich als mit denselben Pigmenten in deckenden Lacksystemen dargestellt werden kann. Die Pointer Bereiche beinhalten die nicht deckenden Farben, die Atherton Grenzen tun dies nicht.

6. Zum Schluß sind weitere Grenzen durch die Tatsache gesetzt, daß von der Gesamtzahl der für ein bestimmtes Problem verfügbaren Farbmittel nur einige ökonomisch sinnvoll eingesetzt werden können. Könnten wir dies ignorieren, würde sich die Zahl der einsetzbaren Farbmittel für jedes Substrat erhöhen. Unglücklicherweise kann die Ökonomie jedoch nicht ignoriert werden, und die Färbekosten sind eine wichtige Größe. Sie verringern die Zahl der einsetzbaren Farbmittel. Die zusätzliche Angabe von Grenzlinien, die durch ökonomische und technische Anforderungen bedingt sind, würde zu einem vollständig anderen Satz von Grenzlinien für jedes einzelne Problem führen.

Wenn wir die Körper, die durch die oben dargestellten Überlegungen hervorgerufen werden, etwas großzügig beschreiben und annehmen, daß es sich um Kugeln oder zumindest um kugelähnliche Gebilde handelt, so können wir weiter annehmen, daß die Grenzen des theoretisch möglichen Farbkörpers mit einem Wasserball (mittlerer Größe) verglichen werden können. Die MacAdam Grenzen würden dann einem Basketball entsprechen. Der Farbkörper von Atherton (mit den unter Einbeziehung der Oberflächenreflexion korrigierten MacAdam Grenzen) könnte durch einen Fußball repräsentiert werden. Gehen wir dann zu den realen und realisierbaren Farben, die bei der Anfärbung der verschiedenen Substrate erreicht werden können, ohne hierbei ökonomische Gesichtspunkte zu berücksichtigen (d. h. die Grenzen sind nur durch die zur Verfügung stehenden Farbmittel gesetzt) ergibt sich ein Farbkörper, der eine irreguläre Oberfläche haben kann und etwa wie ein Football aussehen wird. Beim nächsten Schritt, der die realisierbaren Farben in einem gegebenen System umfaßt, die außerdem auch alle Echtheitsforderungen erfüllen, kann unsere Farbkörper etwa die Größe eines Footballs haben, aber auch in Größe und Form einem zusammengedrückten billigen Baseball ähneln. Berücksichtigen wir zum Schluß auch noch die Kosten, kann diese Eingrenzung die Auswahl von Farbmitteln so stark einschränken, daß die herstellbaren Farben durch einen Körper mit extrem irregulärer Oberfläche repräsentiert werden. Als Beispiel sei hier ein Apfel genannt, aus dem schon viele Stücke herausgebissen worden sind.

Da jeder Schritt die Anzahl der zur Verfügung stehenden Farbmittel reduziert, wird auch die Zahl der realisierbaren Farben verkleinert. Stehen uns Farbmittel zur Verfügung, die gut verteilt auf einem Farbtonkreis angeordnet liegen, können wir eine große Zahl von Farben nachstellen, auch wenn die gewünschte vielleicht nicht ganz genau getroffen werden kann.

Obwohl sich der Farbkörper stetig von den theoretisch möglichen Grenzen auf die mit vorhandenen Farbmitteln herstellbaren Farben verkleinert, kann der Hersteller für jeden Farbtonbereich viele verschiedene Farbstoffe und Pigmente auswählen, um den gewünschten Farbton zu erstellen. Wie bei den meisten Dingen dieser Welt wird das Endprodukt nicht alle gewünschten Eigenschaften haben, es sei denn, wir zahlen dafür. So wird ein Produkt, das mit einem billigen Pigment angefärbt worden ist, im allgemeinen nicht die hohen Echtheitseigenschaften oder die Brillanz haben, die ein Produkt aufweist, das mit einem teuren Pigment desselben oder eines ähnlichen Farbtons gefärbt worden ist (Vesce 1959). Werden brillante Farbtöne mit engen Toleranzen bei schwierigen Herstellbedingungen gewünscht, so können nur teurere Pigmente eingesetzt werden. Sind die Kosten jedoch der bestimmende Faktor, wird man auf weniger brillante Pigmente beschränkt sein.

Ist ein Farbmittel mit den richtigen technischen Eigenschaften und einem geeigneten Farbton ausgewählt worden, so kann man aus einer systematischen Untersuchung seiner Mischeigenschaften viele Schlüsse auf den mit diesem Farbmittel zu erreichenden Farbumfang ziehen. Kenntnisse dieser Eigenschaft sind eine notwendige Voraussetzung vor seinem Einsatz für Farbnachstellungen, wie näher in Kapitel 6 B nachzulesen ist. Der mit einem Pigment durch Konzentrationsänderung, hervorgerufen durch Mischen mit Weiß, realisierbare Farbbereich kann aufgezeigt werden, indem man die Farbarten der Mischung in eine Normfarbtafel einträgt (Seite 130). Es ist zu erkennen, daß viele Pigmente eine maximale Sättigung bei einer bestimmten Konzentration erreichen. Wird der Mischung mehr Pigment zugefügt, wird die Farbe dunkler und weniger gesättigt. (Wie immer fehlt eine Information über die Lichtechtheit der Mischungen in der zweidimensionalen Darstellung.)

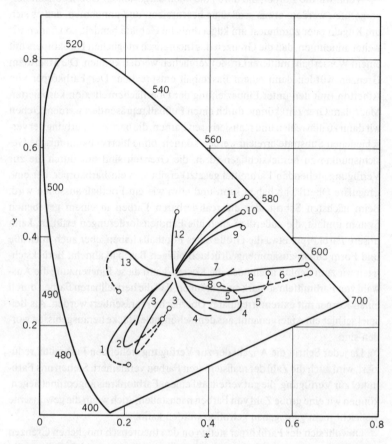

Die Änderung der Farbart einiger bekannter Pigmente für Anstrichfarben, wenn sie mit steigenden Mengen von Titandioxid gemischt werden (aus Johnston 1973). Es handelt sich um folgende Pigmente: 1. Phthalocyanine Blue, 2. Indanthrone Blue, 3. Carbazole Violet, 4. Quinacridone Magenta, 5. Lithol Rubine, 6. BON Red, 7. Molybdate Orange, 8. Vat Orange, 9. Flavanthrone Yellow, 10. Chrome Yellow, 11. Monoazo Yellow, 12. Chromium Oxide Green, 13. Phthalocyanine Green.

## Die Auswahl von Farbmitteln

Die Auswahl eines Farbmittels ist immer ein Kompromiß zwischen den Eigenschaften, die vom Designer gewünscht werden, und den Kosten, die entstehen, wenn dem ausgewählten Material Farbton, Buntheit und Helligkeit vermittelt werden. Es gibt nur wenige Farbmittel, die für alle Materialien brauchbar sind, und diejenigen, die für alle Systeme brauchbar sind, sind selten billig. Es muß betont werden, daß alle Farbmittel chemische Stoffe sind und als solche mehr oder minder stark mit anderen Chemikalien reagieren. Was vom Gesichtspunkt eines Additivs (eingesetzt zur Verbesserung der Trockenbedingungen, der Fließeigenschaften usw.) aus gesehen eine kleine Änderung ist, kann eine große Änderung sein, wenn ein Farbmittel davon beeinflußt wird. Eine Komponente, die in einer Rezeptur brauchbar ist, kann z. B. im Bindemittel und Katalysator eines anderen Herstellers vollständig unbrauchbar sein. Einige dieser Tatsachen sind allgemein bekannt. Wir sind jedoch der Meinung, daß die nicht genug betont werden können. Es ist erforderlich, an das ganze Farbsystem zu denken, anstatt nur an die Farbmittel oder ein bestimmtes Material. Jede zusätzliche Komponente kann das Verhalten des ganzen Systems beeinflussen. Diese Tatsache wird erst jetzt erkannt (siehe Smith 1954; für Anwendungen in Anstrichfarben, Vesce 1956; für Kunststoffe, Oehlcke 1954, Carr 1957, Simpson 1963).

Es ist nicht unsere Absicht, in diesem Buch eine Checkliste zur Verfügung zu stellen, der zu entnehmen ist, welche Farbmittel für einen gegebenen Anwendungsbereich eingesetzt werden können. Einige Informationsquellen hierzu sind auf Seite 120 angegeben. Wir möchten nur betonen, daß die Wahl eines Farbmittels von vielen Faktoren beeinflußt wird. Die meisten hängen vom Färbesystem ab und können nur ermittelt werden, wenn das ganze System untersucht wird. Es gibt viele Beispiele, die zeigen, welche Eigenschaften durch die Reaktivität der Farbmittel beeinflußt werden: Lichtechtheit, Ausblut- und Waschechtheit, sowie Echtheiten bei anderen Beanspruchungen des Systems, Temperaturbeständigkeit, Dispergierbarkeit und vor allem die Ökonomie. Die Beispiele sind jedoch spezifisch für die verschiedenen Industrien und werden aus diesem Grunde am besten woanders besprochen.

## F. BLICK IN DIE ZUKUNFT

Es scheint sicher, daß die Farbstoffe und Pigmente, die dem Designer und Koloristen zur Verfügung stehen, auch weiterhin verändert und verbessert werden, was auch auf die anderen Bereiche der Farbtechnologie zutrifft. Für diese Verbesserung scheint es zwei bedeutende Anreize zu geben.

Der erste zwingende Grund für die Entwicklung von verbesserten Farbmitteln ist ein ökonomischer. Mit den Fortschritten der Technologie in der chemischen Industrie sind neue Produktionsmethoden möglich, mit denen die Kosten der alten Produkte verringert und mit denen neue Produkte zu einem vernünftigen Preis hergestellt werden können. Zusätzlich werden trotz der Komplexität der beteiligten Chemie vollständig neue Farbstoffe und Pigmente in immer größerem Umfang synthetisiert (Gaertner 1963, Venkataraman 1952–1978).

Diese Forschung erfolgt in keiner Weise willkürlich. Mit dem Ziel der Verbesserung wird den Gebieten die größte Aufmerksamkeit gewidmet, in denen die schlechtesten Resultate erhalten werden. Als Endergebnis soll eine gleichmäßige Leistung über den gesamten Farbtonkreis für alle wichtigen Eigenschaften wie Buntheit, Lichtechtheit und Echtheiten gegenüber anderen Beanspruchungen, Einfachheit der Herstellung und der Anwendung und selbstverständlich der Kosten erreicht werden.

Die Pigmente betreffend können wir nur unbedeutende Verbesserungen bei den blauen und grünen Pigmenten erwarten, da die Phthalocyanin-Pigmente bereits hervorragende Eigenschaften haben. Sowohl die roten als auch die gelben Pigmente könnten verbessert werden, um die Eigenschaften der Phthalocyanin-Pigmente hinsichtlich Kosten und Verarbeitungseigenschaften zu erreichen. Auf Grund von Gesetzen, die den Einsatz von blei- und chromhaltigen Pigmenten einschränken, gibt es enorme Anstrengungen, neue rote und gelbe Pigmente zu synthetisieren. Da die Chrompigmente opak sind, geht die Entwicklung von Gelbpigmenten jetzt neue Wege. Gesucht werden organische Pigmente, die opak sind, eine Eigenschaft, die früher unerwünscht war. Als Resultat wurden hochdeckende gelbe, orange und rote Pigmente vorgestellt. Die erhöhte Opazität wurde in allen Fällen auf Kosten der Farbstärke erreicht. Die Markteinführung der schwachen, opaken und lichtechteren organischen Pigmente, trotz deren höheren Kosten, die im wesentlichen durch die geringere Farbstärke verursacht sind, ist ein anderes Beispiel für Kompromisse, die gemacht werden müssen, um die wichtigsten geforderten Eigenschaften eines pigmentierten Systems zu erreichen.

Durch die Einführung und die weitere Verbreitung, die der Transfer-Druck gefunden hat, ist eine früher unerwünschte Eigenschaft, die Sublimation bei relativ niedrigen Temperaturen, ebenfalls zu einer gesuchten Eigenschaft geworden. Die Sublimation ist der Vorgang, durch den der Farbstoff von einem bedruckten Papier auf den Stoff übertragen wird (Consterdine 1976). In den 10 Jahren, die seit der Einführung der Reaktivfarbstoffe zur Anfärbung von Zellulose vergangen sind, konnte diese Farbstoffgruppe wegen ihrer einfachen Anwendung und ihrer guten Eigenschaften einen erheblichen Marktanteil auf Kosten der Küpenfarbstoffe erobern (Rosenthal 1976).

Die zweite Herausforderung der Farbmittelhersteller ist durch die Markteinführung von neuen Materialien bedingt, für deren Anfärbung sie Farbmittel liefern sollen. Jede dieser neuen Anwendungen bringt neue Anforderungen an die Farbmittel mit sich. In vielen Fällen bedeutet das mehr Entwicklungsarbeit und neue Produkte. Z. B. mußten wegen der Forderung, hochtemperaturstabile Kunststoffe und synthetische Fasern anzufärben, völlig neue Farbstoffklassen entwickelt werden. Zusätzlich werden alte Produkte kontinuierlich auf ihre Eignung für neue Anwendungsgebiete überprüft, während neue Zwischenprodukte, die irgendwo in der chemischen Industrie hergestellt werden, auf ihre Eignung als Komponente für die Farbmittelherstellung überprüft werden.

Die Vergangenheit der Farbstoffhersteller stellt sich wie die vieler anderer Industrien als eine Mischung von plötzlichen dramatischen Fortschritten und vielen kleinen, langsamen, sorgfältig erarbeiteten Verbesserungen dar. (White 1960, Rattee 1965, Davies 1980). Die Voraussage eines großen Durchbruchs ist genau so unsicher wie die des nächsten Erdbebens. Die Möglichkeit sollte jedoch nie übersehen werden.

## G. ZUSAMMENFASSUNG

Während sich die Farbstoffe und Pigmente, die dem Farbtechniker zugänglich sind, in vielen physikalischen und chemischen Eigenschaften unterscheiden können, haben sie eine wichtige gemeinsame Eigenschaft: Sie absorbieren und/oder streuen Licht so stark, daß eine kleine Menge anderen Materialien zugesetzt deren Wechselwirkung mit Licht stark beeinflußt, d. h. die wahrgenommene Farbe ändert. Dies ist die Grundlage: der Rest ist eine Sache der bequemen Anwendung, wie z. B. die Löslichkeit in einem bestimmten Lösungsmittel, die Verträglichkeit mit bestimmten Harzen oder die Möglichkeit, eine bestimmte Faser anzufärben.

Farbmittel haben wenig oder keine eigenen Werte. Sie erhöhen den Wert eines fertiggestellten Produkts durch ihr starkes Absorptions- und Streuvermögen von Licht. Das ist der Grund ihrer Existenz, der Grund für die Suche nach neuen Farbmitteln und der Grund für die viele tausend Jahre alte ständige Suche nach neuen Stoffen zur Anfärbung von Materialien, die von Hause aus farblos sind.

KAPITEL 5

# Die industrielle Technologie des Färbens

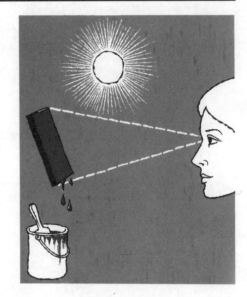

Dieses Kapitel handelt von der Arbeit der Koloristin in der Industrie, die für die Herstellung von Materialien verantwortlich ist, die genauso aussehen, wie eine ihr übergebene reale Vorlage. Manchmal wird ihr der gewünschte Farbeffekt auch nur mündlich von einem Designer oder Modeschöpfer beschrieben. Die Koloristin sollte sich daran erinnern (und wir hoffen unsere Leser tun es jetzt auch), daß der visuelle Farbeindruck annähernd durch die Kombination der spektralen Strahlungsverteilung der Lichtquelle, der spektralen Reflexions- oder Durchlässigkeitskurve der Probe und der spektralen Empfindlichkeit des Auges eines Beobachters beschrieben werden kann. Sie sollte sich darüber im klaren sein, daß sich ihre Arbeit fast vollständig nur mit der Probe befaßt, da sie die Empfindlichkeit des menschlichen Auges nicht ändern kann, und da ihr nur selten die Möglichkeit gegeben wird, das Licht, unter dem die Probe betrachtet wird, zu ändern. Ihre Aufgabe besteht darin, Farbmittel wie Farbstoffe und Pigmente zu verwenden, die in Kapitel 4 sehr schematisch in Gruppen eingeteilt

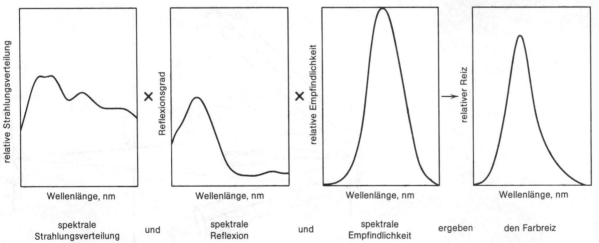

**Der Farbeindruck einer Probe hängt von der Kombination der hier gezeigten spektralen Kurven und der späteren Interpretation der Farbreize im Gehirn ab.**

worden sind, um die spektrale Reflexions- oder Transmissionskurve des zu färbenden Materials solange zu verändern, bis der gewünschte Farbeffekt erreicht worden ist.

Unsere Koloristin muß sich auch bewußt sein, daß sie *mehr* als den Farbeindruck der Probe ändert. Viele andere Eigenschaften des Materials müssen berücksichtigt und geprüft werden, damit der gefärbte Artikel seinen Zweck erfüllen kann. Einige der Eigenschaften werden durch die verwendeten Farbmittel beeinflußt, was zu Einschränkungen, die beachtet werden müssen, führen kann. Diese „technischen" Aspekte des Färbevorgangs wurden in Kapitel 4 E besprochen.

## A. DIE FARBMISCHGESETZE

Wenn die Farbnachstellung durch das Mischen von Farbmitteln möglich ist, und wenn die Koloristin die Ergebnisse, die sie bei der Farbmischung erhält, sinnvoll deuten kann, muß es bestimmte Farbmischgesetze geben, die einigermaßen genau befolgt werden. Dies ist wahr, und obwohl die Gesetze in einigen Fällen sehr komplex sind, liefern sie sowohl die qualitative Grundlage für die traditionelle Farbnachstellung, die auf der durch Übung erlangten Geschicklichkeit der Koloristin beruht, als auch die quantitative Grundlage für die Rechentechniken, die ihr in vielen Fällen helfen können. Wir sollten uns diese Gesetze ansehen, bevor wir die Techniken der Farbnachstellung genauer behandeln.

### Additive Mischung

Die physikalischen Gesetze der vielleicht einfachsten Art der Farbmischung gelten nicht für das Mischen von Farbmitteln, sondern betreffen das Mischen von farbigen Lichtern. Dies kann auf verschiedene unterschiedliche Arten geschehen. Farbige Lichter von unterschiedlichen Lampen können auf einem weißen Schirm überlagert werden, wie in Kapitel 2 B beschrieben worden ist. Das Licht, das von verschiedenen Teilen eines sich schnell drehenden Farbkreisels kommt, wird ebenfalls nur als eine einzige Farbe gesehen, wie dies in Kapitel 3 C beschrieben worden ist. (Es macht keinen Unterschied, ob das Licht von einem undurchsichtigen Kreisel zurückgeworfen wird oder durch einen durchsichtigen Kreisel hindurchtritt.) Eine weitere Alternative besteht darin, kleine farbige

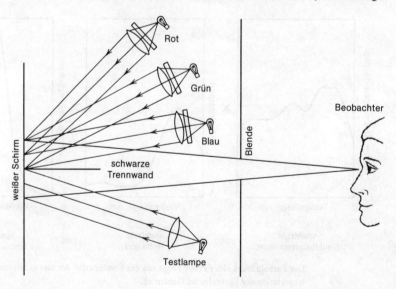

Die industrielle Technologie des Färbens   135

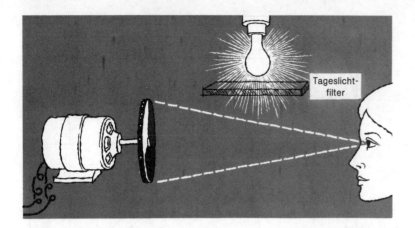

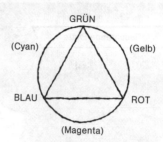

Die allgemein übliche Wahl der Primärfarben für die additive Mischung ist mit Großbuchstaben dargestellt.

Flächen dicht nebeneinander anzuordnen und sie aus einer so großen Entfernung zu betrachten, daß das Auge die einzelnen farbigen Flecken nicht voneinander unterscheiden kann, wie dies beim Farbfernsehen der Fall ist. In den zwei letzten Fällen geschieht das Addieren der Farben im Kopf des Beobachters. Deshalb muß es sich hier um einen physiologischen oder psychologischen Vorgang handeln. Das Ergebnis ist jedoch das gleiche wie bei der unmittelbaren Überlagerung der farbigen Lichter auf dem weißen Schirm.

Wie in Kapitel 2 B beschrieben wurde, kann eine große Vielfalt von Farben durch die additive Mischung der Farben von drei Lampen erzeugt werden (Farbtafel 8). Aus praktischen Gründen nennen wir die brauchbarste Farbwahl für diese Lampen die *Primärfarben* der additiven Mischung oder die *additiven Grundfarben* Rot, Grün und Blau. Es handelt sich nicht um magische oder einmalige Lampen, ihre Wahl ermöglicht aber die Nachstellung einer größeren Zahl verschiedener Farben, als dies bei der Wahl anderer Lampen möglich ist. Mischungen von roten und grünen erzeugen gelbe Lichter, Mischungen von blauen und grünen ergeben blaugrüne oder cyane Lichter und Mischungen von roten und blauen ergeben die verschiedenen violetten oder magenta Farben. Wurden die drei Grundfarben richtig ausgewählt und mit den richtigen Mengen gemischt, ergibt die Addition Weiß oder im Fall des reflektierten Lichtes ein helles Grau.

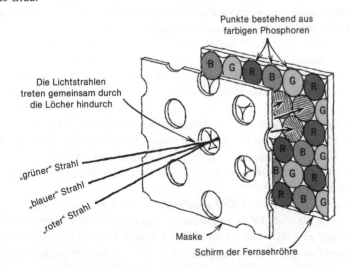

In den meisten Fernsehröhren wird die Information, die den drei additiven Primärfarben entspricht, durch drei Elektronenstrahlen übermittelt. Sie behalten ihre Richtung, wenn sie durch die Löcher der Maske durchtreten, und treffen auf die aus Phosphoren bestehenden Punkte mit den richtigen Grundfarben auf der Oberfläche der Fernsehröhre. Die kombinierte Strahlung der sehr kleinen Punkte ergibt die gewünschte Farbe durch additive Mischung (Fink 1960).

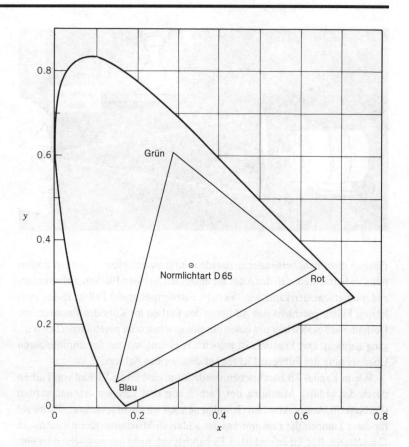

Der Farbbereich, der durch die additive Mischung von drei Primärlichtern erzeugt werden kann, ist durch die Farbarten aller Farben innerhalb des Dreiecks gegeben. In der Abbildung sind die Eckpunkte des Dreiecks die Normfarbarten der drei Phosphore einer Fernsehröhre. Das Dreieck enthält alle Normfarbarten, die auf dem Bildschirm erzeugt werden können.

Da das CIE System, wie in Kapitel 2 B gezeigt worden ist, aus Experimenten abgeleitet wurde, die auf der additiven Mischung von farbigen Lichtern basieren, können die Resultate solcher Mischungen sehr einfach mit der Hilfe der x, y Normfarbtafel bestimmt werden. Erinnere, daß wir es hier mit der Lichtquellenwahrnehmung (Seite 3) zu tun haben, und daß wir die Farbe eines Lichtes durch die Normfarbwertanteile x und y und den Hellbezugswert Y (Seite 45 und 50) beschreiben können. Grassmann (1853) zeigte, daß die Leuchtdichte jeder additiven Mischung von Lichtern die Summe der Leuchtdichten der einzelnen Lichter unabhängig von deren spektraler Energieverteilung ist. Die Grassmannschen Gesetze zeigen in der modernen Sprachregelung unter Zuhilfenahme der Normfarbtafel, daß die Normfarbarten von Lichtern, die durch additive Mischung erzeugt wurden, auf einer geraden Linie liegen, deren Endpunkte die Normfarbarten der verwendeten Primärlichter sind. Sie zeigen auch, wie die Normfarbarten der Mischfarben zu berechnen sind. Mit drei Primärlichtern können alle Farben innerhalb des Dreiecks, das durch die Normfarbarten der drei Primärlichter gebildet wird, hergestellt werden. Der Grund für die allgemein übliche Wahl von Rot, Grün und Blau als Primärlicht wird jetzt verständlich – sie bilden größere Dreiecke und erlauben somit die Herstellung einer größeren Anzahl von Farben, als dies mit einer anderen Wahl von Primärlichtern möglich ist.

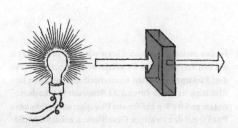

Die Absorption von Licht durch einen farbigen durchsichtigen Gegenstand.

Man könnte denken, daß die additive Mischung bei manchen Druckprozessen eine Rolle spielt, bei denen Punkte mit drei verschiedenen Farben auf weißes Papier gedruckt werden. Dies ist jedoch deshalb nicht der Fall, weil sich die farbigen Punkte normalerweise zum Teil überlappen, und sich so eine komplizierte Mischung von additiver und subtraktiver Mischung (siehe unten) ergibt

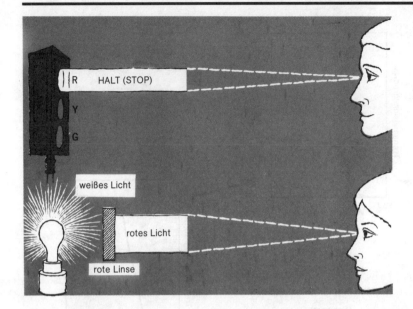

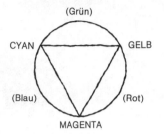

Die allgemein übliche Wahl der Primärfarben für die einfache subtraktive Mischung ist mit Großbuchstaben dargestellt.

Die Linse eines roten Haltesignals absorbiert alle Anteile des weißen Lichts bis auf diejenigen der eigenen Farbe, nämlich Rot.

(Yule 1967, Hunt 1975). Das Farbfernsehen bedient sich jedoch der additiven Mischung, genauso wie es die Theaterbeleuchtung tut.

### Einfache subtraktive Mischung

Genauso wie der Ausdruck *additive* Mischung den Prozeß der Addition von farbigen Lichtern beschreibt, bezieht sich der Ausdruck *subtraktive* Mischung auf die Abnahme des von einer Lichtquelle ausgestrahlten Lichts durch ein Objekt. Die Ursachen für die Abnahme des Lichtes (beschrieben auf Seite 10 - 13) sind Absorption und Streuung. Wir nennen den Fall, bei dem nur die Absorption eine Rolle spielt, d. h. keine Streuung stattfindet, *einfache subtraktive* Mischung. Findet auch Streuung statt, nennen wir den komplizierteren Vorgang *komplexe subtraktive* Mischung. Sie wird ab Seite 139 besprochen.

Die am besten geeigneten Primärfarben für die subtraktive Mischung sind Gelb, Cyan (Blaugrün) und Magenta (Rotviolett). Die Wirkungsweise dieser Primärfarben ist auf der Farbtafel 8 beschrieben. Grün ergibt sich bei der Mischung von Gelb und Cyan; Blau bei der Mischung von Cyan und Magenta und Rot bei der Mischung von Gelb und Magenta. Die Zusammenhänge zwischen additiver und subtraktiver Mischung sind anschaulich auf dem bekannten „Farbrad" dargestellt. Jede additive Primärfarbe hat als Komplimentärfarbe, die genau auf der anderen Seite des Rades liegt, eine subtraktive Primärfarbe. Wenn die subtraktiven Primärfarben in Farbe und Menge richtig gewählt wurden, wird beim Zusammenfügen aller drei das gesamte Licht absorbiert und das Resultat ist Schwarz.

Die einfache subtraktive Mischung wird in großem Umfang bei der Farbphotographie (Kodak 1962, Yule 1967, Ohta 1971, Hunt 1975) und beim Anfärben von durchsichtigen Kunststoffen (Billmeyer 1963 b) angewendet.

Die Berechnung der Farben, die bei der einfachen subtraktiven Mischung entstehen, ist komplizierter als dies bei der additiven Mischung der Fall ist. Das grundlegende Gesetzt für die einfache subtraktive Mischung, das Gesetz von Beer (Seite 10), ist komplizierter als die Grassmannschen Gesetze, weil das Beersche Gesetz jeweils nur für eine Wellenlänge gilt. Um die Mischfarben, die sich bei der einfachen subtraktiven Mischung ergeben, zu errechnen, muß man

Das Beersche Gesetz (genauer gesagt, das Lambert-Beersche Gesetz) sagt aus, daß der Logarithmus von $1/T$, wobei $T$ die Durchlässigkeit bei einer bestimmten Wellenlänge ist, der Absorption (Extinktion) A entspricht. Diese Größe ist gleich dem Produkt aus den Größen

$a$ = Absorptionskonstante, Eigenschaft des Farbmittels bei einer festgelegten Wellenlänge
$b$ = Dicke der Probe
$c$ = Konzentration des Farbmittels

$$\log\left(\frac{1}{T}\right) = A = abc$$

(Anmerk. des Übersetzers: Im Deutschen wird statt $A$ für die Extinktion meist der Buchstabe $E$ verwendet und die Absorptionskonstante des Farbstoffs mit $A$ gekennzeichnet.)

... Wenn drei Farbmittel bei einer einfachen subtraktiven Mischung verwendet werden, sagt ein zweiter Teil des Beerschen Gesetzes, der Mischgesetz genannt wird, daß sich die Absorptionswerte $A = abc$ der Farbmittel addieren, und so die Gesamtabsorption der Probe ergeben ...

$$A = A_1 + A_2 + A_3$$
$$= a_1bc_1 + a_2bc_2 + a_3bc_3$$

138 Grundlagen der Farbtechnologie

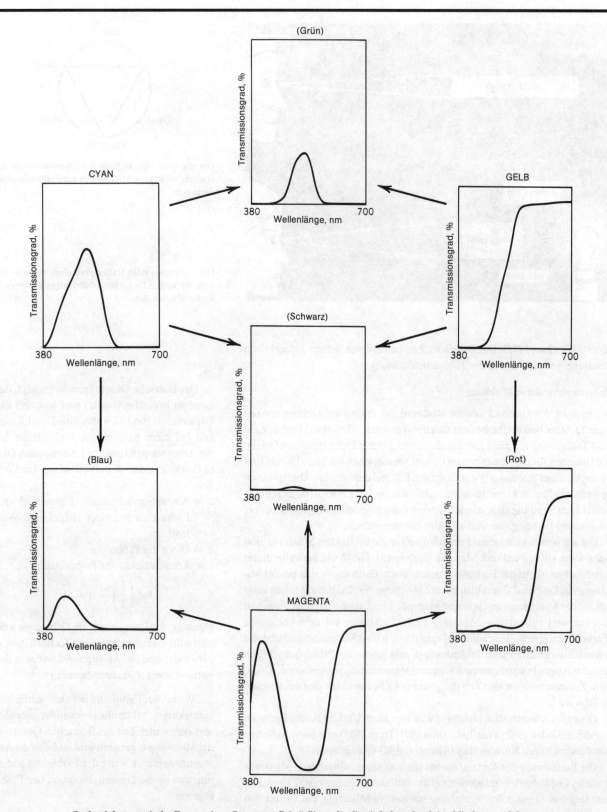

**Spektralphotometrische Kurven eines Satzes von Primärfiltern für die einfache subtraktive Mischung und deren zweifache und dreifache Mischungen.**

die Rechnung für viele Wellenlängen über das Spektrum verteilt durchführen, um so die Transmissionskurve der Mischung zu bestimmen und mit ihr die CIE Koordinaten berechnen, wie dies in Kapitel 2 B beschrieben wurde. Aus diesem Grunde haben die Durchlässigkeitskurven der Primärfarben bei der subtraktiven Mischung einen bedeutenden Einfluß auf die Farben, die mit ihrer Hilfe erstellt werden können.

Die Berechnung der Gleichungen des Beerschen Gesetzes und die anschließend notwendigen Integrationen, die benötigt werden, um die Farben, die sich bei der einfachen subtraktiven Mischung ergeben, zu errechnen, sind im Prinzip einfach, aber mühselig. In der Industrie wurden sie deshalb vor Einführung der Digitalcomputer nur wenig angewendet. Heute bilden diese Berechnungen die Grundlage der Rezeptberechnung von transparenten Farben mit Hilfe von Rechnern (Billmeyer 1960 a, Ohta 1972 a).

Die Gesamtheit der Farben, die bei der einfachen subtraktiven Mischung hergestellt werden kann, ist für einen typischen Satz von Primärfarben in dem Bild auf dieser Seite dargestellt. Da bei diesem Prozeß Licht absorbiert wird, sind die Hellbezugswerte der Mischungen im allgemeinen sehr viel kleiner als die der Primärfarben. Farben mit relativ großer Sättigung können nach wie vor erzielt werden.

**Komplexe subtraktive Mischung**

Die bei weitem meistverbreiteste und die komplizierteste Art der Farbmischung, die in der Praxis angewandt wird, ist diejenige, bei der die Farbmittel sowohl Licht absorbieren als auch streuen. Diese Art der Farbmischung hat nicht einmal einen zufriedenstellenden Namen. Wir haben als Namen *komplexe sub-*

... Die Durchlässigkeit $T$ bei einer vorgegebenen Wellenlänge errechnet sich aus der Absorption $A$ wie folgt:

$$T = 1/10^A$$

... Die Werte von T bei vielen über das sichtbare Spektrum verteilten Wellenlängen (oft 16, besser jedoch mindestens 30–33) werden dann in die zuerst auf Seite 47 beschriebenen Gleichungen eingesetzt, mit deren Hilfe die Normfarbwerte der Farbe berechnet werden, die sich aus der Mischung der Farbmittel ergibt.

$$X = k \sum P T \bar{x}$$
$$Y = k \sum P T \bar{y}$$
$$Z = k \sum P T \bar{z}$$

*mit*

$$k = 100 / \sum P \bar{y}$$

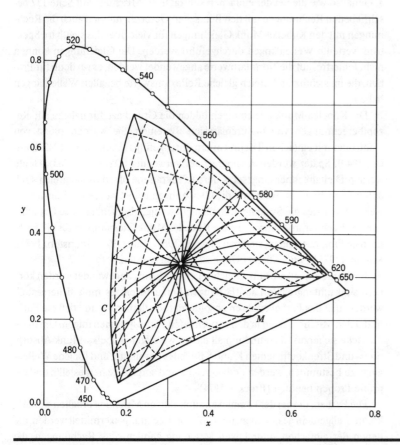

Der Bereich der erzielbaren Normfarbwertanteile wird durch die Mischung von je zwei Primärfarben ermittelt. Für die Abbildung wurden die Primärfarben Cyan (C), Gelb (Y) und Magenta (M) der Farbphotographie verwendet. Die Farbörter auf den ausgezogenen Linien entsprechen Mischungen, bei denen zwei der Komponenten in einem festen vorgegebenen Verhältnis eingesetzt wurden. Die Punkte auf den gestrichelten Linien kennzeichnen Mischungen, bei denen die Konzentration einer Komponente konstant gehalten worden ist (Evans 1948).

*Die Näherung der Kubelka-Munk Gleichungen für undurchlässige Proben*

$$K/S = (1 - R)^2 / 2R$$

Für die Mischung von Farbmitteln

$$(K/S)_{\text{Mischung}} = \frac{K_{\text{Mischung}}}{S_{\text{Mischung}}}$$

$$= \frac{c_1 K_1 + c_2 K_2 + c_3 K_3 + \ldots}{c_1 S_1 + c_2 S_2 + c_3 S_3 + \ldots}$$

$c_1, c_2, c_3 \ldots$ sind die Konzentrationen der Farbmittel.

Merke: In anderen Büchern und Arbeiten wird $R$ manchmal mit $\beta$ bezeichnet und $K/S$ manchmal $\Theta$ genannt. $R$ muß als Bruch zwischen 0 und 1 und nicht in Prozent in diese Gleichungen eingesetzt werden. Wie im Fall des Beerschen Gesetzes (Seite 137) werden mit der Kubelka-Munk Gleichung zuerst die Größen $K/S$ (wo $K$ der Absorptionskoeffizient und $S$ der Streukoeffizient ist) als Funktion der Meßwerte $R$ ermittelt. Anschließend wird das Mischgesetz angewendet, das zeigt, wie die $K/S$ Werte der Mischung von der Konzentration der eingesetzten Farbmittel abhängen.

Ist $R'$ der unter Einschluß des Glanzes gemessenen Reflexionswert, so gilt folgende Gleichung für die Berechnung von $R$ bei Berücksichtigung der Oberflächenreflexion (Saunderson 1942).

$$R = \frac{R' - k_1}{1 - k_1 - k_2(1 - R')}$$

$R$ wird in die auf dieser Seite angegebenen Kubelka-Munk Gleichung eingesetzt. Mit den neu berechneten $R$-Werten werden die neuen $R'$-Werte mit der nachstehenden Gleichung berechnet:

$$R' = k_1 + \frac{(1 - k_1)(1 - k_2)R}{1 - k_2 R}$$

in denen $k_1$ (manchmal auch $r_o$ genannt) der Reflexionskoeffizient nach Fresnel für gerichtetes Licht (Campbell 1971) und $k_2$ (manchmal auch $r_1$ genannt) der Frenelsche Reflexionskoeffizient für diffuses Licht ist, das von innen durch die Oberfläche tritt (Billmeyer 1973 b).

*traktive* Mischung gewählt. Da bei der komplexen subtraktiven Mischung Absorption und Streuung von Licht gleichzeitig beteiligt sind, gehen in diesem Fall beide Größen in die Farbmischgesetze ein. Diese Gesetze sind dementsprechend komplizierter als diejenigen für die additive oder die einfache subtraktive Mischung. Die Wiedergabe der exakten Form dieser Gleichungen, entsprechend den Gleichungen für das Beersche Gesetz auf Seite 137, würde den mathematischen Rahmen dieses Buches übersteigen. Gute Zusammenfassungen dieser Gleichungen sind bei Johnston 1973 und bei Judd 1975 a zu finden. Für die meisten praktischen Zwecke werden vereinfachte Gleichungen, die näherungsweise richtig sind, verwendet, um die komplexe subtraktive Mischung zu beschreiben. Die am meisten verbreiteten Näherungsgleichungen wurde von Kubelka und Munk abgeleitet (Kubelka 1931, 1948, 1954). Wir haben sie hier für den sehr einfachen Fall einer vollständig undurchlässigen Probe aufgeschrieben.

Einige der wichtigen Annahmen bei der Ableitung der Kubelka-Munk Gleichungen sind: 1. Es muß genug Streuung vorhanden sein, damit das einfallende Licht innerhalb der Probe vollständig diffus verläuft. Dies ist im allgemeinen für Textilien und Lackfilme oder für undurchlässige Kunststoffe richtig. Die sehr viel komplizierteren Fälle, bei denen diese Annahme nicht zutrifft, werden kurz in Kapitel 6 B besprochen. 2. An der Oberfläche der Probe ändert sich der Brechungsindex nicht. Diese Annahme ist in einigen Fällen erfüllt, z. B. bei Anstrichfarben auf Wasserbasis in Luft. Sie ist aber bei den normalerweise verwendeten Pigmentmischungen nicht erfüllt. Saunderson (1942) hat die Kubelka-Munk Gleichungen jedoch so modifiziert, daß sie die Verluste, die wegen des Brechungsindexsprungs als Oberflächenreflexion entstehen, berücksichtigen. 3. Genauso wie die bei der einfachen subtraktiven Mischung auf Seite 137 beschriebenen Rechnungen mit den Beerschen Gesetzen müssen auch die Rechnungen mit den Kubelka-Munk Gleichungen für viele über das sichtbare Spektrum verteilte Wellenlängen durchgeführt werden. Die Gleichungen können nicht fehlerfrei auf die Normfarbwerte angewendet werden, es sei denn für Proben, die im sichtbaren Bereich gleiche Reflexionswerte bei allen Wellenlängen haben.

Die Kubelka-Munk Gleichungen bilden die Grundlage für nahezu alle Rezeptberechnungen von undurchlässigen Systemen. Sie wurden zuerst von Hand oder mit einfachen Tischrechnern durchgeführt (Saunderson 1942, Duncan 1949). Später wurden Analogrechner verwendet (Davidson 1963). Heute werden Digitalrechner eingesetzt, deren Programme oft so umfangreich sind, daß man nicht genau weiß, wie die Gleichungen gelöst wurden. (Glücklicherweise macht dies die Systeme deshalb nicht weniger brauchbar.) Die Grundlagen der Rechnerprogramme, die die Kubelka-Munk Gleichungen für die Farbnachstellung verwenden, sind von Stearns (1969), Gall (1973), Johnston (1973), Kuehni (1975 b) und Allen (1978) beschrieben worden.

Bevor die Kubelka-Munk Gleichungen mit Erfolg angewendet werden können, sind umfangreiche Laborfärbungen herzustellen. Es muß sichergestellt werden, daß das Färbeverfahren absolut reproduzierbar ist, und daß die Farbmittel den Mischgesetzen in den verwendeten Färbesystemen folgen. Um diese Tatsache sicherzustellen und um all die notwendigen Kubelka-Munk Absorptions- und Streukoeffizienten K und S für jedes Farbmittel und für jede Wellenlänge zu bestimmen, werden umfangreiche und sorgfältige hergestellte und geprüfte Proben benötigt (Brockes 1974).

Die Farben, die bei der komplexen subtraktiven Mischung erhalten werden, können, allgemein gesprochen, mit Hilfe von Rechnungen ermittelt werden, die denen der einfachen subtraktiven Mischung ähnlich sind. Rechnungen, die auf den Kubelka-Munk Gleichungen beruhen, werden bei vielen über das Spektrum verteilten Wellenlängen durchgeführt, um die spektrale Reflexionskurve zu errechnen. Anschließend wird die Berechnung der Normfarbwerte durchgeführt. Die zusätzliche Komplikation durch die Lichtstreuung führt zu der Notwendigkeit anstelle von 3 Variablen mit 4 Variablen arbeiten zu müssen: Die 3 Farbwerte und die Opazität müssen eingestellt werden. Bei Textilien ist die Streuung und die Opazität durch das Textilmaterial vorgegeben und der Einsatz von 3 Farbmitteln (Farbstoffen) reicht aus, um eine große Anzahl von Farben herzustellen. In anderen Systemen, wie Anstrichfarben und Kunststoffen, kann die Opazität durch die Farbpigmente erzeugt werden. Meistens wird jedoch ein Weißpigment für diesen Zweck eingesetzt.

Der Farbbereich, der mit Hilfe der komplexen subtraktiven Mischung mit einer kleinen Zahl von Buntpigmenten einstellbar ist, ist kleiner als bei der additiven oder der einfachen subtraktiven Mischung. Z. B. werden brillante Orangetöne bei der additiven Mischung durch das Mischen von roten und grünen Lichtern erhalten und bei der einfachen subtraktiven Mischung durch das Mischen von gelben und blaustichigen roten Farbstoffen. Dies ist oft bei der komplexen subtraktiven Mischung von roten und gelben Pigmenten nicht der Fall. Sowohl aus diesem Grund als auch wegen der „technischen" Gründe, die in Kapitel 4 E besprochen wurden, wird eine große Anzahl von Buntpigmenten benötigt, um einen großen Farbbereich mit Hilfe der komplexen subtraktiven Mischung nachzustellen, sogar dann, obwohl zur Nachstellung *irgendeiner* Farbe nicht mehr als 3 Buntpigmente und Weiß benötigt werden, oder (um flexibler zu sein) 2 Buntpigmente sowie Schwarz und Weiß (Davidson 1955 a). In der Industrie können aus „technischen" Gründen mehr Pigmente eingesetzt werden.

## B. FARBNACHSTELLUNG

Die Aufgabe eines Koloristen in der Industrie besteht hauptsächlich darin, gefärbte Produkte herzustellen, die den Anforderungen, die an diese Produkte gestellt werden, gerecht werden. Diese können darin bestehen, die Forderungen eines Modeschöpfers zu erfüllen, oder aber darin, ein Konkurrenzprodukt nachzustellen. Es ist die Aufgabe des Koloristen, die richtigen Farbmittel auszuwählen und deren Mengen zu bestimmen, um ein befriedigendes Ergebnis zu erhalten. Er ist hauptsächlich damit beschäftigt, den *Gegenstand bzw. die Probe* in der Triade Lichtquellle, Gegenstand und Beobachter zu modifizieren.

In der Industrie ist der Prozeß, die richtigen Mengen der ausgewählten Farbmittel zu bestimmen, in zwei Schritte unterteilt:

1. Die Ermittlung eines Erstrezepts, die auch die richtige Auswahl der Farbmittel einschließen kann.

2. Die Korrektur einer früher hergestellten Nachstellung, um diese an eine vorgegebene Färbemethode anzupassen (z. B. die Übertragung einer Labornachstellung auf die Fabrikation) oder um die Farbkonstanz des gefärbtes Produktes zu gewährleisten. Für den zuletzt beschriebenen Arbeitsschritt wird im allgemeinen der Name Nuancierung oder auch ein anderer Name, der von Industrie zu Industrie verschieden sein kann, benutzt.

Da sich sowohl die Techniken als auch die Zielvorstellungen bei der Ersteinstellung und der Nuancierung etwas unterscheiden können, besprechen wir beide getrennt. Am stärksten möchten wir jedoch die Bedeutung der richtigen Auswahl der Farbmittel hervorheben, einem Arbeitsschritt, der viel zu oft nicht ernsthaft genug durchgeführt wird.

### Arten der Farbnachstellung

Wenn eine Farbnachstellung durchgeführt wird, ist die erste zu beantwortende

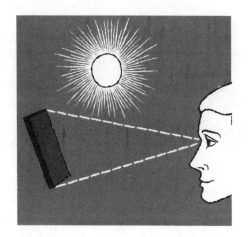

*Arbeitsschritte bei der Farbnachstellung*

- Auswahl der Farbmittel
- Herstellung einer näherungsweise richtigen Versuchsnachstellung
- Nuancierung der Versuchsnachstellung

142  Grundlagen der Farbtechnologie

Lichtquelle

Probe

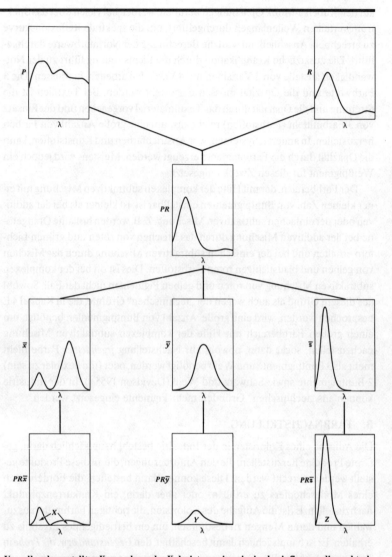

Normalbeobachter

Normfarbwerte

**Von allen dargestellten Kurven kann der Kolorist nur eine einzige beeinflussen: die spektrale Reflexionskurve der Probe, die in der oberen rechten Ecke gezeigt ist. Alle anderen Kurven sind vorgegeben.**

Bei einer *unbedingt gleichen* oder *nicht metameren* Nachstellung sehen Vorlage und Nachstellung für jeden Beobachter und unter allen Lichtquellen gleich aus.

Frage, ob Vorlage und Nachstellung für alle Beobachter und unter allen Lichtquellen übereinstimmen müssen. Wie wir in Kapitel 1 D gesehen haben, bedeutet dies, daß die beiden Proben identische oder sehr ähnliche Reflexionskurven haben müssen. Diese Art der Nachstellung nennen wir *unbedingt gleich, spektralgleich* oder *nicht metamer*.

**Unbedingt gleiche Nachstellungen.** Die gerade genannte Forderung, daß zwei Proben identische spektralphotometrische Kurven haben müssen, um ein unbedingt gleiches Probenpaar zu bilden, ist schwer zu erfüllen. Wir können aber nicht genug betonen, wie wahr sie ist. Zu ihrer Erfüllung sind mehrere Voraussetzungen notwendig.

Zuerst einmal muß die Nachstellung mit den gleichen Farbmitteln gefärbt werden, die bei der Vorlage verwendet worden sind. Dies führt unmittelbar zu der im nächsten Abschnitt besprochenen Frage, wie diese Farbmittel bestimmt werden können.

Vorwiegend durch die Grenzen, die durch die Eigenschaften der Farbmittel bedingt sind, muß zweitens der gleiche Materialtyp angefärbt werden. Es ist sehr unwahrscheinlich, daß es gelingt, eine Textilfärbung so nachzustellen, daß sie unbedingt gleich mit einem Lackaufstrich ist. Weil es notwendig ist, unterschiedliche Farbmittel für die zwei unterschiedlichen Materialien zu verwenden, und weil sich die optischen Eigenschaften eines Textils und eines Lackfilms unterscheiden, kann eine nicht metamere Nachstellung in diesem Fall nur mit großen Schwierigkeiten, wenn überhaupt, erreicht werden.

Drittens muß der gleiche oder ein ähnlicher Färbeprozeß verwendet werden. Dies ist besonders wichtig bei komplexen subtraktiven Nachstellungen, bei denen die Farbe eines Pigmentes davon abhängt, wie gut es im verwendeten Medium dispergiert ist. Andere Gesichtspunkte des Erscheinungsbildes wie z. B. Glanz sind ebenfalls von großer Bedeutung.

Werden Meßgeräte als Hilfe bei unbedingt gleichen Farbnachstellungen verwendet, werden viertens Spektralphotometer und keine Kolorimeter benötigt.

Sogar dann, wenn eine echte nicht metamere Nachstellung nicht hergestellt werden kann, kann es durch die kluge Auswahl von Farbmitteln möglich sein, eine Nachstellung zu erzielen, die mit der Vorlage unter mehreren der handelsüblichen Lichtquellen übereinstimmt. Dies kann ein befriedigender Ersatz für eine echte spektralgleiche Nachstellung sein (Longley 1976, Winey 1978). Für eine solche Nachstellung ist es normalerweise notwendig, mehr als die minimal notwendige Anzahl von Farbmitteln einzusetzen, um die Spektralkurven dadurch besser anzugleichen. Man erhält dann mehr als die 3 Schnittpunkte, die für eine metamere Nachstellung notwendig sind (Seite 53). Nachstellungen die-

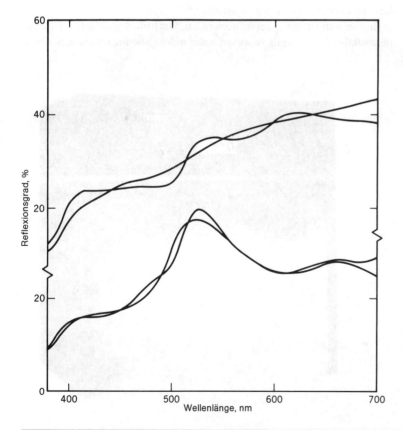

Die Reflexionskurven von zwei Probensätzen, die jeweils unter Tageslicht, Glühlampenlicht und Leuchtstofflampenlicht von Typ Kaltweiß gleich aussehen, obwohl die zwei Proben jeweils metamer sind (von Longley 1976).

ser Art können in der Produktion schwieriger herzustellen sein, weil mehr Variable kontrolliert werden müssen.

Die Nachstellung der Farbe auf unterschiedlichem Material oder der Einsatz verschiedener Färbemethoden ist eine große Herausforderung für den Koloristen. Die Häufigkeit, mit der ihm solche Nachstellungen gelingen, hängt von seiner Kunstfertigkeit ab.

**Bedingt gleiche (metamere) Nachstellungen.** In den vielen Fällen, in denen keine unbedingt gleiche Nachstellung hergestellt werden kann, muß sich der Kolorist damit zufriedengeben, eine Nachstellung auszuarbeiten, die der Vorlage nur unter einigen Lichtquellen und Beobachtungsbedingungen nah ist. Wir nennen eine solche Nachstellung *bedingt gleich*.

Einige der Gründe, warum eine unbedingt gleiche Nachstellung nicht immer hergestellt werden kann, sind bereits erwähnt worden. Wenn die in der Vorlage eingesetzten Farbmittel nicht verwendet werden können, ist eine bedingt gleiche Nachstellung fast unausweichlich. Dies wird der Fall sein, wenn unterschiedliche Materialien oder unterschiedliche Färbemethoden beteiligt sind.

Sogar dann, wenn die gleichen Materialien und Färbemethoden verwendet werden, kann der Kunde fordern, daß die Nachstellung lichtechter oder billiger ist, nicht ausblutet oder sich in anderen Eigenschaften von der Vorlage unterscheidet. In diesem Fall kann das Problem hier auch nicht einfach gelöst werden. Wenn dieselben Farbmittel eingesetzt werden, kann eine unbedingt gleiche Nachstellung erreicht werden, aber es ist dann unwahrscheinlich, daß die Nachstellung eine bessere Lichtechtheit hat (es sei denn, ein Farbstabilisator wurde gefunden) oder daß sie billiger ist (es sei denn, jemand ist bereit, die Preise für die Farbmittel herabzusetzen). Es ist wichtig, die Anforderungen, die an die Nachstellung gestellt werden, vor Beginn der Arbeit festzulegen, um Zeitverluste und vergebliche Arbeit zu vermeiden.

Immer wenn man sich darauf geeinigt hat, eine bedingt gleiche Nachstellung herzustellen, ist es wichtig zu wissen, unter welchen Bedingungen (z. B. bevor-

Eine *bedingt gleiche* Nachstellung ist eine solche, bei der Vorlage und Nachstellung für einige Beobachter und unter einigen Lichtquellen übereinstimmen. Für andere Beobachter und unter anderen Lichtquellen sehen die beiden Proben jedoch unterschiedlich aus.

Eine typische Abmusterungsleuchte mit einigen „Norm"-Lichtquellen, die brauchbar ist, um nicht metamere und metamere Nachstellungen zu beurteilen (freundlicherweise zur Verfügung gestellt von Macbeth Division, Kollmorgen Corporation).

zugte Lichtquelle oder Lichtquellen) die Nachstellung beurteilt werden soll, festzulegen. Da die Nachstellung notwendigerweise metamer ist, wird die Beurteilung der Güte der Nachstellung vom Beobachter und der verwendeten Lichtquelle abhängen.

Es kann nur sehr wenig getan werden, um das Farbsehvermögen der Beobachter zu prüfen, die diese bedingt gleichen Nachstellungen abmustern. Die einzige Möglichkeit besteht darin, sich in den Fällen, in denen Beobachterunterschiede als wichtig angesehen werden, auf die Mehrheit der Meinungen einer Gruppe von Abmusterern zu verlassen. Es ist jedoch wichtig, daß bedingt gleiche Nachstellungen visuell unter Lichtquellen abgemustert werden, die weitgehend den Bedingungen entsprechen, unter denen der Gegenstand verwendet wird. Abmusterungsleuchten, die mit „Norm"-Lichtquellen ausgerüstet sind, werden häufig verwendet. Die Lichtquellen in den Abmusterungsleuchten sind oft Tageslicht mit 7500 K, Glühlampenlicht und Leuchtstofflampen vom Typ Kaltweiß. Lieferant und Kunde sollten Abmusterungsleuchten des gleichen Herstellers und das gleiche Modell mit identischen Lichtquellen und Filtern verwenden. Die Qualität des Lichtes kann sich in Abhängigkeit dieser Variablen stark unterscheiden, besonders stark zwischem gefiltertem Glühlampenlicht und Tageslichtsimulatoren, die Leuchtstofflampen als Lichtquelle verwenden. Dies kann einfach getestet werden, in dem man einen Beobachter den Color Rule (Kaiser 1980, Billmeyer 1980 a) (Seite 73) unter jeder der verwendeten Abmusterungsleuchten beurteilen läßt. Sind die Abmusterungsergebnisse übereinstimmend, ist die Beurteilung von bedingt gleichen Nachstellungen unter diesen Leuchten sicher. Ist dies nicht der Fall, können sich metamere Proben, die unter einer Abmusterungsleuchte gleich aussehen, für den gleichen Beobachter unter einer anderen Abmusterungsleuchte unterscheiden.

Trotz der besten Vorsichtsmaßnahmen bei der Kontrolle der Abmusterungsleuchten ist es für jemand, der Farbnachstellungen mit Hilfe visueller Abmusterungen herstellt, sehr viel schwieriger, eine bedingt gleiche Nachstellung als eine unbedingt gleiche Nachstellung herzustellen. Derby (1971) wies darauf hin, daß dies daher kommt, daß er den besten Kompromiß unter mehreren Lichtquellen suchen muß. Dies ist bei unbedingt gleichen Nachstellungen nicht notwendig, kann jedoch kritisch bei bedingt gleichen Nachstellungen sein.

Während es in den Fällen bedingt gleicher Nachstellungen weniger wichtig ist, die in der Vorlage eingesetzten Farbmittel zu bestimmen (Seite 147), kann deren Identifikation sehr hilfreich sein, besonders wenn Material und Färbemethoden von Vorlage und Nachstellung gleich sind, jedoch die Verbesserung von irgendeiner Eigenschaft gewünscht wird. In diesem Fall kann der Kolorist unbewußt eine unbedingt gleiche Nachstellung machen, obwohl dies nicht gewünscht ist.

In vielen Fällen kann zur Anfärbung des Materials der Nachstellung nur eine begrenzte Anzahl von Farbmitteln eingesetzt werden. Ein Beispiel hierfür ist die Anfärbung von Nylon oder anderen Kunststoffen bei hoher Temperatur. Die Farbnachstellung muß hier mit der zur Verfügung stehenden begrenzten Palette von Farbmitteln durchgeführt werden. Es ist sehr wichtig, daß sich alle, die mit einer solchen Nachstellung zu tun haben, bewußt sind, daß im allgemeinen nur eine metamere Nachstellung möglich ist, und daß vorher die bevorzugten Abmusterungsbedingungen festzulegen sind.

Wenn man eine Nachstellung mit anderen als den in der Vorlage verwendeten Farbmitteln herstellt, können neben der Tatsache, daß nur eine bedingt gleiche Nachstellung erreicht wird, andere Schwierigkeiten auftreten. Metamerie als solche ist nicht der größte Fehler einer solchen Nachstellung. Der wichtigere Gesichtspunkt rührt von der Tatsache her, daß solche Nachstellungen nicht die

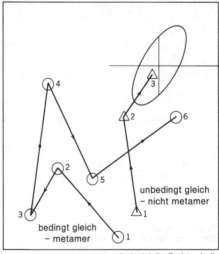

Die relative Schwierigkeit, visuell eine unbedingt gleiche oder eine bedingt gleiche Nachstellung zu erarbeiten, die mit der Vorlage, die in der Mitte der Ellipse liegt, übereinstimmt. Es werden mehr Versuche benötigt und das Ergebnis ist weniger befriedigend, wenn Metamerie vorhanden ist (Derby 1971).

gleichen Echtheitseigenschaften wie unbedingt gleiche Nachstellungen haben oder sich in anderen wichtigen Eigenschaften unterscheiden werden.

### Die Auswahl der Farbmittel

Die Notwendigkeit, die Eigenschaften der Farbe mit den Verarbeitungsbedingungen und den Kosten in Einklang zu bringen, um eine bestimmte Farbnachstellung herzustellen, fordert nach einer bestimmten Vorgehensweise, um die Farbmittel auszuwählen. In diesem Abschnitt wird solche eine Art des Vorgehens unter Berücksichtigung der Zielvorstellungen bei der Farbnachstellung besprochen.

**Die Zielvorstellungen bei der Farbnachstellung.** Wir glauben, daß es zwei Gründe für die Nachstellung einer bestimmten Farbe gibt: Die Umsetzung der Vorlage eines Designers in die Praxis oder die Nachstellung eines Konkurrenzproduktes. Die zweite Aufgabe ist die größte Herausforderung an einen Koloristen und beansprucht die meiste Zeit. Die Auswahl der Farbmittel hängt für jede dieser Zielvorstellungen von der Art der gewünschten Nachstellung ab. Zu fragen ist, ob die Nachstellung unbedingt gleich sein muß oder metamer sein darf, und ob die Farbmittel bestimmte Verarbeitungsbedingungen benötigen. Hieraus ergibt sich nun umgekehrt die Anzahl der Farbmittel, unter denen für die Nachstellung ausgewählt werden kann, und weiterhin die Anzahl, die brauchbar ist.

Bei den Verarbeitungsbedingungen der Farbmittel unterscheidet man zwei Arten. Einmal sind es Eigenschaften, die den Farbmitteln zuzuordnen sind. Das bedeutet, bestimmte Farbmittel werden benötigt, um bestimmte Materialien anzufärben und um einen bestimmten Färbeprozeß zu ermöglichen. Hierzu gehören z. B. die Affinität eines Farbstoffs zu einer bestimmten Faser oder die Stabilität eines Farbmittels gegenüber den hohen Verarbeitungstemperaturen eines Kunststoffs. Andere Verarbeitungseigenschaften können als wählbar in Erwägung gezogen werden – dies ist wünschbar, aber nicht unbedingt erforderlich. Unter diesen sind die Lichtechtheit und die Höhe der Kosten zu nennen, wenn notwendig, können sie als Teil der Marketing-Überlegungen geändert werden. Die den Farbmitteln zugehörenden Verarbeitungseigenschaften können dagegen nicht geändert werden.

Die Auswahl der Farbmittel für die verschiedenen Zielvorstellungen bei einer Farbnachstellung sind in der nachfolgenden Tabelle aufgeführt:

| Art des Farbrezeptur | Art der Nachstellung | Verarbeitungs-bedingungen | Zahl der Farbmittel auszuwählende Anzahl | Verwendbarkeit | zusätzliche Zielvorstellungen |
|---|---|---|---|---|---|
| Erstrezeptur | – | wählbar | groß | angemessen | Mischsystem |
|  | – | eingeschränkt | begrenzt | begrenzt | zufriedenstellende Eigenschaften |
| Nachstellung auf demselben Material | unbedingt gleich | gleich | sehr begrenzt | außerordentlich eingeschränkt | Farbmittel-Identifizierung |
|  | unbedingt gleich | abgeändert | groß | begrenzt | Nachstellung der Spektralkurve |
|  | bedingt gleich | gleich | begrenzt | begrenzt | gleiche Eigenschaften |
|  | bedingt gleich | abgeändert | groß | groß | Mischsystem |
| Nachstellung auf einem anderen Material | unbedingt gleich | gleich | begrenzt | sehr begrenzt | gleiche Spektralkurve und Eigenschaften |
|  | unbedingt gleich | abgeändert | groß | begrenzt | Nachstellung der Spektralkurve |
|  | bedingt gleich | gleich | begrenzt | begrenzt | gleiche Eigenschaften |
|  | bedingt gleich | abgeändert | groß | groß | Mischsystem |

**Ersteinstellungen.** In Hinblick auf den Einsatz von Farbmitteln gibt es zwei Arten der erstmaligen Erstellung einer Farbe. Die erste Art besteht darin, die Vorstellungen eines Designers oder Modeschöpfers umzusetzen. Dies ist der Fall, bei dem die Verarbeitungseigenschaften der Farbmittel nicht stark eingeschränkt und die Kosten nicht von höchster Bedeutung sind. In einem solchen Fall können Farbmittel, die den allgemeinen, nicht einschränkenden Forderungen entsprechen, aus einer relativ großen Zahl ausgewählt werden. Oft ist es eine vernünftige Zahl von Farbmitteln, unter denen gewählt werden kann. Es können drei oder vier aber auch ein Dutzend sein, die in einem Mischsystem eingesetzt werden können, um mit diesem den gewünschten Farbton zu erstellen. Beispiele hierzu sind die Mischsysteme von Anstrichfarben, die Systeme für den Vierfarbendruck und die Drucksysteme für den Textildruck mit drei Farbmitteln.

Die andere Gruppe von Ersteinstellungen ist die, bei denen bestimmte Leistungen der Farbmittel oder deren Kosten die Zahl der zu verwendenden Farbmittel stark einschränkt. Durch die zur Verfügung stehenden brauchbaren Farbmittel ist der erreichbare Farbbereich oft eingeschränkt. Beispiele für solche Systeme sind die Anfärbung von Folien aus Poly(vinyl Butyral) für die Windschutzscheiben von Autos oder die Anfärbung von hochtemperaturbeständigen Fasern wie „Nomex" von Du Pont.

Diese Beispiele beschreiben Systeme mit beschränktem Farbumfang, der sich aus den starken Einschränkungen, die von den Verarbeitungsbedingungen herrühren, ergibt. Viel häufiger sind jedoch Systeme, deren Farbumfang durch die Kosten beschränkt ist und in denen deshalb in vielen Farbtonbereichen nur Nachstellungen mit geringer Sättigung erzielt werden können.

**Die Nachstellung von Farben auf dem gleichen Material.** Dies ist der Fall, wenn eine Vorlage, die dem Koloristen zur Verfügung gestellt wurde, auf dem gleichen Material und mit den gleichen Färbebedingungen reproduziert werden soll: Gefärbte Baumwolle, um gefärbte Baumwolle nachzustellen; Autolacke um Autolacke nachzustelen usw. Hier können vier Fälle unterschieden werden und zwar unbedingt gleiche oder metamere Nachstellungen ohne oder mit einigen Änderungen bei den Färbebedingungen. Der Fall, der die größte Sorgfalt erfordert, ist der einer unbedingt gleichen Nachstellung mit keiner Änderung der Färbebedingungen, wie dies z. B. bei der Nachstellung eines Autolacks der Fall ist. Eine Nachstellung dieser Art kann am besten erzielt werden, wenn man die Farbmittel, die in der Vorlage verwendet wurden, auch für die Nachstellung benutzt. Hierzu ist zuerst die unten beschriebene Identifikation der eingesetzten Farbmittel erforderlich. Können einige der Verarbeitungsbedingungen geändert werden, können auch andere Farbmittel eingesetzt werden. In diesem Fall müssen aus der großen Zahl der möglichen Farbmittel jedoch diejenigen ausgewählt werden, mit denen die Reflexionskurve der Vorlage so gut wie möglich nachgestellt werden kann.

Ist eine bedingt gleiche Nachstellung erlaubt, kann die Anzahl der einzusetzenden Farbmittel weniger begrenzt sein. Sie hängt von der Größe der tolerierbaren Metamerie ab. Müssen die Färbebedingungen jedoch die gleichen sein, ergeben sich hieraus aber wiederum gewisse Einschränkungen.

**Die Nachstellung von Farben auf unterschiedlichen Materialien.** Wenn die Nachstellung auf einem unterschiedlichen Material ausgeführt werden soll, ist es fast unmöglich, eine unbedingt gleiche Nachstellung zu garantieren, die sich außerdem im Aussehen nicht von derjenigen der Vorlage unterscheidet. Das beste, was getan werden kann, ist die Auswahl solcher Farbmittel, die es erlauben, die spektrale Reflexionskurve der Vorlage so gut wie möglich nachzustellen. Denn die Änderung der Farbe von Vorlage und Nachstellung soll zumindest ähnlich sein, wenn sich Lichtquelle und Beobachter ändern und zwar

# 148 Grundlagen der Farbtechnologie

auch dann, wenn das Aussehen von beiden nicht genau in Übereinstimmung gebracht werden kann. Hinsichtlich veränderter Verarbeitungsbedingungen oder metamerer Nachstellung ergeben sich ähnliche Überlegungen, wie sie in der Tabelle auf Seite 146 angegeben sind.

**Die Identifizierung von Farbmitteln.** Wir haben gefunden, daß der beste Ansatz für die Erstellung des Rezepts für eine unbedingt gleiche Nachstellung die Identifizierung der wesentlichen Farbstoffe oder Pigmente ist, die in der Vorlage verwendet worden sind. Für die Nachstellung sollten dann die Farbmittel der Vorlage verwendet werden. Diese Art der Nachstellung (Judd 1975 a, Seite 438) wird *Farbmittel* Nachstellung genannt. Wir haben das Gefühl, daß sie nicht so oft verwendet wird, wie dies der Fall sein sollte. Möglicherweise liegt die Ursache darin, daß nicht allgemein zur Kenntnis genommen wurde, daß relativ einfache Techniken zur Identifikation der Farbmittel zur Verfügung stehen (Abbott 1944, Stearns 1944, Saltzman 1967, Venkataraman 1977). Die Techniken beinhalten die Extraktion der Farbmittel von der Probe und ihre Identifizierung mit Hilfe von einfachen chemischen Tests, mit Hilfe des Vergleichs der Form von spektralphotometrischen Kurven oder mit Hilfe von Infrarotspektren

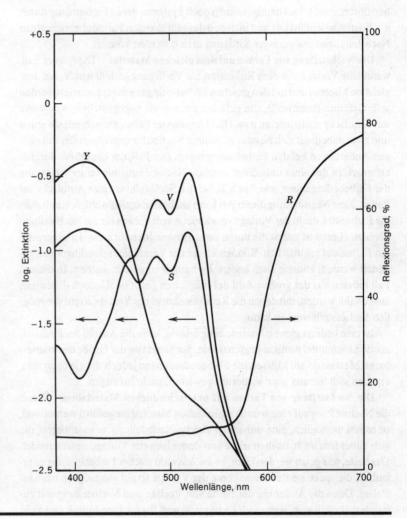

Ein Beispiel für die Identifizierung eines organischen Pigmentes mit Hilfe der Lösungsmessung. Die Reflexionskurve (R) der roten Künstlerfarbe gibt nur eine geringe Information über ihre Zusammensetzung. Die Kurve ihrer Lösung (S) in Dimethylformamid zeigt jedoch sehr anschaulich, daß die Farbe durch Mischen von Hansa Gelb (Pigment Yellow 1, C. I. No. 11680, Kurve Y) und Quinachridon Violett (Pigment Violet 19, C. I. No. 46500, Kurve V) hergestellt worden ist. Der Maßstab für die Lösungskurve ist log. Extinktion (Seite 154).

(Harkins 1959, McClure 1968). Die Untersuchung der spektralen Reflexionskurven der gefärbten oder pigmentierten Proben in der vorliegenden Form ohne Extraktion ist ebenfalls hilfreich zur Identifizierung der Farbmittel (Johnston 1973). Die meisten Laboratorien, die sich mit Farbnachstellungen befassen, können diese Techniken einfach ausführen oder ihren Farbmittel-Lieferanten bitten, die Untersuchungen durchzuführen. Die Ergebnisse sind bei der Farbnachstellung hilfreich.

**Aufeinander abgestimmte Farben.** Aus Verkaufsgründen ist es manchmal wünschenswert, ähnliche Farbnachstellungen für eine Vielzahl von Materialien zur Verfügung zu stellen, so daß die Farben von z. B. Fliesen für das Bad, Kunststoffen, Anstrichfarben und Gardinen aufeinander abgestimmt sind. Bei der erwähnten Aufgabenstellung ist es am besten, die vom Designer vorgeschlagene Farbe zuert auf dem Material nachzustellen, auf dem der kleinste Farbbereich mit einer nur begrenzten Zahl von Farbmitteln einzustellen ist. Proben dieses Materials werden dann zu Standards erklärt, die auf den anderen Materialien, für die mehr Farbmittel zur Verfügung stehen, nachgestellt werden müssen. Probleme, die durch den Mangel an brauchbaren Farbmitteln entstehen, werden so minimiert.

**Der Ersatz von Farbmitteln.** Bisher haben wir über die Auswahl von Farbmitteln zur Nachstellung einer einzigen vorgegebenen Farbvorlage nachgedacht. Eine weitaus schwierigere Aufgabe stellt sich, wenn es notwendig wird, ein Farbmittel, das in einer großen Anzahl von Rezepten z. B. in Farbmischsystemen eingesetzt ist, durch ein anderes zu ersetzen. Solche Ersatzforderungen werden auf Grund einer Menge von ökologischen Forderungen häufiger. Ein Beispiel aus der Lackindustrie, das vielen Koloristen aus den letzten Jahren in guter Erinnerung ist, ist der Ersatz von bleihaltigen Gelbpigmenten (Chromgelb) durch organische Pigmente.

Bei dem Ersatz eines Farbmittels ist es wünschenswert, eine bestimmte Menge des ursprünglich verwendeten Pigments durch eine mit einem konstanten Faktor versehene Menge des Ersatzpigmentes auszutauschen, angegeben auf der Basis von Gewichts- oder Volumenprozenten. Ist diese Forderung erfüllt, werden alle Farben, die mit dem Originalpigment eingestellt sind unter Berücksichtigung des Faktors auch mit dem Ersatzpigment stimmen. Ein Blick auf die auf Seite 140 beschriebenen Gesetze von Kubelka-Munk zeigt, daß dies nur dann möglich ist, wenn die Beziehungen sowohl der Absorption (K) als auch der Streuung (S) zur Konzentration für den ganzen interessierenden Konzentrationsbereich und für alle Wellenlängen für beide Pigmente gleich sind. Es ist beinah unmöglich, dies zu erreichen. Es kann möglich sein, bestimmte Farben, z. B. Mischungen mit Weiß, mit einem konstanten Verhältnis der beiden Pigmente nachzustellen. Es ist jedoch unwahrscheinlich, daß der Ersatz in der gleichen Art und Weise möglich ist, wenn andere Farben wie z. B. Grün oder Orange mit befriedigender Genauigkeit hergestellt werden sollen. Am besten bestimmt man dasjenige Mengenverhältnis des alten und des neuen Pigments, mit dem die größte Zahl von akzeptierbaren Nachstellungen erzielt werden kann und arbeitet für diese Farben mit einem konstanten Verhältnis. Für alle Farben, die so nicht nachgestellt werden können, muß getrennt für jede Farbe eine neue Rezeptur ermittelt werden. Zu den gleichen, wenn auch nicht zu so schwerwiegenden Schwierigkeiten kann bereits der Ersatz eines Pigments durch das chemisch identische Pigment eines anderen Herstellers führen.

Vorsicht ist ebenfalls beim Austausch von Farbstoffen oder Pigmenten mit der gleichen fünfstelligen C. I. Nummer geboten. Pigmente und Farbstoffe, denen die gleiche C. I. Nummer zugeordnet wurde, sind normalerweise *chemisch* sehr ähnlich. Die von verschiedenen Herstellern gelieferten Produkte können sich aber *physikalisch* in der Dispergierbarkeit, der mittleren Teilchengröße oder in der Teilchengrößenverteilung unterscheiden. Damit unterscheiden sich ihr Absorptions- und Streuverhalten ebenfalls, so daß sogar dann, wenn beide Farbmittel gleich behandelt worden sind, unterschiedliche Farben resultieren. Die Colour Index Nummer ist eine chemische Identifikation, die keine Garantie für gleiche physikalische Eigenschaften bietet.

**Farbstärke**

Berger-Schunn (1978) folgend definieren wir die Stärke eines Farbmittels als sein Vermögen, die Farbe eines an sich farblosen Materials zu verändern, oder anders ausgedrückt als die Menge an färbender Substanz im Farbmittel, die stets relativ zu einem als Standard festgelegten Farbmittel bestimmt wird. Da die genaue Kenntnis des färberischen Verhaltens eines Farbmittels bei der Farbnachstellung notwendig ist, ist die Bestimmung der Farbstärke (im englischen Sprachgebrauch oft *tinting strength* = Tönungsstärke genannt) eine wichtige Voraussetzung für den Nachstellprozeß.

Auf den ersten Blick sieht es so aus, als ob die Bestimmung der Farbstärke eine einfache Angelegenheit ist. Indem man gleiche Mengen des Standardpigments oder des Standardfarbstoffs und der zu prüfenden Probe benutzt, um eine bestimmte Menge eines Harzes oder einer Faser mit einer geeigneten Methode anzufärben, sollte es entweder visuell oder meßtechnisch leicht feststellbar sein, ob beide Farbmittel das gleiche Färbevermögen besitzen. Wenn vermutlich identische Farbstoffe oder Pigmente zu vergleichen sind, sollten sich die mit den beiden Farbmitteln hergestellten Färbungen nicht im Farbton unterscheiden und keinen Farbunterschied zeigen. Wenn ein Unterschied vorhanden ist, sollte er leicht zu erkennen sein. Ist kein Unterschied verhanden, haben beide Farbmittel die gleiche Farbstärke. Haben beide den gleichen Preis, sind sie von gleichem „Geldwert". Der gleiche Betrag, der für eines der beiden Farbmittel ausgegeben wird, wird dem Verbraucher ermöglichen, den gleichen Farbeffekt zu erzeugen.

Unglücklicherweise gibt es erschwerende Faktoren für die Ermittlung der Farbstärke sowohl bei Pigmenten als auch bei Farbstoffen. Der Ausdruck Stärke kann auf die Ergebnisse von unterschiedlichen Prüfmethoden angewendet werden, und die unterschiedlichen Versuche können unterschiedliche Werte für dieselbe Eigenschaft ergeben. In den meisten Fällen ist es sinnvoll, Pigmente und Farbstoffe getrennt zu betrachten, da Pigmente in dem Medium, in dem sie eingesetzt werden, dispergiert werden müssen und die Stärke eines Pigmentes stark von den Dispersionsbedingungen abhängt. Die Abhängigkeit vom Grad der Dispersion trifft auch auf Dispersions- und Küpenfarbstoffe zu.

Die Bestimmung der Farbstärke ist eine analytische Methode und alle Vorsichtsmaßnahmen, die bei der analytischen Chemie anzuwenden sind, müssen befolgt werden. Die Probe ist so zu entnehmen, daß sie die Gesamtheit des zu prüfenden Materials repräsentiert. Es muß eine Übereinkunft zwischen Käufer und Verkäufer über den als Vergleich zu verwendenden Standard getroffen werden. Die Prüfmethode muß nicht nur abgesprochen sein, sondern darüber hinaus müssen die Ergebnisse, die mit der normalerweise abgesprochenen Labormethode erhalten werden, mit denen, die bei der Produktion erhalten werden, übereinstimmen.

**Visuelle Methoden.** Die meisten genormten Methoden für Pigmente (z. B. ASTM D 387) schreiben vor, daß die beiden zu vergleichenden Pigmente entsprechend ihrer Anwendung geprüft werden, z. B. als Mischung mit Weiß in einem Lackverschnitt, und daß der Vergleich an nebeneinander aufgetragenen

Aufstrichen erfolgt. Gefärbte Textilien können in ähnlicher Art und Weise verglichen werden. Wenn die Toleranzen groß sind, z. B. 5 %, können sorgfältig durchgeführte visuelle Methoden benutzt werden. Um ein Resultat zu erhalten, das auf 5 % vertrauenswürdig ist, ist es notwendig, das zu testende Farbmittel mit Färbungen oder Pigmentdispersionen des Standards zu vergleichen, die in mehreren Konzentrationen um den Bezugspunkt (100 %) hergestellt worden sind. Bei dieser Technik, bei der die zu testende Probe mit einer Reihe von Ausfärbungen des Standards mit (z. B.) 90, 95, 100, 105 und 110 % der normal eingesetzten Konzentration verglichen wird, kann zu Ergebnissen führen, denen auf 5 % vertraut werden kann. Wenn eine größere Genauigkeit gefordert wird, müssen instrumentelle Methoden verwendet werden.

Die visuellen Methoden liefern gute Ergebnisse, wenn die zwei Farbmittel den gleichen Farbton haben. Die Bestimmung der Farbstärke wird aber schwierig, wenn beide Farbmittel einen Farbtonunterschied aufweisen. Die zur Farbstärke reziproke Größe des zu testenden Farbmittels wird Färbeäquivalent genannt.

**Meßtechnische Methoden - Farbstoffe.** Eine Arbeitsgruppe des Inter-Society Color Council (ISCC) hat meßtechnische Methoden zur Prüfung der Farbstärke von Farbstoffen entwickelt. Eine spektralphotometrische Methode, die auf der Durchlässigkeitsmessung einer Farbstofflösung beruht, wird wegen ihrer Genauigkeit gegenüber solchen Methoden bevorzugt (Commerford 1974, ISCC 1972, 1976), bei den Färbungen hergestellt werden müssen (ISCC 1974).

Bei der Lösungsmessung wird die Absorption der Lösung des zu prüfenden Farbstoffs in einem geeigneten Lösungsmittel gemessen und mit derjenigen des Standards bei einer richtig gewählten Wellenlänge verglichen. Als Wellenlänge wird normalerweise diejenige des Absorptionsmaximums gewählt. Für den Vergleich wird das Beersche Gesetz angewendet (Seite 137). Die Genauigkeit der spektralphotometrischen Lösungsmessung ist so groß, daß die Farbstärke in den meisten Fällen auf 2 % genau bestimmt werden kann, sofern Doppelprüfungen durchgeführt werden.

Diese Technik setzt voraus, daß die spektralphotometrischen Kurven des Standards und der zu prüfenden Probe ähnlich sind, und daß beide ihr Absorptionsmaximum bei der gleichen Wellenlänge haben. Ist dies nicht der Fall, unterscheiden sich die beiden Farbstoffe in ihrem Farbton (zeigen einen Nuancenunterschied), müssen verbesserte Techniken wie die von Rounds (1969) oder Garland (1973) angewendet werden, um das relative Färbeäquivalent in Gegenwart eines Farbtonunterschieds zu bestimmen.

Einen Farbstoff in Lösung zu beurteilen, ist immer dann angemessen, wenn der Farbstoff auch so eingesetzt wird, z. B. bei der Anfärbung von Benzin, bei der Herstellung von Tinten für Filzstifte und bei der Anfärbung von durchsichtigen Kunststoffen.

Es ist notwendig, die Übereinstimmung der Ergebnisse von Lösungsmessungen mit denen von Färbungen zu prüfen, bevor den Ergebnissen der Lösungsmessungen bei einem Textilfarbstoff getraut werden kann. Für einige Klassen von Farbstoffen ist diese Übereinstimmung nicht gegeben. In solchen Fällen kann nur das Ergebnis von Färbungen (Berger-Schunn 1978) zur Farbstärkebestimmung herangezogen werden. Mit Färbemethoden kann die Farbstärke auch dann, wenn die Färbungen unter sorgfältig kontrollierten Bedingungen hergestellt werden, nicht genauer als auf 5 % bestimmt werden, wenn jeweils nur eine Probe einmal gefärbt und gemessen wird. Wenn engere Toleranzen gefordert werden, sind geeignete Techniken der Probenahme und Mehrfachfärbungen erforderlich (ISCC 1974).

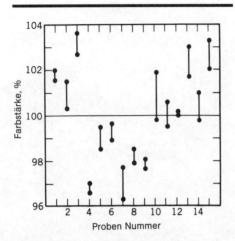

Unterschiede in der Farbstärke, die an einer einzigen Probe von Phtholocyanine Blue: 15 gefunden wurden. Die im Weißverschnitt geprüften Proben wurden bei jedem Versuch zweimal hergestellt. Die Versuche erstreckten sich über einen Zeitraum von 6 Wochen (Gall 1975).

**Instrumentelle Methoden – Pigmente.** Die Farbstärkebestimmung von Pigmenten ist aus zumindest vier Gründen schwieriger als die von Farbstoffen: 1. Die Lösungsmessung kann nicht verwendet werden, weil Pigmente nicht in Lösung eingesetzt werden. 2. Weil Pigmente sowohl streuen als auch absorbieren, kann es notwendig sein, sowohl die durch die Absorption bewirkte Farbstärke als auch die Streuung zu prüfen (Johnston 1973, Osmer 1979). 3. Die Auswahl einer geeigneten Prüfmethode ist in starkem Maße von der Dispergierbarkeit des Pigments abhängig. 4. Die Einarbeitung der Dispersion in eine Tinte, eine Anstrichfarbe oder in einen Kunststoff, d. h. in das Material, in dem die Farbstärke geprüft werden soll, ist eine weitere wichtige Variable.

Die Kombination der Notwendigkeit, die Farbstärke in einer Art und Weise zu bestimmen, die dem aktuellen Einsatz entspricht, und der Notwendigkeit, sowohl die Farbstärke als auch die Streuung zu prüfen, führt zu einer großen Zahl von möglichen Prüfmethoden.

Es ist außerordentlich wichtig, sicherzustellen, daß die richtige Kombination von Streuung und Absorption bei der gewählten Methode geprüft wird. Man kann absolut nichtssagende Ergebnisse erhalten, wenn man der Bequemlichkeit halber eine einfache Methode wählt. Ein Beispiel hierfür ist die Bestimmung der Farbstärke eines Pigmentes, das in einem Metalleffekt-Autolack eingesetzt werden soll, in einer Mischung mit Weiß. In dem Metalleffekt-Lack ist die Streuung des Pigmentes vernachlässigbar.

Bei der Prüfung der Farbstärke ist die am häufigsten verwendete Methode die Messung des K/S Wertes bei der Wellenlänge mit der kleinsten Reflexion. Sie eignet sich besonders gut bei Pigmenten mit ausgeprägter spezifischer Absorption. Ein Beispiel für die Reproduzierbarkeit der Farbstärkenmessungen bei einem organischen Pigment ist in der Abbildung auf dieser Seite dargestellt.

Zur Zeit arbeiten Komitees des ISCC und der ASTM an Empfehlungen zur Farbstärkebestimmung von Pigmenten. Bis jetzt ist aber noch keine Übereinkunft erreicht.

**Farbtiefe.** Der Ausdruck „Farbtiefe" (Gall 1970, 1971) bezieht sich auf ein visuelles Phänomen, das mit der Farbe in der gleichen Art wie die Farbmittelkonzentration mit der Farbstärke verbunden ist. Z. B. könnte man sagen „dieser starke rote Farbstoff bewirkt eine tiefe rote Farbe" (Kuehni 1978). Das Konzept hat sich bewährt, um Proben herzustellen, deren Lichtechtheit und andere anwendungstechnische Echtheiten bestimmt werden sollen. Proben mit konstanter Farbtiefe sind als Hilfe zur Bestimmung der richtigen Farbmittelkonzentration für derartige Prüfungen erhältlich.

Trotz vieler Anstrengungen ist es nicht gelungen, eine Übereinkunft über Methoden zu erzielen, welche die Farbtiefe mit instrumentell meßbaren Größen in Beziehung bringen (Brockes 1975, Kuehni 1978). Es muß betont werden, daß das Konzept der Farbtiefe niemals dazu gedacht war, als Testmethode für die Farbstärke zu dienen oder dazu, den „Geldwert" eines Farbmittels, der mit der Farbstärke in Beziehung steht, zu ermitteln.

### Das Erstrezept

Während die Auswahl der richtigen Farbstoffe für eine Nachstellung ungeheuer wichtig ist, speziell um eine unbedingt gleiche Nachstellung zu ermöglichen, gibt sie jedoch keinerlei Informationen über die richtigen Farbmittelmengen, die zur Nachstellung benötigt werden. Diese werden herkömmlicherweise mit Hilfe von Versuchen bestimmt (trial and error), deren Anzahl von der Geschicklichkeit des Koloristen abhängt. Instrumentelle Meß- und Berechnungsmethoden ersetzen diese Geschicklichkeit mehr und mehr.

**Visuelle Nachstellung.** Wie bei vielen industriellen Prozessen, deren Erfolg sowohl auf Kunstfertigkeit als auch auf der Anwendung wissenschaftlicher Erkenntnisse beruht, darf die Erfahrung des Koloristen bei der Farbnachstellung nicht unterschätzt werden. Hierfür gibt es keinen Ersatz und es wäre töricht zu versuchen, diese Erkenntnis in nur wenigen Wörtern zusammenzufassen. Die Arbeit des Koloristen wird nur jedoch sehr selten ohne Hilfsmittel durchgeführt. Es können sorgfältige Notizen über frühere Nachstellungen, die Zuhilfenahme der Ergebnisse der Farbmessung oder weitere verfeinerte Rechnungen sein.

Der Kolorist hat im allgemeinen Aufzeichnungen von allen Farbnachstellungen, die jemals in seinem Labor durchgeführt worden sind. Solche Notizen werden oft „Farbenkartei" genannt, und es kann wirklich eine Kartei sein, die mit den Erfahrungen vieler Jahre gefüllt einen echten Schatz enthält. Die Bezugnahme auf die alten Aufzeichnungen ist im allgemeinen der erste Schritt, den der Kolorist unternimmt, um eine Nachstellung herzustellen. Der Auswahl der nächstliegenden Farbe in den Aufzeichnungen folgt eine vernünftige Abwandlung des vorhandenen Rezeptes, um die neu einzustellende Farbe zu treffen.

Es erscheint selbstverständlich, daß die erste Anforderung, die an einen Koloristen gestellt wird, seine Farbnormalsichtigkeit ist. Die Aufgabe wird aber viel zu oft Personen übertragen, die nicht auf Farbnormalsichtigkeit geprüft worden sind. Die Untersuchung (Wardell 1969) beginnt – und endet – normalerweise mit dem Lesen von pseudoisochromatischen Tafeln (Farbbild 9), die eine Anzahl von Zahlen oder Zeichen enthalten, die für den Normalsichtigen deutlich, für den Farbfehlsichtigen jedoch überhaupt nicht zu erkennen sind oder es werden ihm andere Zahlen und Zeichen vorgetäuscht (Hardy 1954). Die pseudoisochromatischen Tafeln sind gut zur Ermittlung farbfehlsichtiger Personen geeignet. Nicht brauchbar sind sie dagegen zur quantitativen Untersuchung des Farbsehvermögens. Bei einigen Tafelsätzen ist nicht einmal die Art der Farbfehlsichtigkeit feststellbar. Für diesen Zweck sind Prüfgeräte, die Anomaloskop genannt werden, besser geeignet. Sie messen die Mengen von rotem und grünem Licht, die ein Beobachter benötigt, um ein gelbes Testlicht nachzustellen. Ein weiterer Test ist der Farnsworth-Munsell 100 Hue (Farbton) Test (Farnsworth 1943), bei dem die Versuchsperson eine Reihe von Farben in einer Farbtonreihe anordnen muß (Farbtafel 10).

Der 100 Hue Test ermöglicht es, Beobachter mit normalem Farbsehvermögen hinsichtlich des Grades ihres Farbunterscheidungsvermögens zu bewerten. Er dient damit auch als Farbunterscheidungstest (Aptitude Test). Ein anderer Test dieser Art (Farbtafel 11) ist der ISCC Color-Matching Aptitude Test (Dimmick 1956). Bei diesem Test wird der Beobachter aufgefordert, kleine Buntheitsunterschiede zu bewerten. Die Ergebnisse hängen sowohl von der Abmusterungspraxis als auch von der angeborenen Fähigkeit der Versuchsperson ab. Weil kein Einzeltest in der Lage ist, ein Maß für die Fähigkeit zu liefern, kleine Farbunterschiede richtig zu bewerten, wird der ISCC Test manchmal verwendet, um solche Personen auszusieben, welche diese Fähigkeit (oder auch die Geduld, die ebenfalls wichtig ist) nicht haben.

Ein farbnormalsichtiger Lehrling, der alle Tests mit gutem Erfolg bestanden hat, könnte dem Rat von Peacock (1953) folgend die Farbnachstellung wie folgt lernen: Er schlägt vor, daß der Lehrling erst den Umgang mit dem Munsell System (Seite 28-30) und dann die Farbmischgesetze (Seite 137–141) lernt. Indem er mit diesem System oder dem System, das in seiner Firma verwendet wird, arbeitet, sollte er dann die Farbmischgesetze experimentell prüfen, indem er eine Anzahl von Mischungen mit zwei oder mehr Farbmitteln herstellt und sich die

Ergebnisse anschaut. Der Farbmischkreis (Seite 137) kann zu einem Mischdiagramm ausgebaut werden, um die Ergebnisse der Mischversuche in qualitativer Art und Weise zu bewerten, indem man exakt herausfindet, wie die Konzentration in den Mischungen geändert werden müssen, damit sich die Farben in einer bestimmten Richtung ändern. Eine einfache Erweiterung dieser Vorstellungen basierend auf Versuchen, wie sich die Farbstoffe verhalten, erlaubt es, die Metamerie mit einer rein visuellen Methode zu prüfen (Longley 1976).

Es ist jedoch nicht möglich, ohne Zuhilfenahme instrumenteller Hilfe irgendeiner Art zu objektiveren und quantitativen Ergebnissen fortzuschreiten. Da wir sehr stark daran glauben, daß diese Hilfe außerordentlich wichtig, ja manchmal unbedingt erforderlich ist, wird sie nachfolgend diskutiert.

**Meßtechnische Hilfen.** Der Zweck der Meßtechnik und der chemischen Analyse der Farbmittel ist es, das Erfahrungspotential, das für die Farbnachstellung gebraucht wird, zu verringern, da es immer schwieriger wird, Personal mit der notwendigen Erfahrung zu bekommen. Es ist allerdings wahr, daß es für die Endabmusterung keinen Ersatz für die Erfahrung gibt. Der Kolorist muß deshalb einige Erfahrung im Umgang mit den Meßgeräten und der Interpretation ihrer Ergebnisse sammeln, bevor er sie als brauchbare Hilfe bei der Farbnachstellung ansieht. Ein großer Vorteil, der für den Einsatz von Meßgeräten spricht, ist die Tatsache (Johnston 1965), daß jemand ohne Erfahrung die Farbnachstellung mit der Hilfe von Meßgeräten schneller lernen kann, als dies mit der zeitaufwendigen visuellen Methode möglich ist. Da das Althergebrachte schwer zu ändern ist, ist es für einen in der visuellen Farbnachstellung erfahrenen Koloristen wesentlich schwieriger, sich der Meßtechnik zu bedienen und den vollen Nutzen daraus zu ziehen.

Bei der Diskussion der meßtechnischen Hilfsmittel für die Farbnachstellung finden wir es wieder nützlich, die unbedingt gleiche und die metamere Nachstellung getrennt zu betrachten. Wiederum finden wir, daß Spektralphotometer die am besten geeigneten Meßgeräte für die Rezeptberechnung unbedingt gleicher Nachstellungen sind. Aus der Form der spektralphotometrischen Kurve kann sowohl über die Mengen als auch über die Identität der in der Vorlage eingesetzten Farbmittel viel gelernt werden.

Zwei Zusätze, die für manche Spektralphotometer erhältlich sind, sind besonders nützlich, um die Form der spektralphotometrischen Kurve zu deuten. Einer erlaubt die Darstellung der Kurven im Maßstab log Extinktion. Dadurch werden die Kurven so aufgezeichnet, daß die Kurvenform unabhängig von der eingesetzten Farbmittelkonzentration ist. Diese Zusatzeinrichtung ist besonders bei der einfachen subtraktiven Nachstellung nützlich. Das zugrundeliegende Prinzip leitet sich vom Beerschen Gesetz ab. Es bewirkt, daß die Abstände der Kurven in senkrechter Richtung bei jeder Wellenlänge proportional der eingesetzten Farbmittelmengen sind, was diese Art der Darstellung so nützlich macht. Der Beitrag jedes Farbmittels addiert sich zur Gesamtabsorption. Sind die Farbstoffe identifiziert, ist nur ein wenig Algebra notwendig, um die Konzentration der verschiedenen für die Erstnachstellung benötigten Farbstoffe mit Hilfe des Beerschen Gesetzes zu berechnen, wie in den Zahlenbeispielen auf den Seiten 156 und 157 gezeigt wird.

*(Text wird auf Seite 158 fortgesetzt.)*

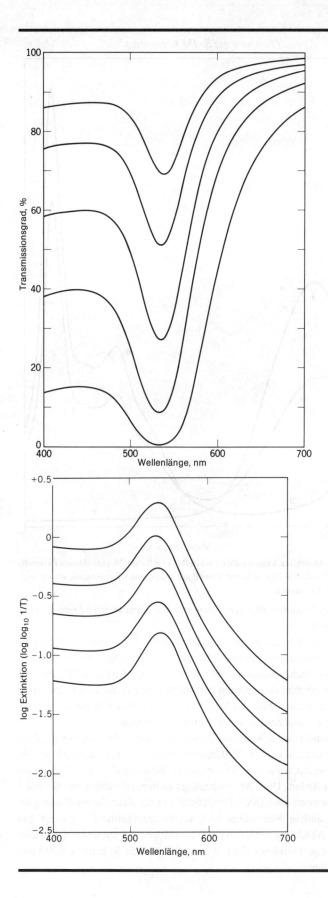

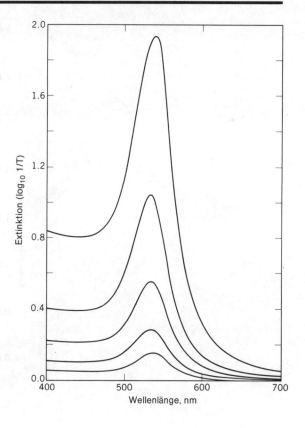

**Abb. oben links**

Spezielle Arten spektralphotometrische Kurven darzustellen haben sich als nützliche meßtechnische Hilfe bei der Farbnachstellung erwiesen. Hier sind herkömmliche Durchlässigkeitskurven (mit korrigierter Oberflächenreflexion) für eine Serie von violetten Lovibond Gläsern mit unterschiedlicher Farbmittelkonzentration gezeigt. (Ähnliche Kurven würden erhalten werden, wenn statt der Konzentrationen die Dicke der Gläser bei konstant gehaltener Konzentration entsprechend geändert würde.)

**Abb. oben rechts**

Extinktionskurven der in der Abbildung oben links gezeigten Proben. Der lineare Abstand in dieser Darstellung ist die Absorption A=abc (Beersches Gesetz), die in der Gleichung auf Seite 137 beschrieben wurde und die im Beispiel auf Seite 156 angewendet wird.

**Abb. unten links**

Kurven im Maßstab log Extinktion für die gleichen Proben. Die linearen Abstände in dieser Darstellung sind den Verhältnissen der Schichtdicken oder der Konzentrationen der Proben proportional. Die Kurvenform ist von der Dicke oder der Konzentration fast unabhängig. Sie ist charakteristisch für das eingesetzte Farbmittel.

*(Text wird auf S. 158 fortgesetzt.)*

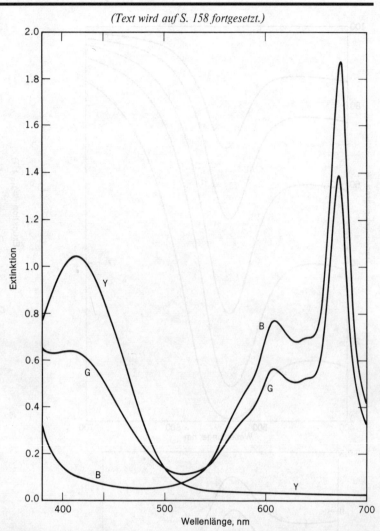

**Kurven, die die Absorption A eines gelben Farbstoffs (Y) mit c = 1,38, eines blauen Farbstoffs (B) mit c = 1,07 und einer Mischung von Y und B mit unbekannten Konzentrationen c zeigen, um ein Grün (G) zu erzeugen.**

*Die Ermittlung der Farbstoffkonzentrationen in einer durchlässigen Probe mit Hilfe des Beerschen Gesetzes.*

Die zugehörige Abbildung zeigt Extinktionskurven von drei durchlässigen Kunststoffproben aufgetragen als Funktion der Wellenlänge. Die Probe Y enthält 1,38 (willkürliche) Mengeneinheiten eines gelben Farbstoffs; die Probe B enthält 1,07 Einheiten eines blauen Farbstoffs. Probe G, die eine grüne Farbe hat, enthält unbekannte Mengen des gelben und des blauen Farbstoffs. Gezeigt wird, wie diese unbekannten Mengen zu ermitteln sind.

Weil zwei unbekannte Konzentrationen zu ermitteln sind, müssen die Werte der drei Proben bei zwei Wellenlängen betrachtet werden. Diese sollten dort ausgewählt werden, wo sich die Absorption in Abhängigkeit von der Wellenlänge nicht stark ändert. Die eine Wellenlänge ist dort zu wählen, wo der gelbe Farbstoff besonders stark (hohe Extinktion) und der blaue Farbstoff wenig absorbiert. Die andere Wellenlänge dort, wo der umgekehrte Fall vorliegt. Ein Blick auf die Abbildung zeigt, daß die Wellenlängen 415 nm und 610, 630 oder 670 nm verwendet werden sollten. Wir werden mit den Wellenlängen 415 und 630 nm arbeiten.

Der erste Schritt besteht darin, die Absorptionswerte $A$ für jede Probe und für jede Wellenlänge von den Kurven abzulesen. Wir ermittelten aus den Originalkurven folgende Werte:

| Probe | Wellenlänge | |
|---|---|---|
|  | 415 nm | 630 nm |
| Y | 1,022 | 0,008 |
| B | 0,080 | 0,660 |
| G | 0,610 | 0,488 |

Jetzt berechnen wir die Werte $a$ für den gelben und den blauen Farbstoff bei den beiden Wellenlängen. Das Beersche Gesetz lautet: $A = abc$. Weil die Schichtdicke für alle Proben gleich groß ist, kürzt sich diese Größe aus den Gleichungen heraus. Unsere Gleichung vereinfacht sich deshalb zu $A = ac$ oder zu $a = A/c$. Wir berechnen die nachstehend angegebenen Werte von $a$:

| Probe | Wellenlänge | |
|---|---|---|
|  | 415 nm | 630 nm |
| Y | 0,741 | 0,006 |
| B | 0,075 | 0,617 |

Jetzt verwenden wir das Mischungsgesetz, welches sagt, daß $A_G = A_Y + A_B$ ist, wobei sich alle Absorptionswerte auf die grüne Probe beziehen. Indem wir die gleichbedeutende Gleichung $A_G = a_Y c_Y + a_B c_B$ verwenden, in der $c_Y$ und $c_B$ die gesuchten Konzentrationen sind, können wir schreiben:

| Wellenlänge | Mischungsgleichungen | |
|---|---|---|
| 415 nm | $0{,}610 = 0{,}741 c_Y + 0{,}075 c_B$ | (1) |
| 630 nm | $0{,}488 = 0{,}006 c_Y + 0{,}617 c_B$ | (2) |

Diese zwei Gleichungen mit den zwei Unbekannten $c_Y$ und $c_B$ können wie folgt gelöst werden: Man multipliziert Gleichung (1) mit 0,006/0,741 und erhält so Gleichung (3). Gleichung (3) wird von Gleichung (2) abgezogen, woraus sich Gleichung (4) ergibt. Aus Gleichung (4) kann $c_B$ errechnet werden.

$$
\begin{aligned}
0{,}488 &= 0{,}006 c_Y + 0{,}617 c_B &\quad (2)\\
0{,}005 &= 0{,}006 c_Y + 0{,}001 c_B &\quad (3)\\
0{,}483 &= \phantom{0{,}006 c_Y + {}} 0{,}616 c_B &\quad (4)\\
0{,}784 &= c_B
\end{aligned}
$$

Zum Schluß wird der Wert von $c_B$ in Gleichung (1) eingesetzt, um $c_Y$ zu errechnen:

$$
\begin{aligned}
0{,}610 &= 0{,}741 c_Y + 0{,}075 c_B &\quad (1)\\
0{,}610 &= 0{,}741 c_Y + 0{,}075 \times 0{,}784\\
&= 0{,}741 c_Y + 0{,}059\\
0{,}551 &= 0{,}741 c_Y\\
0{,}743 &= c_Y
\end{aligned}
$$

Die Mengen $c_B = 0{,}784$ und $c_Y = 0{,}743$ sind die gesuchten Farbstoffkonzentrationen. Mischungen mit drei Farbstoffen werden ähnlich gelöst. Die Gleichungen sind jedoch komplizierter.

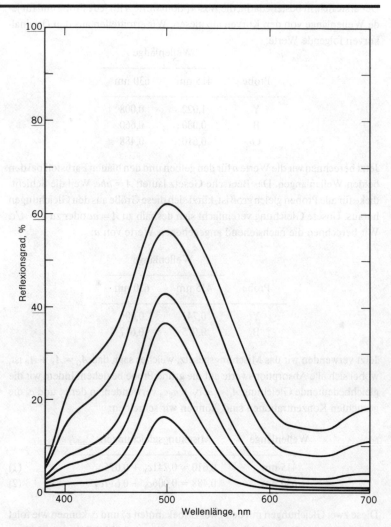

**Reflexionskurven einer Serie von Proben, die durch Mischung verschiedener Mengen Phthalocyanin Grün (C. I. Pigment Green 7, C. I. No. 74260) mit Titandioxid Weiß in einem Gießharz aus Kunststoff hergestellt worden sind.**

*(Fortsetzung des Textes von Seite 154)*

Für komplexe subtrative Mischungen gilt das Gesetz von Beer nicht. Die Kubelka-Munk Gleichungen sind aber manchmal genau genug, um in diesem Fall angewendet zu werden. Wenn man mit vollständig undurchsichtigen Proben wie deckend pigmentierten Anstrichfilmen arbeitet, vereinfachen sich diese Gleichungen. Sie zeigen, daß eine Funktion der Reflexion R existiert, welche dieselbe Eigenschaft wie die Funktion log Extinktion bei der einfachen subtraktiven Mischung hat, nämlich proportional zur eingesetzten Pigmentkonzentration zu sein. Diese Funktion log K/S (Pritchard 1952) dient in dem zweiten nützlichen Zusatz für Spektralphotometer als Maßstab zur Aufzeichnung der R-Kurven. Derby (1952) hat die Nützlichkeit dieser Zusatzeinrichtung als Hilfsmittel für die Farbnachstellung in der Textilindustrie beschrieben.

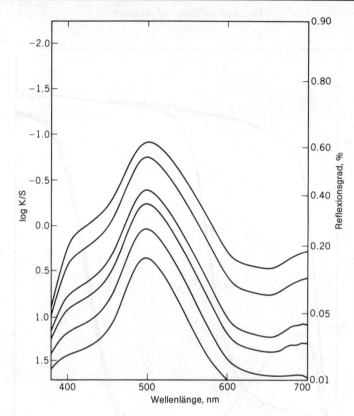

**Aufzeichnung der im vorigen Bild dargestellten Proben im Maßstab log K/S. Die linearen Abstände in dieser Darstellung sind den Konzentrationen des Grünpigments proportional. Die Form der Kurven ist von der Konzentration fast unabhängig und ist charakteristisch für das eingesetzte Farbmittel.**

Das Sprichwort, nichts kommt von nichts, trifft hier ebenfalls zu. Man muß das Verhalten seiner einzelnen Farbmittel kennen, bevor die Abstände auf einem Diagramm mit dem Maßstab log K/S oder log Extinktion in Konzentrationen umgewandelt werden können. Deshalb ist es notwendig, Proben, die jeden der verwendeten Farbstoffe allein in verschiedenen Konzentrationen enthalten, herzustellen. Die Proben müssen an einem Spektralphotometer gemessen werden, um die Eichdaten zu bestimmen. Wenn dies für ein bestimmtes Substrat oder Medium und eine bestimmte Färbetechnik getan ist, können alle weiteren Proben, die in gleicher Art hergestellt worden sind, untersucht werden. Die Bedeutung dieses Schrittes kann nicht genug betont werden; genauere Ausführungen sind auf Seite 167 zu finden.

Alles, was bisher gesagt wurde, bezieht sich auf die genaue Nachstellung der Reflexionskurve der Vorlage, d. h. gilt nur für die Produktion von unbedingt gleichen Nachstellungen. Wenn die verwendeten Farbmittel sich von denen in der Vorlage unterscheiden, wird häufig eine bedingt gleiche (metamere) Nachstellung hergestellt. Methoden, die nur auf der Reflexionskurve beruhen, sind hier wenig nützlich. In diesem Fall benötigt und arbeitet man mit den Normfarb-

*(Text wird auf Seite 162 fortgesetzt.)*

*(Text wird auf Seite 162 fortgesetzt.)*

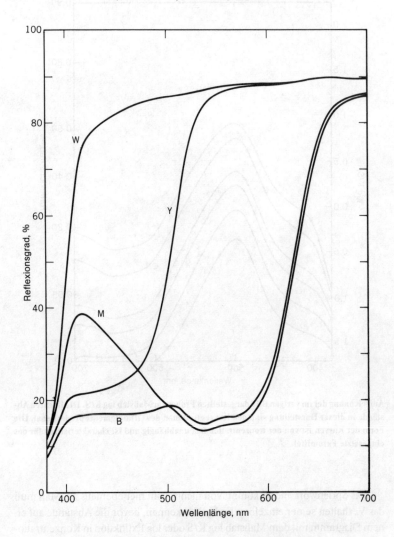

*Die Ermittlung der Farbstoffkonzentrationen in einer undurchsichtigen Probe mit Hilfe der Kubelka-Munk Gleichung:*

Die zugehörige Abbildung zeigt die Reflexionskurven von vier Anstrichproben als Funktion der Wellenlänge. Die Probe W erhält nur ein Weißpigment. Die Probe Y enthält 18,5 % eines Gelbpigments im Weißverschnitt und die Probe M enthält 13,6 % eines violetten (Magenta) Pigments im Weißverschnitt. Die braune Probe B enthält unbekannte Mengen des Gelb- und des Magentapigments im Weißverschnitt. Gezeigt wird, wie die unbekannten Konzentrationen zu ermitteln sind. Die gezeigte Lösung beruht auf der Annahme, daß die Proben Farbpigmente mit relativ geringem Streuvermögen enthalten, und benutzt die für diesen Zweck abgeleitete Näherungsgleichung von Kubelka-Munk, die auf Seite 164 angegeben ist.

Wie bei dem Problem von Seite 156, das mit Hilfe der Beerschen Gesetze gelöst worden ist, werden zwei geeignete Wellenlängen für die Berechnung ausgewählt. Sind sie auch der Meinung, daß 420 nm und 560 nm eine gute Wahl darstellen?

Wir lesen aus den Kurven die Reflexionsgrade $R$ bei diesen Wellenlängen ab. (Um das Problem zu vereinfachen, unterlassen wir die auf Seite 140 beschriebene Saunderson Korrektur.) Aus den Originalkurven ermittelten wir die nachstehend angegebenen Reflexionsgrade $R$. Sie sind als Dezimalzahl und nicht als Prozentwert angegeben.

|       | Wellenlänge | |
|-------|--------|--------|
| Probe | 420 nm | 560 nm |
| Y     | 0,216  | 0,872  |
| M     | 0,384  | 0,146  |
| B     | 0,167  | 0,163  |
| W     | 0,768  | 0,882  |

Als nächstes berechnen wir $K/S = (1 - R)^2 / 2R$ (rechter Rand):

|       | Wellenlänge | |
|-------|--------|--------|
| Probe | 420 nm | 560 nm |
| Y     | 1,423  | 0,009  |
| M     | 0,494  | 2,498  |
| B     | 2,078  | 2,149  |
| W     | 0,035  | 0,007  |

Wir müssen jetzt den kleinen Anteil, den Weiß zu den $K/S$-Werten beiträgt von den anderen Werten abziehen:

|       | Wellenlänge | |
|-------|--------|--------|
| Probe | 420 nm | 560 nm |
| Y     | 1,388  | 0,002  |
| M     | 0,459  | 2,491  |
| B     | 2,043  | 2,142  |

Beim nächsten Schritt muß die sogenannte „Absorptionskonstante $K/S$" ermittelt werden, das ist der $K/S$ Wert, der von der Mengeneinheit jedes Pigmentes bewirkt wird. Wir tun dies, indem wir die oben angegebenen korrigierten (Abzug von Weiß) $K/S$-Werte durch die Pigmentkonzentration dividieren, die als Prozentwert oder als Bruchteil angegeben sein kann. Die Wahl muß allerdings für alle Pigmente gleich sein. Wir wählen den Bruchteil und teilen die korrigieren $K/S$-Werte für Gelb durch 0,185 und die für Magenta durch 0,136 (rechter Rand):

|       | Wellenlänge | |
|-------|--------|--------|
| Probe | 420 nm | 560 nm |
| Y     | 7,50   | 0,01   |
| M     | 3,38   | 18,32  |

Wir können jetzt zwei Gleichungen aufstellen, die auf der angenäherten Kubelka-Munk Gleichung beruhen, die auf Seite 164 angegeben sind:

| Wellenlänge (nm) | Mischungsgleichung |
|------|--------------------------------|
| 420  | $2{,}043 = 7{,}50 c_Y + 3{,}38 c_M$ |
| 560  | $2{,}142 = 0{,}01 c_Y + 18{,}32 c_M$ |

Diese beiden Gleichungen können jetzt zur Ermittlung von $c_Y$ und $c_M$ genauso aufgelöst werden, wie dies im vorhergehenden Beispiel, das auf der Anwendung der Beerschen Gesetze beruhte, demonstriert worden ist. Wir überlassen es dem Leser, zu bestätigen, daß $c_Y = 0{,}220$ und $c_M = 0{,}117$ ist. Das bedeutete: die braune Probe enthält 22 % Gelbpigment und 11,7 % Magentapigment in Weiß. Mischungen von drei Buntpigmenten in Weiß können sinngemäß genauso berechnet werden, wobei die Gleichungen allerdings komplizierter sind.

*Berechnung einer gesuchten Farbnachstellung*

Vorgegeben sind die Normfarbwerte der Vorlage. Mit welchen Konzentrationen der Farbmittel können sie nachgestellt werden?

*Vorausberechnung der Farbe einer Färbung*

Gegeben sind die Konzentrationen der Farbmittel. Welche Normfarbwerte hat die hergestellte Färbung?

*(Fortsetzung des Textes von Seite 159)*

werten der Proben. Wiederum möchten wir jedoch betonen, daß sofern irgend möglich metamere Nachstellungen vermieden werden sollten. Es wurde nicht ohne Grund gesagt: „Die einzig sichere Nachstellung ist eine unbedingt gleiche Nachstellung."

Es ist jedoch wahr, daß die meisten Nachstellungen, egal ob sie visuell (mit oder ohne die beschriebenen Hilfen) oder mit Hilfe von Rechnern (wie unten beschrieben) ausgeführt werden, im allgemeinen zumindest geringfügig metamer sind. Wenn Meßgeräte und Rechner verwendet werden, wird die Metamerie wahrscheinlich mit Hilfe irgendeines Metamerieindex (Seite 176) bewertet werden. Diese Beurteilung mag aus verschiedenen Gründen nicht gut mit dem visuellen Urteil korrelieren: Die Metamerieindizes, auch die besten, die aufgestellt worden sind, sind kein gutes Maß für die Güte einer Nachstellung. Der Abmusterer ist wahrscheinlich kein „Normalbeobachter"; und die zur Abmusterung benutzte Lichtquelle ist im allgemeinen nicht mit der zur Berechnung der Normfarbwerte verwendeten Normlichtart identisch.

Verantwortungsbewußte Koloristen werden es wünschen, diese Variablen so gut wie möglich zu prüfen. Der Metamerieindex wird dazu als erster Anhalt verwendet, ihm wird jedoch nicht unbedingt vertraut. Kritische Abmusterungen werden von mehreren Personen durchgeführt. Sind besonders kritische Nachstellungen durchzuführen, wird die spektrale Strahlungsverteilung des Abmusterungslichts (die gesamte Abmusterungsleuchte und nicht nur die Lampen sind zu berücksichtigen) bestimmt. Mit genau dieser Strahlungsverteilung werden dann die Normfarbwerte im Computer berechnet. Dies wird heute bereits für einige unübliche Lichtquellen durchgeführt.

Da zur Berechnung einer metameren Nachstellung nur die Normfarbwerte und nicht die spektrale Reflexionskurve benötigt werden, kann man auf die Idee kommen, daß in diesem Fall Kolorimeter besser geeignet sind. Hier ist jedoch Vorsicht geboten: Wie in Kapitel 3 D ausgeführt wurde, sind herkömmliche Kolorimeter nur zur Messung von kleinen Farbabständen zwischen Standard und Probe geeignet, wenn diese mit den gleichen Farbmitteln gefärbt worden sind. Sie sind sehr schlecht zur Messung von metameren Nachstellungen geeignet, da hier unterschiedliche Farbmittel verwendet worden sind.

Wie kann das Erstrezept einer metameren Nachstellung berechnet werden, wenn die Normfarbwerte der Vorlage und die der einzelnen eingesetzten Farbmittel in verschiedenen Konzentrationen bekannt sind? Heute kann das Problem mit Hilfe von Rechnern einfach gelöst werden. Ohne ihre Hilfe ist jedoch eine enorme Zahl von Rechnungen durchzuführen.

Das beste, was man tun kann, um die Berechnungen zu verkürzen, ist, mit den Ergebnissen früherer Versuche zu arbeiten. Dazu ist es notwendig, systematische Aufzeichnungen bereitzuhalten. Jede hergestellte Probe sollte gemessen und ihre Normfarbwerte aufgezeichnet werden, um einen Bezug zu haben, wenn eine ähnliche Farbe nachgestellt werden soll. Das Gedächtnis kann so unterstützt und aufgefrischt werden. Fertigkeiten für Nachstellungen können erarbeitet werden. Wie die Probensammlung, die jemand verwendet, der visuell Nachstellungen erarbeiten will, erweist sich die Sammlung von Meßdaten letztendlich als sehr wertvolle Hilfe bei der Voraussage der Konzentrationen für den ersten Versuch einer metameren *oder* einer unbedingt gleichen Farbnachstellung.

**Rechnerunterstützte Farbnachstellungen.** Die bei der Berechnung des Erstrezepts zu lösende Aufgabe ist die Berechnung der richtigen Konzentrationen der verwendeten Farbmittel, um die Vorlage nachzustellen. Ausgangspunkt für die Berechnung sind entweder die gemessene Reflexionskurve oder die Normfarbwerte der Vorlage. Die Sammlung von Erfahrungsdaten, über die im vorigen Abschnitt berichtet wurde, ist eine Sammlung von Lösungen für das umgekehrte Problem. Gegeben sind die Farbstoffkonzentrationen, welche Normfarbwerte hat die Färbung? Dieses Problem kann unmittelbar durch Berechnung der Normfarbwerte oder mit Hilfe einer Färbung mit den vorgegebenen Konzentrationen gelöst werden. Voraussetzung ist, daß die Farbmischgesetze gelten und daß die notwendigen Daten für die einzelnen Farbmittel bekannt sind. Aber auch hier ist der Umfang der Rechnungen so groß, daß sie, bevor es Computer gab, nur von wenigen Koloristen in größerem Umfang durchgeführt wurden.

Als Computer lieferbar waren, stellte sich die Frage, ob eine berechnete Sammlung von „Proben = Rezepturen" für den gesamten Farbkörper, die jeder nachzustellenden Vorlage ähnlich sind, von Nutzen sein kann. Die Antwort ist nur ein einschränkendes „ja". Solch ein Katalog kann schnell genug berechnet werden, ist er jedoch groß genug, um alle gewünschten Daten zu enthalten, ist er zu groß, um einfach benutzt zu werden. Obwohl einige solcher Kataloge berechnet wurden, kennen wir keinen, der sich über längere Zeit als nützlich erwiesen hat, sofern er nur die Rezepturen und die Normfarbwerte ohne ausgefärbten Proben enthält.

Es stellte sich jedoch schnell heraus, daß der Schritt von der Berechnung der Normfarbwerte auf Grund der vorgegebenen Farbmittelkonzentrationen zu dem umgekehrten Schritt, der Berechnung der Farbmittelkonzentrationen auf Grund der vorgegebenen Werte der Vorlage, nicht groß war. Man muß nur die Farbmittelkonzentrationen so verändern, daß eine bessere Näherung als beim ersten „Versuch" (= vorgegebene Farbmittelkonzentrationen) erzielt wird, und mit diesen Konzentrationen die Rechnungen wiederholen. Dies kann so lange wieder und wieder durchgeführt werden, bis die berechneten Normfarbwerte innerhalb der gewünschten Genauigkeit mit denen der Vorlage übereinstimmen. In der Mathematik ist diese Technik als Iterationsmethode bekannt, und jeder Schritt, der näher an das gewünschte Ziel führt, wird Iteration genannt. Das Problem, die Farbmittelkonzentrationen so zu korrigieren, daß jede Iteration näher an die gewünschte Rezeptur als der vorhergehenden führt, kann auf zwei Wegen gelöst werden: entweder durch „trial and error" oder mathematisch.

Wir müssen darauf hinweisen, daß unsere Beschreibung genau dem Weg entspricht, dem der Kolorist bei der traditionellen visuellen Farbnachstellung folgt. Er macht eine erste Färbung mit Konzentrationen, die er auf Grund seiner Erfahrung und seines Gedächtnisses auswählt. Auf Grund des Ergebnisses dieser Färbung korrigiert er die Konzentrationen und macht eine neue Färbung. Diesen Schritt führt er so oft aus, bis die Nachstellung gelungen ist. Zwischen dem mathematischen und dem herkömmlichen Weg gibt es einen wesentlichen Unterschied: Der Kolorist muß jede Rezeptur ausfärben und die notwendig erscheinenden Rezeptänderungen auf Grund des Abmusterungsergebnisses und seiner Erfahrung bestimmen. Die Computertechnik verlangt im Gegensatz dazu keine Färbung der berechneten Rezepturen. Die rechnerischen Korrekturen werden objektiver mit einer der zwei beschriebenen Methoden durchgeführt: Entweder werden die Korrekturen mit Hilfe der Farbmischgesetze mathematisch berechnet, oder sie werden mit der trial and error Methode ermittelt. Die Schnelligkeit dieser Methode ist groß, und wenn die Resultate jeweils sofort sichtbar sind, können rechnerisch viele Versuche in kürzester Zeit durchgeführt werden.

Die zuletzt beschriebene Methode, die sofortige Darstellung der Ergebnisse einer Konzentrationsänderung, läßt sich am besten mit einem Computer durch-

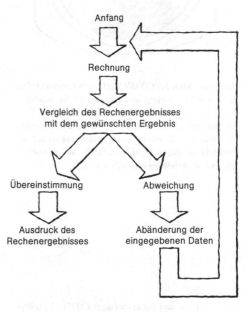

**Das Prinzip der Iteration.**

**164** Grundlagen der Farbtechnologie

*Die im „COMIC" verwendete Näherung der Mischungsgesetze von Kubelka-Munk*

$$\left(\frac{K}{S}\right)_{\text{Mischung}} = \left(\frac{K}{S}\right)_1 c_1 + \left(\frac{K}{S}\right)_2 c_2 + \left(\frac{K}{S}\right)_3 c_3 + \left(\frac{K}{S}\right)_w c_w$$

für kleine Mengen der Buntpigmente 1, 2 und 3 in Anstrichfarben oder Kunststoffen, die eine große Menge Weißpigment W enthalten. Die Konzentrationen können in einem relativen Maßstab angegeben werden, so daß $c_1 + c_2 + c_3 + c_w = 1$ ist.

$$\left(\frac{K}{S}\right)_{\text{Mischung}} = \frac{K_1 c_1 + K_2 c_2 + K_3 c_3}{S_w}$$

gilt für drei nichtstreuende Farbstoffe in einem streuenden Substrat, wie Textil oder Papier.

führen, der die Ergebnisse auf einem Bildschirm darstellt. Das erste käufliche Gerät für rechnerunterstützte Rezeptberechnungen arbeitete wie oben beschrieben: der Davidson und Hemmendinger COMIC I analog Farbmischungsrechner (COlorant MIxture Computer) (Davidson 1963). Inzwischen ist er längt nicht mehr im Handel. Der Rechner zeigte die Näherung der Nachstellung auf einem Bildschirm. Der Benutzer führte so lange Änderungen, die der Änderung der Farbmittelkonzentration entsprachen, aus, bis die beste Näherung erzielt war.

Der COMIC I hinterließ ein nützliches Vermächtnis: Um mit seiner begrenzten Rechnerkapazität arbeiten zu können, war es notwendig, die Mischungsgesetze von Kubelka-Munk zu vereinfachen (Seite 140). Angenommen wurde, daß die gesamte Streuung von einem Farbmittel verursacht wird, üblicherweise von Weiß (in pastellfarbigen Anstrichfarben) oder vom Substrat (bei Textilien). Diese Näherung wird auch heute noch oft verwendet, denn sie erfordert sehr viel weniger Arbeit bei der Erstellung der notwendigen Eichdaten, die vor der eigentlichen Rechnung erstellt werden müssen (siehe Seite 166–167).

Zur Zeit werden für die rechnerunterstützte Rezeptberechnung Digitalrechner eingesetzt, die häufig direkt mit den Spektalphotometern verbunden sind. Die Grundlagen der Rechentechnik sind bereits vor dem Beginn des Computerzeitalters erarbeitet worden und machten deren Einsatz erst möglich (Park 1944). Sie wurden von Allen (1966, 1974) beschrieben und sind in Büchern (Stearns 1969, Kuehni 1975 b) und zusammenfassenden Veröffentlichungen

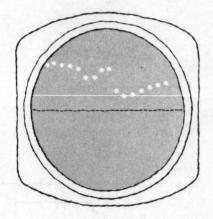

**Der Bildschirm des COMIC I** zeigt den Unterschied in K/S zwischen Vorlage und berechneter Nachstellung bei jeder der 16 Wellenlängen (Punkte). Durch Verstellung der „Konzentrations"-Potentiometer, konnte der Bediener alle Punkte so verstellen, daß sie auf der Nullinie zu liegen kamen, wodurch eine unbedingt gleiche Nachstellung ermittelt wurde.

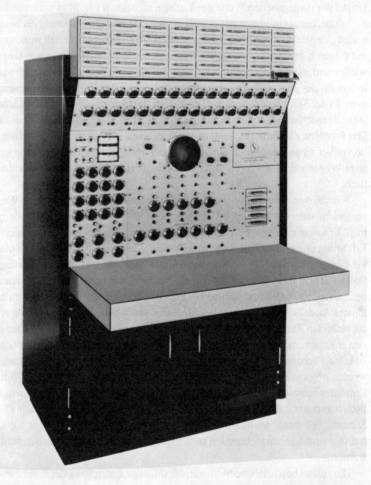

**Der Davidson und Hemmendinger COMIC I Farbrezeptrechner.**

(Gall 1973, Allen 1978) zu finden. Die am meisten verwendeten Programme finden immer größere Verbreitung (Applied Color Systems, Davidson Colleagues, Diano, IBM). Details, wie sie arbeiten, sind nicht veröffentlicht. Es wird jedoch angenommen, daß die meisten, wenn nicht alle, die Normfarbwerte nachstellen. Andere Techniken sind ebenfalls beschrieben, wie z. B. die lineare Programmierung (Bélanger 1974) und die Nachstellung der spektralen Reflexionskurve mit Hilfe der kleinsten quadratischen Abweichung (Gugerli 1963, McGiness 1967) und durch Minimierung des maximalen Fehlers (Ohta 1972 b).

Wir besprechen hier nur ein einfaches Rezeptberechnungsprogramm, das so aufgebaut ist, daß eine Nachfärbung errechnet wird, deren Normfarbwerte mit der des Standards übereinstimmen. Bei dem Verfahren, das im unten gezeigten Fließschema dargestellt ist, sind in den Rechner Daten einzugeben, welche die Lichtart beschreiben, für die die Nachstellung mit der Vorlage übereinstimmen soll. Weiterhin müssen die zu verwendenden Farbmittel, die Daten der Vorlage und geschätzte Farbmittelkonzentrationen (diese können, sofern sie nicht bekannt sind, willkürlich gewählt werden) eingegeben werden. Der Rechner berechnet daraufhin die Normfarbwerte, die sich mit den eingegebenen Konzentrationen ergeben, und den Unterschied zwischen diesen Werten und den Werten der Vorlage. Der Unterschied wird mit dem erlaubten Unterschied (der Toleranz, welche die Nachstellung haben darf) verglichen. Es muß erwartet werden, daß der Unterschied bei diesem ersten Schritt groß ist, so daß als nächster Schritt eine Korrektur der Konzentrationen erfolgen muß. Dies geschieht durch Berechnung von Größen, die man partielle Ableitungen nennt. Sie beschreiben die sich ergebenden Änderungen der Normfarbwerte, wenn kleine Änderungen der Farbmittelkonzentrationen ausgeführt werden. Mit dieser Information können die notwendigen Konzentrationsänderungen berechnet werden. Ist dies ge-

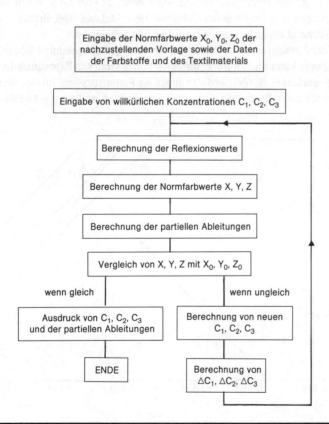

**Fließschema für die Rezeptberechnung mit Hilfe eines Computers (nach Alderson 1961).**

schehen, werden die Normfarbwerte erneut mit den neuen Konzentrationen berechnet. Der Kreislauf des Vergleichs, der Korrektur und der Neuberechnung wird solange fortgesetzt, bis eine innerhalb der gewünschten Genauigkeit liegende Rezeptur ermittelt ist.

Die meisten modernen Rezeptberechnungsprogramme unterscheiden sich von dem beschriebenen Beispiel in verschiedener Art und Weise. Es ist jetzt üblich, im Rechner die Daten für eine Anzahl von Lichtarten und die gesamte Farbmittelbibliothek zu speichern. Diese Daten werden dann einfach aufgerufen, wenn sie benötigt werden. Es sind viele Programme geschrieben worden, mit denen Nachstellungen für alle möglichen Farbmittelkombinationen berechnet werden (Kombinatorikmethode). Die meisten von ihnen erlauben eine Vorauswahl der Farbmittel, um die Zahl der zu berechnenden Kombinationen zu verringern. Programme, bei denen der Benutzer den Auswahlprozeß der Farbmittel kontrollieren und im Laufe der Rechnung beeinflussen kann, sind beschrieben worden (Davidson 1977, Winey 1978). Werden mehrere Farbmittelkombinationen für die Rechnung verwendet, ist es üblich, die Rezepte der Nachstellung für eine Lichtart (üblicherweise Tageslicht) zu berechnen. Mit Hilfe der für die Nachstellung errechneten Reflexionskurve werden dann die Normfarbwerte für eine oder mehrere andere Lichtarten (Glühlampe, Leuchtstofflampen) und daraus Metameriendizes für den Lichtartwechsel (Seite 176) errechnet. Viele Programme drucken die ermittelten Rezepte in der Reihenfolge steigender Metamerie oder steigender Kosten aus.

Wenn es auf Grund der obigen Ausführungen auch so aussieht, als ob die Rezeptberechnung mit Hilfe eines Rechners einfach ist, können wir versichern, daß die *Vorbereitungen* für den Rechenprozeß alles andere als einfach sind! Dieser Prozeß ist in der Tat schwierig und teuer, und die Rezeptberechnung kann nicht allgemein empfohlen werden, sogar dann, obwohl sie in vielen Fällen äußerst gute Ergebnisse liefert (Johnston 1969, McLean 1969, Brockes 1974). Nachstehend einige Gründe, warum Vorsicht geboten ist.

Zuerst einmal muß vor Beginn der Rechnungen der gesamte Färbeprozeß sehr genau kontrolliert werden, um einen hohen Grad von Reproduzierbarkeit zu gewährleisten. Bevor man daran denkt, ein Farbmeßsystem auszuprobieren, und noch mehr, bevor man ein solches System kauft, sollte der zukünftige Be-

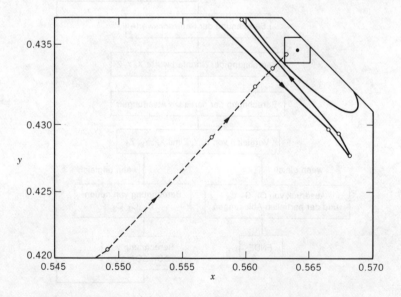

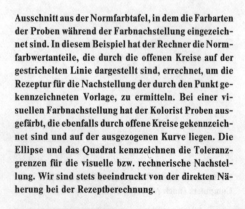

Ausschnitt aus der Normfarbtafel, in dem die Farbarten der Proben während der Farbnachstellung eingezeichnet sind. In diesem Beispiel hat der Rechner die Normfarbwertanteile, die durch die offenen Kreise auf der gestrichelten Linie dargestellt sind, errechnet, um die Rezeptur für die Nachstellung der durch den Punkt gekennzeichneten Vorlage, zu ermitteln. Bei einer visuellen Farbnachstellung hat der Kolorist Proben ausgefärbt, die ebenfalls durch offene Kreise gekennzeichnet sind und auf der ausgezogenen Kurve liegen. Die Ellipse und das Quadrat kennzeichnen die Toleranzgrenzen für die visuelle bzw. rechnerische Nachstellung. Wir sind stets beeindruckt von der direkten Näherung bei der Rezeptberechnung.

nutzer mit Hilfe von Farbmeßgeräten zeigen, daß er den gesamten Färbeprozeß von der Eingangskontrolle der Farbmittel bis zur Kontrolle des fertigen Verkaufsprodukts reproduzierbar beherrscht. Die Reproduzierbarkeit sollte in Farbabstandseinheiten ausgedrückt, hinreichend klein sein. Glauben Sie uns, dies ist nicht leicht, und viele zukünftige Anwender der Rezeptberechnung haben hier bereits aufgegeben, oder sollten hier aufgeben.

Zweitens steht ein erheblicher Teil der Gesamtreproduzierbarkeit mit der Probenvorbereitung in Zusammenhang, die bereits auf den Seiten 69-71 besprochen worden ist. Es ist notwendig, die Fehler dieses Schrittes sorgfältig zu kontrollieren und so klein wie möglich zu machen. Da die Rezeptberechnung im wesentlichen im Labor ausgeführt und an Laborfärbungen geprüft wird, bevor das Rezept an die Fabrikation weitergegeben wird, ergibt sich das schwierige Problem, die Ergebnisse des Laborversuchs so auf die Produktion zu übertragen, daß vergleichbare Ergebnisse erhalten werden.

Dann kommt die Frage der Herstellung der Eichfärbungen, mit deren Hilfe die Kubelka-Munk Werte K und S ermittelt werden, die im Rechner gespeichert werden müssen. Da die Kubelka-Munk Gleichungen im allgemeinen nicht genau befolgt werden, sind K und S nur in Grenzen konstant. Sie müssen deshalb bei mehreren Farbmittelkonzentrationen bestimmt werden. Diese Bestimmungen müssen mindestens zweimal für jedes verwendete Farbmittel, für jedes Substrat und für jede Färbemethode durchgeführt werden. Die Anzahl der Proben, die mit analytischer Genauigkeit hergestellt werden müssen, vergrößert sich so sehr schnell.

Man muß ebenfalls bedenken, welcher Anteil der Farbnachstellungen mit Hilfe der Rezeptberechnung bearbeitet werden kann. Es wird erst begonnen, Techniken für die Rezeptberechnung einer Anzahl von unüblichen Proben zu entwickeln. Sie benötigen ein weitaus größeres Verständnis des Koloristen für die zugrunde liegenden Theorien und Phänomene. Zu ihnen gehören fluoreszierende Proben, Metalleffektlacke, transluzente Materialien und viele andere. In Kapitel 6 A wird hierauf näher eingegangen.

Die letzte Entscheidung, ob die Rezeptberechnung für Farbnachstellungen gewählt werden soll, ist letztlich eine ökonomische. Kann ausreichend Gebrauch von dem Rezeptiersystem gemacht werden, kann es sich innerhalb kürzester Zeit durch verkürzte Einstellzeiten, niedrigere Farbmittelkosten und durch verminderte Personalanforderungen bezahlt machen, darüber hinaus auch in der Erstellung eines Produktes mit gleichbleibender Qualität. Nur der zukünftige Benutzer hat Zugang zu all den Informationen, die eine sachgemäße Entscheidung über den Wert ermöglichen, den so ein System für ihn hat (McLean 1969, Gall 1973, Brockes 1974, Saltzman 1976, Lowrey 1979).

**Korrektur der ersten Ausfärbung**

Die Trennlinie zwischen der Erstellung eines Erstrezeptes für eine übermittelte Vorlage und der Korrektur der ersten Ausfärbung, damit sie auch beim Produktionsprozeß mit der Vorlage oder einer früheren Produktionspartie übereinstimmt, ist in gewissem Umfang eine Sache der Definition. Darüber hinaus gibt es eine beträchtliche Überlappung zwischen der Rezeptkorrektur und der Produktionskontrolle, die in Abschnitt C dieses Kapitels besprochen werden wird. Willkürlich betrachten wir in diesem Abschnitt die Gesichtspunkte der Korrektur einer von außen an das Labor übermittelten Probe und diskutieren in Abschnitt C den Fall, in dem die nachzustellende Probe ein Labor- oder ein Produktionsstandard ist, der aus demselben Material besteht und mit denselben Farbstoffen in der gleichen Art gefärbt worden ist, wie dies bei verschiedenen Produktionschargen, die eingestellt werden müssen, der Fall ist.

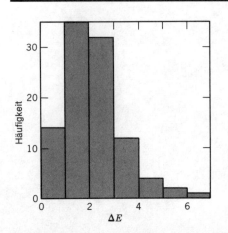

Ein Beispiel für die Güte von Ersteinstellungen mit Hilfe eines gut kontrollierten Systems zur Rezeptberechnung (Gall 1980). Ein Farbabstand kleiner als 3 ANLAB 40 Einheiten wurde in 80 % aller Fälle erreicht.

„Wenn Sie ein gefärbtes Produkt herstellen, kann es zu Ihnen sagen, ‚färbe mich rot oder färbe mich blau, aber färbe mich immer gleich, was auch immer du tust...'"

Bill Bednar

In diesem Sinne ist die Korrektur für den mit Hilfe von visuellen Methoden arbeitenden Koloristen identisch mit der Methode, die er bei der Erstellung des Erstrezeptes angewendet hat. Er setzt den Prozeß der wiederholten Versuche fort, bis die Nachstellung nach seinem Urteil gut genug mit der Vorlage übereinstimmt.

Bei der Korrektur mit Hilfe des Rechners (und bei einigen der einfachen Anwendungen nur mit meßtechnischer Hilfe) ist es zweckmäßig, das errechnete Rezept als Erstrezept anzusehen und jede nachfolgende Probe als Korrektur zu betrachten.

Wenn der Rechner zu jeder Zeit richtige Ergebnisse ermitteln würde, wäre eine Korrektur nicht notwendig. Dies ist selbstverständlich nicht der Fall. Die Wahrscheinlichkeit ist groß, daß die Ersteinstellung der Vorlage nahekommt aber nicht gut genug übereinstimmt. Die Ursachen für den Unterschied sind Meßfehler, Unterschiede von Produktionspartie zu Produktionspartie, Abweichungen in der Herstellung der zu messenden Proben, Eichdaten der Farbmittel, die nicht repräsentativ sind, und eine Nichtbefolgung der Farbmischgesetze bei der vorliegenden Mischung.

Der Korrigiervorgang beinhaltet die Berechnung von verbesserten Farbmittelkonzentrationen. Die benötigten Korrekturen sollen sicherstellen, daß die Normfarbwerte des korrigierten Rezepts mit denen der Vorlage übereinstimmen. Dies geschieht genauso wie bei der Berechnung des Erstrezeptes. Die einzige Ausnahme ist, daß sich die Korrektur nur in dem hier interessierenden kleinen Bereich des Farbenraums abspielt. Bei der Korrektur können Fehler der Eichdaten und die Nichtbefolgung der Mischgesetze korrigiert werden. *Nicht korrigiert* werden können dagegen Meßfehler und Fehler der Probenpräparation. Deshalb wird die Notwendigkeit, den gesamten Prozeß unter Kontrolle zu haben, noch einmal hervorgehoben. Jeder Schritt, der eine bessere Reproduzierbarkeit des Prozesses beinhaltet, wird deshalb zu einer höheren Genauigkeit führen (Peacock 1953, McLean 1969).

In vielen Fällen ergibt der zweite berechnete Versuch – oder die erste Korrektur mit Hilfe des Rechners – eine zufriedenstellende Übereinstimmung mit der Vorlage. Dies ist wahrscheinlich ein Mittelwert. Es läßt sich schwer sagen, wie diese Aussage mit der Anzahl der Versuche zu vergleichen ist, die bei einer visuellen Farbnachstellung benötigt werden. Sicher kann aber behauptet werden, daß sich eine erhebliche Verringerung der benötigten Färbeversuche ergibt (McLean 1969, Lowrey 1979). Derby (1973) hat darauf hingewiesen, daß die Berechnung von mehr als einer oder zwei Korrekturen die Nachstellung nur selten verbessert.

## C. DIE KONTROLLE DER FARBE IN DER PRODUKTION (QUALITÄTSKONTROLLE)

Genauso wie die Farbmessung eine spezielle Form der Analytik ist, ist die Kontrolle der Farbe eine besondere Art der Produktionskontrolle. Die üblichen Probleme, wie Probenfehler, Unterschiede von Produktionspartie zu Produktionspartie, die Unsicherheit bei der Festlegung der Grenze der Akzeptierbarkeit u. a. spielen hier eine Rolle. Der einzige Unterschied scheint in dem Heiligenschein zu liegen, mit dem einige Leute die Farbe umgeben.

Wie in Kapitel 3 dargelegt worden ist, gibt es zwei grundlegende Forderungen an die Farbmessung, unabhängig davon, ob ein Meßgerät verwendet wird oder nicht: 1. eine Beschreibung der zulässigen Toleranz in einer Sprache, die allen damit befaßten Personen verständlich ist und 2. ein genormtes Verfahren zur Ermittlung der Unterschiede zwischen Standard und zu prüfender Probe, dem vertraut werden kann. Bei der Diskussion der Qualitätskontrolle nehmen wir an, daß eine Übereinkunft über die Art der zulässigen Farbabweichung und über die Methode, mit der diese Abweichung zu messen ist, erreicht worden ist.

Für die Messung sind alle in Kapitel 3 E beschriebenen Techniken geeignet. Es gibt nur sehr geringe grundsätzliche Unterschiede, wenn ein Meßgerät eingesetzt wird; es müssen dieselben Regeln befolgt werden. (Der Zeitbedarf ist natürlich bei der Qualitätskontrolle sehr wichtig.)

## Überwachung

**Der Wert von Meßgeräten.** Für die Überwachung der Farbe während des Produktionsprozesses haben sich Farbmeßgeräte als besonders nützlich erwiesen. Meßdaten erlauben die kontinuierliche Aufzeichnung der Produktion bzw. deren Abweichung gegenüber dem Standard in quantitativer Form. Wenn Meßgeräte und Probenahme empfindlich genug sind, können kleine Abwanderungen entdeckt und bereits korrigiert werden, bevor die Produktion an die Toleranzgrenze stößt und Material produziert wird, das nicht dem Standard entspricht.

Während das Auge ein außerordentlich gutes Instrument bei der Feststellung ist, ob Probe und Standard übereinstimmen, ist es nicht so gut zur Ermittlung der Größe und der Art der Abweichung zwischen Standard und Probe geeignet (Thurner 1965). Dies trifft besonders dann zu, wenn Probe und Standard sich in mehr als einem Aspekt unterscheiden. Richtig angewendete Meßgeräte können solch eine Farbänderung sehr gut beschreiben. Ohne diese Information könnten Maßnahmen zur „Korrektur" eingeleitet werden, die genau das Gegenteil bewirken (Derby 1971, 1973). Sogar der geübte Kolorist, dem der Produktionsprozeß und das Produkt vertraut sind, kann nicht immer sagen, was geschieht und was zu tun ist. Der ungeübte Kolorist weiß sich oftmals überhaupt nicht zu helfen. Hier kann der Einsatz von Farbmeßgeräten eine sehr große Hilfe bedeuten. Wie bei allen Überwachungen spielen die richtige Probenahme und der richtige Gebrauch des Farbmeßgerätes jedoch eine äußerst wichtige Rolle.

**Der Einfluß der Prozeßvariablen.** Die endgültige Farbe jedes Produkts ist normalerweise nicht nur durch das zu seiner Herstellung verwendete Färberezept bedingt, sondern auch durch eine Vielzahl von weiteren Prozeßvariablen (Johnston 1964, Marshall 1968, Gailey 1977). Eine der Aufgaben des Koloristen ist es, die Einflüsse solcher Größen des Produktionsprozesses so genau zu bestimmen, wie es ihm möglich ist. Es ist bei weitem besser, diese Einflußgrößen unter Kontrolle zu bringen, als das Färberezept zu ändern. Dies mag ein gewaltiges Stück Arbeit bedeuten. Je genauer aber bekannt ist, mit welchen Möglichkeiten ein Färbeprozeß hinsichtlich der Farbgebung reproduzierbar gestaltet werden kann, um so besser kann der Kolorist die Färberei beraten, wie Material, das vom Standard abweicht, korrigiert werden kann.

**Mehr als nur Messungen.** Zusätzlich zu der Feststellung, wie sich die Farbe eines Produktes geändert hat, kann eine gute Farbmessung mit genügend Hintergrundinformation helfen, die Ursachen für die Änderung aufzuzeigen. Sie kann die Gleichförmigkeit der Farbe aber nicht kontrollieren, indem sie Meßwerte zur Verfügung stellt. Hier muß das Verständnis des Färbeprozesses hinzukommen, so daß die richtige Korrekturmaßnahme erkannt und durchgeführt werden kann. In dieser Hinsicht verhält sich die Farbmessung wieder so, wie jede andere analytische Methode.

## Endeinstellung

Die Hauptaufgabe vieler Koloristen in der Industrie ist, die Gleichförmig-

*Prüfung*

a) Lichtquelle
b) Probe und Standard
c) Empfänger

*Auswertung*

a) Ist ein Farbunterschied vorhanden?
b) Beschreibung des Farbunterschieds
c) Ist der Farbunterschied tolerierbar?

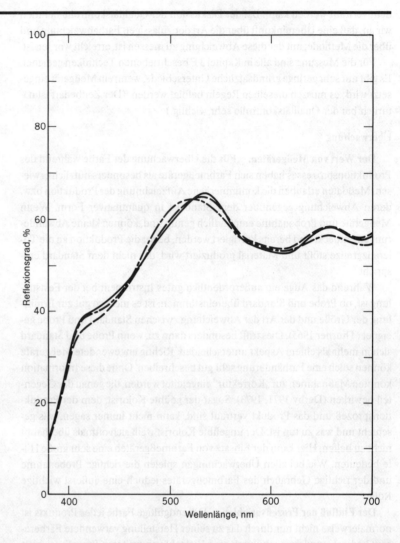

Die gemessenen Reflexionskurven von drei unterschiedlichen „Standards" für die gleiche Farbe, die zur gleichen Zeit an verschiedenen Orten in einer Lackfabrik verwendet wurden – alle drei sind metamer gegeneinander!

ZUR NUANCIERUNG EINER NACHSTELLUNG DARF KEIN FARBMITTEL VERWENDET WERDEN, DAS NICHT IM URSPRÜNGLICHEN REZEPT VORHANDEN IST.

keit der Farbe des Produktes zu gewährleisten, wenn das Rezept eingeführt ist. D. h. ihre Arbeit besteht darin, den Farbunterschied zwischen einer Probe aus der Produktion und dem Standard zu verringern. Normalerweise ist der Standard aus dem gleichen Material, mit den gleichen Farbmitteln und der gleichen Methode wie die Probe hergestellt (wenn dies nicht der Fall ist, *sollte* es geändert werden! Sogar bei der Niederschrift dieses Buches fanden wir bei weitem zu viele Fälle, wo dies nicht der Fall ist, wie die Abbildung auf dieser Seite zeigt!).

Unabhängig davon, wie gut der Produktionsprozeß kontrolliert ist, ergibt sich irgendwann der Fall, daß das Rezept des Produktes geändert werden, d. h., daß nuanciert werden muß. Ob dies nun von einem erfahrenen Koloristen mit Geschick und Erfahrung oder mit Hilfe des aufwendigsten Farbrezeptiersystems durchgeführt wird, ist ein äußerst wichtiger Gesichtspunkt zu beachten: *Zur Nuancierung einer Nachstellung darf kein Farbmittel verwendet werden, das nicht im ursprünglichen Rezept vorhanden ist.* Die Ermahnung sollte auf einem großen dauerhaft angebrachten Schild in jedem Labor, in dem Farbnachstellungen durchgeführt werden, angebracht werden. Wenn das Rezept unabhängig davon, wie einfach oder wie kompliziert es ist, einmal erstellt wurde, sollten keine weiteren Farbstoffe oder Pigmente zur Nunancierung verwendet werden.

Hält man nicht an dieser Regel fest, ergeben sich sogenannte Standard-Nachstellungen, die metamer und deutlich abweichend sind. In der Wirklichkeit ist es belustigend zu sehen, wie oft „fremde" Pigmente in Standardrezepten zu finden sind. Sie sind niemals „zugefügt" worden, sie sind bloß „zu sehen".

Eine sich aus dieser Regel ergebenden Folgerungen ist; die Farbmittel müssen ausgewählt und standardisiert sein, so daß mit ihnen bei gleichem Einsatz jeweils dasselbe Ergebnis erhalten wird. Ohne diese Kontrolle kann eine gute Farbnachstellung nicht hergestellt werden. Das bedeutet, die Farbnachstellung ist nicht besser, als es die Qualität der Farbmittel zuläßt. Unter Qualität verstehen wir nicht nur die farbmetrischen Eigenschaften, sondern auch die Verarbeitungseigenschaften der Farbmittel – das Ausziehvermögen eines Farbstoffs, die Dispergierbarkeit und damit die Farbentwicklung eines Pigments usw.

Der Vergleich einer Probe aus der Produktion mit dem Standard ist ein ideales Beispiel für den Einsatz von Kolorimetern (Cook 1979, Lowrey 1979). Die zu messenden Farbabstände sind klein und die Proben sind nicht metamer. (Wenn diese Bedingungen nicht zutreffen, gerät der Kolorist in echte Schwierigkeiten! Und wir finden es sowohl überraschend als auch bestürzend, daß Fälle, bei denen die Produktionspartie *metamer* zum Standard ist, immer wieder auftauchen!)

Meßgeräte und Rechner können dem Koloristen in diesem Fall qualitativ oder quantitativ helfen. Qualitativ zeigen sie, in welcher Art und Weise die Probe vom Standard abweicht. Wie früher in diesem Kapitel erläutert wurde, ist es für den Koloristen umso schwieriger, die Richtung der Abweichung zu bestimmen, je kleiner der Farbabstand ist, obwohl er eine gute Vorstellung von der Größe des Abstands haben kann. Quantitativ werden die Rechner genauso wie bei der Berechnung des Erstrezeptes eingesetzt, außer daß jetzt direkt mit den bekannten Farbmitteln gerechnet werden kann. Die Aufgabe, kleine Korrekturen auszuführen, ist nicht so einfach, wie es klingt. Fehler bei der Probenvorbereitung führen zu Resultaten, die nicht besser sein können, als es der Qualität der verwendeten Daten entspricht (Derby 1973).

Sind keine Spektralphotometer und Rechner vorhanden, können sogar Kolorimeter sehr nützlich sein, um quantitativ festzustellen, wie das Rezept geändert werden muß, damit die Probe dem Standard entspricht. Wenn die Farbabstände klein genug sind, können einfache graphische Methoden verwendet werden (Derby 1952, Berger 1964, MacAdam 1965).

Die Erfahrungen, die bei der Nachstellung einer Farbe gewonnen wurden, stellen den Startpunkt zur Nachstellung einer ähnlichen Farbe dar, wenn sie sorgfältig aufgeschrieben und aufgehoben worden sind. Dies gilt für alle Daten der Farbrezeptermittlung, unabhängig davon, wie sie ermittelt worden sind. Eine systematische Ablage dieser Informationen und Möglichkeiten, sie wieder zu finden, bilden ein unbezahlbares „Gedächtnis" für den Koloristen (Ingle 1947, Goodwin 1955). Die Speicherung kann in den Koordinaten wahrnehmbarer Farben wie Munsell Farbton, Helligkeit und Buntheit oder in ihren berechneten Gegenstücken wie den metrischen Farbkoordinaten CIE 1976 erfolgen. Es können auch die farbtongleiche Wellenlänge, der Hellbezugswert und die Sättigung gespeichert werden.

## Steuerung

Das letzte Ziel bei der Anwendung irgendeines analytischen Verfahrens zur Überwachung der Produktion ist es, ein Verfahren zu entwickeln, das eine Änderung nicht nur entdeckt, sondern gleichzeitig sofort ein Signal für eine Korrekturmaßnahme gibt. Dieselben Verhältnisse gelten für die Farbmessung. Wir sind bisher bis zu dem Punkt gekommen, wo eine kontinuierliche Überwachung

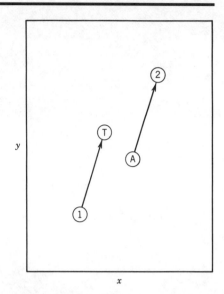

Einflüsse von Fehlern bei der Probenvorbereitung und der Messung auf die Korrektur einer Farbe (nach Derby 1971, 1973). Angenommen ist, daß das erste berechnete Rezept bei der Berechnung einer Farbe, die T entsprechen soll, Punkt 1 ergibt, wobei die Nachstellung nur einmal an einer Probe gemessen worden ist. Die richtigen Normfarbwertanteile, die sich ergäben, wenn die Nachstellung mehrmals hergestellt und mehrmals gemessen worden wäre, sind durch den Punkt A gekennzeichnet. Die berechnete Korrektur (Pfeil), geht von Punkt 1, d. h. der fehlerhaft ermittelten Nachstellung aus. Diese Korrektur wird jedoch an dem wahren Wert A angebracht und ergibt eine Probe, deren Farbart durch Punkt 2 dargestellt ist. Sie ist deutlich weiter von T entfernt als die erste Nachstellung A.

bei Prozessen, die vertrauenswürdig und gut kontrolliert sind, durchgeführt werden kann. Der Übergang zum nächsten Schritt, nämlich dem, was mit den erhaltenen Werten getan werden soll, ist weitaus schwieriger.

Wenn bekannt ist, daß die Abweichung von der richtigen Farbe nur durch einen einzigen Produktionsschritt wie z. B. die Ofentemperatur verursacht wird, kann das Ergebnis der Farbmessung sehr gut dazu verwendet werden, ein Signal zu geben, mit dem die Ofentemperatur in vorbestimmter Art und Weise verstellt wird. Ist andererseits bekannt, daß die Farbabweichung fast vollständig von den Farbmittelkonzentrationen herrührt, kann die kontinuierliche Farbmessung ebenfalls genug Informationen liefern, um den Prozeß zu steuern. Irgendeine analoge Berechnung kann aber notwendig sein, um das richtige Korrektursignal auszulösen.

Trotz erheblichem Interesse für diese Anwendung der Farbmessung sind hier bisher noch nicht viele Fortschritte erzielt worden. Geräte zur kontinuierlichen Farbüberwachung sind von verschiedenen Herstellern erhältlich. Ihre Anwendung bei einer Kontrolle, die in sich geschlossen ist, ist noch die Ausnahme (Wickstrom 1972).

## D. ANDERE GESICHTSPUNKTE DES AUSSEHENS

Der Kolorist muß sich immer bewußt sein, daß die Farbe nur einer der Faktoren ist, die das Aussehen des Produktes beeinflussen. Abweichungen in irgendeiner einer anderen Eigenschaft des Aussehens – Glanz, Metallreflex, Trübung, Fluoreszenz – beeinflussen zweifelsohne das Erscheinungsbild der Farbe des Gegenstands. So wird eine Änderung des Glanzes oder eine Änderung der Struktur der Oberfläche zu einem Produkt führen, welches auch in der Farbe von den Spezifikationen abzuweichen scheint. Meßgeräte wie auch das Auge können genarrt werden. Der Kolorist muß den Grund der Abweichung ermitteln, bevor die notwendige Korrektur ausgeführt werden kann. Hunter (1975) hat die neben der Farbe vorhandenen anderen Gesichtspunkte des Aussehens in lesbarer und nützlicher Art und Weise besprochen.

KAPITEL 6

# Probleme der Farbtechnologie und zu erwartende Entwicklungen

## A. UNGELÖSTE PROBLEME

Trotz der in den vorhergehenden Kapiteln diskutierten Fortschritte in der Farbtechnologie sind viele schwerwiegende Probleme im wesentlichen ungelöst, wodurch die Anwendung dieser Technologie in der Industrie behindert wird. In diesem Abschnitt beschreiben wir diejenigen ungelösten Probleme, von denen wir annehmen, daß sie die größte Bedeutung haben. Wir äußern uns zu den Möglichkeiten ihrer Lösung oder zu ihrer Umgehung so gut, wie wir es vermögen. Wir diskutieren sie in etwa in der Reihenfolge, in der die Begriffe in diesem Buch beschrieben worden sind, und versuchen nicht, sie hinsichtlich ihrer Bedeutung anzuordnen.

**Probleme, die mit der Farbmessung in Beziehung stehen**

**Normlichtquellen.** Wie auf Seite 37 erwähnt wurde, hat die CIE keine Vorschläge für Normlichtquellen gemacht, mit denen die ab 1965 empfohlene Reihe der Normlichtarten D für Tageslicht nachgebildet werden kann. Solche Lichtquellen werden zwar sowohl für die visuelle als auch für die instrumentelle Farbmessung nicht oft benötigt. Es gibt jedoch Fälle – wie z. B. die Messung von fluoreszierenden Proben, die auf Seite 183 beschrieben worden ist –, wo D Lichtquellen wirklich benötigt werden. Es sei daran erinnert, daß die Serie der Normlichtarten D für Tageslicht geschaffen wurde, um Lichtarten mit genügend ultravioletter Strahlungsenergie zu schaffen, die natürliches Tageslicht bei der Messung von fluoreszierenden Proben ersetzen können. Die Normlichtquellen B und C enthalten nicht genügend ultraviolette Strahlung. Darüber hinaus stellt man jetzt fest, daß sie nicht so einfach herzustellen sind, wie es die einfachen von der CIE veröffentlichten Rezepte für die Filter vortäuschen.

Gundlach (1973) hat eine genaue, aber sehr komplizierte Lichtquelle beschrieben, mit der D 65 mit hoher Genauigkeit nachgestellt werden kann. Diese Lichtquelle kann jedoch kaum außerhalb eines nationalen Eichamtes verwendet werden. Die CIE (1981) hat von den verschiedenen, in der Literatur beschriebenen Methoden eine empfohlen, mit deren Hilfe Lichtquellen auf ihre Übereinstimmung mit Normlichtarten geprüft werden können. Alle Methoden (die ohne Ausnahme theoretisch entwickelt worden sind) wurden visuell von Chong (1981) überprüft. Das CIE Komitee für Farbmessung hofft, daß bis 1983 geeignete stabile Lichtquellen gefunden werden, mit denen die Normlichtarten D nachgestellt werden können.

Ein zusätzliches Problem ergibt sich, wenn die Normlichtarten D in Rezeptberechnungsprogrammen verwendet werden. Ihre Verwendung (immer mehr üblich) kann sogar bei nichtfluoreszierenden Materialien zu metameren Nachstellungen für eine Lichtart führen, die nicht als reale Lichtquelle hergestellt werden kann. Hieraus können sich erhebliche Unsicherheiten ergeben, wenn der Kolorist die errechnete metamere Nachstellung visuell abmustert.

Ein zweiter uns noch wichtiger erscheinender Aspekt dieses Problems ist die Notwendigkeit, die CIE Normfarbwerte mit der für die Abmusterung verwendeten Strahlungsverteilung zu berechnen. Obwohl diese Notwendigkeit dem Geist der CIE Empfehlungen widerspricht, ist sie speziell für metamere Proben von Bedeutung. Dies trifft besonders zu, wenn moderne energiesparende Leuchtstofflampen, die Dreibandenlampen (Haft 1972), für die Abmusterung verwendet werden. Sie werden unter verschiedenen Handelsnamen abgeboten, z. B. „Ultralume" von Westinghouse, und haben diskontinuierliche spektrale Strahlungsverteilungen, wie im Bild auf dieser Seite gezeigt ist. Werden die Werte dieser Lampen nicht verwendet, sind Mißerfolge vorprogrammiert, wenn herkömmliche Nachstellungen mit Rezeptberechnungsprogrammen ermittelt und die Nachfärbungen unter einer Dreibandenlampe beurteilt werden.

**Beobachterunterschiede.** Sowohl der 2° als auch der 10° Normalbeobachter erfüllen die Bedürfnisse der Farbmetrik immer noch zufriedenstellend, obwohl sie entsprechend den heute akzeptierten Eigenschaften des Auges etwas ungenau sind (Estéves 1979). Für die Prüfung von Farbsehtheorien hat Vos (1978) empfohlen, mit einem genaueren Satz von spektralen Empfindlichkeitskurven des Auges zu arbeiten. Verwendet werden sollte ein Satz von „fundamentalen" 2° Beobachterfunktionen.

Wichtiger, wenn auch bis heute nicht genügend beachtet, sind die großen Unterschiede in der Augenempfindlichkeit von normalsichtigen Beobachtern. Unsere Warnung in der ersten Ausgabe dieses Buches, daß diese Streuung ernsthaft in Rechnung zu ziehen ist, wurde ignoriert oder nicht geglaubt. Wir haben diese Streuung kürzlich mit Hilfe eines Color Rule dokumentiert (Billmeyer 1980 a). Wenn verschieden alte Beobachter (etwa 20 - 60 Jahre) an den Versu-

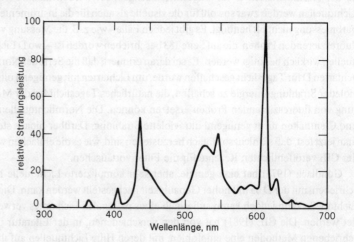

Die spektrale Strahlungsverteilung einer „Dreibanden"-Leuchtstofflampe - „Ultralume" von Westinghouse - mit 5000 K (freundlicherweise zur Verfügung gestellt von W. A. Thornton).

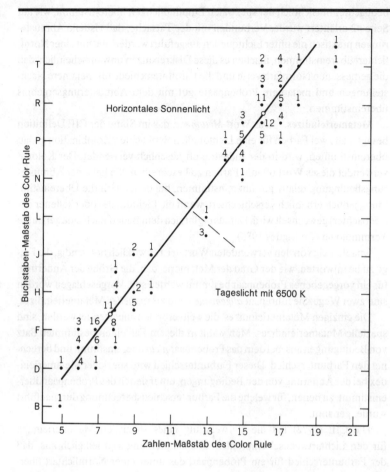

Diese Abbildung zeigt für eine Gruppe von Abmusterern mit normalem Farbsehvermögen die Buchstaben- und Zahlenkombination, bei der Farbgleichheit am D & H Color Rule festgestellt wurde (aus Billmeyer 1980 a). Für die Abmusterungen wurden zwei Lichtquellen verwendet, Tageslicht mit 6500 K (untere Hälfte) und horizontales Sonnenlicht (Glühlampe) (obere Hälfte). Die Streuung zwischen den einzelnen Beobachtern ist genauso groß, wie die Abweichung zwischen Tageslicht und Glühlampenlicht. (Die Zahlen neben den Punkten geben an, wie viele Abmusterer diese Kombination farbgleich sahen.)

chen beteiligt werden, ist die Streuung ihrer Abmusterungsergebnisse am Color Rule genau so groß, wie der mittlere Unterschied zwischen Tageslicht mit 6500 K und „Horizontalem Sonnenlicht" in einer Abmusterungsleuchte! Sollte der Leser Zweifel haben, ob dieser Einflußfaktor für die Farbmessung wichtig ist, empfehlen wir ihm, ein metameres Probenpaar unter den beiden Lichtquellen abzumustern.

Es ist bekannt, daß ein erheblicher Anteil der Streuungen zwischen den Beobachtern von der Vergilbung der Augenlinse mit steigendem Alter herrührt. Nardi (1980) hat unsere Versuche weiterverfolgt und gezeigt, daß die Streuung der Ergebnisse bei einer Gruppe von Studenten (17 – 29 Jahre alt) nur etwa ein Viertel so groß wie die oben beschriebene Streuung ist.

Die Bedeutung der Beobachterunterschiede sollte bei der visuellen Abmusterung nicht übersehen werden, besonders dann, wenn metamere Nachstellungen zu bewerten sind. Wenn der Beobachter nicht ausgewählt werden kann – dies ist zumindest ungewöhnlich – ist die einzige Möglichkeit, diese Tatsache zu berücksichtigen, sich bei Abmusterungen auf das mittlere Urteil einer Gruppe von Abmusterern zu verlassen, wie auf Seite 145 dargelegt wurde. Diese Gruppe sollte mit Hilfe des Color Rule und mit Hilfe von Farbsehtests so ausgewählt werden, daß alle normalsichtig sind und ihre Streuung den gesamten möglichen Bereich erfaßt.

Bei der Farbmessung ist es wichtig, sich daran zu erinnern, daß ein wirklicher zufällig ausgewählter Beobachter im allgemeinen nicht mit dem CIE Normalbeobachter hinsichtlich der spektralen Empfindlichkeit übereinstimmt, wie auf Seite 42 erläutert wurde. Verbunden mit der Tatsache, daß visuelle Abmusterungen praktisch nie unter Lichtquellen ausgeführt werden, die mit einer Normlichtart übereinstimmen, machen es diese Diskrepanzen unwahrscheinlich, daß die gemessenen Normfarbwerte und die Farbunterschiede für metamere Nachstellungen und metamere Probenpaare gut mit dem Abmusterungsergebnis übereinstimmen.

**Metamerieindizes.** Das Wort *Metamerie,* das im Sinne der CIE Definition besagt, daß zwei Farben für eine Lichtquellen Beobachter/Kombination genau übereinstimmen, wird in der Industrie oft fälschlich verwendet. Der Kolorist verwendet dieses Wort oft, um Farben zu beschreiben, die bei einer Abmusterungsbedingung relativ gut übereinstimmen, bei denen sich die Übereinstimmung jedoch erheblich verschlechtert, wenn die Lichtquelle (oder seltener der Beobachter) gewechselt wird. Daraus ergibt sich dem Bedarf nach eine genauere Terminologie (Rodrigues 1980).

Unabhängig von den verwendeten Worten ist es wirklich notwendig, die Frage zu beantworten, wie der Grad der Metamerie, d. h. die Größe der Änderung, für ein vorgegebenes Probenpaar bestimmt werden soll. Vorgeschlagen worden sind zwei Wege. Sie führen zu *allgemeinen* und zu *speziellen* Metamerieindizes.

Die einzigen Metamerieindizes, die weitverbreitet angewendet werden, sind spezielle Metamerieindizes. Man wählt in diesem Fall einen bestimmten Satz von Bedingungen aus, bei dem das Probenpaar *nicht* übereinstimmt und berechnet den Farbunterschied. Dieser Farbunterschied wird spezieller Metamerieindex bei der Änderung von den Bedingungen, unter denen das Probenpaar übereinstimmt, zu denen, für welche die Farbunterschiedsberechnung durchgeführt wurde, genannt.

Die CIE (1972) hat die Verwendung eines speziellen Metamerieindex für den Lichtartwechsel empfohlen. Die Empfehlung sagt lediglich aus, daß der Farbunterschied für ein Probenpaar, das unter einer Normlichtart übereinstimmt, für eine andere Lichtart, unter der es nicht übereinstimmt, berechnet werden soll. Da es heute aber gut bekannt ist (Longley 1976), daß metamere Probenpaare hergestellt werden können, die nicht nur unter einer, sondern unter mehreren herkömmlichen Lichtarten übereinstimmen, ist es möglicherweise notwendig, mehrere spezielle Metamerieindizes zu berechnen, um die Größe der Metamerie eines Probenpaars richtig abzuschätzen (Brockes 1969). Darüber hinaus beschäftigt sich die Empfehlung nicht ausreichend mit dem Problem von zwei Proben, die zwar sehr ähnlich sind, aber unter keiner der bekannten Lichtarten genau übereinstimmen. Der von der CIE empfohlene Metamerieindex wird von vielen Rezeptberechnungsprogrammen berechnet, damit der Anwender das Rezept mit der geringsten Metamerie auswählen kann. Über die Güte dieser Aussage gibt es mehr als nur etwas Unzufriedenheit.

Man könnte einen speziellen Metamerieindex für den Beobachterwechsel genauso aufstellen. Das Farbmeßkomitee der CIE hat einen Unterausschuß gegründet, der dieses Problem bearbeiten soll. Die Schwierigkeit liegt in der Definition von einem oder mehreren „Abweichungs"-Beobachtern (Allen 1970), die repräsentativ für den Streubereich sind.

Ein idealer allgemeiner Metamerieindex sollte unabhängig von den speziellen Bedingungen sein, unter denen das Probenpaar nicht übereinstimmt. Er sollte aber von den Bedingungen, unter denen die zwei Proben übereinstimmen, ableitbar sein. Nimeroff (1965) hat eine Möglichkeit zur Berechnung eines allgemeinen Metamerieindex vorgeschlagen, die sich aus den Abweichungen zwischen den Reflexionskurven der beiden Proben ableitet. Es ist allgemein bekannt (z. B. Wright 1969, Thornton 1978 b), daß sich die Kurven für ein metameres Probenpaar mindestens dreimal überschneiden müssen. Man kann ganz allgemein daraus schließen, daß die Größe der Metamerie um so kleiner ist, je größer die Anzahl von Überschneidungen und je geringer der Abstand zwischen den Kurven ist.

Der Metamerieindex von Nimeroff basiert auf dem Unterschied der spektralen Reflexionskurven des Probenpaars gewichtet mit den CIE Normalbeobachterkurven und der spektralen Strahlungsverteilung der Lichtquelle, für die beide Proben übereinstimmen. Die Schwierigkeit mit dem allgemeinen Metamerieindex ergibt sich aus der Tatsache, daß er auf Reflexionskurven des Probenpaars für eine Bedingung basiert, bei der es keinen Farbunterschied aufweist; es ist deshalb unmöglich, den allgemeinen Metamerieindex mit Hilfe von visuellen Abmusterungen zu prüfen. Die Schwierigkeiten mit den speziellen Metamerieindizes ergeben sich aus der Tatsache, daß sie auf Farbunterschieden bei Bedingungen beruhen, bei denen keine genaue Übereinstimmung besteht. Weil es viele Gründe für die Farbabweichung gibt, ist die Größe der Metamerie nicht eindeutig definiert.

**Farbwiedergabeindizes.** Die Farbwiedergabeeigenschaft einer Lichtquelle definiert ihr Vermögen, die Farbe von Gegenständen genauso wiederzugeben, wie sie bei Beleuchtung mit irgendeiner Standard- oder Referenzlichtquelle wie Tageslicht oder Glühlampenlicht gesehen werden (Halstead 1978). Farbwiedergabeindizes, die dieses Vermögen beschreiben, wurden wichtig, als Leuchtstofflampen der verschiedensten Art wirtschaftliche Bedeutung erlangten. Diese Lampen verzerren die Farben oft, d. h. sie geben sie verglichen mit den bekannten älteren Lichtquellen in unterschiedlicher Art und Weise wieder.

Die CIE (1974) hat eine Methode empfohlen, die den Farbwiedergabeindex mit festgelegten Testfarben bestimmt. Die Testfarben sind acht in etwa gleichmäßig auf einem Farbtonkreis verteilte Munsell Farben, die durch einige andere Farben ergänzt werden, die natürliche Farben wie Fleisch und Laub repräsentieren. Es wird eine Bezugslichtquelle ausgewählt, welche die gleiche Farbtemperatur (Seite 5) wie die zu testende Lichtquelle hat. Als Bezugslichtart werden die Normlichtarten D (für höhere Farbtemperaturen) oder die Strahlungsverteilung des schwarzen Körpers (bei niedrigeren Farbtemperaturen) bevorzugt. Für beide Lichtarten werden die Normfarbwerte und anschließend der Farbunterschied, der sich durch die Änderung der Lichtart ergibt, für jede Testfarbe errechnet. Die Farbunterschiede können einzeln bewertet werden, sie können jedoch auch gemittelt und so skaliert werden, daß der Wert 100 erreicht wird, wenn für keine der Testfarben ein Farbunterschied existiert (absolute Übereinstimmung). Niedrige Werte stehen für eine schlechtere Farbwiedergabe. Farbwiedergabeindizes größer als 90 werden als gut angesehen. D. h. das Farbwiedergabevermögen derartiger Lichtquellen stimmt gut genug mit dem der Bezugslichtquelle überein, um diese in der Praxis ersetzen zu können (Jerome 1976). Die herkömmlichen Leuchtstofflampen des Typs Kaltweiß haben Farbenwiedergabeindizes zwischen 60 und 70, liegen also in der Skala sehr viel niedriger.

Genauso wie der Farbwiedergabeindex Lichtquellen für kritische Farbabmusterungen bewertet, könnte ein Index für die Farbvorliebe geschaffen werden, um solche Lichtquellen zu kennzeichnen, deren Licht bei der Beleuchtung von Farben geschätzt wird. Judd (1967) hat einen solchen Index vorgeschlagen, der auf einem Satz von Farben basiert, die Menschen gerne anders als unter der Testlichtquelle sehen – blauerer Himmel, grüneres Gras, rötere Fleischfarben usw. Berechnet wird wieder der Farbunterschied. Ein anderer Index (Thornton 1972 a) wurde vorgeschlagen, um Testlichtquellen zu beschreiben, unter denen

178  Grundlagen der Farbtechnologie

**Ein Beispiel für das Farbgedächtnis** (siehe Bartleson 1960).

kleine Farbunterschiede besonders gut gesehen werden können. Diese Indizes – Farbwiedergabe, Farbvorliebe, Farbunterscheidung und viele andere bisher noch nicht identifizierte – sollten eine wirklich brauchbare Definition der Farbqualität einer Beleuchtung zur Verfügung stellen.

Der CIE Farbwiedergabeindex wurde mit Hilfe von Untersuchungen an Lichtquellen mit kontinuierlicher Strahlungsverteilung entwickelt. Für deren Beurteilung ist er am besten geeignet. Eine Anzahl von modernen energiesparenden Leuchtstofflampen, die sogenannten Dreibandenlampen (Haft 1972), die unter verschiedenen Handelsnamen, z. B. Ultralume von Westinghouse, verkauft werden, hat jedoch diskontinuierliche Strahlungsverteilungen, wie auf Seite 174 gezeigt wurde. Die verschiedenen Indizes, sowohl der Metameriendex als auch der Farbwiedergabeindex, die auf dieser Seite beschrieben wurden, scheinen für die Lampen mit ungewöhnlicher Strahlungsverteilung nicht gut geeignet zu sein.

**Probleme mit Farbunterschieden.** Es gibt keinen Zweifel, daß die Schaffung einer Farbunterschiedsformel, die eine gute Übereinstimmung mit visuellen Abmusterungsergebnissen im gesamten Farbraum gibt, ein großes ungelöstes Problem ist. Obwohl fast alle Gleichungen mit visuellen Urteilen, deren Maßstab richtig gewählt wurde, in einem begrenzten Bereich gut übereinstimmen (Marcus 1975, Zeller 1979), versagen alle kläglich, wenn sie gleichzeitig für alle Farben und alle Richtungen der Farbänderung geprüft werden. Warum dies so ist, wissen wir nicht.

Es gibt einige Hinweise. Zuerst einmal könnten die Farbsehtheorien, auf denen einige der Formeln aufgebaut sind, auf den Fall endlicher Farbunterschiede nicht anwendbar sein. Es ist schwierig für Laien auf diesem Gebiet, die Folgerungen, die sich hieraus ergeben, richtig zu beurteilen. In der Literatur wird dargelegt (Wassermann 1978, Boynton 1979), daß unser Wissen auf diesem Gebiet noch sehr unvollständig ist. Zweitens können die Sätze der verwendeten experimentellen Daten nicht repräsentativ für die Größe von Farbunterschieden sein, die in der farbmittelverarbeitenden Industrie wichtig sind. Z. B. beruhen die meisten Daten, einschließlich derjenigen von MacAdam, auf der Wahrnehmung von Schwellenwerten, bzw. dem kleinsten Farbunterschied, der mit statistischer Signifikanz ermittelt werden kann. Andererseits ist der Farbunterschied zwischen den Proben des Munsell Atlasses, der als Grundlage für andere Farbunterschiedsgleichungen gewählt wurde, mehrfach so groß, wie derjenige, der in der Industrie von Bedeutung ist. Dies wurde erst kürzlich erkannt und die Notwendigkeit, neue Daten mit mittlerem Farbunterschied zur Verfügung zu stellen, betont (Kuehni 1977, Robertson 1978).

Die CIE hat Richtlinien für ein vier Punkte Programm zur Koordination der Forschungsaktivitäten auf diesem Gebiet veröffentlicht (Robertson 1978): Erstens, die Untersuchung von Methoden für die Sammlung und Analyse von

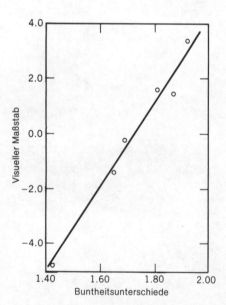

**In einem begrenzten Bereich des Farbenraums, und mit Proben, die alle in der gleichen Art vom Standard abweichen,** (hier nur Buntheitsunterschiede - Marcus 1975), korreliert die Größe der Unterschiede, die mit praktisch allen Farbunterschiedsformeln ermittelt wird, gut mit dem visuellen Urteil . . .

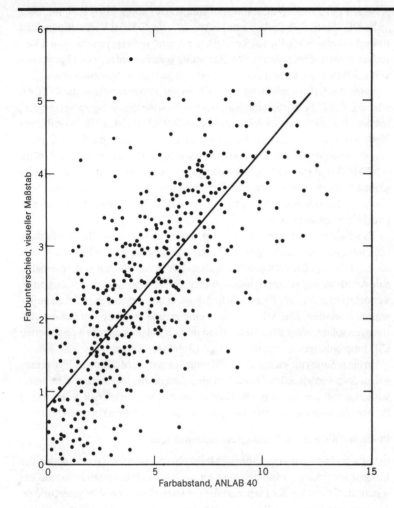

... aber wenn gemessene Farbunterschiede (hier ANLAB 40) mit visuell wahrgenommenen Farbunterschieden für eine große Zahl von Farben mit Farbabweichungen in den verschiedensten Richtungen verglichen werden, ist die Korrelation häufig so schlecht, wie in dem hier gezeigten Beispiel (Daten von Morley 1975).

neuen visuellen Daten. Zweitens, systematische Untersuchungen des Einflusses der wichtigen Variablen (Größe des Farbunterschieds, Probengröße, Abstand zwischen den zu bewertenden Proben, Oberflächenstruktur, Beleuchtungsstärke) für einige Farben. Drittens, umfangreiche Untersuchungen an einer großen Zahl von verschiedenen Farben. Viertens, Entwicklung einer Formel, welche die Ergebnisse der Untersuchungen richtig wiedergibt, und deren Prüfung in der Praxis.

Einige brauchbare Ergebnisse sind bereits vorhanden. Pointer (1973) hat z. B. gezeigt, daß Schwellenwertuntersuchungen die gleichen Ergebnisse unabhängig von der chromatischen Adaptation für einen Bereich von weißen Lichtquellen, der von Tageslicht bis Glühlampenlicht reicht, liefern. Dies bedeutet, daß Farbunterschiedsgleichungen ebenso gut für den gleichen Bereich geeignet sein sollten.

Neue Gleichungen, die noch komplexer sind, werden noch heute vorgeschlagen. Im Zusammenhang mit einem solchen Vorschlag hat Friele (1978, 1979) ausführlich gezeigt, wie schwierig es ist, eine solche neue Farbunterschiedsformel zu entwickeln und welche Probleme die existierenden visuellen Daten beinhalten.

Viele dieser Probleme ergeben sich aus der Streuung der visuellen Urteile. Ein Beispiel, das dies demonstriert, stammt von Rich (1975). Sie ließ Versuchspersonen ein Probenpaar abmustern und fragte, ob es übereinstimmt oder nicht. Die identischen Proben wurden von 20% bis 50% der Versuchspersonen als *ungleich* eingestuft. Ein solcher „falscher Alarm" ist bei psychologischen Versuchen nicht unüblich und muß in Rechnung gestellt werden, wenn Farbunterschiedsellipsen auf Grund von Wahrnehmungsdaten aufgestellt werden.

Trotz der CIE Empfehlung von 1976, in der Praxis entweder die CIELAB oder die CIELUV Farbabstandsformel zur Vereinheitlichung zu verwenden, werden noch immer neue Gleichungen veröffentlicht (Friele 1978, 1979; Richter 1980). Zwei Gleichungen, die nachgewiesenermaßen eine schlechtere Korrelation mit visuellen Abmusterungsergebnissen als die CIE Formeln haben, nämlich FMC-2 und Hunter L, a, b, werden in den Vereinigten Staaten weiterhin in großem Umfang verwendet. Der Grund ist ihre weitverbreitete Übernahme durch die Hersteller von Meßgeräten, bevor die CIE Gleichungen entwickelt und 1976 empfohlen wurden.

Es ist wichtig, sich daran zu erinnern, daß es 1976 zu einer CIE Empfehlung kam, um „Vereinheitlichung in der Praxis" zu schaffen, und nicht deshalb, weil die empfohlenen Gleichungen besser als andere waren. Nachdem sie internationale Anerkennung gefunden haben, sollten sie auch bei allen Absprachen angewendet werden. Es ist offensichtlich, daß sie in alle nationalen Normen aufgenommen werden. Die Arbeiten zur Verbesserung der Farbunterschiedsgleichungen sollten unter allen Umständen unter Befolgung der oben diskutierten CIE Empfehlungen fortgeführt werden (Robertson 1978).

In einer Serie von wichtigen Veröffentlichungen hat McDonald (1980) einen neuen Satz von visuellen Daten und eine daraus abgeleitete neue Farbunterschiedsformel beschrieben. Die Daten stammen von industriell hergestellten Proben, die hinsichtlich ihrer Akzeptierbarkeit (ja oder nein) beurteilt wurden.

**Probleme, die mit der Messung zusammenhängen**

Bevor wir einige der ernsthafteren Meßprobleme besprechen, mit denen der Kolorist konfrontiert wird, möchten wir noch einmal daran erinnern, daß der wichtigste Schritt bei der Farbmessung die Herstellung von sehr guten und repräsentativen Proben ist. Weiterhin wird ein Mitarbeiter mit genügender Erfahrung in der richtigen Interpretation der Resultate benötigt. Ohne sorgfältige Beachtung dieser Erfordernisse können Meßprobleme kaum erkannt und definiert und noch viel weniger gelöst werden.

**Übereinstimmung von Meßgeräten.** Unter dieser Überschrift werden zwei Probleme behandelt. Das erste ist, übereinstimmende Resultate mit unterschiedlichen Farbmeßgeräten zu erhalten. In einer kürzlich durchgeführten Untersuchung (Billmeyer 1979a) wurde gezeigt, daß unter bestimmten Umständen eine ausgezeichnete Übereinstimmung zwischen einigen der modernen Spektralphotometer von verschiedenen Herstellern erhalten werden kann. Dies trifft allerdings nicht zu, wenn die Meßgeräte in der üblichen Art und Weise eingesetzt werden. Zwei Probleme wurden erkannt. Eines davon steht mit der Glanzmessung in Beziehung (Messung mit oder ohne Glanzfalle bei Geräten, die mit einer Ulbrichtschen Kugel ausgerüstet sind). Es wird in den nächsten Abschnitten besprochen. Das zweite Problem rührt daher, daß die verschiedenen Geräteherstelle unterschiedliche Sätze von Gewichtsfaktoren zur Berechnung der Normfarbwerte X, Y und Z verwenden. Sogar die gleichen Reflexionswerte führen deshalb bei verschiedenen Meßgeräten zu unterschiedlichen Normfarbwerten. Ein wenig Normung würde hier sehr hilfreich sein, und es ist notwendig, daß die CIE handelt und Empfehlungen bereitstellt. Da sie nicht existieren, veröffentlichen wir hier Gewichtsfaktoren für die Messung mit 20 nm Schritten, deren Verwendung wir empfehlen (Stearns 1975).

Gewichtsfaktoren zur Berechnung der Normfarbwerte für die Schrittweite 20 nm (Stearns 1975)

| | 2° Normalbeobachter | | | | | | | | |
|---|---|---|---|---|---|---|---|---|---|
| | Normlichtart C | | | Normlichtart D 65 | | | Normlichtart A | | |
| λ (nm) | $P\bar{x}$ | $P\bar{y}$ | $P\bar{z}$ | $P\bar{x}$ | $P\bar{y}$ | $P\bar{z}$ | $P\bar{x}$ | $P\bar{y}$ | $P\bar{z}$ |
| 400 | 0,044 | −0,001 | 0,187 | 0,136 | 0,002 | 0,628 | 0,012 | 0,000 | 0,050 |
| 420 | 2,926 | 0,085 | 14,064 | 2,548 | 0,070 | 12,221 | 0,616 | 0,017 | 2,954 |
| 440 | 7,680 | 0,513 | 38,643 | 6,680 | 0,455 | 33,666 | 1,814 | 0,119 | 9,124 |
| 460 | 6,633 | 1,383 | 38,087 | 6,364 | 1,322 | 36,507 | 1,985 | 0,413 | 11,441 |
| 480 | 2,345 | 3,210 | 19,464 | 2,190 | 2,939 | 18,157 | 0,886 | 1,210 | 7,420 |
| 500 | 0,069 | 6,884 | 5,725 | 0,051 | 6,822 | 5,515 | 0,025 | 3,691 | 3,022 |
| 520 | 1,193 | 12,882 | 1,450 | 1,342 | 14,121 | 1,621 | 0,897 | 9,459 | 1,095 |
| 540 | 5,588 | 18,268 | 0,365 | 5,778 | 19,013 | 0,389 | 4,619 | 15,191 | 0,316 |
| 560 | 11,751 | 19,606 | 0,074 | 11,290 | 18,861 | 0,069 | 11,068 | 18,432 | 0,070 |
| 580 | 16,801 | 15,989 | 0,026 | 16,260 | 15,462 | 0,025 | 19,465 | 18,418 | 0,031 |
| 600 | 17,896 | 10,684 | 0,012 | 17,922 | 10,673 | 0,012 | 25,309 | 15,104 | 0,018 |
| 620 | 14,031 | 6,264 | 0,003 | 14,047 | 6,288 | 0,003 | 22,557 | 10,095 | 0,005 |
| 640 | 7,437 | 2,897 | 0,000 | 7,029 | 2,734 | 0,000 | 13,166 | 5,136 | 0,000 |
| 660 | 2,728 | 1,003 | 0,000 | 2,507 | 0,922 | 0,000 | 5,270 | 1,941 | 0,000 |
| 680 | 0,749 | 0,271 | 0,000 | 0,707 | 0,256 | 0,000 | 1,650 | 0,598 | 0,000 |
| 700 | 0,175 | 0,063 | 0,000 | 0,166 | 0,060 | 0,000 | 0,491 | 0,177 | 0,000 |

| | 10° Normalbeobachter | | | | | | | | |
|---|---|---|---|---|---|---|---|---|---|
| | Normlichtart C | | | Normlichtart D 65 | | | Normlichtart A | | |
| λ (nm) | $P\bar{x}$ | $P\bar{y}$ | $P\bar{z}$ | $P\bar{x}$ | $P\bar{y}$ | $P\bar{z}$ | $P\bar{x}$ | $P\bar{y}$ | $P\bar{z}$ |
| 400 | 0,143 | 0,011 | 0,581 | 0,251 | 0,023 | 1,090 | 0,034 | 0,003 | 0,139 |
| 420 | 3,593 | 0,373 | 17,172 | 3,232 | 0,330 | 15,383 | 0,792 | 0,081 | 3,780 |
| 440 | 7,663 | 1,252 | 39,355 | 6,679 | 1,106 | 34,376 | 1,896 | 0,305 | 9,734 |
| 460 | 6,330 | 2,732 | 36,753 | 6,096 | 2,620 | 35,355 | 1,978 | 0,859 | 11,522 |
| 480 | 1,837 | 5,344 | 16,979 | 1,721 | 4,938 | 15,897 | 0,718 | 2,135 | 6,770 |
| 500 | 0,061 | 8,752 | 4,151 | 0,059 | 8,668 | 3,997 | 0,037 | 4,886 | 2,299 |
| 520 | 1,958 | 12,591 | 0,924 | 2,184 | 13,846 | 1,046 | 1,523 | 9,652 | 0,747 |
| 540 | 6,555 | 16,615 | 0,221 | 6,810 | 17,355 | 0,237 | 5,674 | 14,463 | 0,200 |
| 560 | 12,618 | 17,777 | 0,004 | 12,165 | 17,157 | 0,002 | 12,437 | 17,484 | 0,005 |
| 580 | 16,960 | 14,582 | −0,002 | 16,467 | 14,148 | −0,002 | 20,545 | 17,580 | −0,002 |
| 600 | 17,157 | 10,079 | 0,000 | 17,233 | 10,105 | 0,000 | 25,371 | 14,906 | 0,000 |
| 620 | 12,833 | 5,979 | 0,000 | 12,894 | 6,020 | 0,000 | 21,591 | 10,080 | 0,000 |
| 640 | 6,566 | 2,731 | 0,000 | 6,226 | 2,587 | 0,000 | 12,158 | 5,062 | 0,000 |
| 660 | 2,291 | 0,898 | 0,000 | 2,111 | 0,827 | 0,000 | 4,635 | 1,819 | 0,000 |
| 680 | 0,604 | 0,234 | 0,000 | 0,573 | 0,222 | 0,000 | 1,393 | 0,541 | 0,000 |
| 700 | 0,127 | 0,049 | 0,000 | 0,120 | 0,047 | 0,000 | 0,374 | 0,145 | 0,000 |

Die zweite erwünschte Art der Übereinstimmung ist die zwischen dem Meßgerät und dem visuellen Urteil. Beim Vergleich der Größe von Farbunterschieden ist die unbefriedigende Korrelation, wie bereits besprochen worden ist, durch die Farbunterschiedsgleichungen bedingt. Der einzige andere Fall, in dem eine Übereinstimmung berechtigterweise erhofft werden kann, ist die Frage, ob metamere Paare übereinstimmen oder nicht. Dieses Problem hängt wiederum mit der Auswahl der Gewichtsfaktoren zusammen. Es ist wichtig, aber nicht ausreichend, bei der Integration zur Berechnung der Normfarbwerte die spektrale Strahlungsverteilung der Lichtquelle zu verwenden, die für die visuelle Abmusterung verwendet wird. Zusätzlich möchte man in der Lage sein, die

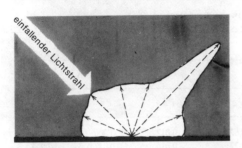

Indikatrix einer typischen „glänzenden" Probe

$$R = \frac{R' - k_1}{1 - k_1 - k_2(1 - R')}$$

$$R' = k_1 + \frac{(1 - k_1)(1 - k_2)R}{1 - k_2 R}$$

Messung der Gesamtdurchlässigkeit einer streuenden Probe, bei der diese an die Öffnung der Ulbrichtschen Kugel angelegt ist.

aktuellen Empfindlichkeitskurven des Abmusterers zu verwenden. Dies ist jedoch bis jetzt nicht möglich, weil diese Kurven experimentell so schwierig zu ermitteln sind, daß sie im Grunde genommen nicht erhältlich sind. Weitere Untersuchungen, um einen Weg zur Lösung dieses Problems aufzuzeigen, sind sehr erwünscht.

**Probleme, die mit der Meßgeometrie zusammenhängen.** Wir haben auf Seite 80 darauf hingewiesen, daß die Auswahl der Beleuchtungs- und Beobachtungsbedingungen in Farbmeßgeräten im Vergleich zu den Bedingungen, die bei der visuellen Abmusterung gewählt werden können, stark eingeschränkt ist. Vielleicht ist der wichtigste Aspekt dieses Unterschiedes der, ob der Glanzanteil bei einer glänzenden oder halbglänzenden Probe mitgemessen wird oder nicht. Der visuelle Abmusterer ist ausnahmslos an dem Aussehen der Probe ohne Glanz interessiert, denn er erhält so die meiste Information über die Farbe. Unglücklicherweise arbeiten die meisten Farbmeßgeräte mit der Kugelgeometrie, und das Unvermögen der Ulbrichtschen Kugel, den Glanz aller, mit Ausnahme *sehr* hochglänzender Proben völlig auszuschalten, stellt ein ernsthaftes Problem dar. Viele Proben, die im täglichen Leben wichtig sind, haben eine Indikatrix, die der auf dieser Seite gezeigten entspricht, und es gibt keinen Weg, der eine Messung mit „ausgeschaltetem" Glanz für eine solche Probe sinnvoll macht (Budde 1980).

Die Ernsthaftigkeit dieses Problems sollte nicht unterbewertet werden. Der Kolorist in der Lackindustrie sollte wissen, daß er vor der Messung der Farbe den Glanz richtig einstellen muß. Aber sogar dies (in Glanzwerten eines Glanzmessers ausgedrückt) kann nicht ausreichend sein. Beim Arbeiten mit Rezeptberechnungsprogrammen wird oft empfohlen, den Glanz mitzumessen, weil die Saunderson Korrekturrechnung in die Programme eingebaut ist. Die Korrektur erfordert jedoch die Annahme von Werten für den Reflexionskoeffizient $k_1$ (und ebenfalls für $k_2$, in diesem Fall ist jedoch der „Glanzfaktor" $k_1$ wichtig). Manchmal arbeitet die Korrektur nicht richtig. In den oben beschriebenen Untersuchungen der Farbmeßgeräte (Billmeyer 1979a), wurde festgestellt, daß die verschiedenen Meßgeräte zwischen 2,7% und 6,3% des zurückgeworfenen Lichts mit der „Glanzfalle" eliminieren, wobei der Wert geräte- und probenabhängig (alle hatten normalen Glanz) ist. Wenn man die Keramikproben des National Physical Laboratory (Seite 84) unter Einschluß des Glanzes mißt, zeigt sich eine gute Übereinstimmung zwischen allen Geräten (wenn sichergestellt ist, daß alle Normfarbwerte mit den gleichen Gewichtsfaktoren errechnet werden), jedoch nicht, wenn „unter Ausschluß" des Glanzes gemessen wird.

Es scheint wahrscheinlich, daß die Messung mit der 45°/0° Geometrie die meisten der Probleme umgeht, da die Glanzkomponente bei der Messung nicht erfaßt wird. Die meisten Proben können als befriedigend frei von einem Glanzeinfluß bei dem Beobachtungswinkel von 0° angesehen werden, wenn die Probe unter 45° beleuchtet wird. Hier sind noch genauere Untersuchungen durchzuführen. Sie sollten mit den neuerdings erhältlichen 45°/0° und 0°/45° Spektralphotometern möglich sein. Es scheint so, als ob es wichtige Argumente gibt, diese gerichtete Geometrie zu bevorzugen.

**Proben mit besonderen Eigenschaften.** Während mit den meisten der modernen Meßgeräte eine große Anzahl verschiedener Proben gemessen werden kann, gibt es einige ernsthafte Probleme bei der Messung von unüblichen Proben.

*Transluzente Proben* können nicht durch eine einzige Messung beschrieben werden. Ihre Reflexion hängt von der Art des Materials ab, mit dem die Probe hinterlegt wurde. Manchmal ist es möglich, transluzente Proben zu beschreiben, indem man sie über schwarzem und weißem Hintergrund mißt. Wenn ihre

Durchlässigkeit gemessen werden muß, ist es notwendig, die Probe bündig an die Eingangsöffnung der Ulbrichtschen Kugel anzulegen, wie dies in der Abbildung auf Seite 182 gezeigt ist. Dies ist bei einigen Meßgeräten nicht möglich. Trotz dieser Möglichkeiten ist die Messung von transluzenten Proben mit einigen ernsthaften Schwierigkeiten behaftet (Atkins 1966, Hsia 1976).

Bei der Messung von *fluoreszierenden Proben* wird eine polychromatische Beleuchtung benötigt, wenn die Meßwerte mit dem visuellen Aussehen der Proben korrelieren sollen. Damit diese Korrelation gegeben ist, muß darüber hinaus genau dieselbe Lichtquelle für die instrumentelle und die visuelle Messung verwendet werden. Dies ist nicht immer möglich. In vielen Meßgeräten ist ein nachgestelltes Tageslicht für diesen Zweck eingebaut. Dieses kann jedoch sowohl von Gerät zu Gerät abweichen als auch nicht gut genug mit der spektralen Strahlungsverteilung einer Normlichtart für Tageslicht, z. B. D 65, übereinstimmen. Erst jetzt werden Versuche zur Normung der Messung von fluoreszierenden Proben unternommen (Billmeyer 1979 c). Wegen des Mangels von brauchbaren tageslichtähnlichen (D 65) oder anderen genormten Lichtquellen in den Meßgeräten sind richtige, aber sehr schwierige Rechenmethoden untersucht worden, um die gleichen Resultate zu erhalten (Billmeyer 1980 c).

*Retroreflektierende Proben* wie Verkehrsschilder benötigen besondere Meßgeräte, um ihre (retroreflektierte) Nachtfarbe zu ermitteln. Benötigt wird hier eine Anordnung, bei welcher der Einstrahl- und der Meßwinkel des Lichtes nur Bruchteile eines Grades voneinander entfernt sind, um das Licht, das in die Einstrahlrichtung zurückgeworfen wird, zu messen. Bei der endlichen Größe von Lichtquellen und Empfängern bedeutet dies, daß die Probe einen Abstand von 15 bis 30 m von Lichtquelle und Empfänger haben muß. Die Messung der Tagesfarbe von retroreflektierenden Proben wird wie üblich durchgeführt. Die einzuhaltenden Spezifikationen schreiben allerdings die Verwendung der 45°/0° Geometrie vor (Ascher 1978, Eckerle 1980).

*Metalleffekt-Farben* wie die für Automobilanstriche weitverbreiteten Lacke, die Aluminiumplättchen als Farbmittel enthalten, benötigen ebenfalls eine bestimmte Ausrüstung des Meßgerätes, da sich ihre Farbe mit den Beleuchtungs- und Beobachtungsbedingungen ändert (Billmeyer 1974). Flexibilität in der Auswahl der Beleuchtungs- und Beobachtungsbedingungen ist notwendig, um diese Proben zu kennzeichnen (Hemmendinger 1970, Armstrong 1972).

**Probleme, die mit der Rezeptberechnung zusammenhängen**

**Probleme mit herkömmlichen Proben und der herkömmlichen Theorie.** Unter herkömmlichen Proben verstehen wir in diesen Abschnitten undurchsichtige Proben wie Lacke, Kunststoffe und Textilien, die frei von Fluoreszenz und von Metalleffekten oder anderen unüblichen Farbmitteln sind. Unter herkömmlicher Theorie verstehen wir die einfache Theorie von Kubelka-Munk, die auf den Seiten 139–141 beschrieben worden ist. Gall (1973) hat die Probleme beschrieben, die man in diesen Fällen erwarten kann; siehe auch Brockes (1974), Kuehni (1975 b), Stearns (1976), Allen (1978) und Guthrie (1978).

Wir müssen wieder damit beginnen, die Notwendigkeit der außerordentlichen Sorgfalt bei der Probenherstellung und der vollständigen Kontrolle des gesamten Färbeprozesses für die Rezeptberechnung zu betonen. Dies ist ein dem Wesen nach analytisches Verfahren, und um seinen Erfolg sicherzustellen, muß jeder Schritt mit analytischer Genauigkeit durchgeführt werden! Gall (1973) bemerkte, daß wichtige Quellen für Mißerfolge bei der Rezeptberechnung, besonders von dunklen Proben, Fehler bei der Probenherstellung und der Messung mit den damals erhältlichen Meßgeräten sind. Die Meßgeräte sind inzwischen

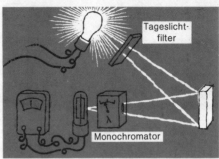

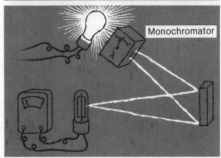

Sollen fluoreszierende Proben so gemessen werden, daß die Meßergebnisse mit dem visuellen Aussehen der Probe korrelieren, muß die Probe unmittelbar mit der Lichtquelle, die für die visuelle Abmusterung verwendet wird (polychromatische Beleuchtung, oben) und nicht mit monochromatischem Licht (unten) beleuchtet werden.

$$\frac{K}{S} = \frac{(1-R)^2}{2R}$$

$$\left(\frac{K}{S}\right)_{\text{Mischung}} = \frac{K_{\text{Mischung}}}{S_{\text{Mischung}}}$$

$$= \frac{c_1 K_1 + c_2 K_2 + c_3 K_3 + \ldots}{c_1 S_1 + c_2 S_2 + c_3 S_3 + \ldots}$$

verbessert worden, jedoch nicht unsere Fähigkeit, die notwendigen Proben herzustellen. Nach unseren Beobachtungen ist sie sogar schlechter geworden, weil die Koloristen auf Grund des Erfolges mit der Rezeptberechnung in gewissem Umfang sorglos geworden sind. Obwohl der Kolorist mit den heute zur Verfügung stehenden Meßgeräten seine Fähigkeit, repräsentative Proben herzustellen, überprüfen kann, wird dies zu oft nicht beachtet. Statt dessen hofft oder erwartet er, daß jede Probenvorbereitung gute Resultate ergibt, statt das Problem zu untersuchen, und zu einem vorzeigbaren brauchbaren Verfahren zu kommen.

Es wurde bereits gesagt, daß es bemerkenswert ist, daß die Rezeptberechnung trotz allem mit Erfolg eingesetzt wird. Die Erfahrung derjenigen, die solche Rechnungen durchführen, zeigen, daß die Rechenprogramme mit bemerkenswertem Erfolg empirisch weiterentwickelt und komplexer gestaltet wurden. Es scheint so, daß die Techniken der Iteration oder Wiederholung, wenn sie richtig angewendet werden, so überzeugend sind, daß sie praktisch unweigerlich ins Ziel und zu einer akzeptablen Nachstellung führt. Welche Gründe gibt es für diese Ansicht? Die Kubelka-Munk-Theorie beruht auf vielen Annahmen, die bei den hier durchgeführten Versuchen nicht erfüllt sind: Die Messungen müssen bei den einzelnen Wellenlängen durchgeführt werden; die Probe muß diffus beleuchtet und gemessen werden; die Probe darf keine Oberflächenreflexion aufweisen; an den Kanten der Probe darf kein Licht verlorengehen; und die Probe muß diffuses Licht gleichmäßig streuen. Glücklicherweise wird das einfallende gerichtete Licht innerhalb der Probe völlig diffus, wenn man nur undurchsichtige Proben verwendet, die genügend stark streuen; sind die Kubelka-Munk Konstanten K und S über einen Wellenlängenbereich konstant, sofern dieser genügend klein ist; und ist die Saunderson Korrektur anwendbar, wenn

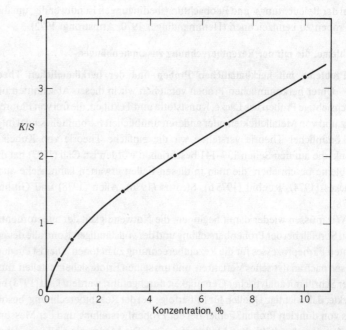

Aus vielen Gründen, von denen einige im Text aufgeführt sind, kann K/S nicht direkt proportional zur eingesetzten Farbmittelkonzentration sein, obwohl die Kubelka-Munk Theorie aussagt, daß dies der Fall sein sollte (aus Gall [1973], mit Genehmigung des Institute of Physics, Bristol, das die Veröffentlichungsrechte besitzt).

eine Reflexion an der Oberfläche stattfindet. Die Theorie kann so recht gut „zusammengeflickt" werden.

Schwieriger sind Abweichungen in den normalerweise verwendeten Mischgesetzen zu handhaben, die aussagen, daß jedes Farbmittel entsprechend seiner Konzentration zur Mischung beiträgt. Gall (1973) zeigte viele Gründe dafür auf, warum dies in realen Systemen nicht der Fall sein muß. Er zeigte, daß es nur notwendig ist, einige wenige Versuche auszuführen, um die häufig auftretenden Abweichungen zu zeigen. Bei Textilfärbungen kann dies ein unvollständiges oder irreguläres Ziehvermögen der Farbstoffe sein; bei niedrigen Pigmentkonzentrationen kann die Streuung zu gering sein, um das Licht innerhalb der Probe völlig diffus zu machen (Phillips 1976); bei hohen Pigmentkonzentrationen können sich „Agglomerate" bilden, die die Streuung eines Partikels von derjenigen der anderen Partikel abhängig machen (Bruehlmann 1969, Ross 1971); die Saunderson Korrektur kann nicht richtig angewendet worden sein. Glücklicherweise können diese Probleme durch die Ermittlung von K und S bei einer Anzahl von Konzentrationen in dem verwendeten Konzentrationsbereich und durch Rechnung mit derjenigen Konzentration, die der gesuchten am nächsten ist, überwunden werden.

Die Bestimmung von K und S für jedes Farbmittel und für jedes Substrat (die Werte sind in verschiedenen Systemen niemals gleich), für jede Wellenlänge und jede interessierende Konzentration wirft Probleme hinsichtlich der richtigen Probenherstellung und der Messung von vielen Proben auf. Die Handhabung der vielen Werte ist ebenfalls nicht problemlos. Die Bestimmung der Konstanten bringt ebenfalls Probleme mit sich; mehrere Wege, dies zu tun, sind beschrieben worden (Billmeyer 1973a, Kuehni 1975b, Cairns 1976, Allen 1978, Marcus 1978b). Käufliche Rechnerprogramme beschreiben diesen Schritt häufig nicht. Einige der Methoden zur Bestimmung von K und S benötigen nicht deckende, transluzente Proben, und führen damit Probleme sowohl hinsichtlich der Messung als auch der Rechnung ein. Die Probleme mit der Rechnung werden später besprochen.

**Proben mit besonderen Eigenschaften.** Genauso wie die Messung ist die Rezeptberechnung für ungewöhnliche Proben mit Schwierigkeiten behaftet, die wir nur erwähnen können. Untersuchungen zu ihrer Lösung sind erst in den Anfängen: Um zu Methoden zu kommen, die in der Praxis verbesserte Ergebnisse liefern, ist viel Forschung und Entwicklung durch die geübtesten Koloristen mit dem meisten Wissen notwendig. Die meisten Fortschritte sind empirisch erarbeitet worden und nicht allgemein gültig, obwohl sie in einer großen Anzahl von Fällen gut funktionieren.

*Transluzente Proben* können bearbeitet werden, indem man die Kubelka-Munk Theorie auf transluzente Systeme erweitert. Dies ist nur möglich, wenn genug Streuung vorhanden ist, um das Licht im Inneren der Probe absolut diffus zu machen. Die Gleichungen werden mathematisch komplexer, wie das Beispiel auf dieser Seite zeigt. Mit Hilfe der Rechner ist dies allerdings kein Problem. Es werden jedoch mehr Eichproben und mehr zu verarbeitende Daten benötigt. Darüber hinaus muß man genau wissen, wie die Rechendaten zu interpretieren sind, um z. B. sowohl die Farbe für das durchgelassene Licht als auch die Farbe für das reflektierte Licht einer transluzenten Kunststoffprobe zu bestimmen. Es handelt sich um ein ernsteres Problem, dessen Lösung unseres Wissens noch nicht gefunden worden ist.

Für *fluoreszierende Proben* wird eine neue Theorie benötigt, bevor eine richtige Rezeptberechnung möglich ist. Ganz (1977) hat einige der vorhandenen Probleme zusammengefaßt und gefunden, daß ihre vollständige Lösung so kompliziert und umfangreich wäre, daß der Aufwand sich nicht lohnen würde. Er

$$R = \frac{1 - R_g(a - b \operatorname{ctgh} bSX)}{1 - R_g + b \operatorname{ctgh} bSX}$$

$$T_i = \frac{b}{a \sinh bSX + b \cosh bSX}$$

mit
- $R$ = Reflexion
- $R_g$ = Reflexion der Probe, die als Hintergrund verwendet wird
- $T_i$ = Durchlässigkeit innerhalb der Probe
- $a = (K + S)/S$
- $b = (a^2 - 1)^{1/2}$
- $K$ = Absorptionskoeffizient
- $S$ = Streukoeffizient
- $X$ = Probendicke
- ctgh = Kotangens hyperbolicus
- sinh = Sinus hyperbolicus
- cosh = Kosinus hyperbolicus

Eine Form der Kubelka-Munk Gleichungen. Andere zweckmäßig zusammengestellte Gleichungen sind bei Johnston 1973 und Judd 1975a zu finden.

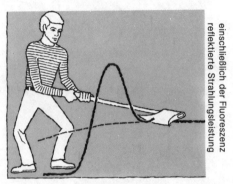

**Ein Weg, um den durch die Fluoreszenz hervorgerufenen Effekt bei der Reflexionsmessung zu eliminieren (Ganz 1977).**

*Farbempfindung*
Eigenschaft der Gesichtsempfindung, die durch Farbnamen: wie Weiß, Grau, Schwarz, Gelb, Orange, Braun, Rot, Grün, Blau, Violett usw. oder durch Kombinationen dieser Namen beschrieben werden kann.

*Farbton* (lt. Wörterbuch Buntton)
Merkmal einer Gesichtsempfindung, nach der eine Fläche einer der Farbempfindungen Rot, Gelb, Orange, Grün, Blau und Violett oder einer Kombination von zwei dieser Farbempfindungen gleicht.

*Unbunte Farbe*
Farbempfindung ohne Farbton.

*Bunte Farbe*
Farbempfindung mit Farbton.

*colorfulness*
Merkmal einer Gesichtsempfindung, nach der eine Fläche mehr oder weniger bunt erscheint.

*Helligkeit*
Merkmal einer Gesichtsempfindung, nach der ein Gesichtsfeld mehr oder weniger Licht auszusenden, durchzulassen oder zurückzuwerfen scheint.

schlägt einige Alternativen vor, eine davon ist in dem Bild auf dieser Seite dargestellt.

*Metalleffekt-Farben* können wahrscheinlich mit Hilfe einer „richtigen" Theorie berechnet werden, die zwar im Prinzip umrissen (Billmeyer 1976), unseres Wissens nach aber noch nicht angewendet worden ist. Eine weiterentwickelte Theorie für trübe Stoffe, die kurz in Abschnitt B beschrieben wird, wird benötigt. Die empirischen Näherungen, die, wie oben erläutert, in käuflichen Rezeptberechnungsprogrammen zu finden sind, benötigen sehr viele sorgfältig durchgeführte Eichungen (Armstrong 1972).

## B. ENTWICKLUNGSTENDENZEN
### Spezifikationen zur Kennzeichnung des Aussehens von Farben

Es sei daran erinnert, daß wir in Kapitel 2 drei unterschiedliche Arten von Farbordnungssystemen beschrieben haben: Zuerst diejenigen Systeme, die mit realen Proben in Zusammenhang stehen, und die in der einen oder der anderen Art die empfundenen Farben dieser Proben in systematischer Art zu beschreiben versuchen; zweitens, das CIE System, das in keinem Zusammenhang mit dem Aussehen von Farben steht, sondern nur aussagt, ob zwei Farben gleich oder ungleich sind. Dieses System ist jedoch eng mit einigen meßbaren physikalischen Größen verbunden; und drittens, Transformationen des CIE Systems, mit deren Hilfe versucht wird, die zwei ersten Systeme in Beziehung zu bringen, indem sie objektive Meßwerte zur Verfügung stellen, die mit der subjektiven Farbempfindung korrelieren.

In diesem Abschnitt untersuchen wir die Beziehungen zwischen den drei Arten von Systemen mit dem Ziel, zahlenmäßige Spezifikationen für das Aussehen von Farben zu entwickeln. Wir müssen zuerst die Unterschiede in den Bezeichnungen und Definitionen der Begriffe, über die wir sprechen, untersuchen. Sorgfältige Untersuchungen der Terminologie von Farben sind von einer regen Arbeitsgruppe des CIE Komitees für Farbmessung in den letzten Jahren durchgeführt worden. Zu erwarten ist eine vierte Ausgabe des internationalen Wörterbuchs der Lichttechnik, welche die dritte Ausgabe (CIE 1970) ersetzen soll, und welche die meisten der hier vorgestellten Ausdrücke enthalten wird. Wir beziehen uns hier hauptsächlich auf eine Serie von Veröffentlichungen des Vorsitzenden dieses Komitees R. W. G. Hunt (1977, 1978a, b). Viele der von ihm vorgestellten Begriffe sind neu und noch umstritten, und es kann noch Änderungen und Entwicklungen geben, bevor die Ideen und Ausdrücke vollständig akzeptiert sein werden.

**Subjektive (empfindungsgemäße) Begriffe zur Beschreibung von Farben.** (Anmerk. des Übersetzers: Der Text der Begriffe stimmt nicht immer mit dem Text in der später erschienenen 4. Ausgabe des internationalen Wörterbuchs der Lichttechnik der CIE überein. Manchmal ist eine verkürzte Form gewählt worden. Die von Hunt vorgeschlagenen Begriffe sind nicht in jedem Fall in das Wörterbuch übernommen worden. Für einige Begriffe gibt es keine deutsche Übersetzung.) Wir lenken die Aufmerksamkeit zuerst auf die Begriffe, welche die Reaktionen des Beobachters, d. h. seine Farbempfindung bezeichnen. Wir definieren die *Farbempfindung* in sehr einfacher Art, nämlich mit Ausdrücken der allgemeinen Farbnamen, die allen vertraut sind. Sie beschreiben die Eigenschaft des *Farbtons*, und seine Definition ist genauso einfach. Sie folgt aus der Tatsache, daß man alle Farben in *unbunte* und *bunte* Farben unterteilen kann oder in solche, die über einen Farbton verfügen und in solche, die über keinen Farbton verfügen. Bei einer Farbe, die über einen Farbton verfügt, kann dieser entweder schwach oder stark ausgeprägt sein, was zu dem Konzept der *colorfulness* führt. Dies ist ein neuer Ausdruck (Hunt 1977) und wir werden seine

Beziehung zu älteren, gebräuchlicheren Namen für die beschriebene Größe. Farbton und colorfulness diskutieren zwei der drei Eigenschaften der Farbe, die dritte wird meist direkt durch die *Helligkeit* (gemeint ist, daß ein Licht hell oder dunkel sein kann und nicht die „Brillanz des Färbers", die auf Seite 20 besprochen wurde) beschrieben.

Wir haben hier einen neuen Begriff eingeführt. Warum haben wir bisher über die Helligkeit von Körperfarben (lightness) (Anm. des Übersetzers: die deutsche Übersetzung sowohl für brightness als auch für lightness ist Helligkeit) in den mehr qualitativen Diskussionen gesprochen, und führen den Begriff der Helligkeit von Selbstleuchtern (brightness) erst hier ein? Um dies zu verstehen, müssen wir nach anderen Wegen suchen, um zwischen den verschiedenen Gruppen von Farben zu unterscheiden. Zuerst müssen wir den Unterschied zwischen *Lichtfarben* und *Körperfarben* betrachten, der ungefähr mit dem Unterschied zwischen der Lichtquellen- und der Probenwahrnehmung, der auf Seite 3 eingeführt wurde, übereinstimmt. Lichtfarben sind solche Farben, die sich wie Lichtquellen verhalten. Sie werden am besten durch ihren Farbton, ihre colorfulness und ihre Helligkeit beschrieben. Körperfarben werden andererseits an ihrer *Sättigung* erkannt, welche wir jetzt als relative colorfulness definieren. Um zwischen Sättigung und colorfulness zu unterscheiden, denken wir an ein farbiges Licht und seine Reflexion in einem Spiegel: Das reflektierte Bild ist im allgemeinen weniger hell und weniger farbig (z. B. rosa statt rot). Wird es jedoch relativ zu seiner Helligkeit beurteilt, scheint seine „Farbe" die gleiche zu sein. Die beiden Lichter scheinen die gleiche Sättigung zu haben.

Körperfarben werden normalerweise von Gegenständen erzeugt, die Licht zurückwerfen, und die Farben solcher Gegenstände werden normalerweise nicht für sich allein gesehen, sondern in Beziehung zu den Farben, die von anderen Gegenständen in ihrer Umgebung erzeugt werden. Wir müssen deshalb zwischen *bezogenen* und *unbezogenen Farben* unterscheiden. Zuletzt können wir nun das Konzept der *Helligkeit* von Körperfarben erneut einführen, denn es ist der Anteil des Lichtes, der von der Farbe zurückgeworfen wird, und zwar relativ auf das weißeste Objekt in der Umgebung bezogen. Diese Helligkeit (lightness) ist in Wirklichkeit eine relative Helligkeit (relative brightness) und zwar im gleichen Sinne wie die Sättigung die relative colorfulness ist.

Gegenüber den Lichtfarben benötigen Körperfarben einen zusätzlichen Begriff, der mit der relativen colorfulness in Verbindung steht. Er wird Buntheit (einer bezogenen Farbe) genannt. Das Wort wurde zugefügt, um diese Eigenschaft von anderen zu unterscheiden, für die das Wort Buntheit ebenfalls verwendet wird, z. B. Munsell chroma. Zum Schluß fassen wir Farbton und Sättigung zusammen und nennen dies *chromaticness*.

Volles Verständnis für die feinen Unterschiede zwischen colorfulness, Sättigung und Buntheit sind für dieses Buch nicht wichtig. Für eine vorgegebene Buntheit nimmt die colorfulness normalerweise zu, wenn die Helligkeit der Beleuchtung zunimmt, wogegen sich die Sättigung einer solchen Farbe mit der Helligkeitsänderung im allgemeinen nicht ändert. Eine vorgegebene Farbe hat eine annähernd konstante Buntheit für alle Helligkeitsniveaus. Für eine vorgegebene Helligkeitsstufe der Beleuchtung nimmt die empfindungsgemäße Buntheit zu, wenn die Helligkeit der Farbe relativ zu der Helligkeit der weißen Gegenstände in der Umgebung erhöht wird.

**Objektive Begriffe zur Beschreibung von Farben.** Wir wenden unsere Aufmerksamkeit jetzt den Begriffen zu, die den Farbreiz im Gegensatz zur Empfindung des Beobachters beschreiben. Weil der Farbreiz gemessen werden kann, ergeben sich objektive Begriffe. Wir müssen jedoch unterscheiden zwischen *psychophysikalischen* Begriffen, die direkt von solchen wichtigen Größen wie

*Lichtfarbe*
Farbempfindung, die dem Licht eines Selbstleuchters zugeordnet ist.

*Körperfarbe*
Farbempfindung, die einer Fläche zugeordnet ist, die Licht durchläßt oder reflektiert.

*Sättigung*
Merkmal einer Gesichtsempfindung, nach der eine Fläche mehr oder weniger bunt erscheint, beurteilt im Vergleich zu ihrer Helligkeit.

*Bezogene Farbe*
Farbempfindung, die einer Fläche oder einem Körper zugeordnet ist, und die in bezug auf andere Farben auftritt.

*Unbezogene Farbe*
Farbempfindung, die völlig isoliert von anderen Farben auftritt.

*Helligkeit* (einer bezogenen Farbe)
Merkmal einer Gesichtsempfindung, nach der eine Fläche mehr oder weniger stark lichtreflektierend, bzw. durchlassend bezogen auf das einfallende Licht beurteilt wird.

*Buntheit* (einer bezogenen Farbe)
Merkmal einer Gesichtsempfindung, aufgrund dessen eine bezogene Körperfarbe mehr oder weniger bunt erscheint, beurteilt im Vergleich zu einem ähnlich beleuchteten weißen Gegenstand.

*chromaticness*
Eigenschaft einer visuellen Empfindung, die sich aus Farbton und Sättigung zusammensetzt.

*Psychophysikalische Begriffe*
Begriffe, die ein objektives Maß für physikalische Größen darstellen, die so bewertet wurden, daß sie wichtige Eigenschaften von Licht und Farbe richtig wiedergeben. Diese Maßzahlen kennzeichnen Reize, die gleiche Reaktionen bei einem visuellen Prozeß unter festgelegten Beobachtungsbedingungen hervorrufen.

*Hellbezugswert*
Verhältnis des Normfarbwerts Y der Probe zu dem einer idealen reflektierenden oder durchlässigen diffusen Probe, die gleich beleuchtet wird, multipliziert mit 100.

*Helligkeit CIE 1976*
Größe, die durch eine geeignete Funktion von psychophysikalischen Größen (in erster Linie dem Hellbezugswert) so beschrieben ist, daß gleiche Abstände so gut wie möglich gleichen Unterschieden in der visuell empfundenen Helligkeit von Körperfarben entsprechen.

$$L^* = 116 \left( \frac{Y}{Y_n} \right)^{1/3} - 16$$

der spektralen Strahlungsverteilung, dem spekralen Reflexionsgrad und der Beobachterempfindlichkeit (wie im CIE System) abgeleitet werden, und *psychometrische* Ausdrücke, die sich aus diesen errechnen lassen und besser mit der Farbempfindung übereinstimmen. (Anm. des Übersetzers: der Begriff psychometrisch wurde nicht ins CIE Wörterbuch übernommen.)

Als Beispiel für den Unterschied zwischen den zwei Arten von Ausdrücken betrachten wir den *Hellbezugswert* $Y_n$. Er ist ein psychophysikalischer Ausdruck. Wie auf Seite 61 besprochen ist der entsprechende psychometrische Ausdruck *metrische Helligkeit*, wobei wir hier wiederum psychometrisch für den allgemeinen Gebrauch durch metrisch abkürzen. Im CIE System wird die metrische Helligkeit Helligkeit CIE 1976 L* genannt. Sowohl Y als auch L* können mit der empfindungsgemäßen Größe der Helligkeit in Beziehung gesetzt werden.

Die am meisten verwendeten psychophysikalischen und psychometrischen Begriffe zur Beschreibung von Farben sind in der Tabelle auf Seite 189 zusammengefaßt. Aufgeführt sind ebenfalls die zugehörigen empfindungsgemäßen Größen, mit denen sie annähernd übereinstimmen. Die phsychophysikalischen Größen, die für dieses Buch wichtig sind, sind bereits besprochen worden, ebenfalls die meisten der psychometrischen Ausdrücke.

Diese Begriffe und Größen bilden die Grundlage für die, wie wir glauben, wichtigsten Richtungen, in die sich die Farbtechnologie zu bewegen beginnt: Der Übergang von der Beschreibung der Farbgleichheit, die durch das CIE System erfolgen kann, und der Angabe von Farbunterschieden, wobei die gegenwärtig verwendeten Gleichungen zugegebenermaßen nicht gut genug sind, zu der Beschreibung von Farben, wie sie wirklich im täglichen Leben, wo sie nie einzeln auftreten, gesehen werden.

**Farbumstimmung**

Bevor das Aussehen von Farben vollständig und richtig angegeben werden kann, muß eine Möglichkeit gefunden werden, die bemerkenswerte Fähigkeit des Auges zu adaptieren in quantitativen Ausdrücken zu beschreiben. Dadurch werden Farben bei Änderung der Beleuchtung unverändert wahrgenommen. Dieses Phänomen wird seit ca. 1860 untersucht und ist bis heute noch nicht aufgeklärt worden. Warum sieht weiß immer noch weiß aus, wenn man von draußen, wo die Farben unter dem blauen Licht des Nordhimmels wahrgenommen werden, einen Raum betritt, der mit Glühlampenlicht beleuchtet ist, und warum werden auch alle anderen Farben wiedererkannt, obwohl sich die physikalischen Reize, die ins Auge fallen, stark verändert haben? Welche Mechanismen des Farbensehens sind für die Farbumstimmung verantwortlich? Wie können die Ergebnisse durch Berechnungen, die auf der Messung der physikalischen Reize beruhen, vorausgesagt werden? Welchen Wert würde eine solche Vorausberechnung für die praktische Anwendung z. B. bei der farbigen Vervielfältigung haben? Diese und andere Fragen sind noch in weitem Umfang unbeantwortet, aber es gibt jetzt Fortschritte, welche zu Hoffnungen berechtigen. Die folgende Zusammenfassung steht in einem Bericht von Bartleson (1978) über die chromatische Adaptation: Die dem Phänomen zugrunde liegenden physiologischen Farbsehvorgänge sind noch nicht ergründet. Bis jetzt können wir noch kein erfolgversprechendes Modell zu Beschreibung des Phänomens vorstellen. Das am meisten verwendete, das von Kries aufstellte, ist mehr als 100 Jahre alt. In Ermangelung eines besseren, und trotz der Tatsache, daß es auf fehlerhaften Annahmen besonders bei großer Änderung der Beleuchtung beruht, wird es z. B. bei der Berechnung des Farbwiedergabeindex verwendet. Es gibt eine Anzahl besserer Modelle, die verschieden weit entwickelt sind. Um eine Wahl zwischen ihnen treffen zu können, müssen zuverlässige experimentelle

Psychometrische und psychophysikalische Begriffe im Vergleich zu denen für die Wahrnehmung

| subjektiv | objektiv | |
|---|---|---|
| Wahrnehmung | psychometrisch | psychophysikalisch[b] |
| Helligkeit | psychometrische Helligkeit | Leuchtdichte |
| relative Helligkeit[a] | Helligkeit CIE 1976[a] | Hellbezugswert[a] |
| Farbton | Bunttonwinkel CIE 1976 | farbtongleiche Wellenlänge |
| colorfulness | psychometrische colorfulness | |
| Sättigung | Sättigung CIE 1976 psychometrische Reinheit | spektraler Farbanteil |
| Buntheit[a] | Buntheit CIE 1976[a] | |
| Chromaticness | psychometrische Farbart | Farbart |

[a] Diese Begriffe sind nur auf Körperfarben anwendbar.
[b] Diese Begriffe wurden in Kapitel 2 B definiert.

*Psychometrische Begriffe*
Ausdrücke, mit denen objektive physikalische Größen so bewertet werden, daß sie Unterschiede in der Größe von wichtigen Eigenschaften von Licht und Farbe mit einem Maßstab kennzeichnen, der in etwa den visuell empfundenen Unterschieden entspricht. Die Maßzahlen lassen erkennen, welche Paare von Reizen gleichsichtbare Farbunterschiede unter festgelegten Beobachtungsbedingungen hervorrufen.

Ergebnisse vorliegen. Es gibt verschiedene Methoden, solche Daten zu erstellen. Es gibt jedoch beunruhigende Unterschiede zwischen den Ergebnissen der Untersuchungen.

Trotz dieser nicht gerade optimistischen Aussichten arbeitete Bartleson weiter daran, viele dieser Probleme zu lösen und überraschend erfolgreiche Methoden vorzustellen (Bartleson 1979a, b), die zur Vorausberechnung der Änderung des Aussehens bei einer Änderung der chromatischen Adaptation dienen, sowie zur Ermittlung von Farben, die bei verschiedenem Adaptationszustand des Auges gleich aussehen.

**Anspruchsvollere Theorien der Lichtstreuung**

Indem wir uns daran erinnern, daß diese Theorien die Streu- und Absorptionseigenschaften von Proben beschreiben, definieren wir anspruchsvollere Theorien als solche, die über die Theorie von Kubelka-Munk, die in Kapitel 5 beschrieben worden ist, hinausgehen. Um zu verstehen, wieviel mehr anspruchsvollere Theorien zu leisten vermögen, und um einen Entschluß fassen zu können, wann solche Theorien hilfreich sind, müssen wir drei Arten von optischen Systemen definieren: optisch dünne Systeme, Systeme, die optisch gesprochen eine mittlere Dicke aufweisen, und optisch dicke Systeme (Craker 1967, Billmeyer 1973 c). Die meisten pigmentierten Proben sind als optisch dicke Systeme anzusehen, sogar dann, wenn sie physikalisch dünn sind, wie z. B. ein undurchsichtiger Lackfilm. (Es zählt die Größe der Streuung und nicht die physikalische Dicke. Der Abstand zwischen uns und entfernten Sternen ist riesig. Über große Strecken dieses Weges ist nur sehr wenig Streuung vorhanden, so daß wir die Sterne klar sehen können; es handelt sich deshalb um ein optisch dünnes System.)

Billmeyer und Richards (1973 c) untersuchten verschiedene Streutheorien auf ihre Anwendbarkeit bei den drei Arten der optischen Dicke. Wir betrachten hier nicht alle, sondern wählen nur die Theorie aus, die Vorteile bei der Anwendung in allen drei Systemen bietet: die sogenannte Vielkanal-Theorie von Richards (Richards 1970, Mudgett 1971, 1972, 1973). Sie ist im nachstehend besprochenen Sinn eine Erweiterung der Kubelka-Munk Theorie: Kubelka-Munk

*Drei Bereiche des optischen Verhaltens von streuenden Stoffen*

*Optisch dünn*
Das meiste wahrgenommene gestreute Licht wird nur einmal gestreut; sehr viel ungestreutes Licht verläßt die Probe.

*Mittlere Dicke*
Das meiste gestreute Licht wird in der Probe mehrfach gestreut; etwas ungestreutes Licht verläßt diese jedoch immer noch.

*Optisch dick*
Alles Licht wird mehrfach gestreut.

## 190 Grundlagen der Farbtechnologie

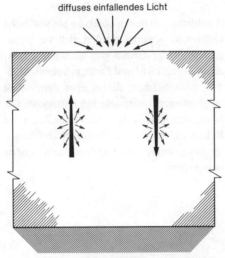

Diffuses Licht, das sich innerhalb der Probe „aufwärts" und „abwärts" bewegt, ist die Grundlage der einfachen Kubelka-Munk Theorie, mit der „optisch dicke" Proben gut beschrieben werden können ...

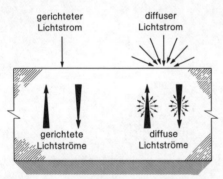

... Werden genauere Informationen benötigt, müssen mehr Lichtströme (Kanäle) betrachtet werden. Bei der Vierkanal-Theorie werden zwei gerichtete Lichtströme, die den einfallenden Lichtstrom und den am Hintergrund zurückgeworfenen Teil dieses Lichtstromes berücksichtigen, hinzugefügt ...

Anwendbarkeit verschiedener Streutheorien bei den drei Arten der optischen Dicke (Billmeyer 1973 c)

| Theorie | optisch dünn | mittlere Dicke | optisch dick |
| --- | --- | --- | --- |
| Kubelka-Munk | nein | nein | ja |
| Vierkanal | ja | begrenzt | ja |
| Vielkanal | ja | ja | ja |
| Doubling | ja | ja | begrenzt |
| Monto Carlo | ja | begrenzt | nein |
| Scattering Order | ja | begrenzt | nein |
| Diffusion | nein | nein | ja |

(1931) und andere vor ihnen betrachteten Streuung und Absorption von Licht, das sich entweder aufwärts oder abwärts diffus in der Probe ausbreitet (sie nahmen an, daß jede Ausbreitungsrichtung mit einer Aufwärtskomponente als aufwärts gezählt wird, und umgekehrt). Die Theorie wird deshalb Zweikanal-Theorie genannt. Viele Jahre später entwickelten Beasly und andere (1967; siehe auch Atkins 1968) sowie Völz (1962, 1964) unabhängig voneinander Theorien, bei denen vier Lichtströme betrachtet werden: die beiden diffusen Lichtströme von Kubelka-Munk und zwei gerichtete Lichtströme, wie z. B. den einfallenden Lichtstrahl in einem Spektralphotometer und die Reflexion dieses Strahls an der anderen Grenzfläche der Probe. Diese Theorien haben sich als brauchbar bei der Beschreibung von nichtdeckenden, transluzenten Kunststoffen erwiesen, die zur Gruppe der Proben mit mittlerer optischer Schichtdicke zu rechnen sind. Richards verallgemeinerte diese Näherung, indem er so viele Lichtrichtungen oder Kanäle, wie in jedem speziellen Fall erforderlich, hinzufügte. Dies ermöglichte erstmalig die Beschreibung der Winkelabhängigkeit des aus der Probe austretenden Lichtes.

Wir können jetzt den Nutzen der anspruchsvolleren Streutheorien zusammenfassen. Sie erlauben, Fälle zu untersuchen, bei denen die Menge des zurückgeworfenen Lichts vom Beobachtungswinkel abhängig ist. In der Realität gibt es nicht viele Fälle, bei denen dies wichtig ist. Zwei dieser Fälle sind (1) diejenigen, bei denen nicht genug Streuung vorhanden ist, um die Lichtströme vollkommen diffus zu machen, z. B. die transluzenten Kunststoffe, die oben erwähnt worden sind; und (2) diejenigen, in denen ungebräuchliche Farbmittel, wie Metall-Plättchen, verwendet werden. Diese Plättchen verleihen dem Licht eine Winkelabhängigkeit, wie bei Metalleffektlacken zu beobachten ist.

Eine andere Art der Winkelabhängigkeit ist bei den Streutheorien ebenfalls wichtig. Dies zeigt sich bei den Theorien, die die Lichtstreuung und die Lichtabsorption von einzelnen isolierten Pigmentteilchen beschreiben, d. h. eine Bedingung beschreiben, die am Ende des „optischen dünnen" Bereichs anzuordnen ist. Die Theorie, die für Kugelteilchen von Mie (1908) entwickelt worden ist, zeigt, daß die Größe der Streuung in irgendeinem System von zwei Variablen abhängt, und zwar von der Teilchengröße, relativ zur Wellenlänge des Lichts, und vom Brechungsindex des Pigmentes, relativ zu dem des Bindemittels.

Bevor wir die Winkelabhängigkeit der Mie-Theorie diskutieren, möchten wir darauf hinweisen, daß die beiden gerade genannten Größen oft die Eigenschaften und die Auswahl eines Pigmentes für einen vorgegebenen Einsatzzweck bedingen. Anorganische Pigmente haben normalerweise einen Brechungsindex, der sich stark von dem der Bindemittel unterscheidet. Sie werden üblicherweise mit einer Teilchengröße hergestellt, die ein optimales Streuvermögen ermöglicht. Diese ist durch die Mie-Theorie vorbestimmt und wird in der Praxis bestätigt. Diese Teilchengröße und die geringere Streuung von Teilchen mit größerem oder kleineren Durchmesser ist in den Bildern auf Seite 12 und auf dieser Seite dargestellt.

Organische Pigmente haben andererseits Brechungsindizes, die denen ihrer (organischen) Bindemittel sehr ähnlich sind; sie haben von Natur aus ein sehr geringes Streuvermögen. Deshalb werden sie normalerweise mit einem sehr kleinen Teilchengrößedurchmesser hergestellt, um im Bindemittel die größtmögliche Absorption und damit das größtmögliche Färbevermögen zu entwickeln. Dies entspricht der Praxis, es sei denn, eine unerwünschte Eigenschaft, die schlechte Lichtechtheit, die durch diese Teilchengröße bedingt ist, erfordert einen Kompromiß. Siehe auch Kapitel 4 B und 5 C.

Die Winkelabhängigkeit der Lichtstreuung wird in der Mie-Theorie durch eine Funktion, die mit p ($\theta$) bezeichnet ist, beschrieben. $\theta$ ist dabei der Winkel, in den das Licht gestreut wird. Diese Winkelabhängigkeit hat keinen direkten Einfluß auf die Winkelverteilung des Lichts, das von einer wirklich streuenden Probe zurückgeworfen wird, da die Vielfachstreuung in optisch dicken Stoffen innerhalb der Probe zu gleich großen Lichtströmen in jeder Richtung führt. Wir glauben, daß p ($\theta$) eine wichtige Größe ist, weil sie in Beziehung zu den wichtigen Pigmenteigenschaften, Streuung und Absorption, steht. Obwohl eine Anzahl von wichtigen Veröffentlichungen erschienen sind, die sich mit der Funktion p ($\theta$) befassen, z. B. Allen (1975), scheint es nur ein Labor zu geben, in dem Versuche zur Bestimmung dieser Größe durchgeführt werden (Phillips 1976, Billmeyer 1980 b). Andere Arbeiten, die sich mit den anspruchsvolleren Streutheorien befassen, sind von Guthrie (1978) beschrieben worden.

## C. MÖGLICHKEITEN ZUR FORTBILDUNG

Wenn wir zurückblicken, sehen wir, daß eine Richtung, auf die wir in der ersten Ausgabe des Buches hingewiesen haben, sich sogar stärker, als wir erwartet haben, bestätigt hat: Die Farbtechnologie ist sehr kompliziert und sehr anspruchsvoll geworden.

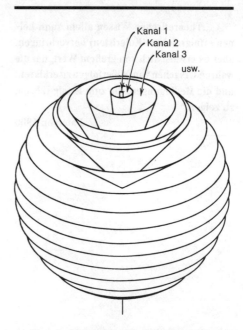

... Eine absolut befriedigende Betrachtung erfordert jedoch die Berücksichtigung von vielen Lichtströmen, von denen jeder das Licht beschreibt, das sich in einer bestimmten Richtung oder einem bestimmten Kanal bewegt (Mudgett 1971).

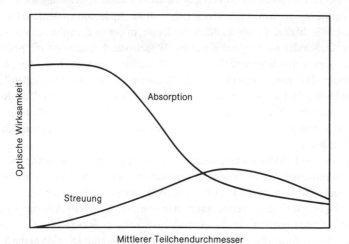

Während das Streuvermögen eines Pigmentes bei einer bestimmten optimalen Teilchengröße ein Maximum erreicht, steigt sein Absorptionsvermögen, und damit eng verbunden sein Färbevermögen bis zu sehr kleinen Partikelgrößen an (Gall 1971). Deshalb werden viele organische Pigmente mit sehr kleinen Teilchengrößen hergestellt, da ihr Streuvermögen wegen ihres Brechungsindex, der in etwa mit dem des Bindemittels, in dem sie eingesetzt werden, übereinstimmt, stets gering ist.

„Theoretisches Wissen allein kann keinen erfolgreichen (Koloristen) hervorbringen, aber es erweist sich von großem Wert, um die wahren Ursachen von Mißerfolgen zu erklären, und die Bedingungen, die zum Erfolg führen, zu zeigen."

Paterson 1900

Alle einfachen Fortschritte scheinen gemacht zu sein; alle Routinearbeit ist uns abgenommen worden. Die schönen Meßgeräte und Rechnerprogramme, die wir verwenden, sind „schwarze Boxen" und es sieht so aus, als ob sich niemand mehr darum kümmert, wie sie arbeiten oder wie man mit ihnen die besten Ergebnisse erarbeiten kann. Die einfachsten Systeme, bei denen man am wenigsten Tasten zu drücken hat, werden bevorzugt, obwohl ihr Einsatzbereich eingeschränkt ist. Wir finden diese Richtung aufs Höchste beunruhigend.

Für uns scheint der wachsende Anspruch der Farbtechnologie eine Herausforderung zu sein, der durch steigende Anforderungen an die Benutzer solcher Systeme begegnet werden muß. Um eine Arbeit besser zu machen, muß man nicht nur härter arbeiten, sondern mehr wissen, um die schwierigen Probleme, mit denen man konfrontiert wird, lösen zu können. Man benötigt mehr Kenntnisse und ein größeres Verständnis der Farbtechnologie.

Es wurde mehrfach gesagt (z. B. Billmeyer 1975), daß die Halbzeit des Wissens bei der modernen Technik etwa fünf Jahre beträgt. D. h. nach 5 Jahren besitzen sie nur noch die Hälfte der technischen Kenntnisse, die dann zur Ausübung des Berufs wichtig sind; in weiteren 5 Jahren bleibt nur die Hälfte des verbleibenden Wissens usw. Es gibt keinen Zweifel, daß die Kenntnisse aufgefrischt werden müssen, um den gegenwärtigen Stand der Fähigkeiten zu erhalten und noch mehr, um die Entwicklung nicht zu verpassen. In diesem letzten Abschnitt, geben wir einige Anregungen, die Fähigkeiten zu verbessern, den vorhandenen Wissensstand zu erweitern und bessere Arbeit zu leisten.

**Regelmäßig angebotene Schulungskurse**

In der ersten Ausgabe dieses Buches berichteten wir, daß damit begonnen wurde, ständige Schulungskurse einzurichten, in denen Farbmetrik und Farbtechnologie gelehrt wird. Glücklicherweise hat sich dies fortgesetzt, und es gibt viele verschiedene und ziemlich gute Kurse. Sie werden jetzt von drei verschiedenen Quellen angeboten.

**Universitätskurse.** Während dieses Buch geschrieben wird, bieten zumindest vier Universitäten in den Vereinigten Staaten jährliche Schulungskurse an. Ihr Inhalt ist von dem angebotenen Lehrstoff für Studenten an der jeweiligen Universität diktiert. Es gibt ausführliche Kurse, in denen der Inhalt dieses Buches für Schüler mit unterschiedlichem Wissensstand zusammen mit praktischen Übungen gelehrt wird (Rensselaer Polytechnic Institute), Kurse über die Farbmetrik (Universität von Rochester), Kurse über die Farbwissenschaft in der Textilindustrie (Clemson Universität) und spezielle Kurse, die sich mit der Rezeptberechnung befassen (Lehigh Universität). Da während der Semester und in den Sommerferien keine Kurve angeboten werden können, werden sie jährlich im Mai und im Juni durchgeführt.

**Kurse von technischen Organisationen.** Weniger regelmäßig werden Kurse von verschiedenen technischen Organisationen angeboten, die sich speziell mit dem Wissen in ihrem Bereich befassen. Beachtenswert sind die Kurse, die von folgenden Organisationen angeboten werden: American Association of Textile Chemists and Colorists (Textil), Federation of Societies für Coatings Technology (Anstrichstoffe, Lacke), Color and Appearance Division of the Society of Plastics Engineers und Plastics Institute of America (Kunststoffe).

**Kurse von Herstellern.** Die dritte Art von Schulungskursen wird von den Herstellern von Farbmitteln, den Herstellern von Farbmeßgeräten und den Firmen angeboten, die Rezeptberechnungsprogramme liefern. Sie finden unregelmäßig statt. Zu den anbietenden Firmen gehören Applied Color Systems, Diano, Hunter, Macbeth, Ciba-Geigy u. a. Berichtet wird, wie zu erwarten, besonders über die Produkte der betreffenden Firmen. Die Grundlagen werden jedoch objektiv dargestellt, und erfolgreiche Anstrengungen wurden unternommen, die Kurse davor zu bewahren, reine Verkaufsveranstaltungen zu werden.

**Berufsorganisationen**

Wir definieren einen professionellen Fachmann als einen Berufstätigen, dessen Tätigkeit vorwiegend geistiger Art ist und nicht aus Routinearbeit besteht. Das Ergebnis seiner Arbeit, bei der entschieden und Vertraulichkeit gewahrt werden muß, kann nicht in Zeiteinheiten bewertet werden. Der Fachmann benötigt eine gehobene Berufsausbildung und Berufserfahrung. Wir kennen nur wenige Koloristen, auf welche diese Definition nicht zutrifft. Die meisten Leser dieses Buches sind Fachleute auf dem Gebiet der Farbtechnologie. Ein Fachmann zu sein, beinhaltet aber auch die oben besprochene Verpflichtung, sein Wissen stets auf dem neuesten Stand zu halten. Mitglied in einer der Berufsorganisationen zu sein, die sich mit der Farbe befassen, kann hierzu hilfreich sein.

Es gibt (mindestens) eine Organisation für jedes Arbeitsgebiet. Wir glauben, daß einige von ihnen die Arbeitsgebiete von vielen Lesern dieses Buches abdecken: Die American Association of Textil Chemists and Colorists (AATCC-Textil), die verschiedenen Organisationen, die der Federation of Societies for Coatings Technology (FSCT-Anstrichstoffe und Lacke) angehören, die Illuminating Engineering Society (IES-Beleuchtung), die Optical Society of America (OSA-Forschung und -Entwicklung), die Abteilung Color and Appearance der Society of Plastics Engineers (SPE-Kunststoffe) und die Technical Association of the Pulp and Paper Industry (TAPPI-Papier und Zellstoff). Ihre Adressen sind im Literaturverzeichnis zu finden.

Alle oben genannten Organisationen und noch etwa 30 weitere Organisationen sind Mitglieder einer weiteren 1931 gegründeten Organisation – Inter-Society Color Council (ISCC) –, die sich mit der Farbe unter allen Gesichtspunkten beschäftigt. Es ist eine nationale Organisation, der andere Organisationen und Einzelpersonen – Künstler, Designer, Lehrer, Koloristen aus den verschiedensten Industrien, Wissenschaftler – angehören, die an der Beschreibung von Farben, der Farbnormung und der praktischen Anwendung ihres Wissens in der Kunst, der Wissenschaft und der Industrie interessiert sind. Die Organisation bietet den Gedankenaustausch von allen, die an der Farbe interessiert sind, Schulung und den Austausch von Ideen über Farben und deren Erscheinungsbild an.

Die Mitgliedschaft in den Gesellschaften und im Inter-Society Color-Council bringt viele Vorteile mit sich: Mitteilungsblätter, die über die neuesten Aktivitäten der Organisationen und Änderungen in der Farbtechnologie berichten; Fachzeitschriften, Symposien und Vorträge auf Tagungen, auf denen man nicht nur zuhören, sondern viele andere Fachleute treffen (und von ihnen lernen) kann; Arbeit in Farbausschüssen an denen man teilnehmen und zur gleichen Zeit Gewinn ziehen kann; Ausstellungen u. a.

Der Inter-Society Color-Council vertritt die Vereinigten Staaten als eines von 17 nationalen Mitgliedern in der Internationalen Farbvereinigung (AIC) – die Abkürzung ergibt sich aus dem französischen Namen der Organisation, Association Internationale de la Couleur. Die AIC veranstaltet seit 1969 alle vier Jahre eine große internationale Farbtagung mit einigen hundert Teilnehmern. Die Vorträge werden in Sammelbänden veröffentlicht (z. B. Billmeyer 1978a).

Die CIE (Commission Internationale de l'Eclairage, Internationale Beleuchtungskommission), die in diesem Buch so oft erwähnt worden ist, ist unabhängig von den oben genannten Gesellschaften. Sie ist auch älter als jede von ihnen, und besteht seit Anfang des 20. Jahrhunderts. Ihre Aufgabe besteht vorwiegend darin, Empfehlungen zu erarbeiten, in denen die Nomenklatur und die Messung von Licht und von verwandten Größen festgelegt wird. (Die Empfehlungen werden in den Mitgliedsstaaten dann in Normen umgewandelt.) Die Arbeit wird von Technischen Komitees durchgeführt. Alle vier Jahre wird eine Gesamttagung abgehalten, z. B. die 19. Gesamttagung in Kyoto, Japan 1979. Zu den Technischen Komitees, die sich mit der Farbe befassen gehören: 1.2 Photometrie und Radiometrie; 1.3 Farbmessung; 1.4 Farbsehen; 1.6 Signale; 2.3 Stoffkennzahlen; 3.2 Farbwiedergabe. In den Technischen Komitees hat jedes der 32 Mitgliedsländer eine Stimme. Neben den stimmberechtigten Mitgliedern haben die meisten Komitees Fachberater, deren Meinungen bei den Beratungen, jedoch nicht bei den Abstimmungen von Bedeutung sind. Die Vereinigten Staaten werden in der CIE durch das nationale CIE Komitee der USA (USNC–CIE) vertreten.

**Literatur**

Als letztes möchten wir alle Fachleute, die sich mit der Farbtechnologie befassen, eindringlich bitten, sich mit der Literatur ihres Fachgebiets vertraut zu machen und diese regelmäßig zu lesen. Daß wir dies für wichtig halten, ist durch ein gesamtes Kapitel (Kapitel 7) dieses Buches demonstriert. Dieses Kapitel enthält eine mit Kommentaren versehene Literaturübersicht. Darüber hinaus ist eine ausführliche Zusammenstellung von Büchern und Veröffentlichungen, auf die im Text dieses Buches verwiesen wurde, zu finden. Dies spricht somit für sich selbst.

Bücher und bereits vorhandene Veröffentlichungen dienen dazu, das Wissen auf den heutigen Stand zu bringen (Veal 1980). Aber nur das regelmäßige Lesen der wichtigen Technischen Fachzeitschriften, die sich mit Farbe befassen, kann dies auch für die Zukunft sicherstellen. Es gibt zwei Arten von Fachzeitschriften.

Die erste Art sind Fachzeitschriften, die von den verschiedenen Gesellschaften herausgegeben werden. In keinem Fall sind hier alle Artikel der Farbe gewidmet, denn sie müssen sich mit den gesamten technischen Neuerungen des Fachgebietes befassen. Bestenfalls finden sich einige Artikel über Farbe zwischen all den anderen Themen in diesen Zeitschriften. Diese wenigen können aber wichtig sein, weil sie sich speziell mit Ihrem Anwendungsgebiet befassen.

Von der zweiten Art der Fachzeitschriften gibt es in der westlichen Welt z. Z. nur zwei. Eine Fachzeitschrift ist *Color Research and Application*, die sich ausschließlich mit der Farbe beschäftigt. Sie existiert seit 1976 und wird ebenfalls vom Verlag dieses Buches herausgegeben. Gefördert wird sie durch den Inter-Society Color-Councel, durch die Colour Group (England), die kanadische Farbgesellschaft und die japanische Color Science Association. Die andere Fachzeitschrift ist *Die Farbe,* siehe Seite 201.

**D. ZURÜCK ZU DEN GRUNDLAGEN**

Im Gegensatz zu den technischen Informationen, die sich mit Hochtechnologie oder mit der fortgeschrittenen Technologie befassen, und von denen wir auf Seite 192 gesagt haben, daß sie nur zeitlich begrenzt von Bedeutung sind, glauben wir entschieden daran, daß es einen Wissensschatz, der Grundlagen der Farbtechnologie gibt, der unerläßlich für alle, die auf diesem Gebiet arbeiten, ist. Es sollte deshalb niemals verlorengehen. Verliert man die grundlegenden Kenntnisse, verliert man das Fundament allen Wissens und jede Hochtechnologie, die nicht auf einem soliden Fundament aufgebaut ist, stürzt ein und ist nutzlos.

Wir erinnern noch einmal an die drei wesentlichen Grundsätze, ohne die Farbtechnologie nicht erfolgreich angewendet werden kann. Der erste und wichtigste von ihnen ist: Farbe ist ein Sinneseindruck, der durch die Interpretation der vom Auge an das Gehirn übermittelten Reize entsteht. Die Reize sind von der Art des Lichtes und von der betrachteten Probe abhängig. Ändert sich die Lichtquelle, die Probe oder die Empfindlichkeit des Auges, ändert sich die Farbe ebenfalls.

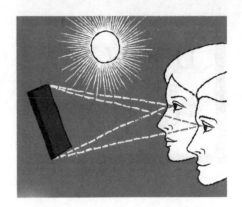

Dieser Grundsatz ist es, der erklärt, warum metamere Probenpaare bzw. herkömmliche Nachstellungen so viele Schwierigkeiten bei der praktischen Anwendung der Farbtechnologie verursachen. Wo es notwendig ist, verschiedene Farbmittel zu verwenden, um z. B. eine Nachstellung auf einem Material herzustellen, das von dem der Vorlage abweicht, kann nur eine metamere Nachstellung erarbeitet werden, die nicht mehr stimmt, wenn die Beleuchtungsbedingungen oder der Beobachter geändert werden. Wird die Nachstellung, wie dies heute oft der Fall ist, berechnet, kann die Nachstellung für eine der CIE Normlichtarten und einen der Normalbeobachter stimmen. In der Wirklichkeit existieren beide jedoch nicht. Die verschiedenen Gesichtspunkte dieses Problems dürfen nicht übersehen werden. Heute ist es bereits möglich, die Strahlungsverteilung der zur Abmusterung verwendeten Lichtquelle im Rechner zu verwenden. Z. Z. sehen wir aber keine einfache Lösung für das ebenso wichtige Problem, die Unterschiede in den Empfindlichkeitskurven der Beobachter zu erfassen. Aufgezeigt werden können sie mit Hilfe des Color Rule. Die einzige mögliche Lösung ist die, zu den Grundlagen zurückzukehren und Metamerie zu vermeiden.

Der zweite Grundsatz der Farbtechnologie, der nicht übersehen werden darf, ist: Die zu beurteilende Probe muß repräsentativ für das gesamte Material, dessen Farbe bestimmt werden soll, sein. Die Möglichkeit, sich an diesen Grundsatz zu halten, besteht in der Anwendung von sorgfältig erarbeiteten Standardtechniken für Analyse und Statistik. Unglücklicherweise wird dies allzu oft bei der Farbtechnologie übersehen. Wir bleiben dabei: Es ist schwer zu verstehen, warum in so vielen Fällen so wenig Sorgfalt darauf verwendet wird, gut eingeführten Verfahren für die Entnahme und Herstellung repräsentativer Proben zu folgen. Die Tatsache daß diese Probleme nicht ernsthaft betrachtet werden, kann ihre Bedeutung nicht verringern.

Der dritte Grundsatz der Farbtechnologie, den wir hervorheben möchten, ist die Notwendigkeit, die Schwankungen, die bei jedem Schritt der Herstellung und Beurteilung von farbigen Proben auftreten, zu erkennen, abzuschätzen und auszugleichen, unabhängig davon, ob die Beurteilung visuell oder mit Hilfe der Meßtechnik durchgeführt wird. Jeder Schritt jedes Meßvorgangs ist von Natur aus mit einem Fehler oder einer Unsicherheit behaftet. Es muß das Ziel sein, alle diese Unsicherheiten so klein zu halten, daß ihre Summe klein gegenüber der Toleranz ist, die eingehalten werden soll. Wie bereits vorher gesagt, liegt die Möglichkeit hierzu im Verständnis und in der richtigen Anwendung von analytischen und statistischen Methoden. Es kann notwendig sein, mehr als eine Probe herzustellen und Mehrfachmessungen an jeder Probe durchzuführen, um die Fehler des Prozesses zu verringern und statistisch gesicherte Antworten innerhalb eines bestimmten akzeptierten Restrisikos zu geben.

Obwohl wir zumindest die ersten dieser Grundsätze an Hand von meß- und rechentechnisch ermittelten Daten besprochen haben, sind sie auf rein visuelle Vorstellungen über die Farbempfindung ebenso anwendbar, wie auf die fortgeschrittene Farbmeßtechnik, die damit verbundenen Rechnungen und auf Rezeptberechnungen mit Computern. Daraus können wir einen vierten Grundsatz ableiten: Meßgeräte und Rechner sind nicht mehr als Werkzeuge, die dem

Koloristen bei der Erfüllung seiner Aufgabe helfen. Und genauso wie die Meßergebnisse nicht repräsentativer als die Proben sind, die dem Meßgerät präsentiert werden, können sogar die besten Ergebnisse nicht mehr Wert haben, als der Kolorist fähig ist, aus ihnen zu entnehmen.

Unzweifelhaft muß der Kolorist zur Umsetzung von gemessenen und berechneten Werten in für ihn brauchbare Ergebnisse vollständig verstehen, wo sie herkommen, wie sie ermittelt wurden und wie sie richtig zu interpretieren sind. Weiter muß er wissen, wie sie abgeändert werden müssen, um in der Zukunft bessere Ergebnisse zu erhalten. Für uns ist es im Hinblick auf alle diese offensichtlichen Tatsachen schwer verständlich, daß bei den Anwendern der Farbtechnologie eine beunruhigende Tendenz sichtbar wird: Irgendwie sind die Meßgeräte und die Rechner „schwarze Kästen" für sie, die alle ihre Probleme durch das Drücken von einigen Tasten lösen. Der beste „schwarze Kasten" ist der mit den wenigsten zu drückenden Tasten, weil er am einfachsten zu bedienen ist. Wir wundern uns, daß jemand so betört von der Technologie sein kann.

Wir hören sehr viel darüber, daß die Produktivität unserer nationalen Industrie verbessert werden muß. Wir sind der Meinung, daß man diesem Ziel mit Hilfe der Farbtechnologie etwas näher kommen kann, wenn man ihre Grundlagen richtig beachtet und anwendet. Wir zweifeln, daß es geschafft werden kann, wenn am Sydrom das „schwarzen Kastens" festgehalten wird. Wir hoffen, daß unsere Leser feststellen werden, daß es notwendig ist, die „schwarzen Kästen" zu unterjochen und sie nicht zu Machthabern werden zu lassen. Um den Sinn dafür zu schärfen, daß Fragen gestellt werden, die in diese Richtung führen und vielleicht haben wir letztlich deshalb unser Buch der Farbtechnologie gewidmet.

# KAPITEL 7

# Mit Kommentaren versehene Literatur

Die Auswahl der kommentierten Literatur erfolgte in erster Linie auf Grund ihrer Bedeutung für die Farbtechnologie, in zweiter Linie wurde die Beschaffbarkeit berücksichtigt.

Unserer Meinung nach sollte jeder, der ernsthaft an der Technologie der Farbe interessiert ist, einige der Bücher und Veröffentlichungen, die in diesem Kapitel besprochen worden sind, besitzen. Die Literatur, die unserer Meinung nach im Bücherbord jedes ernsthaften Lesers stehen sollte, ist durch **Fettschrift** hervorgehoben.

Es wurde keine fremdsprachliche Literatur kommentiert. Der interessierte Leser, der fähig ist, französisch, deutsch oder russisch zu lesen, wird keine Schwierigkeiten haben, Veröffentlichungen in diesen Sprachen im Literaturverzeichnis dieses Buches oder in anderen Büchern zu finden.

Die in der Bibliographie aufgeführten Veröffentlichungen sind in folgender Reihenfolge angeordnet: Zuerst Bücher und Nachschlagewerke; zweitens Zeitschriften, in denen häufig Artikel über die Farbe zu finden sind, Sammlungen, wie Abdrucke der Vorträge von Tagungen, und andere fortlaufende Veröffentlichungen; und zum Schluß die Veröffentlichungen über den in diesen Buch besprochenen Stoff, in der dem Inhalt des Buches entsprechenden Reihenfolge. Mit Hilfe der Verweise sollte der Leser in der Lage sein, eine kommentierte Literatur für fast jedes im Text erwähnte Thema zu finden.

## A. BÜCHER

BOYNTON 1979
Robert M. Boynton, *Human Color Vision,* Holt, Rinehart and Winston, New York, 1979.
Eines der besten Bücher über das menschliche Farbsehvermögen. Besprochen werden sowohl die physiologischen als auch die psychologischen Vorstellungen und zwar in einer Sprache, die der Kolorist verstehen und verwenden kann.

BURNHAM 1963
Robert W. Burnham, Randall M. Hanes, and C. James Bartleson, *Color: A Guide to Basic Facts and Concepts,* John Wiley & Sons, New York, 1963.
Eine Sammlung von Grundlagen und Vorstellungen, die sich ausführlich mit dem Farbsehen und der Farbempfindung, jedoch nicht mit der Anfärbung von Stoffen befassen. Der Text ist in einzelne Abschnitte aufgeteilt, die in sich selbst abgeschlossen sind. Als Ergebnis ist die Verbindung von einem Abschnitt zum nächsten nur sehr lose, und das Buch ist nicht dazu geschaffen, von vorn bis hinten gelesen zu werden. Es enthält ausgezeichnete Farbtafeln. Es handelt sich um den Bericht eines Unterschusses des ISCC Komitees 20: Grundlagen der Ausbildung. Unglücklicherweise ist das Buch vergriffen.

CIE 1971
International Commission on Illumination, *Colorimetry: Official Recommendations of the International Commission on Illumination,* Publication CIE No. 15 (E-1.3.1) 1971, Bureau Central de la CIE, Paris, 1971. Available in the U.S. from the USNC-CIE.
Offizielle Zusammenstellung der 1971 gültigen CIE Empfehlungen zur Farbmessung; enthält die Daten der Normlichtarten und der Normalbeobachter. Der Ergänzungsband 1 (1972) enthält die Empfehlung zur Bestimmung des speziellen Metamerieindex für den Lichtartwechsel. Der Ergänzungsband 2 (1978) enthält die Empfehlung zur Anwendung von gleichabständigen Farbräumen, Farbunterschiedsgleichungen und die psychometrischen Farbausdrücke.

Anm. des Übersetzers: Ersetzt durch Colorimetry, Second Edition Publication CIE No. 15.2 (1986). Central Bureau of the CIE, A-1033 Wien, Postfach 169. In dieser Veröffentlichung sind alle 1986 gültigen Empfehlungen einschließlich der Strahlungsverteilung von Leuchtstofflampen zusammengestellt. Ein Ergänzungsband über den Abweichungsbeobachter (publication 80) ist 1989 erschienen. Erhältlich: DNK der CIE, Burggrafenstr. 2 – 10, 1000 Berlin 30.

EVANS 1948
**Ralph M. Evans, An Introduction to Color, John Wiley & Sons, New York, 1948.**
Ein in hohem Maße maßgebendes und lesenswertes Buch. Unübertroffen ist die Darstellung der Farbwahrnehmung. Der Text wird durch farbige Abbildungen, die den Einfluß der Beleuchtung auf die Farbwahrnehmung demonstrieren, ergänzt. Es enthält ausgezeichnetes Material über die Wechselwirkung von Farbe und dem visuellen Prozeß. Unglücklicherweise ist das Buch vergriffen.

EVANS 1974
Ralph M. Evans, *The Perception of Color,* Wiley-Interscience, John Wiley & Sons, New York, 1974.
Das Buch basiert auf der Entdeckung von Evans, daß es nicht drei, sondern fünf unabhängige variable Größen gibt, welche die wahrgenommene Farbe beeinflussen. Für den fortgeschrittenen Wissenschaftler auf dem Gebiet der Farbe genug Nahrung zum Nachdenken und Ideen für die zukünftige Forschung, die ausreichend für das gesamte Leben sind.

GALL 1971
L. Gall, *The Colour Science of Pigments,* Badische Anilin- & Soda-Fabrik AG, Ludwigshafen, Germany, 1971.
Zusammengestellte und übersetzte Nachdrucke über die optischen Eigenschaften von Pigmenten, die Farbmessung, die Farbtiefe und die Rezeptberechnung. Maßgebend und gut beschrieben, eine wichtige Informationsquelle über Themen, die in der weiteren Literatur nicht so gut behandelt worden sind. Anm. des Übersetzers: Das Buch ist, wenn nicht vergriffen, auch in deutsch unter dem Titel „Farbmetrik auf dem Pigmentgebiet" erhältlich.

HARDY 1936
**Arthur C. Hardy (Director), Handbook of Colorimetry, The Technology Press, Cambridge, Massachusetts, 1936.**
Seinerzeit war das Buch wegen seiner umfangreichen Zahlentabellen die Bibel zur Errechnung der Normfarbwerte. Sie wurden durch die CIE Veröffentlichung von 1971 ersetzt. Noch heute ist es der bequemste Weg, die Bestimmung der farbtongleichen Wellenlänge und des spektralen Farbanteils mit Hilfe der vielen Umrechnungstafeln durchzuführen.

HUNT 1975
R. W. G. Hunt, *The Reproduction of Colour,* 3rd edition, Fountain Press, London, 1975.
Das maßgebliche Buch, in dem über die Reproduktion der Farbe in der Photographie, im Druck und im Fernsehen von einem hervorragenden Fachmann auf diesem Gebiet berichtet wird. Das Buch sollte von allen gelesen werden, die sich mit diesen Fachgebieten beschäftigen.

HUNTER 1975
**Richard S. Hunter, The Measurement of Appearance, John Wiley & Sons, New York, 1975.**
Das einzige auf dem Markt befindliche Buch, daß sich mit dem Aussehen von Farben beschäftigt. Es ist sehr gut geschrieben und sollte in der Bibliothek derjenigen nicht fehlen, die die Farbe in den richtigen Zusammenhang mit dem Gesamteindruck einer farbigen Probe bringen wollen. Ausführlich behandelt werden die Farbmessung, Glanz und andere Gesichtspunkte des Erscheinungsbildes.
Anm. des Übersetzers: Seit 1987 gibt es eine zweite Auflage, die von Hunter und Harold überarbeitet worden ist.

IES 1981
Illuminating Enginnering Society, *IES Lighting Handbook – 1981 Applications Volume; IES Lighting Handbook – 1981 Reference Volume,* Illuminating Engineering Society, New York, 1981.
Das Buch beschäftigt sich vorwiegend mit dem Design und der praktischen Ausführung der Beleuchtung für die verschiedenen Anwendungszwecke – Industrie, Wohnungen, öffentliche Gebäude, Sportanlagen, Verkehr usw. Es enthält ausführliche Abschnitte über Lichtquellen und die Berechnung von Beleuchtungsstärken.

JUDD 1975 a
**Deane B. Judd and Günter Wyszecki, Color in Business, Science and Industry, 3rd edition, John Wiley & Sons, New York, 1975.**
Maßgeblich und vollständig. Ausgezeichnete Darstellung der Farbordnungssysteme, der visuellen Farbskalen im Vergleich zu den Meßwerten und der Normung. Der Anfänger wird jedoch finden, daß das Buch sorgfältiges und wiederholtes Lesen erfordert. Manche Abschnitte setzen ein mathematisches Wissen voraus, das über die Grundrechenarten hinausgeht. Von diesem Klassiker unter den Lehrbüchern ist jetzt die 3. erheblich erweiterte Auflage erschienen, die noch besser ist. Der Name von Judd ist geblieben. Die Überarbeitung wurde aber im wesentlichen von Wyszecki nach dem Tode von Judd durchgeführt. Die Besitzer der ersten und zweiten Auflage werden diese Auflage auch besitzen wollen, weil sehr viel neuer Stoff hinzugefügt worden ist.

JUDD 1975 b
Deane B. Judd, *Color in Our Daily Lives,* U.S. Department of Commerce, National Bureau of Standards, NBS Consumer Information Series No. 6, U.S. Government Printing Office (cat. no. C 13. 53 : 6), Washington D.C., 1975.
Von Deane B. Judd kurz vor seinem Tod entworfen und geschrieben. Wundervoll illustriert. Siehe Besprechung im ISCC *Newsletter* 238, 1 (September – Oktober 1975).

KELLY 1976
**Kenneth L. Kelly and Deane B. Judd, COLOR: Universal Language and Dictionary of Names, NBS Special Publication 440, U.S. Government Printing Office (cat. no. C 13. 10 : 440), Washington, D. C., 1976.**
Das Buch ersetzt folgende frühere Veröffentlichungen: NBS Circular 533, *The ISCC-NBS Color System,* and *a Dictionary of Color Names* (1955). Es ist die Beschreibung eines logischen Systems zur Schaffung von Farbnamen und ein Lexikon mit 7500 Farbnamen, die im ISCC-NBS System indiziert sind. Es handelt sich um eine sehr gute Beschreibung, wie das Munsell System heute angewendet werden soll. Ebenfalls um eine gute Beschreibung der Vorgeschichte. Wenn sie wissen wollen, welche Farbe bei den Bezeichnungen Intime Stimmung, Federhauch, Kittens Ohr oder Griseo-Viridis gemeint ist, können sie dies in diesem Buch nachschlagen. Ergänzt wird das Buch durch die Arbeit von Kelly (1965) „A Universal Color Language" und mehrere Farbtafeln. Das Buch ist auch mit einem Satz der ISCC-NBS Centroid Colors (SRM 2106) als Bezugsfarben 2107 des NBS erhältlich.

KODAK 1962
**Kodak Publication No. E-74, Color as Seen and Photographed. Eastman Kodak Co., Rochester, New York, 1962.**
Obwohl dieses Buch ursprünglich dafür gedacht war, Hintergrundinformationen über die Farbphotographie zur Verfügung zu stellen, zeigt sich, daß es eine exzellente Darstellung der Grundlagen der Farbe enthält und eine gute Einführung in dieses Fachgebiet ist. Nur die Hälfte des Buches befaßt sich unmittelbar mit der Farbphotographie (und vieles davon ist von allgemeinem Interesse), der Rest ist sehr gut illustrierten Darstellungen von Licht und Farbe und ihren Merkmalen, sowie den psychologischen Gesichtspunkten der Farbe gewidmet. Das Buch ist nur in unregelmäßigen Abständen erhältlich.

KUEHNI 1975 b
**Rolf G. Kuehni, Computer Colorant Formulation, Lexington Books, D. C. Heath and Company, Lexington, Massachusetts, 1975.**
Das erste Buch, das sich mit diesem Thema beschäftigt. Viele wertvolle Informationen für alle, die sich mit der Rezeptberechnung beschäftigen. Dargestellt sind sowohl die Einkonstanten-Technik, die bei der Rezeptberechnung von Textilien verwendet wird (siehe auch Stearns 1969 – Abschnitt A), als auch die Zweikonstanten-Technik, die für die meisten Anstrichstoffe und Kunststoffe benötigt wird. Das Buch geht einen langen Weg in die Richtung, Rezeptberechnungsprogramme aus dem „schwarzen Kasten" herauszulassen.

LEGRAND 1968
Yves LeGrand, *Light, Colour, and Vision,* 2nd edition, übersetzt by R. W. G. Hunt, J. W. T. Walsh, and F. R. W. Hunt, Chapman and Hall, London, 1968.
Eine exzellente Darstellung wie die Augenoptik und die Netzhaut die Wahrnehmung des Universums – Form, Farbe, Tiefe, Bewegung – ermöglichen. Vollständig und ausführlich, aber gut lesbar.

MACKINNEY 1962
**Gordon Mackinney and Angela C. Little, Color of Foods, AVI Publishing Co., Westport, Conn., 1962.**
Trotz des Titels behandelt das Buch weitaus stärker die allgemeinen Probleme der Farbe als diejenigen, die bei der Farbe von Lebensmitteln auftreten. Es beschäftigt sich mit Farbordnungssystemen, mit der Farbmessung und mit Farbunterschieden. Obwohl die Beispiele der Lebensmittelindustrie entnommen sind, sind sie auf alle anderen Stoffe anwendbar. Die vielen ausführlichen Berechnungen, die mit der Farbmessung und den Farbunterschieden in Verbindung stehen, sind für den Anfänger sehr wertvoll.

MUNSELL 1963
**A. H. Munsell, A Color Notation, Munsell Color Co., Baltimore, 1936–1963.**
Beschreibung der Entstehung und die Funktionsweise des Munsell Farbordnungssystems. Siehe auch Munsell 1929 (Abschnitt D), Munsell 1969.

NEWTON 1730
**Sir Isaac Newton, OPTICKS: or A Treatise of the Reflections, Refractions, Inflections & Colours of Light, Dover Publications, New York, 1952. (Reprint based on the 4th edition, London 1730.)**
Es ist erstaunlich und erleuchtend zu sehen, wie viele der Grundlagen der Farbe zuerst von diesem bemerkenswerten Wissenschaftler entdeckt worden sind. Schwer zu lesen, geschrieben in der Sprache des 18. Jahrhunderts, die Anstrengung lohnt sich jedoch.

OSA 1953
**Optical Society of America, Committee on Colorimetry, The Science of Color, Thomas Y. Crowell Co., New York, 1953.**
Ein bemerkenswertes Buch zum Thema Farbe. Eine Abhandlung, die das Wissen erweitert und eine wirkliche Informationsquelle für den Fachmann. 1963 nachgedruckt von der Optical Society of America.

PEACOCK 1953
William H. Peacock, *The Practical Art of Color Matching,* American Cyanamid Co., Bound Brook, New Jersey, 1953.
Ein praktische Führer bei der Farbnachstellung. Behandelt werden sowohl die Techniken, wie Farbmittel zu behandeln sind, um die Farbnachstellung zu ermöglichen, als auch die Faktoren, die die visuelle Beurteilung der Nachstellung beeinflussen.

STEARNS 1969
Edwin I. Stearns, *The Practice of Absorption Spectroscopy,* Wiley-Interscience, John Wiley & Sons, New York, 1969.
Ein maßgebliches Buch über die Absorptionsspektroskopie. Besprochen wird die Anwendung der Farbtechnologie unter dem Gesichtspunkt der Analytik. Das Buch ist von einem Fachmann auf dem Gebiet der Farbe geschrieben worden. Der Inhalt umfaßt weitaus mehr als der Titel besagt, u. a. die Rezeptberechnung von Textilnachstellungen. Unglücklicherweise ist das Buch vergriffen.

WRIGHT 1969
W. D. Wright, *The Measurement of Colour,* 4th edition, Van Nostrand, New York, 1969.
Ein von einem englischen Fachmann maßgebendes und präzis geschriebenes Buch „das sich mit den Grundlagen, den Bestimmungsmethoden und der Anwendung der mit Hilfe der Farbmessung ermittelten Normfarbwerte befaßt". Seine eigenen Forschungsergebnisse bürgen für die Zuverlässigkeit seiner Ansichten.

WYSZECKI 1967
**Gunter Wyszecki and W. S. Stiles, Color Science – Concepts and Methods, Quantitative Data and Formulas, John Wiley & Sons, New York, 1967.**
Vielleicht das wichtigste Buch der Farbwissenschaft vom Standpunkt der Vollständigkeit. Es ist schwer zu lesen, bestimmte Themen sind schwer zu finden. Trotz allem kann alles, was man über die Farbmessung wissen will, ausgegraben werden. Wenige irrtümliche Aussagen sind vorhanden, CIE 1971 sollte z. B. für die genormten Daten der Normlichtarten und Normalbeobachter verwendet werden.
Anm. des Übersetzers: 1982 ist eine 2. Auflage erschienen.

Zusatz des Übersetzers:
Seit 1981 sind einige wenige neue Bücher erschienen, die mit Genehmigung der Verfasser erwähnt werden sollen:

BERGER-SCHUNN 1991
A. Berger-Schunn, *Grundlagen der Farbmessung,* Muster-Schmidt, Göttingen, 1991.
Das Buch versucht Anfängern die Grundlagen der Farbmessung und die Grenzen ihrer Anwendung zu erläutern. Besprochen wird nur, was jeder Anfänger wissen sollte.

BROCKES 1986
A. Brockes, D. Strocka und A. Berger-Schunn, *Farbmessung in der Textilindustrie,* Bayer Farben Revue Sonderheft 3/2, BAYER AG, Leverkusen, 1986.
Kurze und gut illustrierte Darstellung der Grundlagen der Farbtechnologie.

HUNT 1991
R. W. G. Hunt, *Colour Measurement,* 2. Auflage, Ellis Horwood Limited, Chichester, 1991.
Das Buch ist in einer gut lesbaren Sprache geschrieben. Es beschäftigt sich schwerpunktmäßig mit dem Sehvermögen unter allen Gesichtspunkten und mit Farbordnungssystemen. Es muß bezweifelt werden, daß das Ziel, ein Buch für Anfänger zu sein, erreicht wurde. Für Fachleute ist es dagegen eine wertvolle Informationsquelle.

KUEHNI 1983
Rolf Kuehni, *Color: Essence and Logic,* Van Nostrand Reinhold Company, New York, 1983.
Das Buch ist als exakt geschriebene Einführung für den Laien gedacht. Sein Inhalt ist kurz und präzise. Für den Laien ist das Buch deshalb möglicherweise zu schwer verständlich.

LOOS 1989
Hansl Loos, *Farbmessung, Grundlagen der Farbmetrik und ihre Anwendungsgebiete in der Druckindustrie,* Beruf + Schule, Itzehoe, 1989.
Das Buch gibt eine gute und übersichtliche Zusammenfassung des Stoffes, der in den deutschen Normen und der deutschsprachigen Literatur behandelt worden ist. Vermißt wird neben der englischsprachigen Literatur jeglicher Hinweis auf anwendungstechnische Erfahrungen.

MCLAREN 1986
K. McLaren, *The Colour Science of Dyes and Pigments,* 2. Auflage, Adam Hilger Ltd., Bristol, 1986.
Das lesenswerte Buch ist von einem Fachmann, der Theorie und Praxis gleich gut beherrscht, geschrieben worden. Der erste Teil befaßt sich mit der Chemie der Farbmittel und der zweite Teil mit der Farbmessung. Es kann als Standardlehrbuch für alle, die sich mit der Anwendung von Farbmitteln beschäftigen, empfohlen werden.

NASSAU 1983
Kurt Nassau, *The Physics and Chemistry of Color,* John Wiley & Sons, New York, 1983.
Sicher kein Buch, das speziell für den Anwender geschrieben ist. Es beschreibt aber u. a. das Entstehen von Farben unter Gesichtspunkten, die in dieser Zusammenstellung nirgendswo sonst zu finden sind. Außerdem werden auch die Randgebiete, in denen Farben eine Rolle spielen, wie Edelsteine, Glasfarben, Bildschirme behandelt.

VÖLZ 1990
H. G. Völz, *Industrielle Farbprüfung: Grundlagen und Methoden; Farbmetrische Testverfahren für Farbmittel in den Medien,* VHC, Weinheim, 1990.
Das Buch beschäftigt sich vorwiegend mit Pigmenten. Es enthält sehr viel Mathematik und ist deshalb für den Anfänger sicher schwer zu lesen.

## B. ZEITSCHRIFTEN UND SAMMELBÄNDE

AATCC *Technical Manual of the American Association of Textile Chemists and Colorists,* American Association of Textile Chemists and Colorists, Research Triangle Park, North Carolina, jährlich.
Enthält Informationen über die Aktivitäten des AATCC, die Berichte der Komitees, eine Zusammenfassung der vom AATCC erarbeiteten Prüfmethoden, eine Literaturübersicht über neue Bücher und Veröffentlichungen, die sich mit Textilien befassen, eine umfangreiche Liste neuer Farb- und Hilfsmittel der amerikanischen Hersteller und ein Verzeichnis der Anbieter. Wertvoll für den Anwender von Farbstoffen.

*American Dyestuff Reporter,* Howes Publishing Co., Inc., New York, vierzehntägig.
Die bedeutendste Zeitschrift der amerikanischen Textilindustrie. Sie enthält viele gute Artikel über Farbe in Zusammenhang mit Färbemethoden und Textilien.

*Applied Optics,* Optical Society of America, Washington, D.C., semimonthly.
Im Vergleich zu dem mehr theoretisch ausgerichteten Journal of the Optical Society of America ist diese Zeitschrift mehr anwendungstechnisch ausgerichtet. Es erscheinen nur wenige Artikel, die sich mit der Farbe beschäftigen, diese wenigen sind aber von herausragender Qualität.

BILLMEYER 1978 a
Fred W. Billmeyer, Jr., and Gunter Wyszecki, editors, *AIC COLOR 77,* Adam Hilger, Bristol, 1978.
Enthält die Plenarvorträge in voller Länge und ausführliche Zusammenfassungen der Vorträge, die auf die AIC Tagung COLOR 1977 gehalten wurden. Color 1977 ist die dritte der im Vierjahresrhythmus stattfindenden Tagungen der Internationalen Farbvereinigung. Diese und andere Tagungsberichte, die alle vier Jahre erscheinen, sind ausgezeichnete Fortschrittsberichte über die Farbtechnologie in dem der Veröffentlichung vorhergehenden Zeitraum.

**Color Research and Application, John Wiley & Sons, New York, vierteljährlich.**
Erscheint seit 1976 mit der Unterstützung durch den Inter-Society Color-Council, die Colour Group (England) und die Canadian Society for Color. Diese Zeitschrift, die sich nur mit der Farbe beschäftigt, hat weltweit die größte Bedeutung auf diesem Gebiet.

*Die Farbe,* Muster-Schmidt Verlag, Göttingen, Deutschland, unregelmäßig.
Eine internationale Zeitschrift, die sich mit allen Aspekten der Farbe beschäftigt. Für den englisch-sprechenden Leser ist das Übergewicht der deutschsprachigen Aufsätze in den ersten Jahrgängen von Nachteil. Neuerdings erscheinen viele Artikel in englischer Sprache, so daß viel wertvolles Material zur Verfügung gestellt wird.

GRUM 1980
**Franc Grum and C. James Bartleson, Eds., Color Measurement, Vol. 2 in Franc Grum, Ed., Optical Radiation Measurements, Academic Press, New York, 1980.**
Maßgebliche und zeitnahe von Experten sehr gut geschriebene Übersichten über die verschiedensten Gesichtspunkte der Farbmessung. Die Kapitel über „Farbmessung" von C. J. Bartleson, „Moderne Lichtarten" von Frederick T. Simon, „Farbordnungen" von Simon und „Rezeptberechnung und Nuancierung" von Eugene Allen seien besonders empfohlen. Band 1 dieses Sammelwerks, der sich mit der Lichtmessung beschäftigt und von Grum und Richard J. Becherer herausgegeben worden ist, ist ebenfalls von höchster Qualität und für Wissenschaftler von Interesse. Mindestens drei weitere Bände sind in Vorbereitung.

**Inter-Society Color Council News, Inter-Society Color Council.**
Das Mitteilungsblatt des ISCC, dessen Mitgliedsgesellschaften die Welt der Farbe umfassen. Kurz aber umfassend. Viele Artikel des Mitteilungsblattes können nirgendwo anderes in englischer Sprache gefunden werden.

JOHNSTON 1972
Ruth M. Johnston and Max Saltzman, Symposium Chairmen, *Industrial Color Technology,* Volume 107 in Robert F. Gould, editor, Advances in Chemistry Series, American Chemical Society, Washington, D. C., 1972.
Eine Serie von sehr guten 1968 gehaltenen Vorträgen. Derjenige von Evans (Abschnitt C) ist hervorragend, einer oder zwei der anderen waren bereits zum Zeitpunkt der Veröffentlichung überholt, da zwischen den Vorträgen und dem Zeitpunkt der Veröffentlichung 4 Jahre liegen.

*Journal of Coatings Technology* (formerly *Journal of Paint Technology, Official Digest,* Federation of Societies for Paint Technology; *Official Digest,* Federation of Paint & Varnish Production Clubs), Federation of Societies for Coatings Technology, Philadelphia, monatlich.
Die hervorragende amerikanische Zeitschrift der Anstrichfarben-Industrie. Enthält viele ausgezeichnete und wichtige Artikel über Farbe.

*Journal of the Oil and Colour Chemists' Association,* The Oil & Colour Chemists' Association, London, monatlich.

Die Zeitschrift der englischen Gesellschaft, die der Federation of Societies for Coatings Technology entspricht. Enthält regelmäßige Informationen und gelegentlich Artikel über die Farbe und über Farbmittel und von Zeit zu Zeit einen hervorragenden (siehe Gaertner 1963 - Abschnitt G).

*Journal of the Optical Society of America,* Optical Society of America, Washington, D. C., monatlich.

Wie das Literaturverzeichnis dieses Buches zeigt, erscheinen in der JOSA wahrscheinlich mehr wichtige Artikel über die optischen Aspekte der Farbe als irgendwo sonst in der Welt. Artikel über die Farbe erscheinen hier öfter als in der Schwesterzeitschrift *Applied Optics.*

**Journal of the Society of Dyers and Colourists, The Society of Dyers and Colourists, Bradford, England, monatlich.**

Eine der besten Zeitschriften in der Welt für jemand, der an der Farbe interessiert ist. Redaktionell sehr gut, mit guter Ausgewogenheit von theoretischen und praxisbezogenen Artikeln. Veröffentlicht ausgezeichnete Besprechungen der Literatur, die mit diesem Gebiet in Zusammenhang steht.

KELLY 1974

Kenneth L. Kelly, *Colorimetry and Spectrophotometry: A Bibliography of NBS Publications January 1906 through January 1973,* NBS Special Publication 393, U.S. Government Printing Office (cat. no. C 13. 10 : 393), Washington, D.C., 1974.

Diese Veröffentlichung zählt 623 Artikel über die Farbmessung und die Spektralphotometrie auf, die von Mitarbeitern des NBS seit seiner Gründung im Jahre 1901 (vor 1906 wurden entsprechende Artikel nicht geschrieben) bis 1973 geschrieben worden sind. Veröffentlichungen von Schwesterorganisationen und von Gastmitarbeitern sind ebenfalls enthalten. Sie dient als Schlüssel, um an die gewaltige Menge von Forschungsergebnissen, die sowohl auf dem Gebiet der Farbmessung und Farbnormung als auch des Farbsehens von den Mitarbeitern des NBS im Laufe der Jahre erarbeitet wurden, zu gelangen.

MACADAM 1979

David L. MacAdam, editor, *Contributions to Color Science by Deane B. Judd,* National Bureau of Standards Special Publication 545, U.S. Government Printing Office (stock no. 003-003-02126-1), Washington, D.C., 1979.

Dieses Buch enthält eine Sammlung von 57 Artikeln, die von Deane B. Judd, einem Mitarbeiter des National Bureau of Standards und international anerkanntem Fachmann auf dem Gebiet der Farbe zwischen 1926 und 1969 geschrieben wurden. Der Inhalt dieser Sammlung schließt einige der wichtigen Beiträge von Dr. Judd zu den Fachgebieten Messung und Beschreibung von Farben, Spektralphotometrie, Farberscheinung, gleichabständige Farbräume und Farbsehen ein. Jedem Artikel ist eine Einführung vorausgestellt, die eine Kurzbesprechung des Artikels enthält und die in dem Artikel verwendete Terminologie erklärt. Einige Einführungen weisen den Leser auf verwandte Artikel in dieser Sammlung hin und zeigen wichtige Entwicklungen, wie die internationalen Vereinbarungen, die auf der Arbeit von Judd beruhen, auf. Der Anhang enthält eine Liste der mehr als 200 Veröffentlichungen von Judd.

PATTON 1973

Temple C. Patton, editor, *Pigments Handbook,* Volumes I–III, John Wiley & Sons, New York, 1973.

Ein umfangreicher und hervorragender Überblick über Pigmente und deren Einsatz. Das Vorwort sagt aus, daß Band I (Eigenschaften und Wirtschaftlichkeit) Informationen über die Natur der individuellen Pigmente, ihre physikalischen und chemischen Eigenschaften, sachdienliche ökonomische Daten, die Historie, die wichtigsten Gründe für den Einsatz, Herstellmethoden, Güteklassen, Spezifikationen und die Hersteller zur Verfügung stellt. Band II (Anwendungen und Märkte) berichtet über die wichtigsten Anwendungsmethoden der in Band I beschriebenen Pigmente in der Industrie, diskutiert die Möglichkeiten ihrer Anwendung, den typischen Einsatz von Pigmenten und die Eigenschaften, die bei sachgemäßer Pigmentierung, Formulation und der Herkunft zu erwarten sind. Band III (Charakterisierung und physikalische Zusammenhänge) betrachtet die theoretischen und praktischen physikalischen Aspekte der Pigmente - die Natur der Pigmente, die Messung und Charakterisierung der Teilchengröße, Teilchenformen, die Verfahrenstechnik und die Identifizierung von Pigmenten - die in Zusammenhang mit ihrer Farbe, der Opazität, des Aussehens der Oberfläche, des ästhetischen Erscheinungsbildes, der Rheologie, des Oberflächenschutzes, der Korrosionshemmung und des Geschmacks stehen.

Anm. des Übersetzers: 1988 ist eine 2. Auflage von Band I erschienen.

**Review of Progress in Coloration and Related Topics, The Society of Dyers and Colourists, Bradford, England, jährlich.**

Eine jährlich erscheinende Veröffentlichung, die Übersichtsreferate enthält, welche über den Fortschritt in den letzten 5 bis 10 Jahren berichten. Die Gebiete sind sehr vielsetig, wie z. B. die Chemie der Farbstoffe, Anwendungsmethoden, ökologische Gesichtspunkte beim Einsatz von Farbstoffen. Obwohl die Betonung auf den Textilfarbstoffen liegt, enthält jeder Band wenigstens ein Übersichtsreferat über Pigmentierung. Erschienen sind außerdem einige sehr gute Referate über die Farbwissenschaft.

SDC and AATCC 1971, 1976

*Colour Index,* Society of Dyers and Colourists, Yorkshire, England; and American Association of Textile Chemists

and Colorists, Research Triangle Park, North Carolina, 3rd edition, 1971; Ergänzungsband, 1976.
Sowohl eine umfangreiche und internationale Zusammenstellung der chemischen Struktur und der Eigenschaften von Farbstoffen und Pigmenten als auch ein System, die Farbmittel mit Nummern zu kennzeichnen. Regelmäßige (vierteljährliche) Ergänzungen und Änderungen halten das monumentale Werk aktuell.

*Textile Chemist and Colorist,* American Association of Textile Chemists and Colorists, Research Triangle Park, North Carolina, monatlich.
Zeitschrift des AATCC und die wichtigste Quelle in den U.S. für Veröffentlichungen über Färbemethoden und das Anfärben von Textilien.

VENKATARAMAN 1952-1978
K. Venkataraman, editor, *The Chemistry of Synthetic Dyes,* Vols. I-VIII, Academic Press, New York, 1952-1978.
Eine monumentale, viele Bände umfassende Sammlung von sehr guten Beiträgen über die Chemie von synthetischen Farbstoffen und Pigmenten und über verwandte Themen.

VOS 1972
J. J. Vos, L. F. C. Friele, and P. L. Walraven, editors, *Color Metrics,* AIC/Holland, Soesterberg, The Netherlands, 1972.
Tagungsbericht des Helmholtz Memorial Symposium on Color Metrics, das 1971 in Driebergen, Holland, stattfand. In 31 Vorträgen, von hervorragenden Experten gehalten, wurde über Farbräume und die Farbabstandsmessung berichtet.

*World Surface Coating Abstracts,* Paint Research Station, Teddington, England.
Die einzige und umfangreichste Zeitschrift mit Abstrakten über das Gebiet der Beschichtung. Obwohl sie nicht so aktuell wie andere Zeitschriften mit Abstrakten ist, ist ihre Berichterstattung für die Anstrichfarbenindustrie und verwandte Industrien bei weitem die beste. Die Zeitschrift hieß früher: Review of Current Literature in the Paint & Allied Industries.

Zusatz des Übersetzers:
Seit 1981 ist ein neuer Sammelband erschienen, der erwähnt werden soll:

MCDONALD 1987
Roderick McDonald, Ed., *Colour Physics for Industry,* Society of Dyers and Colorists, 1987.
Das Buch enthält 7 von verschiedenen Experten geschriebene Kapitel über die Farbmessung und die Rezeptberechnung (Farbstoffe und Pigmente), sowie über das Farbensehen. Sehr klar geschrieben, auch für Anfänger geeignet.

## C. FARBEMPFINDUNG, DIE BESCHREIBUNG UND DAS AUSSEHEN VON FARBEN*

BARTLESON 1978, 1979a, 1979b
C. J. Bartleson, "An Review of Chromatic Adaptation", in Fred W. Billmeyer, Jr., and Gunter Wyszecki, editors, *AIC COLOR 77,* Adam Hilger, Bristol, 1978, pp. 63-96; "Changes in Color Appearance with Variations in Chromatic Adapatation", *Color Res. Appl., 4,* 119-138 (1979); "Predicting Corresponding Colors with Changes in Adaptation", *Color Res. Appl., 4,* 143-155 (1979).
Drei Veröffentlichungen, die den gegenwärtigen Stand der Erkenntnisse über die chromatische Adaptation zusammenfassen. Die Arbeit von 1978 enthält eine Zusammenfassung der bisher bekannten Erkenntnisse. In der ersten Veröffentlichung von 1979 wird ausführlich über Untersuchungen berichtet, in denen die Farbänderung bei Änderung des Adaptationszustands von Tageslicht zu Glühlampenlicht ermittelt wurde. Die Ergebnisse erlauben es, gleichaussehende Farben zu finden und zu beschreiben, wenn sich die chromatische Adaptation ändert. Die Ergebnisse stimmen gut mit den experimentellen Daten von vielen weiteren Übersuchungen überein.

BILLMEYER 1980a
Fred W. Billmeyer, Jr., and Max Saltzman, "Observer Metamerism", *Color Res. Appl., 5,* 72 (1980).
Mit dem Color Rule geprüft zeigte sich, daß der Unterschied in der Farbwahrnehmung von 75 normalsichtigen Beobachtern bei der Beurteilung von metameren Probenpaaren genauso groß ist, wie der Unterschied zwischen Tageslicht und Glühlampenlicht. Eine parallel durchgeführte Untersuchung (Nardi 1980) zeigt, daß dreiviertel des Unterschieds durch die altersbedingte Änderung der Empfindlichkeit hervorgerufen wird.

EVANS 1972
Ralph M. Evans, "The Perception of Color", in Ruth M. Johnston and Max Saltzman, editors, *Industrial Color Technology,* Advances in Chemistry Series No. 107, American Chemical Society, Washington, D.C., 1972, pp. 43-68.
Die einzige Veröffentlichung mit modernen Illustrationen, welche auf den unvergeßlichen Vorträgen von Evans beruht. Wunderschöne Farbphotographien und Demonstrationen von Phänomenen der Farbwahrnehmung. Sie ist ein Vielfaches des Preises des gesamten Bandes wert.

HAFT 1972
H. H. Haft and W. A. Thornton, "High Performance Fluorescent Lamps", *J. Illum. Eng. Soc., 2,* 29-35 (1972-1973).
Die Philosophie, die zur Schaffung der Dreibandenlampen geführt hat, und deren spektrale Strahlungsverteilungen werden beschrieben.

---
* siehe auch Evans 1958, 1974; Hunter 1975; Judd 1975a (Abschnitt A)

HALSTEAD 1978
M. B. Halstead, "Colour Rendering: Past, Present, and Future", in Fred W. Billmeyer, Jr., and Gunter Wyszecki, editors, *AIC Color 77,* Adam Hilger, Bristol, 1978, pp. 97-127.

Eine gute Übersicht über die historische Entwicklung der Farbwiedergabe, die Berechnung des Farbwiedergabeindex, die Probleme und die zukünftigen Entwicklungen. Die Verfasserin war die Vorsitzende des technischen Komitees der CIE, das sich mit der Farbwiedergabe befaßt.

HUNT 1977, 1978 a, 1978 b
**R. W. G. Hunt, "The Specification of Color Appearance. I. Concepts and Terms", Color Res. Appl., 2, 53-66 (1977); "Part II, Effects of Changes in Viewing Conditions", Color Res. Appl., 2, pp. 109-120; "Terms and Formulae for Specifying Colour Appearance", in Fred W. Billmeyer, Jr., and Gunter Wyszecki, editors, AIC Color 77, Adam Hilger, Bristol, 1978, pp. 321-327; "Colour Terminology", Color Res. Appl., 3, 79-87 (1978) [see also 4, 140 (1979)].**

Drei richtungsweisende Veröffentlichungen, in denen die Konzepte, die Farbausdrücke und die Formeln zur Beschreibung des Aussehens von Farben dargestellt werden. Sie sind nicht einfach zu verstehen. Alle diejenigen, die versuchen Korrelationen zwischen der Information von Meßgeräten und dem was wir sehen herzustellen, müssen sie jedoch unbedingt lesen. In der Veröffentlichung 1978 b überarbeitet und modernisiert Hunt einige der neuen Konzepte, die 1977 vorgestellt worden sind. In Kapitel 6 B dieses Buches werden noch neuere Definitionen einiger Begriffe vorgestellt.

WYSZECKI 1970
Gunter Wyszecki, "Development of New CIE Standard Sources for Colorimetry", *Farbe, 19,* 43-76 (1970).

Bericht über den Stand der Forschung, Lichtquellen zu entwickeln, deren Strahlungsverteilung derjenigen der Normlichtarten D für Tageslicht entspricht. Keine der untersuchten Lichtquellen (gefilterte Glühlampen, Leuchtstofflampen oder Bogenlampen) entsprach den Lichtarten so gut, daß sie für eine Empfehlung geeignet war. Ein Zustand, der sich bis heute nicht geändert hat. Enthält viele brauchbare Daten über Strahlungsverteilungen von Lichtquellen.

**D. FARBORDNUNGSSYSTEME\***

ADAMS 1942
Elliòt Q. Adams, "X-Z Planes in the 1931 ICI [CIE] System of Colorimetry", *J. Opt. Soc. Am., 32,* 168-173 (1942).

Die Veröffentlichung definiert das Adams chromatic-value System, das in großem Umfang bei der Berechnung von Farbabständen verwendet wird.

---

\* siehe auch CIE 1971, Kelly 1976, Munsell 1963 (Abschnitt A), MacAdam 1965 (Abschnitt F).

ASTM D 1535
**Method of Specifying Color by the Munsell System, ASTM Designation: D 1535, American Society for Testing and Materials, Philadelphia.**

Beschrieben wird eine Methode, um die Munsell Werte einer Probe zu bestimmen. Entweder geschieht dies visuell durch Vergleich mit den Proben im Munsell Book of Color (Munsell 1929-Abschnitt D) oder durch Rechnungen aus den CIE-Werten. Tabellen und Kurven, die die Umwandlung der Daten erleichtern, sind Inhalt der Norm. Heute wird die Verwendung eines Rechnerprogramms, sofern dies erhältlich ist, bevorzugt; Hinweise auf einige Programme werden gegeben.

GANZ 1976
Ernst Ganz, "Whiteness: Photometric Specification and Colorimetric Evaluation", *Appl. Opt., 15,* 2039-2058 (1976).

Ein umfassender und vollständiger Überblick über die existierenden Weißgradformeln und eine Erläuterung der experimentellen Techniken, die bei der Messung von fluoreszierenden Proben angewendet werden müssen.

JOHNSTON 1971 b
Ruth M. Johnston, "Colorimetry of Transparent Materials", *J. Paint Technol., 43,* No. 553, 42-50 (1971).

Ein ISCC Bericht, der eine große Zahl von einzahligen Farbskalen und deren Beziehung untereinander beschreibt. Die meisten beschreiben die mehr oder minder braune Farbe so verschiedener Stoffe wie Bier, Honig und Schmieröle.

MACADAM 1974
David L. MacAdam, "Uniform Color Scales", *J. Opt. Soc. Am., 64,* 1619-1702 (1974).

Am Ende einer viele Jahre dauernden Arbeit berichtet das OSA Komitee „Uniform Color Scales" über eine Beschreibung des Farbraums mit neuen Proben in einer völlig neuen Art und Weise. Alle Proben sollen visuell so genau wie möglich voneinander gleichabständig sein. Die Veröffentlichung beschreibt die technischen Gesichtspunkte des Systems und gibt die Gleichungen an, mit denen dieses System mit dem CIE System verbunden ist; siehe auch Nickerson 1981 (Abschnitt D).

MUNSELL 1929
**Munsell Book of Color, Munsell Color Co., Baltimore, Maryland, 1929-1980.**

Sammlung von Pigmentaufstrichen, die auf dem Munsell Farbordnungssystem beruht. Erhältlich sind Sammlungen mit verschieden großen und verschieden vielen (bis 1500) Proben sowohl in matter als auch in glänzender Ausführung.

NEWHALL 1943
Sidney M. Newhall, Dorothy Nickerson, and Deane B. Judd, "Final Report of the O.S.A. Subcommittee on the Spa-

cing of the Munsell Colors", *J. Opt. Soc. Am., 33,* 385–418 (1943).

In dieser Veröffentlichung wird das Munsell Renotation System mit Hilfe der Normfarbwerte, die ganzzahligen Munsell Renotations entsprechen, beschrieben. Siehe auch Nickerson 1940 und die nachfolgenden Veröffentlichungen, Munsell 1929 (Abschnitt D) und Munsell 1963 (Abschnitt A). Die Veröffentlichung von Newhall ist eine von mehreren Veröffentlichungen in der gleichen Nummer des J. Opt. Soc. Am., welche die Messung der Munsell Proben beschreiben.

NICKERSON 1981

Dorothy Nickerson, "OSA Uniform Color Scales Samples – A Unique Set", *Color Res. Appl., 6,* 7–33 (1981).

Qualitative Beschreibung der Lage der Proben im der OSA Uniform Color Scales Sammlung (OSA 1977 – Abschnitt D). Gezeigt wird, wie jede (mittlere) Probe eines Teilbereichs der Sammlung von 12 Nachbarn umgeben ist, die im Farbraum gleich weit von ihr abweichen, und wie jede Probe eines Teilbereichs der Sammlung auch Teil von 7 weiteren visuell gleichabständigen Farbflächen ist. Viele von ihnen wurden nie demonstriert, bevor die Sammlung erhältlich war. Siehe auch MacAdam 1974 (Abschnitt D).

OSA 1977

Optical Society of America, *Uniformly Spaced Color Samples,* Washington, D.C., 1977.

Sammlung von 588 Pigmentaufstrichen in der Größe von ca. 4,5 x 4,5 cm, mit der das OSA Uniform Color Scale System beschrieben wird. Die Auflage ist begrenzt und wird vielleicht nicht erneuert. Siehe MacAdam 1974, Nickerson 1981 (Abschnitt D).

SAUNDERSON 1946

J. L. Saunderson and B. I. Milner, "Modified Chromatic Value Color Space", *J. Opt. Soc. Am., 36,* 36–42 (1946).

Die Veröffentlichung, in der der Saunderson-Milner Zeta Farbraum beschrieben wird. Es handelt sich um ein Farbordnungssystem, das genau so gut visuell gleichabständig wie jedes andere System, das analytisch berechnet werden kann, zu sein scheint.

## E. FARBMESSUNG*

ASTM E 308

*Recommended Practice for Spectrophotometry and Description of Color in CIE 1931 System,* ASTM Designation: E 308, American Society for Testing and Materials, Philadelphia.

Methoden und Verfahren der Farbmessung mit einem Spektralphotometer und für die Berechnung der CIE Normfarbwerte.

---

* siehe auch Hardy 1936, Hunter 1975 (Abschnitt A); Johnston 1963, MacAdam 1965 (Abschnitt F); Derby 1973 (Abschnitt H).

Anmerkung des Übersetzers: Ersetzt durch E 308–85: Computing the Colors of Objects by using the CIE System.

Bis es zu einer CIE Empfehlung kommt, sollten die in dieser Norm angegebenen Gewichtsfaktoren für 9 Lichtarten, 2 Beobachter und die Schrittweiten 10 nm und 20 nm für die Berechnung der Normfarbwerte verwendet werden.

BILLMEYER 1962

Fred W. Billmeyer, Jr., "Caution Required in Absolute Color Measurement with Colorimeters", *Off. Dig., 34,* 1333–1342 (1962).

Die Genauigkeit der Ergebnisse der Farbmessung wurde für Spektralphotometer und für Kolorimeter bestimmt. Es wird gezeigt, daß Kolorimeter nur für die Messung von kleinen Farbunterschieden von fast identischen Probenpaaren eingesetzt werden sollten.

BILLMEYER 1979 a

Fred W. Billmeyer, Jr., and Paula J. Alessi, *Assessment of Color-Measuring Instruments for Objective Textile Acceptability Judgement,* Natick Technical Report TR-79/044, U.S. Army Natick Research and Development Command, Natick, Massachusetts, 1979.

Umfangreiche Untersuchungen zur Ermittlung der Genauigkeit von einigen der modernen Farbmeßgeräte. Die Prüfungen erstrecken sich auf die Ermittlung der Absolut- und der Differenzgenauigkeit, sowie der Empfindlichkeit der Geräte gegenüber den verschiedensten Proben und den Meßparametern. Die ermittelten Werte werden statistisch beurteilt.

BILLMEYER 1979 c

Fred W. Billmeyer, Jr., Ph. D., *Colorimetry of Fluorescent Specimens: A State-of-the-Art Report,* National Bureau of Standards Technical Report NBS-GCR 79–185, National Bureau of Standards, Washington, D.C. 20234, 1979.

Der Bericht beschreibt den Stand der Erkenntnisse bei der Messung von fluoreszierenden Proben; er beschreibt, vergleicht und beurteilt die verschiedenen Methoden hinsichtlich ihrer Genauigkeit und Reproduzierbarkeit und der Korrelation der Ergebnisse mit der visuellen Beurteilung und schätzt die Übereinstimmung der Ergebnisse mit bestehenden Spezifikationen ab; ein Versuchsgerät und eine Meßmethode werden vorgeschlagen. Den nationalen Eichämtern, den Geräteherstellern, den Meßlaboratorien und den Versuchsgeräte-Benutzern werden Ratschläge erteilt.

BUDDE 1980

Wolfgang Budde, "The Gloss Trap in Diffuse Reflectance Measurements", *Color Res. Appl., 5,* 73–75 (1980).

Schwierigkeiten, die sich bei der Farbmessung ergeben, wenn mit oder ohne Glanzfalle mit Geräten, die mit einer Ulbrichtschen Kugel ausgestattet sind, gemessen wird, werden diskutiert. Es werden Vorschläge unterbreitet, welche Methode jeweils anzuwenden ist.

## CARTER 1978, 1979

**Ellen C. Carter and Fred W. Billmeyer, Jr., Guide to Material Standards and Their Use in Color Measurement, ISCC Technical Report 78-2, Inter-Society Color Council, Troy, New York, 1978; "Material Standards and Their Use in Color Measurement", Color Res. Appl., 4, 96–100 (1979).**

Die Vereinheitlichung von Farbmeßgeräten wird vom Standpunkt der Eichung, der Prüfung der Gebrauchstüchtigkeit und der Fehlersuche betrachtet. Beschrieben werden Standardproben und Methoden zu ihrer Prüfung. In der Arbeit von 1978 sind ein Verzeichnis der technischen Begriffe, ein bewertes Literaturverzeichnis und Tabellen von käuflichen Eichsubstanzen, Eichstandards und Eichlaboratorien für die Farbmessung enthalten.

## ERB 1979

W. Erb and W. Budde, "Properties of Standard Materials for Reflection", *Color Res. Appl., 4,* 113–118 (1979).

Diese Veröffentlichung gibt einen Überblick über die Brauchbarkeit, die Eigenschaften und die Verwendung der verschiedensten Stoffe, die als (Weiß)-Standards bei der Messung des Reflexionsgrades verwendet wurden oder werden.

## GIBSON 1949

Kasson S. Gibson, *Spectrophotometry (200-1000 Millimicrons).* National Bureau of Standards Circular 484, U.S. Government Printing Office, Washington, D.C., 1949.

Umfassende Darstellung der Grundlagen, der Techniken und der Fehler von spektralphotometrischen Messungen. Trotz des Alters der Arbeit, ist sie wert, von allen, die mit Spektralphotometern arbeiten, gelesen zu werden.

## GRUM 1972

Franc Grum, "Visible and Ultraviolet Spectroscopy", Chapter III in Arnold Weissberger and Bryant W. Rossiter, editors, *Physical Methods of Chemistry,* Vol. I of A. Weissberger, editor, *Techniques of Chemistry,* Part III B, Wiley-Interscience, John Wiley & Sons, New York, 1972.

Eine ausgezeichnete 220 Seiten lange Übersicht mit 459 Literaturzitaten. Behandelt werden die Eigenschaften der elektromagnetischen Strahlung, die Bauteile von Spektralphotometern, Fehler und eine Anzahl von verschiedenen Meßtechniken. Reflexion und Farbe werden nicht betrachtet.

## GUTHRIE 1978

J. C. Guthrie and Jean Moir, "The Application of Colour Measurement", *Rev. Prog. Coloration 9,* 1–12 (1978).

Eine Übersicht mit 220 Literaturzitaten, in der die gegenwärtige Situation bei der Rezeptberechnung beurteilt wird. Sie behandelt auch solche Themen wie Weißgrad, Fluoreszenz, Metamerie, Fasermischung und die Herstellung von Farbauszügen für den Druck.

## HUNTER 1942

Richard S. Hunter, *Photoelectric Tristimulus Colorimetry With Three Filters.* National Bureau of Standards Circular C 429, U.S. Government Printing Office, Washington, D.C., 1942. Reprinted in *J. Opt. Soc. Am., 32,*509–538 (1942).

Eine umfassende Darstellung der Konstruktionsmerkmale und der Arbeitsweise von Kolorimetern, ihrer Fehler und Grenzen und ihres Einsatzes zur Messung von Farben und Farbabständen. Definition der NBS-Farbabstandseinheit und des Hunter $\alpha$, $\beta$ Farbordnungssystems. Trotz ihres Alters ist sie immer noch wert, gelesen zu werden.

## JOHNSTON 1970, 1971 a

**Ruth M. Johnston, A Catalog of Color Measuring Instruments and a Guide to Their Selection, Report of ISCC Subcommittee for Problem 24, Inter-Society Color Council, Troy, New York, 1970; "Color Measuring Instruments: A Guide to their Selection", J. Color Appearance, 1, No. 2, 27–38 (1971).**

Vorwort zu einem „Katalog von Farbmeßgeräten". Es handelt sich um einen Bericht des ICSS Komitees 24. Ausgezeichnete Zusammenfassung der Eigenschaften von Farbmeßgeräten. Es wird gezeigt, wie ein Meßproblem beschrieben und wie das beste Gerät zur Lösung des Problems ausgewählt werden kann.

## JUDD 1950

Deane B. Judd, *Colorimetry,* National Bureau of Standards Circular 478, U.S. Government Printing Offive, Washington, D.C., 1950.

Beschreibung des CIE Systems, der Messung von kleinen Farbabständen, von Farbstandards, von eindimensionalen Farbskalen und von meßtechnischen Methoden. Vieles hier Beschriebene ist auch in Judd 1975 a (Abschnitt A) zu finden.

## NICKERSON 1957

Dorothy Nickerson, *Color Measurement and Its Application to the Grading of Agricultural Products: A Handbook on the Method of Disk Colorimetry,* U.S. Department of Agriculture, Misc. Publ. #580, U.S. Government Printing Office, Washington, D.C., 1957.

Eine umfassende Darstellung (und fast die einzige, die erhältlich ist) über die Farbmessung mit Hilfe des Farbkreisels und ihre Anwendung auf die Bestimmung der Farbe von landwirtschaftlichen Produkten in Munsell Werten. Sie ist wert von allen, die sich ernsthaft mit der Qualitätskontrolle von Farben beschäftigen, gelesen zu werden.

## SALTZMAN 1965

Max Saltzman and A. M. Keay, "Variables in the Measurement of Color Samples", *Color Eng., 3,* No. 5, 14–19 (Sept. - Oct., 1965).

Die Unterschiede, die bei der Herstellung von Kunststoffproben und bei ihrer Messung gefunden wurden, wurden statistisch untersucht. Eine höhere Genauigkeit ergab sich, wenn mehr Proben an mehr Stellen gemessen wurden, wie quantitativ dargestellt ist.

## F. FARBABSTANDSMESSUNG*

ASTM D 1729
*Recommended Practice for Visual Evaluation of Color Differences of Opaque Materials,* ASTM Designation: D 1729, American Society for Testing and Materials, Philadelphia.

Diese Methode erfaßt die spektralen, photometrischen und geometrischen Eigenschaften von Lichtquellen, die Beleuchtungs- und Beobachtungsbedingungen, die Probengrößen und allgemeine Verfahren, die bei der visuellen Bestimmung der Farbabstände von undurchlässigen Stoffen angewendet werden sollen.

BROWN 1949
W. R. J. Brown and D. L. MacAdam, "Visual Sensitivities to Combined Chromaticity and Luminance Differences", *J. Opt. Soc. Am., 39,* 808-834 (1949).

Eine klassische Veröffentlichung, in der die Erweiterung der gut bekannten Untersuchungen von MacAdam (1942, 1943 - Abschnitt F) auf Fälle, bei den sowohl Helligkeits- als auch Farbunterschiede auftreten, beschrieben wird. Eine der umfangreichsten Untersuchungen über die visuelle Wahrnehmung von kleinen Farbunterschieden, die jemals gemacht wurde.

BROWN 1957
W. R. J. Brown, "Color Discrimination of Twelve Observers", *J. Opt. Soc. Am., 47,* 137-143 (1957).

Eine Erweiterung der klassischen Arbeiten von Brown und MacAdam (Brown 1949 - Abschnitt F), in der die Empfindlichkeiten von 12 Beobachtern (mit normalem Farbsehvermögen) gegenüber kleinen Farbunterschieden untersucht werden. Es wurden signifikante Unterschiede zwischen den einzelnen Beobachtern gefunden, und zwar sowohl in der Art der wahrnehmbaren Farbunterschiede als auch in deren Größe.

CHICKERING 1967
K. D. Chickering, "Optimization of the MacAdam-Modified 1965 Friele Color-Difference Formula", *J. Opt. Soc. Am., 57,* 537-541 (1967).

Die MacAdam Daten von 1942 (Abschnitt F) wurden in den Rahmen einer Farbabstandsgleichung, die von Friele entwickelt worden ist, mit Hilfe umfangreicher mathematischer Prozeduren eingearbeitet. Es resultierte daraus die Friele-MacAdam-Chickering FMC-1 Farbabstandsformel. Siehe auch Friele 1978 (Abschnitt F).

---

* siehe auch Hunter 1975 (Abschnitt A); Vos 1972 (Abschnitt B); Adams 1942, Saunderson 1942 (Abschnitt D).

CHICKERING 1971
K. D. Chickering, "FMC Color-Difference Formulas: Clarification Concerning Usage", *J. Opt. Soc. Am., 61,* 118-122 (1971).

Die FMC-1 Farbabstandsformel wurde abgeändert. Sie beinhaltet jetzt die Abhängigkeit der Größe des Farbunterschieds und des relativen Gewichts der Farbart- und Helligkeitsunterschiede von der Helligkeit, in Übereinstimmung mit dem Munsell System. Die abgeänderte Gleichung wird als FMC-2 Farbabstandsformel in großem Umfang verwendet.

DAVIDSON 1953
Hugh R. Davidson and Elaine Friede, "The Size of Acceptable Color Differences", *J. Opt. Soc. Am., 43,* 581-589 (1953).

Eine große Anzahl von Abmusterungen an Wollfärbungen mit kleinem Farbunterschied ermöglichte es, diese Probe als innerhalb oder außerhalb einer handelsüblichen Toleranz liegend einzuordnen. Der Prozentsatz der innerhalb der Toleranz liegenden Proben wurde mit verschiedenen Farbabstandsformeln verglichen. Eine Modifizierung der MacAdam Formel (MacAdam 1943 - Abschnitt F) korrelierte am besten mit den visuellen Ergebnissen.

FRIELE 1978, 1979
L. F. C. Friele, "Fine Color Metric (FCM)", *Color Res. Appl., 3,* 53-64 (1978); "Color Metrics - Facts and Formulae", *Color Res. Appl., 4,* 194-199 (1979).

Die verschiedenen Schritte bei der Entwicklung einer Farbabstandsformel, die auf einer Farbsehtheorie beruht, werden ausführlich besprochen und an Hand der Ableitung einer neuen Farbabstandsformel, FCM – „fine color metric" – genannt, dargestellt.

HUEY 1972
**Sam J. Huey, "Standard Practices for Visual Examination of Small Color Differences", J. Color Appearance, 1, No. 4, 24-26 (1972).**

„Die empfohlene Vorgehensweise umfaßt (alle wichtigen Gesichtspunkte der) Verfahren, die bei der visuellen Beurteilung von Farbunterschieden bei kritischen Farbnachstellungen verwendet werden sollen." Besondere Betonung wird auf die Notwendigkeit der Auswahl und der Konstanz einer standardisierten Lichtquelle und auf die Notwendigkeit, große Proben (bis zu 15 x 25 cm) abzumustern, gelegt. Die Veröffentlichung ist der Bericht eines ISCC Komitees.

JOHNSTON 1963
**Ruth M. Johnston, "Pitfalls in Color Specifications", Off. Dig., 35, 259-274 (1963).**

Die Fehler jedes Schrittes bei der Ermittlung eines Anfangsrezepts und bei der Qualitätskontrolle werden für den Fall untersucht, bei dem alle Schritte mit Hilfe der Farbmeßtechnik ausgeführt werden. Unter Berücksichtigung dieser Fehler werden praktikable und realisierbare Farbspezifikationen besprochen.

JUDD 1970
D. B. Judd, "Ideal Color Space", *Color Eng., 8,* No. 2, 36–52 (1970).
Eine anschauliche Diskussion, ob der Farbraum gekrümmt ist und der Entwicklung und der Anwendung von einigen Farbabstandsformeln, einschließlich derjenigen, die auf dem Munsell System beruhen.

LONGLEY 1979
**William V. Longley, "Color-Difference Terminology", Color Res. Appl., 4, 45 (1979).**
Empfohlen werden genormte Angaben zur Beschreibung von Farbunterschieden. Verwendet werden sollen nur die Ausdrücke röter, gelber, grüner, blauer, heller, dunkler, klarer und grauer. Andere sind, außer in speziellen Fällen, bedeutungslos. In späteren Veröffentlichungen wurde vorgeschlagen, die letzten beiden Ausdrücke, die die Sättigung beschreiben, durch die Wörter stärker und schwächer zu ersetzen. Solange eine der beiden Definitionen angenommen und generell verwendet wird, macht es wenig Unterschied, welches der beiden Paare benutzt wird.

MACADAM 1942
David L. MacAdam, "Visual Sensitivities to Color Differences in Daylight", *J. Opt. Soc. Am., 32,* 247–274 (1942).
Diese historische Veröffentlichung beschreibt die umfangreichen Untersuchungen über die visuelle Wahrnehmung von kleinen Farbunterschieden. Diese Untersuchungen sind die Vorarbeit zur Entwicklung der MacAdam Farbabstandsformel (MacAdam 1943 – Abschnitt F). Die Erweiterung auf Farbabstände, die sowohl Helligkeits- als auch Farbartunterschiede enthalten, wurde von Brown und MacAdam durchgeführt (Brown 1949 – Abschnitt F).

MACADAM 1943
David L. MacAdam, "Specification of Small Chromaticity Differences", *J. Opt. Soc. Am., 33,* 18–26 (1943).
Die Untersuchungen über die Wahrnehmbarkeit von kleinen Farbunterschieden (MacAdam 1942 – Abschnitt F), wurden erweitert. Sie bilden die Grundlage für die gut bekannte und häufig verwendete Methode zur Berechnung von Farbabständen. Siehe auch Simon 1958 (Abschnitt F), MacAdam 1965 (Abschnitt F).

MACADAM 1965
**David L. MacAdam, "Color Measurement and Tolerances", Official Digest, 37, 1487–1531 (1965); errata, J. Paint Technol., 38, 70 (1966).**
Eine hervorragende Besprechung dieses Gegenstands. Ein kurzer Überblick über die Spektralphotometrie und die Kolorimetrie nimmt besonderen Bezug auf die Einführung und die Anwendung von Farbtoleranzen, die auf objektiven Methoden beruhen. Enthält eine Beschreibung der gleichförmigen Farbtafel (UCS Farbtafel) der CIE von 1960 mit einer farbigen Abbildung. Die Zusammenfassung auf Seite 1530 dieser Arbeit wird besonders empfohlen.

MCLAREN 1970
K. McLaren, "The Adams-Nickerson Colour-Difference Formula", *J. Soc. Dyers Colour., 86,* 354–366 (1970).
Eine Diskussion über die richtige Anwendung von Farbabstandsformeln, um Toleranzgrenzen festzulegen. Verwendet wird die ANLAB Formel, die Analyse kann vollständig auf die CIELAB Formel übertragen werden.

NCCA
Technical Section Committee on Color, *Visual Examples of Measured Color Differences,* National Coil Coaters Association, Philadelphia, undated.
Für jede von acht Farben werden auf 16 Seiten pigmentierte Farbproben dargestellt, die gemessene Farbunterschiede von einer bzw. fünf Hunter Einheiten gegenüber einem Standard aufweisen. Jede Seite enthält in der Mitte den Bezug, der von sechs Proben umgeben ist, die vom Standard um eine (auf einer Seite) oder um fünf (auf der benachbarten Seite) Einheiten in $\pm L, \pm a, \pm b$ im Hunter System abweichen. Die berechneten Farbabstände in MacAdam (FMC-1 Formel) Einheiten werden ebenfalls mitgeteilt. Eine kleine Sammlung, aber wertvoll, um zu zeigen, wie ein Farbunterschied von vorgegebener Größe aussieht.

NICKERSON 1944
Dorothy Nickerson and Keith F. Stultz, "Color Tolerance Specification", *J. Opt. Soc. Am., 34,* 550–570 (1944)
Visuelle Abmusterungsergebnisse werden mit meßtechnisch ermittelten Farbabständen, die mit verschiedenen Formeln errechnet worden sind, verglichen. Obwohl einige Gleichungen (z. B. MacAdam 1943 – Abschnitt F) nicht berücksichtigt wurden, haben sich die generellen Schlußfolgerungen, die in dieser Arbeit gezogen wurden, bis heute bemerkenswert wenig geändert.

RICHTER 1980
Klaus Richter, "Cube-Root Color Spaces and Chromatic Adaptation", *Color Res. Appl., 5,* 25–43 (1980).
Die CIELAB und CIELUV Farbräume und Farbabstandsformeln werden ausführlich analysiert und so abgeändert, daß eine bessere Gleichabständigkeit, unabhängig von der chromatischen Adaptation des Auges, vorausgesagt wird. Farbtafeln zeigen die Verteilung der Munsell Farben im CIELAB, CIELUV und zwei neuen Farbräumen.

ROBERTSON 1977
**Alan R. Robertson, "The CIE 1976 Color Difference Formulae", Color Res. Appl., 2, 7–11 (1977).**
Eine umfassende Beschreibung der CIELAB und CIELUV

Farbräume und der darauf aufbauenden Farbabstandsformeln. Sie werden verglichen mit den Farbräumen von MacAdam 1942 (Abschnitt F) und Munsell.

ROBERTSON 1978
Alan R. Robertson, "CIE Guidelines for Coordinated Research on Colour-Difference Evaluation", *Color Res. Appl., 3,* 149-151 (1978).
Der Unterausschuß „Farbabstand" des CIE Komitees Farbmessung empfiehlt die folgenden Richtlinien für die Forschung: (1) Methodische Untersuchung, um die einfachsten und erfolgversprechendsten Techniken für den späteren Gebrauch zu ermitteln. (2) Systematische Untersuchungen des Einflusses solcher Parameter wie Oberflächenstruktur, Probengröße und Probenabstand, Beleuchtungsstärke, Größe des Farbabstands usw. (3) Untersuchung der Wahrnehmung von Farbunterschieden im gesamten Farbraum. (4) Entwicklung einer Formel, deren Ergebnisse mit den ermittelten Werten übereinstimmen.

SIMON 1958
F. T. Simon and W. J. Goodwin, "Rapid Graphical Computation of Small Color Differences", *Am. Dyest. Rep., 47,* No. 4, 105-112 (Feb. 1958).
Die Arbeit beschreibt einen Satz von Diagrammen zur schnellen graphischen Bestimmung von Farbabständen mit der MacAdam Formel (MacAdam 1943 - Abschnitt F). Die Diagramme sind seit kurzem (1980) von Diano erhältlich.

## G. FARBMITTEL*

ATHERTON 1955
E. Atherton and R. H. Peters, "Colour Gamuts of Pigments", *Congrès FATIPEC, III,* 147-158 (1955).
Die MacAdam Grenzen, die den theoretisch möglichen Farbbereich idealer Farbmittel definieren (MacAdam 1935 - Abschnitt G), werden so abgeändert, daß die Verluste durch die Oberflächenreflexion, die bei Anstrichfilmen stattfindet, berücksichtigt werden. Die Leistung einiger aktueller Pigmente wird mit diesen Grenzen verglichen.

GAERTNER 1963
H. Gaertner, "Modern Chemistry of Organic Pigments", *J. Oil Colour Chem. Assoc., 46,* 13-44 (1963).
Ein sehr gut illustrierter Artikel, der die Struktur und die Eigenschaften von zeitgemäßen hochwertigen organischen Pigmenten beschreibt. Ältere Pigmente, siehe Vesce 1956 (Abschnitt G).

LENOIR 1971
J. Lenoir, "Organic Pigments", in K. Venkataraman, editor, *The Chemistry of Synthetic Dyes,* Vol. V, Academic Press, New York, 1971, pp. 313-474.

---
* siehe auch AATCC, Patton 1973, SDC und AATCC 1971, 1976 und Venkataraman 1952-1978 (Abschnitt B).

Ausführliche Information über die Struktur, die Eigenschaften und die Chemie von organischen Pigmenten, die Anfang der siebziger Jahre erhältlich waren.

MACADAM 1935
David L. MacAdam, "Maximum Visual Efficiency of Colored Materials", *J. Opt. Soc. Am., 25,* 361-367 (1935).
Die theoretischen Grenzen (maximale Sättigung bei konstanter Helligkeit) die mit idealen Pigmenten erreicht werden könnten, wurden für die Normlichtart A und C errechnet.

POINTER 1980
M. R. Pointer, "The Gamut of Real Surface Colours", *Color Res. Appl., 5,* 145-155 (1980).
Die maximalen Farbgrenzen für real existierende Körperfarben wurden an Hand der Analyse der Farbe von über 4000 ausgewählten Proben ermittelt. Die Grenzen sind im CIELAB und CIELUV Farbraum angegeben.

SALTZMAN 1963 a
Max Saltzman, "Colored Organic Pigments: Why So Many? Why So Few?" *Off. Dig., 35,* 245-258 (1963).
Die mit Pigmenten erhältlichen Farbgrenzen wurden unter dem Gesichtspunkt der Kosten, der Einsatzbedingungen, der Echtheiten gegenüber Chemikalien und der Wetterechtheit untersucht.

SMITH 1954
**F. M. Smith and D. M. Stead, "The Meaning and Assessment of Light Fastness in Relation to Pigments", J. Oil Colour Chem. Assoc., 37, 117-130 (1954).**
Die Verfasser behaupten (und wie recht haben sie), daß die Lichtechtheit eines Pigmentes allein keine Bedeutung hat. Nur die Lichtechtheit eines pigmentierten Systems, die gemessen werden kann, ist von Bedeutung. Die Belichtungsversuche, die zu diesem Schluß geführt haben, werden beschrieben.

VESCE 1956
Vincent C. Vesce, "Vivid Light Fast Organic Pigments", *Off. Dig., 28,* No. 377, Part 2, 1-48 (Dec. 1956).
Strukturen, Eigenschaften, Proben (in Form von Anstrichfarben) sowie die Reflexionskurven der wichtigsten organischen Pigmente bis 1956. Für spätere Einwicklungen, siehe Gaertner 1963, Lenoir 1971 (Abschnitt G).

VESCE 1959
**Vincent C. Vesce, "Exposure Studies of Organic Pigments in Paint Systems", Off. Dig., 31, No. 419, Part 2, 1-143 (Dec. 1959).**
Eine umfassende Untersuchung mit farbigen Abbildungen über das Bewitterungsverhalten von Lacken, die mit organischen Pigmenten angefärbt sind. Als Ergebnis wird die Farbänderung, ausgedrückt in Farbabstandseinheiten, als Funktion

der Zeit angegeben. Die Pigmente werden mit ihrer chemischen Struktur beschrieben. In allen Fällen wurden mehrere Anstrichfarbensysteme geprüft.

VICKERSTAFF 1949
**T. Vickerstaff and D. Tough, "The Quantitative Measurement of Lightfastness", J. Soc. Dyers Colour., 65, 606–612 (1949).**
Eine der ersten und besten Arbeiten über dieses Gebiet. Die von den Verfassern vorgestellte Methode arbeitet mit der Adams chromatic value Formel, um die Gesamtfarbänderung nach der Belichtung mit einer bekannten Lichtmenge anzugeben. Unserer Meinung nach handelt es sich um eine Methode, die eines Tages in großem Umfang angewendet werden wird.

WICH 1977
**Emil Wich, "The Colour Index", Color Res. Appl., 2, 77–80 (1977).**
Die Anordnung, der Inhalt und die Benutzung der dritten Auflage des *Colour Index* (SDC und AATCC 1971, 1976 – Abschnitt B) werden mit Beispielen beschrieben. Benutzer, die beginnen, den *Colour Index* zu benutzen, werden diese Veröffentlichung als Führer von unschätzbarem Wert empfinden.

## H. FARBNACHSTELLUNG*

ALLEN 1966
Eugene Allen, "Basic Equations Used in Computer Color Matching", J. Opt. Soc. Am., 56, 1256-1259 (1966).
Eine Einführung in die Mathematik (einschließlich der Matrix Algebra), die bei der Farbrezeptberechnung auf Grund von Normfarbwerten mit Hilfe der Einkonstanten-Methode von Kubelka-Munk Methode verwendet wird.

ALLEN 1974
Eugene Allen, "Basic Equations Used in Computer Color Matching, II. Tristimulus Match, Two-Constant Theory", J. Opt. Soc. Am., 64, 991–993 (1974).
Ergänzung der Arbeit von 1966. Dargestellt wird die Mathematik der Zweikonstanten Methode von Kubelka-Munk.

ALLEN 1978
Eugene Allen, "Advances in Colorant Formulation and Shading", in Fred W. Billmeyer, Jr., and Gunter Wyszecki, editors, *AIC Color 77*, Adam Hilger, Bristol, 1978, pp. 153–179.
Ein Übersichtsartikel, der eine sehr gute und klare Berichterstattung über die Rezeptberechnung zur Verfügung stellt. Behandelt werden die Kubelka-Munk-Theorie, die Charakterisierung von Farbmitteln, die der Berechnung zugrunde liegende Mathematik und anspruchsvollere Theorien.

---

* siehe auch Gall 1971, Kuehni 1975 b, Peacock 1953, Stearns 1969 (Abschnitt A).

BROCKES 1974
**A. Brockes, "Computer Color Matching: A Review of its Limitations", Text. Chem. Color., 6, 98–103 (1974).**
Eine ausgezeichnete Darstellung des gegenwärtigen Standes der Rezeptberechnung. Obwohl sie die Berechnung von Textilfärbungen beinhaltet, ist sie gleich gut auf Pigmente in einer Anzahl von Stoffen anwendbar. Betont wird die Bedeutung der Eichung und die Notwendigkeit der vollständigen Kontrolle des Färbevorgangs.

DERBY 1973
**Roland E. Derby, Jr., "Color Measurement and Colorant Formulation in the Textile Industry", Text. Chem. Color., 5, 47–55 (1973).**
Eine unnachahmliche Besprechung der Probleme und Fallstricke, die bei der Farbmessung, der Farbabstandsmessung und der Rezeptberechnung auftreten. Geschrieben von jemand, der ohne Übertreibung von sich sagen kann, daß er mehr als 10 000 spektralphotometrische Kurven gemessen und der wahrscheinlich ebenso viele Rezeptberechnungen ausgeführt hat.

DUNCAN 1949
D. R. Duncan, "The Colour of Pigment Mixtures", J. Oil Color Chem. Assoc., 32, 296–321 (1949).
Eine klassische Veröffentlichung, die die verschiedenen Arten der Farbmischung und die Gesetze, denen sie folgen, beschreibt. Die Gesetze, die die Mischung von Pigmenten am besten beschreiben, werden angewendet, um Pigmentmischungen und den Farbbereich, der mit einer vorgegebenen Zahl von Pigmenten überdeckt werden kann, zu berechnen.

DUNCAN 1962
D. R. Duncan, "The Identification and Estimation of Pigments in Pigmented Compositions by Reflectance Spectrophotometry", J. Oil Colour Chem. Assoc., 45, 300–324 (1962).
Die Anwendung der Kubelka-Munk-Theorie auf die Berechnung der Farben von Pigmentmischungen. Siehe auch Duncan 1949 (Abschnitt H).

GALL 1973
**L. Gall, "Computer Colour Matching", in Colour 73, Adam Hilger, London, 1973, pp. 153–178.**
Ein sehr guter Überblick über den Stand der Rezeptberechnung mit besonderer Betonung der Probleme, die auftreten und auftreten können. Gezeigt wird, wie sie umgangen werden können.

JOHNSTON 1969
**Ruth M. Johnston, "Color Control in the Small Paint Plant", J. Paint Technol., 41, 415–421 (1969).**
Die Probleme, die zu einer schlechten Qualitätskontrolle in Betrieben beitragen (sicher nicht begrenzt auf kleine Betriebe

oder auf Betriebe, die Anstrichfarben herstellen, wie im Titel gesagt wird) werden aufgezählt. Die Anwendung einer einfachen Meßtechnik als Hilfe, sie unter Kontrolle zu bringen, und die sich daraus ergebenen Vorteile werden besprochen.

JOHNSTON 1973

**Ruth M. Johnston, "Color Theory", in Temple C. Patton, editor, Pigments Handbook, Vol. III, John Wiley & Sons, New York, 1973, pp. 229–288.**

Eine umfassende Besprechung der Farbmessung, der Rezeptberechnung, der Identifikation und der Stärke von Farbmitteln und von verwandten Themen. Muß von jedem gelesen werden, der instrumentelle Methoden und Rezeptberechnungen verwendet oder dies beabsichtigt.

LOWREY 1979

**Edwin J. Lowrey, "Practical Aspects of Instrumental and Computer Color Control in a Small Paint Plant", *J. Coatings Technol., 51,* No. 653, 75–79 (1979).**

Eine sehr gute kurze Veröffentlichung, die den Fortschritt bei der Kontrolle von Farben Schritt für Schritt beschreibt. Ausgehend von der visuellen Kontrolle über die frühen Meßtechniken bis zu den heutigen rechnerkontrollierten Methoden. Geschrieben unter praktischen Gesichtspunkten.

MCLEAN 1969

**Earle R. McLean, "A Millman's Use of the Computer", Text. Chem. Color., 1, 192–197 (1969).**

„Diese Arbeit beschreibt den praktischen Einsatz von Rechnern bei der Farbnachstellung. Der Verfasser beschreibt seine Erfahrungen mit der Farbmessung und der Rezeptberechnung seit 1954. Die Probleme bei der Steuerung eines Färbesystems mit Hilfe von Rechnern werden aufgezeigt. Betonung wird auf die praktische Anwendung gelegt." Dies ist der Bericht über einen totalen Erfolg.

RICHARDS 1970

**L. Willard Richards, "Calculation of the Optical Performance of Paint Films", *J. Paint Technol., 42,* 276–286 (1970).**

Einführung in die anspruchsvollere Vielkanal Streutheorie, die bisher für die routinemäßige Rezeptberechnung nicht benötigt wurde. Sie stellt jedoch die beste uns bekannte Lösung zur Verfügung, wenn die schwierigen Probleme bewältigt werden müssen, die sich mit unüblichen Proben, wie transluzenten Materialien oder Metalleffektlacken, ergeben.

SAUNDERSON 1942

**J. L. Saunderson, "Calculation of the Color of Pigmented Plastics", *J. Opt. Soc. Am., 32,* 727–736 (1942).**

Die Gleichungen von Kubelka-Munk (Kubelka 1931), die die Farbmischgesetze für undurchsichtige pigmentierte Systeme beschreiben, werden empirisch erweitert und auf die Berechnung der Farbe von bekannten Pigmentmischungen in Kunststoffen angewendet.

# Literaturverzeichnis

## AATCC†

American Association of Textile Chemists and Colorists, AATCC Technical Center, Post Office Box 12215, Research Triangle Park, North Carolina 27709.

## AATCC Technical Manual

*AATCC Technical Manual*, American Association of Textile Chemists and Colorists, Research Triangle Park, North Carolina, annually.

## Abbott 1944

R. Abbott and E. I. Stearns, *Identification of Organic Pigments by Spectrophotometric Curve Shape*, Calco Technical Bulletin No. 754, American Cyanamid Co., Bound Brook, New Jersey, 1944.

## *Adams 1942

Elliot Q. Adams, "X–Z Planes in the 1931 I.C.I. (CIE) System of Colorimetry", *J. Opt. Soc. Am., 32,* 168–173 (1942).

## Albers 1963

Josef Albers, *Interaction of Color,* Yale University Press, New Haven, 1963.

## Alderson 1961

J. V. Alderson, E. Atherton, and A. N. Derbyshire, "Modern Physical Techniques in Colour Formulation", *J. Soc. Dyers Colour., 77,* 657–668 (1961).

## *Allen 1966

Eugene Allen, "Basic Equations Used in Computer Color Matching", *J. Opt. Soc. Am., 56,* 1256–1259 (1966).

## Allen 1970

Eugene Allen, "An Index of Metamerism for Observer differences", in Manfred Richter, editor, *Color 69,* Muster-Schmidt, Göttingen, 1970, pp. 771–784.

---

† Arbeiten, die mit einem Stern (*) versehen sind, sind in Kapitel 7 kommentiert.

## *Allen 1974

Eugene Allen, "Basic Equations Used in Computer Color Matching, II. Tristimulus Match, Two-Constant Theory", *J. Opt. Soc. Am., 64,* 991–993 (1974).

## Allen 1975

Eugene Allen, "Simplified Phase Functions for Colorant Characterization", *J. Opt. Soc. Am., 65,* 839–841 (1975).

## *Allen 1978

Eugene Allen, "Advances in Colorant Formulation and Shading", in Fred W. Billmeyer, Jr., and Günter Wyszecki, editors, *AIC Color 77,* Adam Hilger, Bristol, 1978, pp. 153–179.

## Applied Color Systems

Applied Color Systems, Post Office Box 5800, Princeton, New Jersey 08540.

## Armstrong 1972

William S. Armstrong, Jr., Webster H. Edwards, Joseph P. Laird, and Roy H. Vining (assigned to E. I. du Pont de Nemours and Co.), "Method and Apparatus for Instrumentally Shading Metallic Paints", U.S. Patent 3, 690,771 (1972).

## Ascher 1978

L. B. Ascher, T. L. Harrington, and H. F. Stephenson, "Colorimetric Measurement of Retroreflective Materials. II. Daytime Conditions", *Color Res. Appl., 3,* 23–28 (1978).

## ASTM D 387

*Standard Test Method for Mass Color and Tinting Strength of Color Pigments,* ANSI/ASTM Designation: D 387, American Society for Testing and Materials, Philadelphia, Pennsylvannia.

## *ASTM D 1535

*Method for Specifying Color by the Munsell System,* ASTM Designation: D 1535, American Society for Testing and Materials, Philadelphia, Pennsylvania.

*ASTM D 1729

*Recommended Practice for Visual Examination of Color Differences of Opaque Materials*, ASTM Designation: D 1729, American Society for Testing and Materials, Philadelphia, Pennsylvania.

ASTM D 1925

*Method of Test for Yellowness Index of Plastics*, ASTM Designation: D 1925, American Society for Testing and Materials, Philadelphia, Pennsylvania.

*ASTM E 308

*Computing the Color of Objects by using to CIE-System*, ASTM Designation: E 308, American Society for Testing and Materials, Philadelphia, Pennsylvania.

*Atherton 1955

E. Atherton and R. H. Peters, "Colour Gamut of Pigments", *Congres FATIPEC III*, 147-158 (1955).

Atkins 1966

J. T. Atkins and F. W. Billmeyer, Jr., "Edge-Loss Errors in Reflectance and Transmittance Measurement of Translucent Materials", *Mater. Res. Stand., 6,* 564-569 (1966).

Atkins 1968

Joseph T. Atkins and Fred W. Bilmeyer, Jr., "On the Interaction of Light with Matter", *Color Eng., 6,* No. 3, 40-47, 56 (1968).

Balinkin 1939

I. A. Balinkin, "Industrial Color Tolerances", *Am. J. Psychol., 52,* 428-448 (1939).

Balinkin 1941

Isay A. Balinkin, "Measurement and Designation of Small Color Differences", *Bull. Am. Ceram. Soc., 20,* 392-402 (1941).

Bartleson 1960

C. J. Barleson, "Memory Colors of Familiar Objects", *J. Opt. Soc. Am., 50,* 73-77 (1960).

*Bartleson 1978

C. J. Bartleson, "A Review of Chromatic Adaptation", in Fred W. Billmeyer, Jr., and Günter Wyszecki, editors, *AIC Color 77,* Adam Hilger, Bristol, 1978, pp. 63-96.

*Bartleson 1979a

C. J. Bartleson, "Changes in Color Appearance with Variations in Chromatic Adaptation", *Color Res. Appl., 4,* 119-138 (1979).

*Bartleson 1979b

C. J. Bartleson, "Predicting Corresponding Colors with Changes in Adaptation", *Color Res. Appl., 4,* 143-155 (1979).

Beasley 1967

J. K. Beasley, J. T. Atkins, and F. W. Billmeyer, Jr., "Scattering and Absorption of Light in Turbid Media", in R. L. Rowell and R. S. Stein, editors, *Electromagnetic Scattering,* Gordon and Breach, New York, 1967, pp. 765-785.

Bélanger 1974

Pierre R. Bélanger, "Linear-Programming Approach to Color-Recipe Formulations", *J. Opt. Soc. Am., 64,* 1541-1544 (1974).

Berger 1964

Anni Berger and Andreas Brockes with N. Dalal, *"Color Measurement in Textile Industry",* Bayer Farben Revue, special edition No. 3, Farbenfabriken Bayer, Leverkusen, Germany, 1964.
Auch in deutsch erhältlich, erhältlich ist Sonderheft 3/2 1986.

Berger-Schunn 1978

Anni Berger-Schunn, "Color and Quality Control in Industry", in Fred W. Billmeyer, Jr., and Günter Wyszecki, editors, *AIC Color 77,* Adam Hilger, Bristol, 1978, pp. 181-197.

Bertin 1978

Nadine Bertin, "The House & Garden Color Program", *Color Res. Appl. 3,* 71-78 (1978).

Billmeyer 1960a

F. W. Billmeyer, Jr., J. K. Beasley, and J. A. Sheldon, "Formulation of Transparent Colors with a Digital Computer", *J. Opt. Soc. Am., 50,* 70-72 (1960).

*Billmeyer 1962

Fred W. Billmeyer, Jr., "Caution Required in Absolute Color Measurement with Colorimeters", *Off. Dig., 34,* 1333-1342 (1962).

Billmeyer 1963a

Fred W. Billmeyer, Jr., "Tables of Adams Chromatic-Value Color Coordinates", *J. Opt. Soc. Am., 53,* 1317 (1963).

Billmeyer 1963b

Fred W. Billmeyer, Jr., "An Objective Approach to Coloring", *Farbe, 12,* 151-164 (1963).

Billmeyer 1965

Fred W. Billmeyer, Jr., "Precision and Accuracy of Industrial Color Measurement", in Manfred Richter, editor, *Proceedings of the International Colour Meeting, Lucerne (Switzerland) 1965,* Muster-Schmidt, Göttingen, 1965, pp. 445-456.

Billmeyer 1966a

Fred W. Billmeyer, Jr., "The Present and Future of Color Measurement in Industry", *Color Eng., 4,* No. 4, 15-19 (1966). (Gleicher Text wie Billmeyer 1965.)

Billmeyer 1966b

Fred W. Billmeyer, Jr., "Yellowness Measurement of Plastics for Lighting Use", *Mater. Res. Stand., 6,* 295-301 (1966).

Billmeyer 1969

Fred W. Billmeyer, Jr., and Robert T. Marcus, "Effect of Illuminating and Viewing Geometry on the Color Coordinates of Samples with Various Surface Textures", *Appl. Opt., 8,* 763-768 (1969).

Billmeyer 1970

Fred W. Billmeyer, Jr., "Optical Aspects of Color, Part XVI. Appropriate Use of Color-Difference Equations", *Opt. Spectra, 4,* No. 2, 63-66 (1970).

Billmeyer 1973 a

Fred W. Billmeyer, Jr., and Richard L. Abrams, "Predicting Reflectance and Color of Paint Films by Kubelka-Munk Analysis. I. Turbid-Medium Theory", *J. Paint Technol., 45,* No. 579, 23–30 (1973).

Billmeyer 1973 b

Fred W. Billmeyer, Jr., and David H. Alman, "Exact Calculation of Fresnel Reflection Coefficients for Diffuse Light", *J. Color Appearance, 2,* No. 1, 36–38 (1973).

Billmeyer 1973 c

Fred W. Billmeyer, Jr., and L. Willard Richards, "Scattering and Absorption of Radiation by Lighting Materials", *J. Color Appearance, 2,* No. 2, 4–15 (1973).

Billmeyer 1974

Fred W. Billmeyer, Jr., and James G. Davidson, "Color and Appearance of Metallized Paint Films. I. Characterization", *J. Paint Technol., 46,* No. 593, 31–37 (1974).

Billmeyer 1975

Fred W. Billmeyer, Jr., and Richard N. Kelley, *Entering Industry – A Guide for Young Professionals,* John Wiley & Sons, New York, 1975.

Billmeyer 1976

Fred W. Billmeyer, Jr., and Ellen Campbell Carter, "Color and Appearance of Metallized Paint Films. II. Initial Application of Turbid-Medium Theory", *J. Coatings Technol., 48,* No. 613, 53–60 (1976).

*Billmeyer 1978 a

Fred W. Billmeyer, Jr., and Günter Wyszecki, editors, *AIC Color 77,* Adam Hilger, Bristol, 1978.

Billmeyer 1978 b

Fred W. Billmeyer, Jr., "Step Size in the Munsell Color-Order System II. Pair Comparisons Near 2.5 YR 6/8 and 2.5 PB 5/8", in Fred W. Billmeyer, Jr., and Günter Wyszecki, editors, *AIC Color 77,* Adam Hilger, Bristol, 1978, pp. 448–491.

Billmeyer 1978 c

Fred W. Billmeyer, Jr., and Danny C. Rich, "Color Measurement in the Computer Age", *Plast. Eng., 34,* No. 12, 35–39 (1978).

*Billmeyer 1979 a

Fred W. Billmeyer, Jr., and Paula J. Alessi, *Assessment of Color-Measuring Instruments for Objective Textile Acceptability Judgement,* Natick Technical Report TR-79/044, U.S. Army Natick Research and Development Command, Natick, Massachusetts, 1979.

Billmeyer 1979 b

Fred W. Billmeyer, Jr., "Current Status of the Color-Difference Problem", *J. Coatings Technol., 51,* No. 652, 46–47 (1979).

*Billmeyer 1979 c

Fred W. Billmeyer, Jr., *Colorimetry of Fluorescent Specimens: A State-of-the-Art Report.* National Bureau of Standards Technical Report NBS-GCR 79-185, National Bureau of Standards, Washington, D. C., 1979

*Billmeyer 1980 a

Fred W. Billmeyer, Jr., and Max Saltzman, "Observer Metamerism", *Color Res. Appl., 5,* 72 (1980).

Billmeyer 1980 b

Fred W. Billmeyer, Jr., Patrick G. Chassaigne, and Jean F. Dubois, "Determining Pigment Optical Properties for Use in the Mie and Many-Flux Theories", *Color Res. Appl., 5,* 108–112 (1980).

Billmeyer 1980 c

Fred W. Billmeyer, Jr., and Tak-Fu Chong, "Calculation of the Spectral Radiance Factors of Luminescent Samples", *Color Res. Appl., 5,* 156–168 (1980).

Birren 1969

Faber Birren, *Principles of Color,* Van Nostrand-Reinhold, New York, 1969.

Birren 1979

Faber Birren, "Chroma Cosmos 5000", *Color Res. Appl., 4,* 171–172 (1979).

Bolomey 1972

R. A. Bolomey and L. M. Greenstein, "Optical Characteristics of Iridescence and Interference Pigments", *J. Paint Technol., 44,* 39–50 (1972).

Bouma 1971

Dr. P. J. Bouma, *Physical Aspects of Colour,* 2nd edition, W. De Groot, A. A. Kruithof, and J. L. Ouweltjes, editiors, Macmillan, New York, 1971.

*Boynton 1979

Robert M. Boynton, *Human Color Vision,* Holt, Rinehart and Winston, New York, 1979.

Breckenridge 1939

F. C. Breckenridge and W. R. Schaub, "Rectangular Uniform-Chromaticity-Scale Coordinates", *J. Opt. Soc. Am., 29,* 370–380 (1939).

Brockes 1969

Andreas Brockes, "Vergleich der Metamerie-Indizes bei Lichtartwechsel von Tageslicht zur Glühlampe und zu verschiedenen Leuchtstofflampen", *Farbe, 18,* 233–239 (1969).

Brockes 1974

A. Brockes, "Computer Color Matching: A Review of Its Limitations", *Text. Chem. Color., 6,* 98–103 (1974).

Brockes 1975

A. Brockes, "Zur Problematik von Farbstärke und Farbtiefe", *Textilveredlung, 10,* 47–52 (1975).

*Brown 1949

W. R. J. Brown and D. L. MacAdam, "Visual Sensitivities to Combined Chromaticity and Luminance Differences", *J. Opt. Soc. Am., 39,* 808–834 (1949).

*Brown 1957

W. R. J. Brown, "Color Discrimination of Twelve Observers", *J. Opt. Soc. Am., 47,* 137–143 (1957).

Bruehlman 1969

Richard J. Bruehlman and William D. Ross, "Hiding Power from Transmission Measurements: Theory and Practice", *J. Paint Technol., 41,* 584–596 (1969).

*Budde 1980

Wolfgang Budde, "The Gloss Trap in Diffuse Reflectance Measurements", *Color Res. Appl., 5,* 73–75 (1980).

*Burnham 1963

Robert W. Burnham, Randall M. Hanes, and C. James Bartleson, *Color: A Guide to Basic Facts and Concepts,* John Wiley & Sons, New York, 1963.

Burns 1980

Margaret Burns, "You can Check Color Appearance by Spectrophotometer", *Ind. Res. Dev., 22,* No. 3, 126–130 (1980).

Cairns 1976

Edward L. Cairns, Dwight A. Holtzen, and David L. Sponner, "Determining Absorption and Scattering Constants for Pigments", *Color Res. Appl., 1,* 174–180 (1976).

Campbell 1971

Ellen D. Campbell and Fred W. Billmeyer, Jr., "Fresnel Reflection Coefficients for Diffuse and Collimated Light", *J. Color Appearance, 1,* No. 2, 39–41 (1971).

Carr 1957

W. Carr and C. Musgrave, "Behavior of Organic Pigments in High Temperature Systems", *J. Oil Colour Chem. Assoc., 40,* 51–61 (1957).

Carroll 1960

Lewis Carroll, *Alice's Adventures in Wonderland and Through the Looking Glass,* with introduction and notes by Martin Gardner, Clarkson N. Potter, New York, 1960.

*Carter 1978

Ellen C. Carter and Fred W. Billmeyer, Jr., *Guide to Material Standards and Their Use in Color Measurement,* ISCC Technical Report 78-2, Inter-Society Color Council, Troy, New York, 1978.

*Carter 1979

Ellen C. Carter and Fred W. Billmeyer, Jr., "Material Standards and Their Use in Color Measurement", *Color Res. Appl., 4,* 96–100 (1979).

Chamberlin 1955

G. J. Chamberlin, *The C.I.E. International Colour System Explained,* 2nd edition, The Tintometer Ltd., Salisbury, England, 1955.

Chevreul 1854

M. E. Chevreul, *The Principles of Harmony and Contrast of Colors and Their Application to the Arts,* based on the first English edition of 1854, with a special introduction and explanatory notes by Faber Birren, Rheinhold, New York, 1967.

*Chickering 1967

K. D. Chickering, "Optimization of the MacAdam-Modified 1965 Friele Color-Difference Formula", *J. Opt. Soc. Am., 57,* 537–541 (1967).

*Chickering 1971

K. D. Chickering, "FMC Color-Difference Formulas: Clarification Concerning Usage", *J. Opt. Soc. Am., 61,* 118–122 (1971).

Chong 1981

Tak-Fu Chong and Fred W. Billmeyer, Jr., "Visual Evaluation of Daylight Simulators for the Colorimetry of Luminescent Materials", *Color Res. Appl., 6,* 213–220 (1981).

Christie 1978

J. S. Christie and George McConnell, "A New Flexible Spectrophotometer for Color Measurements", in Fred W. Billmeyer, Jr., and Günter Wyszecki, editors, *AIC Color 77,* Adam Hilger, Bristol, 1978, p. 309.

Christie 1979

J. S. Christie, Jr., "Review of Geometric Aspects of Appearence", *J. Coatings Technol. 51,* 64–73 (1979).

Ciba-Geigy

Ciba-Geigy Corporation, 444 Saw Mill River Road, Ardsley, New York 10502.

CIE 1931

International Commission on Illumination, *Proceedings of the Eighth Session,* Cambridge, England, 1931, Bureau Central de la CIE, Paris, 1931.

CIE 1970

International Commission on Illumination, *International Lighting Vocabulary,* 3rd edition, Publication CIE No. 17 (E-1.1) 1970, Bureau Central de la CIE, Paris, 1970.
Ersetzt durch Ausgabe 4 (1987).

*CIE 1971 ### 

International Commission of Illumination, *Colorimetry: Official Recommendations of the International Commission on Illumination,* Publication CIE No. 15 (E-1.3.1) 1971, Bureau Central de la CIE, Paris, 1971.

CIE 1972 ###

International Commission on Illumination, *CIE Recommendation for a Special Metamerism Index: Change of Illuminant* (September 1972), Supplement No. 1 to Publication CIE No. 15, *Colorimetry* (E-1.3.1) 1971, Bureau Central de la CIE, Paris, 1972.

CIE 1974

International Commission on Illumination, *Method of Measuring and Specifying Colour Rendering Properties of Light Sources,* Publication CIE No. 13.2 (TC-3.2), Bureau Central de la CIE, Paris, 1974.

CIE 1978 ###

International Commission on Illumination, *Recommendations on Uniform Color Spaces, Color-Difference Equations, Psychometric Color Terms,* Supplement No. 2 to CIE Publication No. 15, (E-1.3.1) 1971,/TC-1.3) 1978, Bureau Central de la CIE, Paris, 1978.

---

### ersetzt durch CIE Nr. 15:2, siehe Kapitel 7.

CIE 1981

International Commission on Illumination, Standard Sources Subcommittee, CIE Technical Committee, 1.3 (Colorimetry), *A. Method for Assessing the Quality of Daylight Simulators for Colorimetry,* CIE Technical Report, 1981.

Clarke 1968

F. J. J. Clarke and P. R. Samways, *The Spectrophotometric Properties of a Selection of Ceramic Tiles,* NPL Metrology Centre Report MC 2, National Physical Laboratory, Teddington, England, 1968.

Clarke 1969

F. J. J. Clarke, "Ceramic Colour Standards - An Aid for Industrial Colour Control", *Print. Technol., 13,* 101-113 (1969).

Commerford 1974

Therese R. Commerford, "Difficulties in Preparing Dye Solutions for Accurate Strength Measurements", *Text, Chem. Color., 6,* 14-21 (1974).

Consterdine 1976

J. Consterdine, "Heat Transfer Printing", *Rev. Prog. Coloration, 7,* 34-43 (1976).

Cook 1979

Donald H. Cook, "Interplant Quality Control by Means of Simple Tristimulus Instruments", *J. Coatings Technol., 5,* No. 651, 64-65 (1979).

Craker 1967

W. E. Craker and P. F. Robinson, "The Effect of Pigment Volume Concentration and Film Thickness on the Optical Properties of Surface Coatings", *J. Oil Colour Chem. Assoc., 50,* 111-133 (1967).

Diano

Diano Corporation, 8 Commonwealth Avenue, Woburn, Massachusetts 01801.

Davidson 1950

H. R. Davidson and I. H. Godlove, "Applications of the Automatic Tristimulus Integrator to Textile Mill Practice", *Am. Dyest. Rep., 39,* 78-84 (1950).

*Davidson 1953

Hugh R. Davidson and Elaine Friede, "The Size of Acceptable Color Differences", *J. Opt. Soc. Am., 43,* 581-589 (1953).

Davidson 1955 a

H. R. Davidson and Henry Hemmendinger, "Colorimetric Calibration of Colorant Systems", *J. Opt. Soc. Am., 45,* 216-219 (1955).

Davidson 1955 b

Hugh R. Davidson and J. J. Hanlon, "Use of Charts for Rapid Calculation of Color Difference", *J. Opt. Soc. Am., 45,* 617-620 (1955).

Davidson 1957

Hugh R. Davidson, Margaret N. Godlove, and Henry Hemmendinger, "A Munsell Book in High-Gloss Colors", *J. Opt. Soc. Am., 47,* 336-337 (1957) (Kurzfassung eines Vortrags).

Davidson 1963

Hugh R. Davidson, Henry Hemmendinger, and J. L. R. Landry, Jr., "A System of Instrumental Colour Control for the Textile Industry", *J. Soc. Dyers Colour., 79,* 577-589 (1963).

Davidson 1977

Hugh R. Davidson, "Advantages of a Semiautomatic Color-Control Computer Program", *Color Res. Appl., 3,* 38-40 (1977).

Davidson Colleagues

Davidson Colleagues, Post Office Box 157, Tatamy, Pennsylvania 18085.

Davies 1980

Duncan S. Davies, "Appearance, Utility, Simplicity, Cheapness and Design", *J. Soc. Dyers Colour., 96,* 42-45 (1980).

Davis 1953

Raymond Davis, Kasson S. Gibson, and Geraldine W. Haupt, "Spectral Energy Distribution of the International Commission on Illumination Light Sources *A, B,* and *C*", *J. Res. Natl. Bur. Stand., 50,* 31-37 (1953).

Derby 1952

R. E. Derby, Jr., "Applied Spectrophotometry. I. Color Matching with the Aid of the 'R' Cam", *Am. Dyest. Rep., 41,* 550-557 (1952).

Derby 1971

Roland E. Derby, Jr., "Colorant Formulation and Color Control in the Textile Industry", in Ruth M. Johnston and Max Saltzman, editors, *Industrial Color Technology,* Advances in Chemistry Series No. 107, American Chemical Society, Washington, D.C., 1971, pp. 95-118.

*Derby 1973

Roland E. Derby, Jr., "Color, Color Measurement and Colorant Formulation in the Textile Industry", *Text. Chem. Color., 5,* 47-55 (1973).

Dimmick 1956

Forrest L. Dimmick, "Specifications and Calibration of the 1953 Edition of the Inter-Society Color Council Color Aptitude Test", *J. Opt. Soc. Am., 46,* 389-393 (1956).

Donaldson 1947

R. Donaldson, "A Colorimeter with Six Matching Stimuli", *Proc. Phys. Soc., 59,* 554-560 (1947).

*Duncan 1949

D. R. Duncan, "The Colour of Pigment Mixtures", *J. Oil Colour Chem. Assoc., 32,* 296-321 (1949).

Eastwood 1973

D. Eastwood, "A Simple Modification to Improve the Visual Uniformity of the CIE 1964 U*V*W* Colour Space", in *Colour 73,* Adam Hilger, London, 1973, pp. 293-296.

Eckerle 1977

K. L. Eckerle and W. H. Venable, Jr., "1976 Remeasurement of NBS Spectrophotometer-Integrator Filters", *Color Res. Appl., 2,* 137-141 (1977).

Eckerle 1980

Kenneth L. Eckerle, "Photometry and Colorimetry of Retroreflection: State-of-Measurement-Accuracy Report", NBS Technical Note 1125, U.S. Government Printing Office, Washington, D.C., 1980.

*Erb 1979

W. Erb and W. Budde, "Properties of Standard Materials for Reflection", *Color Res. Appl., 4,* 113–118 (1979).

Estéves 1979

Oscar Estéves Uscanga, *On the Fundamental Data-Base of Normal and Dichromatic Color Vision,* Ph. D. Thesis, University of Amsterdam, The Netherland, 1979.

*Evans 1948

Ralph M. Evans, *An Introduction to Color,* John Wiley & Sons, New York, 1948.

*Evans 1972

Ralph M. Evans, "The Perception of Color", in Ruth M. Johnston and Max Saltzman, editors, *Industrial Color Technology,* Advances in Chemistry Series No. 107, American Chemical Society, Washington, D.C., 1972, pp. 43–68.

*Evans 1974

Ralph M. Evans, *The Perception of Color,* John Wiley & Sons, New York, 1974.

Farnsworth 1943

Dean Farnsworth, "The Farnsworth-Munsell 100-Hue and Dichotomous Tests for Color Vision", *J. Opt. Soc. Am.,33,* 568–578 (1943).

Fink 1960

Donald G. Fink and David M. Luytens, *The Physics of Television* (Science Study Series No. S 8), Anchor Books, Doubleday and Co., Inc., Garden City, New York, 1960.

Foster 1966

Robert S. Foster, "A New Simplified System of Charts for Rapid Color Difference Calculations", *Color Eng., 4,* No. 1, 17–19, 26 (1966).

Foster 1970

Walter H. Foster, Jr., Richard Gans, E. I. Stearns, and R. E. Stearns, "Weights for Calculation of Tristimulus Values from Sixteen Reflectance Values", *Color Eng., 8,* No. 3, 35–47 (1970).

Fournier 1978

A. Fournier, "Statistique et Colorimétrie" (in französisch), *Teintex, 43,* 461–473 (1978).

Friele 1972

L. F. C. Friele, "A Survey of Some Color-Difference Formulae", in J. J. Vos, L. F. C. Friele, and P. L. Walraven, editors, *Color Metrics,* AIC/Holland, Soesterberg, The Netherlands, 1972, pp. 380–385.

*Friele 1978

L. F. C. Friele, "Fine Color Metric (FCM)", *Color Res. Appl., 3,* 53–64 (1978).

*Friele 1979

L. F. C. Friele, "Color Metrics – Facts and Formulae", *Color Res. Appl., 4,* 194–199 (1979).

FSCT

Federation of Societies for Coatings Technology, 1315 Walnut Street, Suite 850, Philadelphia, Pennsylvania 19107.

*Gaertner 1963

H. Gaertner, "Modern Chemistry of Organic Pigments", *J. Oil Colour Chem. Assoc., 46,* 13–44 (1963).

Gailey 1977

Ian Gailey, "Automation: Dammed if You Do, Damned if You Don't", *Text. Chem. Color., 9,* 11–19 (1977).

Gall 1970

Ludwig Gall, "Versuche zur farbmetrischen Erfassung der Standardfarbtiefe", in Manfred Richer, editor, *Color 69,* Muster-Schmidt, Göttingen, 1970, S. 563–580.

*Gall 1971

L. Gall, *The Colour Science of Pigments,* Badische Anilin- & Soda-Fabrik AG, Ludwigshafen, Germany, 1971.
Auch in deutsch erhältlich

*Gall 1973

L. Gall, "Computer Colour Matching", in *Colour 73,* Adam Hilger, London, 1973, pp. 153–178.

Gall 1975

Ludwig Gall, "Prüffehler, Signifikanz- und Toleranzgrenzen in der Qualitätskontrolle", *Farbe und Lack, 81,* 1015–1018 (1975).

Gall 1980

L. Gall, BASF Aktiengesellschaft, Ludwigshafen, Germany, persönliche Mitteilung, 1980.

*Ganz 1976

Ernst Ganz, "Whiteness: Photometric Specification and Colorimetric Evaluation", *Appl. Opt., 15,* 2039–2058 (1976).

Ganz 1977

Ernst Ganz, "Problems of Fluorescence in Colorant Formulation", *Color Res. Appl., 2,* 81–84 (1977).

Ganz 1979

Ernst Ganz, "Whiteness Perception: Individual Differences and Common Trends", *Appl. Opt., 18,* 2963–2970 (1979).

Gardner

Gardner Laboratory Division, Pacific Scientific Co., Post Office Box 5728, Bethesda, Maryland 20014.

Garland 1973

Charles E. Garland, "Shade and Strength Predictions and Tolerances from Spectral Analysis of Solutions", *Text. Chem. Color., 5,* 227–231 (1973).

## Gerritsen 1975

Frans Gerritsen, *Theory and Practice of Color: A Color Theory Based on Laws of Perception,* translated by Ruth de Vriendt, Van Nostrand-Reinhold, New York, 1975.

## Gerritsen 1979

Frans Gerritsen, "Evolution of the Color Diagram", *Color Res. Appl., 4,* 33-38 (1979).

## *Gibson 1949

Kasson D. Gibson, *Spectrophotometry (200-1000 Millimicrons),* NBS Circular 484, U.S. Government Printing Office, Washington, D.C., 1949.

## Glasser 1958

L. G. Glasser, A. H. McKinney, C. D. Reilly, and P. D. Schnelle, "Cube-Root Color Coordinate System", *J. Opt. Soc. Am., 48,* 736-740 (1958).

## Godlove 1951

I. H. Godlove, "Improved Color-Difference Formula, with Applications to the Perceptibility of Fading", *J. Opt. Soc. Am., 41,* 760-772 (1951).

## Goebel 1967

David G. Goebel, "Generalized Integrating Sphere Theory", *Appl. Opt., 6,* 125-128 (1967).

## Goodwin 1955

W. J. Goodwin, "Measurement and Specification of Color and Small Color Differences", *Mod. Plast., 32,* No. 10, 143-146, 235, 239-240, 245, 248 (1955).

## Granville 1944

Walter C. Granville and Egbert Jacobson, "Colorimetric Specification of the *Color Harmony Manual* from Spectrophotometric Measurements", *J. Opt. Soc. Am., 34,* 382-395 (1944).

## Grassmann 1853

H. Grassmann, "Zur Theorie der Farbenmischung", *Ann. Phys., Chem., 89,* 69-84 (1853); H. Grassmann, "On the Theory of Compound Colors", *Lond., Edinb. Dublin Philos. Mag. J. Sci., 7[4],* 254-264 (1854).

## *Grum 1972

Franc Grum, "Visible and Ultraviolet Spectroscopy", Chapter III in Arnold Weissberger and Bryant W. Rossiter, editors, *Physical Methods of Chemistry,* Vol. I of A. Weissberger, editor, *Techniques of Chemistry,* Part III B, Wiley-Interscience, John Wiley & Sons, New York, 1972.

## Grum 1976

F. Grum and M. Saltzman, "New White Standard of Reflectance", in *Proceedings 18th Session CIE, London, 1975,* Publication CIE No. 36 (1976), Bureau Central de la CIE, Paris, 1976, pp. 91-98.

## Grum 1977

F. Grum and T. E. Wightman, "Absolute Reflectance of Eastman White Reflectance Standard", *Appl. Opt., 16,* 2775-2776 (1977).

## *Grum 1980

Franc Grum and C. James Bartleson, Eds., *Color Measurement,* Vol. 2 in Franc Grum, Ed., *Optical Radiation Measurements,* Academic Press, New York, 1980.

## Gugerli 1963

U. Gugerli and P. Buchner, "The Gradient Method – A Contribution to Metameric Colour Formulation on the Basis of Colour-difference Measurements", *J. Soc. Dyers Colour., 79,* 637-650 (1963).

## Gundlach 1978

Dietrich Gundlach, "Annäherung von Normlichtart $D_{65}$ für Zwecke der Farbmessung", in Fred W. Billmeyer, Jr., and Günter Wyszecki, editors, *AIC Color 77,* Adam Hilger, Bristol, 1978, pp. 218-222.

## *Guthrie 1978

J. C. Guthrie and Jean Moir, "The Application of Colour Measurement", *Rev. Prog. Coloration 9,* 1-12 (1978).

## *Haft 1972

H. H. Haft and W. A. Thornton, "High Performance Fluorescent Lamps", *J. Illum. Eng. Soc., 2,* 29-35 (1972-1973).

## *Halstead 1978

M. B. Halstead, "Colour Rendering: Past, Present and Future", in Fred W. Billmeyer, Jr., and Günter Wyszecki, editors, *AIC Color 77,* Adam Hilger, Bristol, 1978, pp. 97-127.

## Hård 1970

Anders Hård, "Qualitative Aspects of Color Perception", in Manfred Richter, editor, *Color 69,* Muster-Schmidt, Göttingen, 1970, pp. 351-368.

## Hardy 1935

Arthur C. Hardy, "A New Recording Spectrophotometer", *J. Opt. Soc. Am., 25,* 305-311 (1935).

## *Hardy 1936

Arthur C. Hardy, *Handbook of Colorimetry,* The Technology Press, Cambridge, Massachusetts, 1936.

## Hardy 1938

Arthur C. Hardy, "History of the Deisgn of the Recording Spectrophotometer", *J. Opt. Soc. Am., 28,* 360-364 (1938).

## Hardy 1954

LeGrand H. Hardy, Gertrude Rand, and M. Catherine Rittler, „H-R-R Polychromatic Plates", *J. Opt. Soc. Am., 44,* 509-523 (1954).

## Harkins 1959

T. R. Harkings, Jr., J. T. Harris, and O. D. Shreve, "Identification of Pigments in Paints by Infrared Spectroscopy", *Anal. Chem., 31,* 541-545 (1959).

## Hemmendinger 1967

H. Hemmendinger and H. R. Davidson, "The Calibration of a Recording Spectrophotometer", in *A Symposium on Colour Measurement in Industry,* The Colour Group (Great Britain), London, 1967, pp. 1-24.

## Hemmendinger 1970

Henry Hemmendinger and Ruth M. Johnston, "A Goniospectrophotometer for Color Measurements", in Manfred Richter, editor, *Color 69*, Muster-Schmidt, Göttingen, 1970.

## Hemmendinger 1980

Henry Hemmendinger, Letter to the Editor, *Color Res. Appl., 5*, 144 (1980).

## Hering 1964

Ewald Hering, *Outlines of a Theory of the Light Sense*, translated by Leo M. Hurvich and Dorothea Jameson, Harvard University Press, Cambridge, Massachusetts, 1964.

## Herzog 1965

H. Herzog and J. Koszticza, "The Influence of Resin Finishing on the Shade and the Fastness to Light of Naphtanilide Dyed Piece Goods", *Am. Dyest. Rep.,54*, 34-38 (1965).

## Hodgins 1946

Eric Hodgins, *Mr. Blandings Builds His Dream House*, Simon & Schuster, New York, 1946.

## Hsia 1976

Jack J. Hsia, *Optical Radiation Measurements: The Translucent Blurring Effect - Method of Evaluation and Estimation*, National Bureau of Standards Technical Note 594-12, U.S. Government Printing Office, Washington, D.C., 1976.

## *Huey 1972

Sam J. Huey, "Standard Practices for Visual Examination of Small Color Differences", *J. Color Appearance, 1*, No. 4, 24-26 (1972).

## *Hunt 1975

Robert W. G. Hunt, *The Reproduction of Colour*, 3rd edition, Fountain Press, London, 1975.

## *Hunt 1977

R. W. G. Hunt, "The Specification of Colour Appearance. I. Concepts and Terms", *Color Res. Appl., 2*, 53-66 (1977); "Part II, Effects of Changes in Viewing Conditions", pp. 109-120.

## Hunt 1978 a

R. W. G. Hunt, "Terms and Formulae for Specifying Colour Appearance", in Fred W. Billmeyer, Jr., and Günter Wyszecki, editors, *AIC Color 77*, Adam Hilder, Bristol, 1978, pp. 321-327.

## Hunt 1978 b

R. W. G. Hunt, "Colour Terminology", *Color Res. Appl., 3*, 79-87 (1978) [see also *4*, 140 (1979)].

## Hunter

Hunter Associates Laboratory, Inc., 11495 Sunset Hills Road, Reston, Virginia 22090.

## *Hunter 1942

Richard S. Hunter, *Photoelectric Tristimulus Colorimetry with Three Filters*, NBS Circular 429, U.S. Government Printing Office, Washington, D.C., 1942. Reprinted in *J. Opt. Soc. Am., 32*, 509-538 (1942).

## Hunter 1958

Richard S. Hunter, "Photoelectric Color Difference Meter", *J. Opt. Soc. Am., 48*, 985-995 (1958).

## Hunter 1966

R. S. Hunter and J. S. Christie, *Improved Natick Laboratories Colorimeter for Textile Fabric Inspection*, U.S. Army Natick Laboratory Technical Report 66-19-CM, Natick Army Research and Development Command, Natick, Massachusetts, 1966.

## *Hunter 1975

Richard S. Hunter, *The Measurement of Appearance*, John Wiley & Sons, New York, 1975.
Ersetzt durch 2. Auflage, siehe Kapitel 7.

## IBM

IBM Instrument Systems, 1000 Westchester Avenue, White Plains, New York 10604.

## IES

Illuminating Engineering Society of North America, 345 East 47th Street, New York, New York 10017.

## *IES 1981

*IES Lighting Handbook - 1981 Applications Volume; IES Lighting Handbook - 1981 Reference Volume*, Illuminating Engineering Society, New York, 1981.

## Ingle 1947

George W. Ingle, "Using 3 Dimensions of Color in Plastics", *Mod. Plast., 24*, N. 9, 131-133 (1947).

## Ingle 1962

George W. Ingle, Frederick D. Stockton, and Henry Hemmendinger, "Analytic Comparison of Color-Difference Equations", *J. Opt. Soc. Am., 52*, 1075-1077 (1962).

## ISCC

Inter-Society Color Council, c/o Dr. Danny C. Rich, Applied Color Systems, P. O. Box 5800, Princeton, NJ. 08540.

## ISCC 1972

Inter-Society Color Council, "A General Procedure for the Determination of Relative Dye Strength by Spectrophotometric Transmittance Measurement", *Text. Chem. Color., 4*, 134-142 (1972).

## ISCC 1974

Inter-Society Color Council, "A General Procedure for the Determination of Relative Dye Strength by Spectrophotometric Measurement of Reflectance Factor", *Text. Chem. Color., 6*, 104-108 (1974).

## ISCC 1976

Inter-Society Color Council, "Reproducibility of Dye Strength Evaluation by Spectrophotometric Transmission Measurement", *Text. Chem. Color., 8*, 36-39 (1976).

## Jacobson 1948

Egbert Jacobson, *Basic Color: An Interpretation of the Ostwald Color System*, Paul Theobald, Chicago, 1948.

## Jerome 1976

Charles W. Jerome, "Color Rendering Properties of Light Sources", *Color Res. Appl., 1,* 37–42 (1976).

## *Johnston 1963

Ruth M. Johnston, "Pitfalls in Color Specifications", *Off. Dig., 35,* 259–274 (1963).

## Johnston 1964

R. M. Johnston and R. E. Park, "Coloring of Unsaturated Polyester Resin Laminates and Gel Coats", *SPE J., 20,* 1211–1217 (1964).

## Johnston 1965

Ruth Johnston, "Selecting and Training Color Matchers for a Computer Color Control Program", *Color Eng., 3,* No. 6, 20–21 (1965).

## *Johnston 1969

Ruth M. Johnston, "Color Control in the Small Paint Plant", *J. Paint Technol., 41,* 415–421 (1969).

## *Johnston 1970

Ruth M. Johnston, *A Catalog of Color Measuring Instruments and a Guide to Their Selection,* Report of ISCC Subcommittee for Problem 24, Inter-Society Color Council, Troy, New York, 1970.

## *Johnston 1971 a

Ruth M. Johnston, "Color Measuring Instruments: A Guide to Their Selection", *J. Color Appearence, 1,* No. 2, 27–38 (1971).

## *Johnston 1971 b

Ruth M. Johnston, "Colorimetry of Transparent Materials", *J. Paint Technol., 43,* No. 553, 42–50 (1971).

## *Johnston 1972

Ruth M. Johnston and Max Saltzman, Symposium Chairmen, *Industrial Color Technology,* Vol. 107 in Robert F. Gould, editor, Advances in Chemistry Series, American Chemical Society, Washington, D.C., 1972.

## *Johnston 1973

Ruth M. Johnston, "Color Theory", in Temple C. Patton, editor, *Pigments Handbook,* Vol. III, John Wiley & Sons, New York, 1973, pp. 229–288.

## Judd 1933

Deane B. Judd, "The 1931 I.C.I. Standard Observer and Coordinate System for Colorimetry", *J. Opt. Soc. Am., 23,* 359–374 (1933).

## Judd 1935

Deane B. Judd, "A Maxwell Triangle Yielding Uniform Chromaticity Scales", *J. Opt. Soc. Am., 25,* 24–35 (1935).

## *Judd 1950

Deane B. Judd, *Colorimetry,* NBS Circular 478, U.S. Government Printing Office, Washington, D.C., 1950.

## Judd 1952

Deane B. Judd, *Color in Busniss, Science and Industry,* 1st edition, John Wiley & Sons, New York, 1952.

## Judd 1961

Deane B. Judd, *A. Five-Attribute System of Describung Visual Appearance,* ASTM Special Technical Publication No. 297, American Society for Testing and Materials, Philadelphia, 1961.

## Judd 1962 a

Deane B. Judd, G. J. Chamberlin and Geraldine W. Haupt, "The Ideal Lovibond System", *J. Res. Natl. Bur. Stand., 66 C,* 121–136 (1962).

## Judd 1962 b

Deane B. Judd, G. J. Chamberlin and Geraldine W. Haupt, "Idel Lovibond Color System", *J. Opt. Soc. Am., 52,* 813–819 (1962).

## Judd 1963

Deane B. Judd and Günter Wyszecki, *Color in Business, Science and Industry,* 2nd edition, John Wiley & Sons, New York, 1963.

## Judd 1964

Deane B. Judd, David L. MacAdam, and Günter Wyszecki (with the collaboration of H. W. Budde, H. R. Condit, S. T. Henderson, and J. L. Simonds), "Spectral Distribution of Typical Daylight as a Function of Correlated Color Temperature", *J. Opt. Soc. Am., 54,* 1031–1040, 1382 (1964).

## Judd 1967

Deane B. Judd, "A Flattery Index for Artificial Illuminants", *Illum. Eng. 42,* 593–598 (1967).

## *Judd 1970

D. B. Judd, "Ideal Color Space", *Color Eng., 8,* No. 2, 36–52 (1970).

## *Judd 1975 a

Deane B. Judd and Günter Wyszecki, *Color in Business, Science and Industry,* 3rd edition, John Wiley & Sons, New York, 1975.

## *Judd 1975 b

Deane B. Judd, *Color in Our Daily Lives,* NBS Consumer Information Series No. 6, U.S. Government Printing Office, Washington, D.C., 1975.

## Kaiser 1980

Peter K. Kaiser and Henry Hemmendinger, "The Color Rule: A Device for Color-Vision Testing", *Color Res. Appl., 5,* 65–71 (1980).

## Keegan 1962

Harry J. Keegan, John C. Schleter, and Deane B. Judd, "Glass Filters for Checking Performance of Spectrophotometer-Integrator Systems of Color Measurement", *J. Res. Natl. Bur. Stand., 66 A,* 203–221 (1962).

## Kelly 1955

Kenneth L. Kelly and Deane B. Judd, *The ISCC-NBS Method of Designating Colors and a Dictionary of Color Names,* NBS Circular 553, U.s. Government Printing Office, Washington, D.C., 1955.

## Kelly 1958

Kenneth L. Kelly, "Centroid Notations for the Revised ISCC-NBS Color-Name Blocks", *J. Res. Natl. Bur. Stand., 61,* 427–431 (1958).

## Kelly 1965

Kenneth L. Kelly, "A Universal Color Language", *Color Eng., 3*, No. 2, 16-21 (1965). Nachdruck in Kelly 1976.

## *Kelly 1974

Kenneth L. Kelly, *Colorimetry and Spectrophotometry: A Bibliography of NBS Publications January 1906 through January 1973*, NBS Special Publication 393, U.S. Government Printing Office, Washington, D.C., 1974.

## *Kelly 1976

Kenneth L. Kelly and Deane B. Judd, *Color: Universal Language and Dictionary of Names*, NBS Special Publication 440, U.S. Government Printing Office, Washington, D.C., 1976.

## Kishner 1978

S. J. Kishner, "A Pulsed-Xenon Spectrophotometer with Parallel Wavelength Sensing", in Fred W. Billmeyer, Jr., and Günter Wyszecki, editors, *AIC Color 77*, Adam Hilger, Bristol, 1978, pp. 305-308.

## *Kodak 1962

Kodak Color Data Book E-74, *Color as Seen and Photographed*, Eastman Kodak Co., Rochester, New York, 1962.

## Kodak 1965

Eastman Kodak Co., Rochester, New York, "Uncertainty Searching", [Werbung in *Science, 149*, 809 (1965) und anderswo].

## Kubelka 1931

Paul Kubelka and Franz Munk, "Ein Beitrag zur Optik der Farbanstriche", *Z. tech. Phys., 12*, 593-601 (1931).

## Kubelka 1948

Paul Kubelka, "New Contributions to the Optics of Intensely Light-Scattering Materials. Part I", *J. Opt. Soc. Am., 38*, 448-457, 1067 (1948).

## Kubelka 1954

Paul Kubelka, "New Contributions to the Optics of Intensely Light-Scattering Materials. Part II. Nonhomogeneous Layers", *J. Opt. Soc. Am., 44*, 330-355 (1954).

## Kuehni 1971

Rolf G. Kuehni, "Acceptability Contours of Selected Textile Matches in Color Space", *Text. Chem. Color., 3*, 248-255 (1971).

## Kuehni 1972

Rolf Kuehni, "Color Difference and Objective Acceptability Evaluation", *J. Color Appearance, 1*, No. 3, 4-10, 15 (1972).

## Kuehni 1975 a

R. Kuehni, "Visual and Instrumental Determination of Small Color Differences; A Contribution", *J. Soc. Dyers Colourists, 91*, 68-71 (1975).

## *Kuehni 1975 b

Rolf G. Kuehni, *Computer Colorant Formulation*, Lexington Books, D. C. Heath and Company, Lexington, Massachusetts, 1975.

## Kuehni 1977

Rolf G. Kuehni, "Need for Further Visual Studies of Small Color Differences", *Color Res. Appl., 2*, 187-188 (1977).

## Kuehni 1978

Rolf G. Kuehni, "Standard Depth and its Determination", *Text. Chem. Color., 10*, 75-79 (1978).

## Küppers 1973

Harald Küppers, *Color: Origins, Systems, Uses*, Van Nostrand-Reinhold, New York, 1973.

## Küppers 1979

Harald Küppers, "Let's Say Goodbye to the Color Circle", *Color Res. Appl., 4*, 19-24 (1979).

## *LeGrand 1968

Yves LeGrand, *Light, Colour, and Vision*, 2nd edition, translated by R. W. G. Hunt, J. W. T. Walsh, and F. R. W. Hunt, Chapman and Hall, London, 1968.

## *Lenoir 1971

J. Lenoir, "Organic Pigments", in K. Venkataraman, editor, *The Chemistry of Synthetic Dyes*, Vol. V, Academic Press, New York, 1971, pp. 313-474.

## Little 1963

Angela C. Little, "Evaluation of Single-Number Expressions of Color Difference", *J. Opt. Soc. Am., 53*, 293-296 (1963).

## Longley 1976

William v. Longley, "A Visual Approach to Controlling Metamerism", *Color Res. Appl., 1*, 43-49 (1976).

## *Longley 1979

William V. Longley, "Color-Difference Terminology", *Color Res. Appl., 4*, 45 (1979).

## *Lowrey 1979

Edwin L. Lowrey, "Practical Aspects of Instrumental and Computer Color Control in a Small Paint Plant", *J. Coatings Technol., 51*, No. 653, 75-79 (1979).

## *MacAdam 1935

David L. MacAdam, "Maximum Visual Efficiency of Colored Materials", *J. Opt. Soc. Am., 25*, 361-367 (1935).

## MacAdam 1937

David L. MacAdam, "Projective Transformations of the I.C.I. Color Specifications", *J. Opt. Soc. Am., 27*, 294-299 (1937).

## *MacAdam 1942

David L. MacAdam, "Visual Sensitivities to Color Differences in Daylight", *J. Opt. Soc. Am., 32*, 247-274 (1942).

## *MacAdam 1943

David L. MacAdam, "Specification of Small Chromaticity Differences", *J. Opt. Soc. Am., 33*, 18-26 (1943).

MacAdam 1957

David L. MacAdam, "Analytical Approximations for Color Metric Coefficients", *J. Opt. Soc. Am., 47,* 268-274 (1957).

*MacAdam 1965

David L. MacAdam, "Color Measurement and Tolerances", *Off. Dig. 37,* 1487-1531 (1965); Korrektur, *J. Paint Technol., 38,* 70 (1966).

*MacAdam 1974

David L. MacAdam, „Uniform Color Scales", *J. Opt. Soc. Am., 64,* 1619-1702 (1974).

MacAdam 1978

David L. MacAdam, "Colorimetric Data for Samples of OSA Uniform Color Scales", *J. Opt. Soc. Am., 68,* 121-130 (1978).

*MacAdam 1979

David L. MacAdam, editor, *Contributions to Color Science by Deane B. Judd,* National Bureau of Standards Special Publications 545, U.S. government Printing Office, Washington, D.C., 1979.

Macbeth

Macbeth, A Division of Kollmorgen Corporation, Little Britain Road, Post Office Drawer 950, Newburgh, New York 12550.

*Mackinney 1962

Gordon Mackinney and Angela C. Little, *Color of Foods,* AVI Publishing Co., Westport, Connecticut, 1962.

Maerz 1930

A. Maerz and M. Rea Paul, *A Dictionary of Color,* McGraw-Hill Book Company, New York, 1930.

Marcus 1975

Robert T. Marcus and Fred W. Billmeyer, Jr., "Step Size in the Munsell Color Order System by Pair Comparison Near 5 Y 7.5/1 and Bisections Near 10 R 7/8", *J. Opt. Soc. Am., 65,* 208-212 (1975).

Marcus 1978 a

Robert T. Marcus, "Long-Term Repeatability of Color-Measuring Instrumentation: Storing Numerical Standards", *Color Res. Appl., 3,* 29-33 (1978).

Marcus 1978 b

Robert T. Marcus, "Determining Dimensioned Values of Kubelka-Munk Scattering and Absorption Coefficients", *Color Res. Appl., 3,* 183-187 (1978).

Marshall 1968

W. J. Marshall and D. Tough, "Color Measurements and Colour Tolerance in Relation to Automation and Instrumentation in Textile Dyeing", *J. Soc. Dyers Colour., 84,* 108-119 (1968).

McClure 1968

A. McClure, J. Thomson, and J. Tannahill, "The Identification of Pigments", *J. Oil Colour Chem. Assoc., 51,* 580-635 (1968).

McDonald 1980

Roderick McDonald, "Industrial Pass/Fail Colour Matching. Part I - Preparation of Visual Colour-Matching Data", *J. Soc. Dyers Colourists 96,* 372-376 (1980); "Part II - Methods of Fitting Tolerance Ellipsoids", *ibid.,* pp. 418-433; "Part III - Development of Pass/Fail Formula for use with Instrumental Measurement of Colour Difference", *ibid.,* pp. 486-495.

McGinnis 1967

Paul H. McGinnis, Jr., „Spectrophotometric Color Matching with the Least Squares Technique", *Color Eng., 5* (6), 22-27 (1967).

*McLaren 1970

K. McLaren, "The Adams-Nickerson Colour-Difference Formula", *J. Soc. Dyers Colour., 86,* 354-366 (1970).

McLaren 1980

Keith McLaren, "CIELAB Hue-Angle Anomalies at Low Tristimulus Ratios", *Color Res. Appl., 5,* 139-143 (1980).

*McLean 1969

Earle R. McLean, "A Millman's Use of the Computer", *Text. Chem. Color. 1,* 192-197 (1969).

McNicholas 1928

H. J. McNicholas, "Equipment for Routine Spectral Transmission and Reflectance Measurement", *J. Res. Natl. Bur. Stand., 1,* 793-857 (1928).

Middleton 1953

W. E. Knowles Middleton, "Comparison of Colorimetric Results from a Normal-Diffuse Spectrophotometer with Those from a 45-Degree-Normal Colorimeter for Semiglossy Specimens", *J. Opt. Soc. Am., 43,* 1141-1143 (1953).

Mie 1908

G. Mie, "Beiträge zur Optik trüber Medien, speziell kolloidalen Metallösungen", *Ann. Phys., 25,* 377-445 (1908).

Modern Plastics Encyclopedia

Joan Agranoff, editor, *Modern Plastics Encyclopedia,* McGraw-Hill Book Company, New York, annually.

Moll 1960

I. S. Moll, "Aspects of Pigment Dispersion related to Usage", *J. Soc. Dyers Colour., 76,* 141-150 (1960).

Moon 1943

Parry Moon and Domina Eberle Spencer, "A Metric for Colorspace", *J. Opt. Soc. Am., 33,* 260-269 (1943); "A Metric Based on the Composite Color Stimulus", *J. Opt. Soc. Am., 33,* 270-277 (1943).

Morley 1975

Dorothy I. Morley, Ruth Munn, and Fred W. Billmeyer, Jr., "Small and Moderate Colour Differences. II. The Morley Data", *J. Soc. Dyers Colour., 91,* 229-242 (1975); see also Dorothy I. Morley, Ruth Munn Rich, and Fred W. Billmeyer, Jr., *J. Soc. Dyers Colour., 93,* 459-460 (1977).

Mudgett 1971

P. S. Mudgett and L. W. Richards, "Multiple Scattering Calculations for Technology", *Appl. Opt., 10,* 1485-1502 (1971).

## Mudgett 1972
P. S. Mudgett and L. Willard Richards, "Multiple Scattering calculations for Technology. II", *J. Colloid Interface Sci. 39,* 551–567 (1972).

## Mudgett 1973
P. S. Mudgett and L. Willard Richards, "Kubelka-Munk Scattering and Absorption Coefficients for Use with Glossy, Opaque Objects", *J. Paint Technol., 45,* No. 586, 43–53 (1973).

## *Munsell 1929
*Munsell Book of Color,* Munsell Color Co., Baltimore, Maryland, 1929 bis heute.

## *Munsell 1963
A. H. Munsell, *A Color Notation,* Munsell Color Co., Baltimore, Maryland, 1936–1963.

## Munsell 1969
Albert H. Munsell, *A Grammar of Color* (1921), edited and with an introduction by Faber Birren, Van Nostrand-Reinhold, New York, 1969.

## Nardi 1980
Michael A. Nardi, "Observer Metamerism in College-Age Students", *Color Res. Appl., 5,* 73 (1980).

## NBS 1965
*ISCC-NBS Color Name Charts Illustrated with Centroid Colors,* Standard Reference Material No. 2106, National Bureau of Standards, Washington, D.C., 1965. Erhältlich mit Kelly 1976 as Standard Reference Material No. 2107; jetzt NIST = National Institute of Standards and Technology.

## *NCCA
Technical Section Committee on Color, *Visual Examples of Measured Color Differences,* National Coil Coaters Association, 1900 Arch Street, Philadelphia, Pennsylvania 19103, undatiert.

## Nemcsics 1980
Antal Nemcsics, "The Colorid Color System", *Color Res. Appl., 5,* 113–120 (1980).

## *Newhall 1943
Sidney M. Newhall, Dorothy Nickerson and Deane B. Judd, "Final Report of the O.S.A. Subcommittee on the Spacing of the Munsell Colors", *J. Opt. Soc. Am., 33,* 385–418 (1943).

## Newhall 1957
S. M. Newhall, R. W. Burnham, and Joyce R. Clark, "Comparison of Successive with Simultaneous Color Matching", *J. Opt. Soc. Am., 47,* 43–56 (1957).

## *Newton 1730
Sir Isaac Newton, *OPTICKS, or a Treatise of the Reflections, Refractions, Inflections & Colours of Light* (Nachdruck basierend auf der 4. Auflage, London 1730), Dover Publications, New York, 1952.

## Nickerson 1936
Dorothy Nickerson, "The Specification of Color Tolerances", *Text. Res., 6,* 505–514 (1936).

## Nickerson 1940
Dorothy Nickerson, "History of the Munsell Color System and Its Scientific Applications", *J. Opt. Soc. Am., 30,* 575–580 (1940), Nachdruck in *Color Res. Appl., 1,* 69–77 (1976).

## *Nickerson 1944
Dorothy Nickerson and Keith F. Stultz, "Color Tolerance Specification", *J. Opt. Soc. Am., 34,* 550–570 (1944).

## Nickerson 1950a
Dorothy Nickerson, "Munsell Renotations Used to Study Color Space of Hunter and Adams", *J. Opt. Soc. Am., 40,* 85–88 (1950).

## Nickerson 1950b
Dorothy Nickerson, "Tables for Use in Computing Small Color Differences", *Am. Dyest. Rep., 39,* 541–549 (1950).

## *Nickerson 1957
Dorothy Nickerson, *Color Measurement and Its Application to the Grading of Agricultural Products,* U.S. Dept. of Agriculture Misc. Publ. 580, U.S. Government Printing Office, Washington, D.C., 1957.

## *Nickerson 1963
Dorothy Nickerson, "History of the Munsell Color System", *Color Eng., 7,* (5), 42–51 (1963); Nachdruck in *Color Res. Appl., 1,* 121–130 (1976).

## Nickerson 1978
Dorothy Nickerson, "Munsell Renotations for Samples of OSA Uniform Color Scales", *J. Opt. Soc. Am., 68,* 1343–1347 (1978).

## *Nickerson 1981
Dorothy Nickerson, "OSA Uniform Color Scales Samples – A Unique Set", *Color Res. Appl., 6,* 7–33 (1981).

## Nimeroff 1962
I. Nimeroff, Joan R. Rosenblatt, and Mary C. Dannemiller, "Variability of Spectral Tristimulus Values", *J. Opt. Soc. Am., 52,* 685–691 (1962).

## Nimeroff 1965
I. Nimeroff and J. A. Yurow, "Degree of Metamerism", *J. Opt. Soc. Am., 55,* 185–190 (1965).

## Oehlcke 1954
C. R. M. Oehlcke, "The Use of Organic Colouring Matters in Plastics", *J. Soc. Dyers Colour., 70,* 137–145 (1954).

## Ohta 1971
Noboru Ohta, "The Color Gamut Available by the Combination of Subtractive Color Dyes. I. Actual Dyes in Color Film. (1) Optimum Peak Wavelengths and Breadths of Cyan, Magenta, and Yellow", *Photogr. Sci. Eng., 15,* 399–415 (1971).

## Ohta 1972a
Noboru Ohta, "Minimizing Maximum Error in Matching Spectral Absorption Curves in Color Photography", *Photogr. Sci. Eng. 16,* 296–299 (1972).

## Ohta 1972b
Noboru Ohta and H. Urabe, "Spectral Color Matching by Means of Minimax Approximation", *Appl. Opt., 11,* 2551–2553 (1972).

## OSA

Optical Society of America, 1816 Jefferson Place, Washington, D.C., 20036.

## *OSA 1953

Optical Society of America, Committee on Colorimetry, *The Science of Color,* Thomas Y. Crowell Co., New York 1953. Nachdruck durch die Optical Society of America, 1963.

## *OSA 1977

Optical Society of America, *Uniformly Spaced Color Samples,* Washington, D.C., 1977.

## Osmer 1979

Dennis Osmer and Reinhold W. Bartsch, "Assessing Pigment Strength", *Plast. Compd., 2,* No. 6, 38-50 (1979).

## Ostwald 1931

Wilhelm Ostwald, *Colour Science* (authorized Translation with an Introduction and Notes by J. Scott Taylor). Part I, "Colour Theory and Colour Standardization" (1931): Part II, "Applied Colour Science" (1933); Winsor and Newton, Ltd., London, England.

## Ostwald 1969

Wilhelm Ostwald, *The Color Primer,* [translated and] edited and with a foreword and evaluation by Faber Birren, Van Nostrand-Reinhold, New York, 1969.

## Park 1944

R. H. Park and E. I. Stearns, "Spectrophotometric Formulation", *J. Opt. Soc. Am., 34,* 112-113 (1944).

## Paterson 1900

David Paterson, *The Science of Colour Mixing,* Scott, Greenwood and Co., London, 1900.

## *Patton 1973

Temple C. Patton, editor, *Pigments Handbook,* Vol. I, "Properties and Economics", Vol. II, "Applications and Markets", Vol. III, "Characterization and Physical Relationships", John Wiley & Sons, New York, 1973.

## *Peacock 1953

W. H. Peacock, *The Practical Art of Color Matching,* American Cyanamid Co., Bound Brook, New Jersey, 1953.

## Phillips 1976

Daniel G. Phillips and Fred W. Billmeyer, Jr., "Predicting Reflectance and Color of Paint Films by Kubelka-Munk Analysis. IV. Kubelka-Munk Scattering Coefficient", *J. Coatings Technol., 48,* No. 616, 30-36 (1976).

## Pivovonski 1961

Mark Pivovonski and Max T. Nagel, *Tables of Blackbody Radiation Functions,* Macmillan, New York, 1961.

## Pointer 1973

M. R. Pointer, "The Effect of White Light Adaptation on Colour Discrimination", in *Colour 73,* Adam Hilger, London, 1973, pp. 283-286.

## Pointer 1980

M. R. Pointer, "The Gamut of Real Surface Colours", *Color Res. Appl., 5,* 145-155 (1980).

## Priest 1920

I. G. Priest, K. S. Gibson, and J. J. McNicholas, "An Examination of the Munsell Color System. I. Spectral and Total Reflection and the Munsell Scale of Value", *Technol. Pap. Bur. Stand.* No. 167, Washington, D.C., 1920.

## Priest 1935

Irwin G. Priest, "The Priest-Lange Reflectometer Applied to Nearly White Porcelain Enamels", *J. Res. Natl. Bur. Stand., 15,* 529-550 (1935).

## Pritchard 1952

B. S. Pritchard and E. I. Stearns, "Dye Control with the $R$-Cam and Ruler", *J. Opt. Soc. Am., 42,* 752-753 (1952); *43,* 212 (1953).

## Rattee 1965

I. D. Rattee, "Discovery or Invention?" *J. Soc. Dyers Colour., 81,* 145-150 (1965).

## Reilly 1963

Charles D. Reilly, unpublished, 1963, cited in Günter Wyszecki, "Recent Agreements Reached by the Colorimetry Committee of the Commission Internationale de l'Eclairage", *J. Opt. Soc. Am., 58,* 290-292 (1968).

## Rheinboldt 1960

W. C. Rheinboldt and J. P. Menard, "Mechanized Conversion of Colorimetric Data to Munsell Renotations", *J. Opt. Soc. Am., 50,* 802-807 (1960).

## Rich 1975

Ruth M. Rich, Fred W. Billmeyer, Jr., and William G. Howe, "Method for Deriving Color-Difference-Perceptibility Ellipse for Surface-Color Samples", *J. Opt. Soc. Am., 65,* 956-959, 1389 (1975).

## Rich 1979

Danny C. Rich and Fred W. Billmeyer, Jr., "Practical Aspects of Current Color-Measurement Instrumentation for Coatings Technology", *J. Coatings Technol., 51,* No. 650, 45-47 (1979).

## *Richards 1970

L. Willard Richards, "Calculation of the Optical Performance of Paint Films", *J. Paint Technol., 42,* 276-286 (1970).

## Richter 1955

Manfred Richter, "The Official German Standard Color Chart", *J. Opt. Soc. Am., 45,* 223-226 (1955).

## *Richter 1980

Klaus Richter, "Cube-Root Color Spaces and Chromatic Adaptation", *Color Res. Appl., 5,* 25-43 (1980).

## Ridgway 1912

Robert Ridgway, *Color Standards and Color Nomenclature,* published by the author, Washington, D.C., 1912.

*Robertson 1977

Alan R. Robertson, "The CIE 1976 Color-Difference Formulae", *Color Res. Appl., 2*, 7-11 (1977).

*Robertson 1978

Alan R. Robertson, "CIE Guidelines for Coordinated Research on Colour-Difference Evaluation", *Color Res. Appl., 3*, 149-151 (1978).

Rodrigues 1980

Allan B. J. Rodrigues and Ralph Besnoy, "What is Metamerism?", *Color Res. Appl., 5*, 220-221 (1980).

Rösch 1929

Siegfried Rösch, "Darstellung der Farbenlehre für die Zwecke des Mineralogen", *Fortsch. Mineral., Kristallogr., Petrogr., 13*, 73-234 (1929).

Rosenthal 1976

Peter Rosenthal, "The Chemistry and Application of Reactive Dyes - A Literature Review, Sept. 1971 - July 1975", *Rev. Prog. Coloration, 7*, 23-43 (1976).

Ross 1971

William D. Ross, "Theoretical Computation of Light-Scattering Power: Comparison Between $TiO_2$ and Air Bubbles", *J. Paint Technol., 43*, No. 563, 49-66 (1971).

Rounds 1969

Roger L. Rounds, "A Color System für Absorption Spectroscopy", *Text. Chem. Color., 1*, 297-300 (1969).

Rushton 1962

W. A. H. Rushton, *Visual Pigments in Man*, Liverpool University Press, 1962.

*Saltzman 1963 a

Max Saltzman, "Colored Organic Pigments: Why So Many? Why So Few?", *Off. Dig., 35*, 245-258 (1963).

Saltzman 1963 b

Max Saltzman, "Color as an Engineering Material", *SPE J., 19*, 476-479 (1963).

Saltzman 1965

Max Saltzman and A. M. Keay, "Variables in the Measurement of Color Samples", *Color Eng., 3*, No. 5, 14-19 (1965).

Saltzman 1967

Max Saltzman and A. M. Keay, "Colorant Identification", *J. Paint Technol., 39*, 360-367 (1967).

Saltzman 1976

Max Saltzman, "Computer Color Matching - A View from Retirement", *Color Res. Appl., 1*, 167-169 (1976).

*Saunderson 1942

J. L. Saunderson, "Calculation of the Color of Pigmented Plastics", *J. Opt. Soc. Am., 32*, 727-736 (1942).

*Saunderson 1946

J. L. Saunderson and B. I. Milner, "Modified Chromatic Value Color Space", *J. Opt. Soc. Am., 36*, 36-42 (1946).

Schlaeppi 1974

Fernand Schlaeppi, "Part One: International Colorfastness Test Methods", *Text. Chem. Color., 6*, 117-124 (1974); Part Two: International Colorfastness Test Methods", *Text. Chem. Color., 6*, 141-147 (1974).

Schultz 1931

Ludwig Lehmann, *Farbstofftabellen von Gustav Schultz*, 7. Auflage, Akademische Verlagsgesellschaft m. b. H., Leipzig, Vol. 1, 1931, Nachtrag 1934; Vol. II, 1932; Nachtrag 1939.

Scofield 1943

F. Scofield, "A Method for Determination of Color Differences", Cir. 664, Natl. Paint, Varnish and Lacquer Assn., Inc. July 1943, 125, 133, 170, 219.

*SDC and AATCC 1971, 1976

Society of Dyers and Colourists, *Colour Index*, 3rd edition and revised 3rd edition, Vols. 1-6, The Society of Dyers and Colourists, Bradford, England, and the American Association of Textile Chemists and Colorists, Research Triangle Park, North Carolina, 1971, 1976.

*Simon 1958

F. T. Simon and W. J. Goodwin, "Rapid Graphical Computation of Small Color Differences", *Am. Dyest. Rep., 47*, No. 4, 105-112 (1958).

Simon 1961

Frederick T. Simon, "Small Color Difference Computation and Control", *Farbe, 10*, 225-234 (1961).

Simpson 1963

J. E. Simpson, *Coloring Plastics*, Color Division, Ferro Corporation, Cleveland, Ohio, 1963.

*Smith 1954

F. M. Smith and D. M. Stead, "The Meaning and Assessment of Light Fastness in Relation to Pigments", *J. Oil Colour Chem. Assoc., 37*, 117-130 (1954).

Smith 1962

F. M. Smith, "An Introduction to Organic Pigments", *J. Soc. Dyers Colour., 78*, 222-231 (1962).

Smith 1963

Daniel Smith, "Visual Color Evaluation: Lighting and the Observer", *Am. Dyest. Rep., 53*, P 207-P 209, P 213 (1963).

SPE

Society of Plastics Engineers, Color and Appearance Division, 656 West Putnam Avenue, Greenwich, Connecticut 06830.

Stanziola 1979

Ralph Stanziola, Boris Momiroff, and Henry Hemmendinger, "The Spectro Sensor - A New Generation Spectrophotometer", *Color Res. Appl., 4*, 157-163 (1979).

Stearns 1944

E. I. Stearns, "Spectrophotometry and the Colorist", *Am. Dyest. Re., 33*, 1-6, 16-20 (1944).

*Stearns 1969

Edwin I. Stearns, *The Practice of Absorption Spectroscopy*, Wiley-Interscience, John Wiley & Sons, New York, 1969.

Stearns 1975

E. I. Stearns, "Weights for Calculation of Tristimulus Values", *Clemson Rev. Ind. Manage. Text. Sci., 14*, No. 1, 79-113 (1975).

Stearns 1976

Edwin I. Stearns, "Where Instrumental Color Matching Is Today", *Color Res. Appl., 1,* 169-173 (1976).

Strahler 1965

Arthur N. Strahler, *Introduction to Physical Geography*, John Wiley & Sons, New York, 1965.

Strocka 1970

Dietrich Strocka and Andreas Brockes, "Comparison of the CIE (1931) 2° and the CIE (1964) 10° Colorimetric Standard Observers with Individual Observers in the Assessment of Metameric Matches", in Manfred Richter, editor, *Color 69,* Muster-Schmidt, Göttingen, 1970, pp. 785-792.

Syme 1814

Patrick Syme, *Werner's Nomenclature of Colours,* James Ballantyne and Co., Edinburgh, 1814.

TAPPI

Technical Association of the Pulp and Paper Industry, One Dunwoody Park, Atlanta, Georgia 30338.

Thornton 1972 a

W. A. Thornton, "Color-Discrimination Index", *J. Opt. Soc. Am., 62,* 191-194 (1972).

Thornton 1972 b

W. A. Thornton, "Three-Color Visual Response", *J. Opt. Soc. Am., 62,* 457-459 (1972).

Thurner 1965

Karl Thurner, *Colorimetry in Textile Dyeing - Theory and Practice,* Badische Anilin- & Soda-Fabrik AG, Ludwigshafen am Rhein, Germany, 1965.
Auch in deutsch erhältlich

USNC-CIE

United States National Committee, CIE, c/o National Bureau of Standards, Washington, D.C., 20234.

Veal 1980

Douglas C. Veal, "Information Retrieval in Colour Chemistry", *J. Soc. Dyers Colour., 96,* 46-51 (1980).

*Venkataraman 1952-1978

K. Venkataraman, editor, *The Chemistry of Synthetic Dyes,* Vols. I-VIII, Academic Press, New York, 1952-1978.

Venkataraman 1977

K. Venkataraman, *The Analytical Chemistry of Synthetic Dyes,* John Wiley & Sons, New York, 1977.

*Vesce 1956

Vincet C. Vesce, "Vivid Light Fast Organic Pigments", *Off. Dig., 28,* Part 2, 1-48 (1956).

*Vesce 1959

Vincent C. Vesce, "Exposure Studies of Organic Pigments in Paint Systems", *Off. Dig., 31,* Part 2, 1-143 (1959).

*Vickerstaff 1949

T. Vickerstaff and D. Tough, "The Quantitative Measure of Lightfastness", *J. Soc. Dyers Colour., 65,* 606-612 (1949).

Völz 1962

Hans G. Völz, "Ein Beitrag zur phänomenologischen Theorie lichtstreuender und -absorbierender Medien", Congrès FATIPEC *VI*, 98-103 (1962).

Völz 1964

Hans G. Völz, "Ein Beitrag zur phänomenologischen Theorie lichtstreuender und -absorbierender Medien. Teil II; Möglichkeiten zur experimentellen Bestimmung der Konstanten", Congrès FATIPEC *VII,* 194-201 (1964).

*Vos 1972

J. J. Vos, L. F. C. Friele, and P. L. Walraven, editors, *Color Metrics,* AIC/Holland, Soesterberg, The Netherlands, 1972.

Vos 1978

J.J. Vos, "Colorimetric and Photometric Properties of a 2° Fundamental Observer", *Color Res. Appl., 3,* 125-128 (1978).

Walton 1959

William W. Walton and James I. Hoffman, "Principles and Methods of Sampling", Chapter 4 in I. M. Kolthoff, Philip J. Elving and Ernest B. Sandell, editors, *Treatise on Analytical Chemistry,* Vol. 1, Interscience, New York, 1959, Part I, pp. 67-97.

Wardell 1969

Dwight L. Wardell, "Eyes Right: The Tests for Color Matching". *Am. Dyest. Rep., 58* (13), 17-22 (1969).

Warschewski 1980

Dirk Warschewski and Michael P. Brungs, "A Compact Computer Programme for the Specification of Dominant Wavelength and Purity", *Color Res. Appl. 5,* 173-174 (1980).

Wasserman 1978

Gerald S. Wasserman, *Color Vision: An Historical Approach,* John Wiley & Sons, New York, 1978.

Webber 1976

Thomas G. Webber, "Colorants for Plastics: The Buyer-Seller Dialogue", *Color Res. Appl., 1,* 51-52 (1976).

Webber 1979

Thomas G. Webber, editor, *Coloring of Plastics,* John Wiley & Sons, New York, 1979.

Webster 1961

*Webster's Third New International Dictionary - Unabridged,* G. and C. Merriam Co., Springfield, Massachusetts, 1961.

### Wegmann 1960
J. Wegmann, "Effect of Structure on the Change in Colour of Vat Dyes on Soaping", *J. Soc. Dyers Colour.*, 76, 282-300 (1960).

### White 1960
G. S. J. White, "How Much Research? A Critical Problem in the Manufacture of Textile Dyes", *J. Soc. Dyers Colour.*, 76, 16-22 (1960).

### *Wich 1977
Emil Wich, "The Colour Index", *Color Res. Appl.*, 2, 77-80 (1977).

### Wickstrom 1972
Warren A. Wickstrom, "On-Line Color Measurement and Control: State of the Art", *TAPPI*, 55, 1558-1591 (1972).

### Winey 1978
Ray K. Winey, "Computer Color Matching with the Aid of Visual Techniques", *Color Res. Appl. 3*, 165-167 (1978).

### Wood 1917
Robert William Wood, *How to Tell the Birds from the Flowers and Other Woodcuts* (Nachdruck der Originalausgabe, Dodd, Mead and Co., New York, 1917), Dover Publications, New York, 1959.

### Wright 1941
W. D. Wright, "The Sensitivity of the Eye to Small Colour Differences", *Proc. Phys. Soc. (Lond.)*, 53, 93-112 (1941).

### Wright 1946
W. D. Wright, *Researches on Normal and Defective Colour Vision*, Kimpton, London, 1946.

### Wright 1959
W. D. Wright, "Color Standards in Commerce and Industry", *J. Opt. Soc. Am.*, 49, 384-388 (1959).

### *Wright 1969
W. D. Wright, *The Measurement of Colour*, 4th edition, Van Nostrand, New York, 1969.

### Wyszecki 1963
Günter Wyszecki, "Proposal for a New Color-Difference Formula", *J. Opt. Soc. Am.*, 53, 1318-1319 (1963).

### *Wyszecki 1967
Günter Wyszecki and W. S. Stiles, *Color Science – Concepts and Methods, Quantitative Data and Formulas*, John Wiley & Sons, New York, 1967.

### *Wyszecki 1970
Günter Wyszecki, "Development of New CIE Standard Sources for Colorimetry", *Farbe, 19*, 43-76 (1970).

### Wyszecki 1971
G. Wyszecki and G. H. Fielder, "New Color-Matching Ellipses", *J. Opt. Soc. Am.*, 61, 1135-1152 (1971).

### Wyszecki 1972
Günter Wyszecki, "Recent Developments on Color-Difference-Evaluations", in J. J. Vos, L. F. C. Friele, and P. L. Walraven, editors, *Color Metrics*, AIC/Holland, Soesterberg, The Netherlands, 1972, pp. 339-379.

### Yule 1967
John A. C. Yule, *Principles of Color Reproduction*, John Wiley & Sons, New York, 1967.

### Zeller 1979
Robert Charles Zeller and Henry Hemmendinger, "Evaluation of Color-Difference Equations: A New Approach", *Color Res. Appl.*, 4, 71-77 (1979).

# Namenverzeichnis

AATC, 120, 201, 208
Abbott, R., 148
Abrams, R. L., 185 (Billmeyer 1973 a)
Adams, E. Q., 60, 62, 98, 204
Albers, J., 21, 23
Alderson, J. V., 165
Alessi, P. J., 180 (Billmeyer 1979 a), 182 (Billmeyer 1979 a), 205 (Billmeyer 1979 a)
Allen, E., 140, 164, 165, 176, 183, 185, 191, 210
Alman, D. H., 140 (Billmeyer 1973 b)
Ames, A., Jr., 2
Armstrong, W. S., 183, 186
Ascher, L. B., 183
ASTM, 65, 72, 150, 204, 205, 207
Atherton, E., 126, 127, 165 (Alderson 1961), 209
Atkins, J. T., 183, 190, 190 (Beasley 1967)

Balinkin, I., 98
Bartleson, C. J., 15 (Burnharm 1963), 21, 110, 178, 188, 197 (Burnham 1963), 201 (Grum 1980), 203
Bartsch, R. W., 151 (Osmer 1979)
Beasley, J. K., 139 (Billmeyer 1960 a), 190
Bednar, W. A., 168
Bélanger, P. R., 165
Berger, A., 171
Berger-Schunn, A., 149, 151
Bertin, N., 26
Besnoy, R., 176 (Rodrigues 1980)
Billmeyer, F. W., Jr., 16, 65, 71, 72, 81, 82 (Carter 1978, 1979), 87, 88, 90, 90 (Rich 1979), 98, 98 (Morley 1975), 100 (Rich 1975), 101 (Rich 1975), 105, 119, 137, 139, 140, 140 (Campbell 1971), 145, 173 (Chong 1981), 1974, 175, 178 (Marcus 1975), 179 (Morley 1975, Rich 1975), 180, 182, 183, 183 (Atkins 1966), 185, 185 (Phillips 1976), 186, 189, 190 (Atkins 1968, Beasley 1967), 191, 191 (Phillips 1976), 192, 193, 201, 203, 205, 206 (Carter 1978, 1979)
Birren, F., 26, 30
Bolomey, R. A., 119
Bouma, P. J., 38
Boynton, R. M., 15, 178, 197
Breckenridge, F. C., 57
Brockes, A., 42 (Strocka 1970), 140, 152, 166, 167, 171 (Berger 1964), 176, 183, 210
Brown, W. R. J., 72, 100, 101, 207
Bruehlman, R. J., 185
Brungs, M. P., 48 (Warschewski 1980)
Buchner, P., 165 (Gugerli 1963)
Budde, H. W., 5 (Judd 1964), 35 (Judd 1964)
Budde, W., 84 (Erb 1979), 182, 205 (Erb 1979), 206
Burnham, R. W., 15, 68 (Newhall 1957), 197
Burns, M., 92

Cairns, E. L., 185
Campbell, E. D., 140
Carr, W., 131
Carroll, L., 114
Carter, E. C., 82, 186 (Billmeyer 1976), 206
Chamberlin, G. J., 26 (Judd 1962 a, b), 58
Chassaigne, P. G., 191 (Billmeyer 1980 b)
Chevreul, M. E., 21
Chickering, K. D., 101, 207
Chong, T.-F., 174, 183 (Billmeyer 1980 a)
Christie, J. S., 13, 62 (Hunter 1966), 92
CIE, 5, 6, 8, 14, 34, 36, 41, 43, 44, 45, 61, 62, 63, 98, 101, 173, 176, 177, 186, 197, 203

Clark, J. R., 68 (Newhall 1957)
Clarke, F. J. J., 84
Commerford, T. R., 151
Condit, H. R., 5 (Judd 1964), 35 (Judd 1964)
Consterdine, J., 132
Cook, D. H., 171
Craker, W. E., 189

Dalal, N., 171 (Berger 1964)
Dannenmiller, M. C., 72 (Nimeroff 1962)
Davidson, H. R., 20, 29, 73 (Hemmendinger 1967), 97, 100, 104, 105, 106, 140, 141, 166, 207
Davidson, J. G., 119 (Billmeyer 1974)
Davies, D. S., 132
Davis, R., 8
Derby, R. E., Jr., 104, 145, 158, 168, 169, 171, 210
Derbyshire, A. N., 165 (Alderson 1961)
Dimmick, F. L., 153
Donaldson, R., 76
Dubois, J. F., 191 (Billmeyer 1980 b)
Duncan, D. R., 140, 210

Eastwood, D., 58
Eckerle, K. L., 84, 183
Edwards, W. H., 183 (Armstrong 1972)
Erb, W., 84, 206
Esteves, O., 174
Evans, R. M., 3, 13, 18, 19, 21, 23, 139, 198, 203

Farnsworth, D., 153
Fielder, G. H., 100 (Wyszecki 1971), 101 (Wyszecki 1971)

Außer in Kapitel 7, mit Kommentaren versehene Literatur, werden Mitautoren im Text nicht genannt. Sie sind aber in diesem Verzeichnis aufgeführt. Beispiel: Der Eintrag „Dannemiller, M. C., 72 (Nimeroff 1962) bedeutet, daß M. C. Dannemiller einer der Mitautoren ist. Seine Arbeit ist auf Seite 72 als „Nimeroff 1962" zitiert. Das vollständige Zitat kann im Literaturverzeichnis (S. 213–228) unter „Nimeroff 1962" gefunden werden.

Fink, D. G., 135
Foster, R. S., 100
Foster, W. H., Jr., 45, 81
Fournier, A., 71
Friede, E., 97 (Davidson 1953), 98 (Davidson 1953), 104 (Davidson 1953), 105 (Davidson 1953), 106 (Davidson 1953), 207 (Davidson 1953)
Friele, L. F. C., 98, 179, 180, 202 (Vos 1972), 207,

Gaertner, H., 131, 209
Gailey, I., 169
Gall, L., 12, 152, 165, 167, 168, 183, 185, 191, 198, 209, 211
Gans, R., 45 (Foster 1970), 81 (Foster 1970)
Ganz, E., 66, 185, 204
Garland, C. E., 151
Gerritsen, F., 27
Gibson, K. S., 8 (Davis 1953), 60 (Priest 1920), 206
Glasser, L. G., 60, 98
Godlove, I. H., 20 (Davidson 1950), 98
Godlove, M. N., 29 (Davidson 1957)
Goebel, D. G., 92
Goodwin, W. J., 100 (Simon 1958), 171, 208 (Simon 1958)
Granville, W. C., 27
Grassmann, H., 8, 38, 136
Greenstein, L. M., 119 (Bolomey 1972)
Grum, F., 84, 201, 206
Gugerli, U., 165
Gundlach, D., 173
Guthrie, J. C., 183, 191, 206


Haft, H. H., 174, 178, 204
Halstead, M. B., 177, 204
Hanes, R. M., 15 (Burnham 1963), 197 (Burnham 1963)
Hanlon, J. J., 100 (Davidson 1955 b)
Hård, A., 30
Hardy, A. C., 47, 90, 198
Hardy, LeG., 152
Harking, T. R., Jr., 149
Harris, J. T., 148 (Harkins 1959)
Haupt, G. W., 8 (Davis 1953), 26 (Judd 1969 a, b)
Hemmendinger, H., 29 (Davidson 1957), 60, 72 (Kaiser 1980), 73, 92 (Stanziola 1979), 98 (Ingle 1962), 106, 140 (Davidson 1963), 141 (Davidson 1955a), 145 (Kaiser 1980), 178, 183
Henderson, S. T., 5 (Judd 1964), 35 (Judd 1964)
Hering, E., 59
Herzog, H., 121
Hodgins, E., 25
Hoffman, J. I., 69 (Walton 1959)
Holtzen, D. A., 185 (Cairns 1976)
Howe, W. G., 100 (Rich 1975), 101 (Rich 1975), 179 (Rich 1975)
Hsia, J. J., 183
Huey, S. J., 72, 207
Hunt, R. W. G., 60, 64, 137, 186, 198, 204
Hunter, R. S., 13, 52, 60, 62, 65, 87, 98, 99, 172, 198, 206

IES, 7, 198
Ingle, G. W., 97, 171
ISCC, 151

Jacobson, E., 26, 27 (Granville 1944)
Jerome, C. W., 177
Johnston, R. M., 66, 71, 89, 109, 128, 130, 140, 148, 151, 154, 166, 169, 183 (Hemmendinger 1970), 185, 201, 204, 207, 208, 211
Judd, D. B., 3, 5, 18, 25, 26, 29 (Newhall 1943), 30 (Kelly 1955, 1976), 31 (Kelly 1976), 32 (Kelly 1955, 1976), 33 (Kelly 1955, 1976), 34, 34 (Kelly 1976), 35, 45, 49, 50, 56, 57, 60 (Newhall 1943), 66, 74 (Kelly 1976), 98, 99, 140, 148, 177, 185, 198, 199, 199 (Kelly 1976), 202, 203 (Kelly 1976), 205 (Newhall 1943), 206, 208

Kaiser, P. K., 72, 145
Keay, A. M., 71 (Saltzman 1965), 109 Saltzman 1965), 148 (Saltzman 1967), 207 (Saltzman 1965)
Keegan, H. J., 84
Kelley, R. N., 192 (Billmeyer 1975)
Kelly, K. L., 30, 31, 32, 33, 34, 74, 199, 202
Kishner, S. J., 93
Kodak, 15, 137, 199
Kosticza, J., 121 (Herzog 1965)
Kubelka, P., 140, 189
Kuehni, R. G., 97, 105, 140, 152, 164, 178, 183, 185, 199, 209
Küppers, H., 27


Laird, J. P., 183 (Armstrong 1976), 186 (Armstrong 1976)
Landry, J. L. R., Jr., 140 (Davidson 1963)
LeGrand, Y., 15, 199
Lehmann, L., 116 (Schultz 1931)
Lenoir, J., 118, 119, 209
Little, A. C., 97, 106, 106 (Mackinney 1962), 108 (Mackinney 1962), 199 (Mackinney 1962)
Longley, W. V., 68, 97, 143, 154, 176, 208
Lowrey, E. J., 167, 168, 171, 211
Luberoff, B. J., 69
Luytens, D. M., 135 (Fink 1960)


MacAdam, D. L., (Judd 1964), 30, 35 (Judd 1964), 50, 51, 57, 58, 99, 100, 100 (Brown 1949), 101, 101 (Brown 1949), 125, 171, 202, 204, 207 (Brown 1949), 208, 209
Mackinney, G., 106, 108, 199
McClure, A., 149
McConnell, G., 92 (Christie 1978)
McDonald, R., 180
McGinnis, P. H., Jr., 165
McKinney, A. H., 60 (Glasser 1958), 61 (Glasser 1958), 98 (Glasser 1958)
McLaren, K., 60, 98, 208
McLean, E. R., 166, 167, 168, 211
McNicholas, 60 (Priest 1920), 76
Maerz, A., 26
Marcus, R. T., 81 (Billmeyer 1969), 82, 85, 98, 178, 185
Marshall, W. J., 169

Menard, J. P., 56 (Rheinboldt 1960)
Middleton, W. E. K., 81
Mie, G., 190
Milner, B. I., 60 (Saunderson 1946), 98 (Saunderson 1946), 205 (Saunderson 1946)
Moir, J., 183 (Guthrie 1978), 191 (Guthrie 1978), 206 (Guthrie 1978)
Moll, I. S., 126
Momiroff, B., 92 (Stanziola 1979)
Moon, P., 60
Morley, D. I., 179
Mudgett, P. S., 189, 191
Munk, F., 140 (Kubelka 1931), 189 (Kubelka 1931)
Munn, R., 179 (Morley 1975)
Munsell, A., 28, 199, 205
Musgrave, C., 131 (Carr 1957)

Nagel, M. T., 6 (Pivovonski 1961)
Nardi, M. A., 175
NBS, 33
NCCA, 208
Nemcsics, A., 60
Newhall, S. M., 29, 60, 68, 205
Newton, I., 1, 4, 9, 38, 78, 199
Nickerson, D., 28, 29 (Newhall 1943), 30, 60 (Newhall 1943), 62, 75, 97, 106, 205 (Newhall 1943), 206, 208
Nimeroff, I., 72, 176


Oehlcke, C. R. M., 131
Ohta, N., 137, 139, 165
OSA, 6, 30, 199, 205
Osmer, D., 151
Ostwald, W., 26


Park, R. E., 169 (Johnston 1964)
Park, R. H., 164
Paterson, D., 192
Patton, T. C., 118, 120, 202, 208
Paul, M. R., 206 (Maertz 1930)
Peacock, W. H., 71, 153, 168, 200
Peters, R. H., 126 (Atherton 1955), 127 (Atherton 1955), 209 (Atherton 1955)
Phillips, D. G., 185, 191
Pivovonski, M., 6
Pointer, M. R., 127, 128, 179, 209
Priest, I. G., 60, 76
Pritchard, B. C., 158


Rand, G., 152 (Hardy 1954)
Rattee, I. D., 132
Reilly, C. D., 60 (Glasser 1958), 61 (Glasser 1958), 98, 98 (Glasser 1958)
Rheinboldt, W. C., 56
Rich, D. C., 90, 90 (Billmeyer 1978 c)
Rich, R. M., 100, 101, 179 (Morley 1975)
Richards, L. W., 189, 189 (Billmeyer 1973 c), 189 (Mudgett 1971, 1972, 1973), 191 (Mudgett 1971, 1972, 1973), 211
Richter, K., 180, 209
Richter, M., 80

Ridway, R., 27
Rittler, M. C., 152 (Hardy 1954)
Robertson, A. R., 59, 61, 63, 64, 103, 104, 178, 180, 209
Robinson, P. F., 189 (Craker 1967)
Rodrigues, A. B. J., 176
Rösch, S., 50
Rosenblatt, J. R., 72 (Nimeroff 1962)
Rosenthal, P., 132
Ross, W. D., 185, 185 (Bruehlman 1969)
Rounds, R. L., 151
Rushton, W. A. H., 15

Saltzmann, M., 16 (Billmeyer 1980a), 71, 72 (Billmeyer 1980a), 84 (Grum 1976), 109, 123, 145 (Billmeyer 1980a), 148, 167, 174 (Billmeyer 1980a), 175 (Billmeyer 1980a), 201 (Johnston 1972), 203 (Billmeyer 1980a), 207, 209
Samways, P. R., 84 (Clarke 1968)
Saunderson, J. L., 60, 98, 140, 205, 211
Schaub, W. R., 57 (Breckenridge 1939)
Schlaeppi, F., 120
Schleter, J. C., 84 (Keegan 1962)
Schnelle, P. D., 60 (Glasser 1958), 61 (Glasser 1958), 98 (Glasser 1958)
Schultz, G., 116
Scofield, F., 87
SDC and AATCC, 115, 116, 203
Sheldon, J. A., 139 (Billmeyer 1960a)
Shreve, O. D., 148 (Harkins 1959)
Simon, F. T., 97, 100, 209
Simonds, J. L., 5 (Judd 1964), 35 (Judd 1964)
Simpson, J. E., 131

Smith, D., 72
Smith, F. M., 121, 131, 209
Spencer, D., E., 60 (Moon 1943)
Spooner, D. L., 185 (Cairns 1976)
Stanziola, R., 92
Stead, D. M., 131 (Smith 1954), 209 (Smith 1954)
Stearns, E. I., 45, 45 (Foster 1970), 62, 81, 81 (Foster 1970), 140, 148, 148 (Abbott 1944), 158 (Pritchard 1952), 164, 164 (Park 1944), 180, 181, 183, 200, 209
Stearns, R. E., 45 (Foster 1970), 81 (Foster 1970)
Stiles, W. S., 6 (Wyszecki 1967), 7 (Wyszecki 1967), 25 (Wyszecki 1967), 34 (Wyszecki 1967), 45 (Wyszecki), 81 (Wyszecki 1967), 200 (Wyszecki 1967)
Stockton, F. D., 98 (Ingle 1962)
Strahler, A. N., 56
Strocka, D., 42
Stultz, K. F., 97 (Nickerson 1944), 98 (Nickerson 1944), 106 (Nickerson 1944), 208 (Nickerson 1944)
Syme, P., 25

Tannahill, J., 148 (McClure 1968)
Thomson, J., 148 (McClure 1968)
Thornton, W. A., 174 (Haft 1972), 177, 178 (Haft 1972), 204 (Haft 1972)
Thurner, K., 97, 169
Tough, D., 169 (Marshall 1968), 210 (Vickerstaff 1949)

Urabe, H., 165 (Ohta 1972b)

Veal, D. C., 194
Venable, W. H., Jr., 84 (Eckerle 1977)

Venkataraman, K., 118, 120, 131, 148, 203, 208
Vesce, V. C., 129, 131, 210
Vickerstaff, T., 210
Vining, R. H., 183 (Armstrong 1972), 186 (Armstrong 1972)
Völz, H. G., 190
Vos, J. J., 174, 203

Walraven, P. L., 203 (Vos 1972)
Walton, W. W., 69
Wardell, D. L., 153
Warschewski, D., 47
Wasserman, G. S., 15, 178
Webber, T. G., 109, 120
Wegman, J., 121
White, G. S. J., 132
Wich, E., 117, 210
Wickstrom, W. A., 172
Wightman, T. E., 84 (Grum 1972)
Winey, R. K., 143, 166
Wood, R. W., 122
Wright, W. D., 15, 38, 97, 99, 177, 200
Wyszecki, G., 5 (Judd 1964), 6, 7, 8, 18 (Judd 1975a), 25, 25 (Judd 1975a), 34, 35 (Judd 1964), 37, 45, 45 (Judd 1975a), 49 (Judd 1975a), 66 (Judd 1975a), 81, 98, 99 (Judd 1963), 99, 101, 148 (Judd 1975a), 185 (Judd 1975a), 194 (Billmeyer 1978a), 198 (Judd 1975a), 200, 201 (Billmeyer 1978a), 202 (Judd 1975a), 204

Yule, J. A. C., 137
Yurow, J. A., 176 (Nimeroff 1965)

Zeller, R. C., 178

# Stichwortverzeichnis

## A

a, a*, Rot-Grün Koordinate in Gegenfarben-Systemen, 59–60, 62, 67
A, siehe CIE-Normlichtarten; CIE-Normlichtquellen
AATCC (American Association of Textile Chemists and Colorists), 192–193
AATCC *Technical Manual*, 120, 200
abhängige Streuung, 185
Abmusterungsleuchte, 73, 144–145, 162, 175
Absolutstandard der Reflexion, 84
Absorption, 10, 136–137, 191
Adams chromatic value Farbraum, 62, 64, 98, 203
Adams-Nickerson Farbabstandsformel, 98
Adaptation, 20–21, 179, 188–189
Additive Farbmischung, 134–136
Additive Farbnachstellung, 38–39, 75–76
Additive Primärfarben, 38–39, 135
ähnlichste Farbtemperatur, 8
„Agglomerate" von Pigmenten, 185
AIC (Association Internationale de la Couleur-internationale Farbvereinigung), 193–194
Akzeptierbarkeit, 68, 71, 97
    zu Wahrnehmbarkeit, 105
*American Dyestuff Reporter*, 200
ANLAB Farbabstandsformel, 98
Applied Color Systems, 165
Arbeitsstandard, 84
Atherton Farbgrenzen, 126–127
aufeinander abgestimmte Farben, 148–149
Auge, 15–16, 37–44, 73, 77
    als Nullempfänger, 73, 97
    Normspektralwertkurven, 37–44
    spektrale Empfindlichkeit, 16
Ausbluten, 113
Aussehen von Farben, 20–23, 186–188
    andere Aspekte des, 13, 19, 23
    Messung des, 198
Auswahlordinaten, zur Berechnung der Normfarbwerte, 81–82

Azofarbstoffe, 117

## B

b, b*, Gelb-Blau Koordinate in Gegenfarben-Systemen, 59–60, 62, 65, 67
B, Siehe CIE-Normlichtarten; CIE-Normlichtquellen
Balinkin Farbabstandsformel, 98
Bariumsulfat ($BsSO_4$), 85
Beersches Gesetz, 10
Bedingt gleiche Farbnachstellungen, 8, 144–145, 162
Beleuchtung, 198
Beleuchtung- und Beobachtungsbedingungen, 79–81, 182
Beobachter, 37–44, 174–176, 195
    Abweichungs, 176
    farbfehlsichtiger, 15–16, 152–153
    Gruppe von, 73, 145, 162, 175
    Metamerie, 22, 53
    Normal, 37–44, 174–176, 195
    Unterschiede zwischen, 72–73, 145, 174–176
    siehe auch CIE Normalbeobachter
Beobachtungs- und Beleuchtungsbedingungen, 79–81, 182
beschichtete Porzellanstandards, 84
Beschreibung von Farben, 17–20, 202–203
Beugungsgitter, 78
    siehe auch Gittermonochromator
Beurteilung von Farbe, 68, 71–75, 96–98
bezogene Farben, 187
Binder, 115
Bogenlampen, 5–7
Brechungsindex, 8–12, 140
Brillanz, 20
Bunte Farben, 18, 186
Buntheit, 19, 28, 187, 189
Buntton, 18, 28, 186, 189
    Wellenlänge bekannter, 4

## C

C, siehe CIE-Normlichtarten; CIE-Normlichtquellen
Centroid Colors, 33–34
Chroma, 28
Chromaticity, 47
Chroma Cosmos 5000, 30
Chromaticness, 187, 189
Chromatic value Farbraum (Adams), 62, 64, 98, 203
Chromatische Adaptation, 20–21, 179, 188–189
C.I. (Colour Index), 115–118, 202
CIE (Commission Internationale de l'Éclairage, internationale Beleuchtungskommission), 6–8, 34–66, 194, 197
CIE empfingungsgemäß gleichabständige Farbtafel, 58–59
CIE Farbabstandsgleichungen, 99–101, 103–104
CIE farbtongleiche Wellenlänge, 47–49, 171, 189
CIE kompensative farbtongleiche Wellenlänge, 49
CIE L*a*b* System, 62–63, 87, 101, 103–105
CIE Leuchtdichte, Leuchtdichtefaktor, Hellbezugswert, 45, 188–189
CIE Lichtarten, 6–8, 34–37, 173–174, 177
CIE Lichtquellen, 6–7, 173–174
CIE L*u*v* System, 63–64
CIE metrische Farbbegriffe, 61, 63–64, 104, 171, 188–189
    Buntheit, 63–65, 104, 189
    Buntton, 189
    Bunttonwinkel, 63–65, 104
    chroma diagrams (Farbtafeln), 60
    colorfulness, 189
    Farbart, 189
    Farbton (Buntton), 189
    Farbtonunterschied, 104
    Helligkeit, 61, 104, 188–189
    Sättigung, 63–65, 189
    spektraler Farbanteil, 189

CIE Normalbeobachter, 37-44, 162, 174-177, 195
  1931 2°, 37-41
  1964 10° Großfeld, 40, 42-44
CIE Normfarbtafel, 47-51, 58-59
CIE Normfarbwerte, 38-40, 42, 44-48, 50, 52, 80-83, 85-87, 174, 180-181
  Auswahlordinatenberechnung, 81-82
  Berechnung der, 44-46, 80-83, 174
  Gewichtsfaktoren für die Berechnung, 45, 80-81, 180-181
  Gewichtsordinatenberechnung, 80-81
  von Kolorimetern, 85-87
  von Spektralfarben, 38-46
CIE Normfarbwertanteile, 47
CIE Normlichtarten, 6-8, 34-37, 173-174, 177
CIE Normlichtquellen, 6-7, 34-35, 173-174, 195, 203
  zur Nachstellung der Normlichtarten für Tageslicht, 183
CIE Normspektralwertfunktionen, 37-44
CIE Primärvalenzen, 38-40
CIE psychometrische Farbkoordinaten Begriffe, siehe CIE metrische Farbbegriffe
CIE RGB System, 38-39
CIE Richtlinien zur Farbabstandsbestimmung, 179
CIE spektraler Farbanteil, 47-49
CIE System von 1931, 34-52, 136, 204
CIE Tageslichtarten, 8, 35-37
CIE u, v System, 57-59
CIE u', v' System, 58-59
CIE U*V*W* System, 61, 99-100
CIE x,y,Y System, 50-52
CIE X,Y,Z System, 37-52
  Umrechnung in Munsell Werte, 56
CIELAB System, 62-63, 87, 101, 103-105
CIELUV System, 63-64, 101, 103-105
*Color Forecasts of the Color Association of the United States,* 26
Colorfulness, 19, 186-189
*Color Harmony Manual,* 27
*Color Matching Aptitude Test,* 153
*Color Research and Application,* 194, 200
Color rules, 73, 145, 174-175, 195
Coloroid System, 60
*Colour Index,* 115-118, 149, 203, 209
COMIC, Rechner zur Farbnachstellung, 164
Commission Internationale de l'Éclairage, siehe CIE
Cube-root Farbabstandsformel, 98, 100-101, 103
Cube-root Helligkeitsskala, 61
Cube-root System, 62-63, 208

### D

D, $D_{65}$, siehe CIE Normlichtarten
Davidson colleagues, 165
„Desert Island" Versuch, 18-19
Designer, 122-123
Diagramme zur Farbabstandsbestimmung, 101-102
  Toleranzdiagramme, 106-108
Diano Corporation, 91, 165
DIN (Deutsches Institut für Normung) System, 60
Dispersionsfarbstoffe, 113
Dreibandenlampen, 174, 178, 203
Druck, Farb-, 136
Durchlässigkeit, 8-9
  diffuse, 81
durchsichtige Stoffe, 8

### E

Echtheiten, 124, 131, 144, 209
Eichung von Farbmeßgeräten, 82, 84-85
eindimensionale Farbmaßskalen, 60-61, 64-66, 75, 204
einfache subtraktive Farbmischung, 137-139
einzahlige Farbmaßstäbe, 60-61, 64-66, 75, 204
Ellipsen, MacAdam, 100-101
Ellipsoide, 101
Ersatz von Farbmitteln, 149
Ersatzlichtquellen für Tageslicht, 173-174, 183
Erstrezept, 152-167
Euklidische Farbabstandsformeln, 98
Extinktion (Absorption), 137, 151, 155-157

### F

Färbeäquivalent, 149
  siehe auch Stärke von Farbmitteln
Färben, 113, 115, 121, 132, 185-186
  Definition, 1
Färbung, Tiefe einer, 152
Farbabstand, 68, 96-109, 178-180, 202, 208
  Akzeptierbarkeit zu Wahrnehmbarkeit, 105
  Berechnung von, 97-105
  Beurteilung von, 68, 96, 109
  CIE Empfehlungen, 101, 103-105
  Diagramme, 101-102
  meßtechnische Beurteilung, 97-105
  Messung, 206-208
  richtiger Gebrauch von Farbabstandsberechnungen, 105-106
  Terminologie, 68, 97
  ungelöste Probleme, 178-180
  Vergleich von Einheiten, 97-98
  visuelle Beispiele, 208
  visuelle Beurteilung, 71-75, 97
  Wahrnehmbarkeit, 178-180
    zu Akzeptierbarkeit, 105
  Ellipsen, 101-102
  siehe auch Farbabstandsformeln
Farbabstandsformeln, 98-105, 178-180
  Adams-Nickerson, 98, 208
  ANLAB, 98
  auf Grund der Standardabweichungen von Farbnachstellungen, 100-101
  auf Grund des Munsell Farbraums, 98-99
  auf Grund von Wahrnehmbarkeitsschwellen, 99-100
  Ausbleichindex von Nickerson, 98
  Balinkin, 98
  Beziehung von, 97-98
  CIE, 101-105, 208
  CIELAB, 101, 103
  CIELUV, 101, 103
  CIE U* V* W*, 100
  FCM, 207
  FMC, 101-102, 206-207
  Geschichte der, 98
  Hunter, 99
  MacAdam, 100
  NBS, 99
  richtige Anwendung von, 105-106
  Richtlinien für die Forschung, 179
  Übereinstimmung mit visuellen Urteilen, 178-180
  Umrechnung, 97-98, 100
Farbbegriffe, 186-189
Farbblindheit, siehe Farbfehlsichtigkeit
Farbdruck, 136
*Farbe,* 200
Farben, Aussehen von, 20-23, 186-189, 202-203
  Bedeutung von, 122-124
  Beschreibung von, 17-20, 202-203
  Beurteilung von, 68, 71-75, 96-98
  Definition von, 1, 186
  Eignung von, 123
  gegenüber Farbmitteln, 112
  Primärfarben, 38-40, 48, 135-138
    additive, 38, 135
    CIE, 38-40, 48
    imaginäre, 40, 48
    subtractive, 137-138
  Prüfung von, 68, 71-75, 96-98
  Qualitätskontrolle von, 168-172
  Schulung, 191-194
  technische Gesichtspunkte von, 122-131
  Vorstellung des Designers, 122-123
  Vorstellung des Modeschöpfers, 122-123
  Wahrnehmung von, 198, 202-203
  Wellenlängen der Spektral-, 4
Farben für den Flexodruck, 121
Farbfernsichtigkeit, 15-16, 152-153
Farbfernsehen, 135-136
Farbgedächtnis, 100, 178
Farbgrenzen, 125-129, 136, 139, 141, 208-209
Farbkomparator, 76
Farbkoordinaten, 19-22
Farbkreisel, 135, 137, 153
Farbmeßgeräte, 75-96, 204-206
  Auswahl von, 89-90
  Eichung, 82, 84-85
  für fluoreszierende Proben, 205
  Genauigkeit, 82, 84-85
  Geometrie, 79-81
  käufliche, 90-96
  Katalog, 206
  Kolorimeter, 95-96, 204-206
  Spektralphotometer, 78-85, 90-95, 205
  Standards für, 205
  verkürzte Spektralphotometer, 93-96
Farbmessung, 67-96, 180-183, 200
  Differenzmessung, 87-89
  Eichung, 82, 84-85
  fluoreszierender Proben, 183
  Genauigkeit, 82, 84-85

Geometrie, 182
Grundlagen, 67–69
kontinuierliche, 172
Kolorimeter, 85–89
Metalleffektlacke, 183
Probenvorbereitung zur, 69–71
retroreflektierende Proben, 183
Spektralphotometer, 78–83
transluzente Stoffe, 182–183
Übereinstimmung mit Abmusterungsergebnissen, 181–182
Übereinstimmung von Geräten, 80–82
ungelöste Probleme, 180–183
visuelle, 71–75
Farbmischung, 134–141, 163
additive, 134–136
bei der Farbnachstellung, 163
einfache subtraktive, 137–139
komplexe subtraktive, 139–141
Farbmittel, 1, 70–71, 111–132, 142–152, 156–157, 160–161, 183, 208–209
Auswahl, 119–121, 130–131, 145–149
Bindemittel und, 115
Bücher über den Einsatz, 120
Chemie, 114
Definition, 1, 111
Echtheiten, 124, 131, 144, 209
Einteilung, 115–118
Entwicklungsrichtungen, 131–132
Ersatz, 149
Farbstärke, 149–152
Farbstoffe gegen Pigmente, 112–115
fluoreszierende, 118–119
für aufeinander abgestimmte Farben, 148–149
„Geldwert", 150, 152
Identifikation, 147–148
Informationsquellen, 120–121
Konzentrationsbestimmung, 156–157, 160–161
Kosten, 128–129, 147, 150
Löslichkeit, 113
Metalleffekt, 118–119, 183
Musterkarten, 120
Nachstellung, 148
Opazität, 114
optische Eigenschaften, 189–191
Perlmuttpigmente, 118–119
Preis, 128–129
Probenvorbereitung, 70–71
technische Eigenschaften, 122–131
Terminologie, 111–112
Transparenz, 114
unveränderliche Nachstellungen, 142–144
Verarbeitungseigenschaften, 146
siehe auch Farbstoffe; Pigmente
Farbnachstellung, 21–23, 141–171, 209–211
Arten der, 141–145
auf demselben Material, 147
auf verschiedenem Material, 147
bedingt gleiche, 144–145
Erfahrung mit, 153
Ersteinstellung, 152–167
Erstrezept, 146–147

Farbmittel für unbedingt gleiche, 142–144
für Anstrichfarben, 210–211
für Kunststoffe, 211
für Textilien, 210
Gleichungen zur, 209–210
Grenzen, 210
Kolorimeter und, 171
Korrektur, 169–171
Materialien für unveränderliche, 142–144
meßtechnische Hilfen, 153–162
metamere, 144–145
Schritte bei der, 141
Standardabweichung bei der, 100
Steuerung, 171–172
und Metamerie, 21–23
ungelöste Probleme, 183–186
visuelle, 152–153, 175, 199
Zielvorstellungen, 146
siehe auch Rezeptberechnung
Farbnachstellung mit Meßgeräten, siehe Rezeptberechnung
Farbnachstellungen, 141–145, 162, 167–171
bedingt gleiche, 144–145, 162
Korrektur, 167–171
metamere, 144–145, 162
nicht metamere, 142–144
spektralphotometrisch, 142–144
unveränderliche, 142–144
Farbnamen, 31–34, 50
Farbordnungssysteme, 25–66, 203–204
Farbphotographie, 137, 139
Farbreproduktion, 198
Farbräume, 25–66, 203–204
Farbrezeptberechnung, siehe Rezeptberechnung
Farbsehen, 15–17, 188, 197
Farbunterschiede, 178–180
Prüfungen, 152–153, 175
Farbskalen, 60–66
eindimensionale, 60–61, 64–66, 75
Helligkeit, 60–61
Gelbstich, 65
Weißgrad, 66
Farbspezifikationen, 106–109, 207
Farbstärke, 151
Farbstoffe, 111–132, 202
ähnlichste, 8
Azo, 117
Chemie, 114
Definition, 113
Dispersions, 113
Durchlässigkeit, 114
Farbstärke, 150–151
Konzentrationsbestimmung, 156–157
Küpen, 113, 116, 132
Löslichkeit, 113
Opazität erzeugende, 114
Pigmente und, 112–115
Pigmentklotz, 113–115
Reaktiv, 132
Transferdruck, 132
Säure, 118
siehe auch Farbmittel
Farbtemperatur, 5, 48

Farbtiefe, 152
Farbtoleranzen, 74–75, 106–109, 165–166
Diagramme, 107–108
Metamerie, 74
visuelle, 74–75
Farbton, 18, 28, 186, 189
Wellenlänge, bekannter, 4
Farbtongleiche Wellenlänge, 47, 49, 171, 189
kompensative, 49
Farbüberwachung, 169, 172
Farbunterscheidungsindex, 178
Farbvorliebeindex, 177
Farbwahrnehmung, 198, 202–203
Farbwiedergabe, 20–21
Farbwiedergabeindex, 177–178, 203
*Farnsworth-Munsell 100 Hue Test*, 153
Fasern, gefärbt, spinngefärbt, 121
*Federal Color Card for Paint*, 26
fehlerhafte visuelle Bewertung, 180
Fernsehen, Farb-, 135–136
Flare, 21
Flexodruck, Druckfarben, 121
Fließschema für die Rezeptberechnung, 165
Fluoreszenz, 81, 118–119, 183, 186, 205
Fluorinierte Polymerstandards, 84
FMC (Friele, MacAdam, Chickering) Farbabstandsformeln, 101–102
Fortbildung, 191–194
regelmäßige, 192–193
Fovea, 15
Frenelsche Reflexionskoeffizienten, 140
FSCT (Federation of Societies for Coatings Technology), 192, 193
fundamentale 2° Beobachterfunktionen, 174

## G

Gardner Laboratory Division, Pacific Scientific Company, 95
Gegenfarben-Koordinaten, 59–60
Farbskalen, 87
Genauigkeit der Farbmessung, 82, 84–90
Gepreßtes $BaSO_4$, 85
Gerade wahrnehmbare Farbunterschiede, 99
Geräte, siehe Farbmeßgeräte
Kolorimeter, 95–96, 204, 206
Spektralphotometer, 78–85, 90–96, 205
Gerätemetamerie, 22, 87–88
Gerichtete Geometrie, 80, 91–93, 95–96, 182–183
gerichtete Reflexion, 13, 182, 205
Definition, 13
Gesellschaften, technisch berufsorientierte Organisationen, 192–194
Gewichtsfaktoren zur Berechnung der Normfarbwerte, 45, 80–81, 180–181
Gewichtsordinatenmethode zur Berechnung der Normfarbwerte, 80–81
Gittermonochromator, 91, 94
Glanz, 13, 19, 72
gleichabständige Farbartsysteme, Farbräume, 57–65
Adams chromatic-value System, 60, 62
Breckenridge RUCS System, 57

CIE u, v System, 57–59
CIE u', v' System, 58–59
CIE u', v' System, 58–59
CIE U*,V*,W* System, 61, 100–101
CIELAB System, 62–64, 87, 101, 103–105
CIELUV System, 63–64
Coloroid System, 60
DIN System, 60
Hunter L, a, b System, 60, 62
Judd UCS System, 57
MacAdam u, v System, 57–59
Moon-Spencer omega System, 60
Saunderson-Milner zeta System, 60
Grad Kelvin, Definition, 5
Graßmannsche Gesetze, 136
Grenzstandards, 108
Grundlagen der Farbtechnologie, 194–196
gut-schlecht-(ja-nein)-Urteile, 180

## H

Helligkeit, 18–20, 128, 186–187, 189
 Skalen, 60–61
Helligkeit, Hellbezugswert, 45, 188–189
Helmholtz Koordinaten, 47, 49
House and Garden Colors, 26
Hundred Hue Test, 153
Hunter Associates Laboratory, 95
Hunter Farbabstandsformel, 99
Hunter Helligkeitsmaßstab, 60
Hunter $l, a, b$ System, 62, 87

## I

IBM Instrument Systems, 92–93, 165
*ICI Colour Atlas*, 26
Idealer Farbraum, 56, 207
Identifikation von Farbmitteln, 147–148
IES (Illuminating Engineering Society), 194
imaginäre Primärvalenzen, 40, 48
Indikatrix, 13, 182
Infrarotes Licht, 4
Inter-Society Color Council, 193, 201
Interferenzfilter, Kanten, 92–93
Internationale Beleuchtungskommission, siehe CIE
International Colour Association, 193–194
Internationale Farbvereinigung, 193–194
ISCC (Inter-Society Color Council), 193, 201
*ISCC-NBS Centroid Colors*, 33–34
ISCC-NBS Methode zur Bestimmung von Farben, 32–33
Isomere Nachstellung, Isomerie, 22
Iteration, 163, 184

## J

Judd Einheit, 99

## K

Kelvin Temperatur, 5
Keramikstandards, 84

Klarheit, 19
kleinste quadratische Abweichung, Nachstellung, 165
Körperfarben, 187
Kolorimeter, 85–89, 95–96, 204–206
 Ablesewerte, 86–87
 chemische, 76
 Differenzmessungen, 87–89
 Eichung, 87–88
 Farbmetrik, 85–89, 173–180, 206
 Farbnachstellung mit, 162, 171
 Gardner, 95–96
 Gerätemetamerie, 87–88
 Hunter, 95–96
 käufliche Geräte, 95–96
 Koordinatenskalen, 86–87
 Kreisel, 27, 75–76
 Lichtquelle-Empfänger, 85–86
 Macbeth, 96
 Maßstäbe, 86–87
 Qualitätskontrolle mit, 171
 spektraler Empfindlichkeit, 85–86
 ungelöste Probleme, 173–180
Komplexe subtraktive Mischung, 139–141, 164
kontinuierliche Farbmessung, 172
Kontrolle von Färbeprozessen, 166–167, 171–172
Korrektur von Rezepten, 156–171
Kosten von Farbmitteln, 128–129, 147, 150
 der Rezeptberechnung, 166
Kreisel, Farbmessung mit, 27, 75–76, 134–135
K, S, K/S, 140, 149, 151, 158–161, 164, 167, 183–186
K/S Einheit, 161
Kubelka-Munk Gleichungen, Gesetze, 140, 149, 158, 161, 183–186
Kubelka-Munk Mischgesetz, 164
Kubelka-Munk Theorie, 183–186
 anspruchsvollere, 189–191
Küpenfarbstoffe, 113
Kunststoffe, Anfärben, 137
Kunststoff Mikroperlen, 114

## L

L, a, b Koordinaten, 59–60, 62, 87
Lambertsches Gesetz, 10
Lebensmittel, Farbe von, 199
Leuchtdichte, Hellbezugswert, 45, 188–189
Leuchtstofflampen, 6–7, 177
Lichtabsorption, 10, 136–137, 191
Lichtart, 6–8, 34–37, 173–174, 177
 CIE Normlichtart, 6–8, 34–37, 173–174, 177
 Definition, 6, 8
 für den Farbwiedergabeindex, 177
 gegen Lichtquellen, 162, 173–174
 Lichtquellenwahrnehmung, 3, 135
 siehe auch Lichtquellen
Lichtdurchlässigkeit, 8–9, 81
Lichtechtheit, 124, 131, 144, 209
lichtempfindliche Empfänger, 15–16
Lichtfarben, 187

Lichtquellen, 3–8, 20–23, 72–73, 78–79, 144–145, 162, 173–174, 177–178
 Abmusterungsleuchten, 73, 144–45, 162, 175
 Definition, 6, 8
 Dreibandenlampen, 174, 176
 für visuelle Abmusterungen, 72–73
 in Geräten, 78–79, 92–93
 Leuchtstofflampen, 7, 174, 178
 Norm-, 6–8, 34, 144–145
 „Ultralume", 174, 178
 zu Lichtarten, 6, 8, 162
 zur Berechnung des Farbwiedergabeindex, 177
 siehe auch CIE Normlichtquellen
Lichtstreuung, 10–12, 140, 164, 185, 189–191
Lineare Programmierung, 165
Lineare Transformation des CIE-Systems, 57–58
Löslichkeit von Farbmitteln, 113
Lösungsmessung, 148
log. Extinktion, 148, 154–156, 158–159
log K/S, 158–159
Lovibond Gläser, 26, 76, 154–155
Lovibond Tintometer, 26, 76

## M

MacAdam Ellipsen, 100–101, 206–207
MacAdam Farbabstandsformel, 100
MacAdam Grenzen, 50–51, 125–126, 208
*Maerz and Paul Dictionary of Color*, 26
Meßgeometrie, 79–81
Meßgeräte, siehe Farbmeßgeräte
Messung, siehe Farbmessung
metamere Nachstellung, 8, 162
 siehe auch Metamerie
Metamerie, 21–22, 52–55, 170–171, 174, 181, 196, 203
 bei eindimensionalen Farbmaßstäben, 66
 Beobachter, 22, 53
 Bestimmung der, bei der visuellen Nachstellung, 153
 Color Rules zur Entdeckung, 73, 145, 174, 175, 195
 Index, 162, 166, 176–177
 Lichtart, 21–22
Metamerieindex, 162, 166, 176–177
metallische Farbmittel, Metalleffektlacke, 118–119, 183, 186, 190
Metrische Farbbegriffe, siehe CIE metrische Farbbegriffe
Millimikron, 4
Mischgesetze, 135–140, 156–161
 additive, 135–136
 COMIC Näherung, 160–161, 164
 einfache subtraktive, 137, 156–157
 komplexe subtraktive, 140, 160–161
Mischsysteme, 147
*Modern Plastics Encyclopedia*, 120
Modeschöpfer, 122–123
Monochromatische Beleuchtung, 79
Monochromatisches Licht, 78
Monochromator, 78–79, 91–94

Munsell Book of Color, 28–29, 178, 204
Munsell System, 19, 28–30, 52, 56–57, 153, 194, 203–204
   Bezeichnung, 28–29
   Buntheit, Chroma, 28, 171
   Farben in andere Systeme eingetragen, 57, 59, 62–64
   Farbton, Hue, 28
   Helligkeit, Value, 28, 60–61, 171
   Renotation System, 29
   Umrechnung in die CIE Farbwerte, 56

## N

Nachstellung, siehe Farbnachstellung
Nanometer, 4
NBS (National Bureau of Standards), Verzeichnis der Veröffentlichungen, 201
   Eichfilter, 84
   Farbabstandsformel, Einheit, 99
NCS (Natural Color System), 30
nichtdeckende Filme, 128
nichtlineare Transformationen des CIE Systems, 57, 60–64
Nickerson Ausbleichindex, 98
Normfarbart, 47, 189
Normfarbwerte, siehe CIE Normfarbwerte
Normfarbtafel, 47–51, 58–59
Normlichtart, Normalbeobachter, Normlichtquelle, siehe CIE Normlichtarten; CIE Normalbeobachater; CIE Normlichtquellen
Normspektralwertfunktionen, 37–41
NPL (National Physical Laboratory) Keramikproben, 84, 182
Nuancierung, 167–172
Null Empfänger, 73, 97

## O

Oberflächenrauheit, 13
Oberflächentextur, 19
objektive Farbbegriffe, 187–189
Ökonomie der Rezeptberechnung, 167
Opazität erzeugende Farbmittel, 141
Optische Aufheller, 34–35, 118–119
Optische Dicke, 189
Organische Pigmente, 114, 116–118, 130–131, 191, 209
OSA (Optical Society of Americal), 194
   Farbabstandsformel, 98
   uniform-color-scales System, 30, 204
Oswald System, 26–27

## P

*Pantone* System, 26
partielle Ableitungen, 165
Pass-fail Urteile, 180
Perlmuttpigmente, 118–119

Phasenfunktion, 191
Photoelement, 87, 93–94
Photoempfänger, 16, 78–80, 85–87, 93–94
Photographie, Farb-, 137, 139
Photometerkugel, 80–81, 91–92, 182–183
Photomultiplier, 16
Pigmente, 12, 111–132, 151–152, 191, 198, 201
   Absorption, 191
   Ausbluten, 113
   Binder und, 115
   bleihaltige, 131
   Chemie, 114
   Definition, 113
   Echtheiten, 117
   Färbeäquivalent, 114, 117, 151–152
   Farbart, 129–130
   Farbstärke, 114, 117, 151–152
   ihrer Funktion nach, 112
   ihrer Struktur nach, 112
   Klotzen, 113, 115
   Konzentrationsbestimmung, 160–161
   Lichtechtheit, 117
   Lichtstreuung, 12, 114, 191
   Löslichkeit, 113
   Opazität erzeugende, 114
   Opazität, 131
   Organische, 114, 116–118, 130–131, 191, 209
   Streuung, 112, 114, 191
   Teilchengröße, 12, 191
   Transparenz, 12, 114
   und Farbstoffe, 112–115
   verlackte, 118
   siehe auch Farbmittel
Pigmentklotz, 113, 115
   harzgebunden, 115
Plastics Institute for America, 193
Pointer Grenzen, 126–128
Polychromatische Beleuchtung, 79, 183
Preise, von Farbmitteln, 128–129, 147, 150
Primärfarben, 38–40, 135–138
   additive, 38, 135
   CIE, 38–40, 48
   imaginäre, 40, 48
   subtraktive, 137–138
Prisma, 4, 9, 79
Probenvorbereitung, Probennahme, 69–71, 167, 183–184, 195, 206
Probenwahrnehmung, 3
Prozeßkontrolle, 168–172, 183–184
Prüfung von Farben, 67–68, 71–75
Pseudoisochromatische Farbtafeln, 152–153
Psychometrische Farbbegriffe, siehe, CIE metrische Farbbegriffe

## Q

Qualitätskontrolle, 168–172, 183–184
   Nuancierung, 169–171
   Steuerung, 171–172
   Überwachung, 169

## R

Rechenbeispiele, 156–157, 160–161

Beersches Gesetz, 156–157
Gesetz von Kubelka-Munk, 160–161
Rechner, 162–167
   siehe auch Rezeptberechnung
Reflexionsstandards, 85
reflektiertes Licht, 9, 11, 13
Reflexion, 8–14, 81, 182
   diffuse, 11–13, 81
   Koeffizienten, 182
   mit Glanz, 8, 13, 81
Reiz, 2, 17
Retroreflektierende Stoffe, 183
*Review of Progress in Coloration,* 120, 202
Rezeptberechnung, 139–141, 163–171, 183–186, 199, 210
   durchsichtige Proben, 139
   fluoreszierende Proben, 186
   Korrektur, 168–171
   Kosten, 166
   Proben mit Metalleffekt, 186
   Probenvorbereitung zur, 160
   transluzente Proben, 185–186
   undurchsichtige Proben, 140–141
   ungelöste Probleme, 183–186
Rezepte, Zahl der berechneten, 166
Rezeptsammlung, 152, 162
*Ridway Color Standards,* 27
RUCS System, 57

## S

Sättigung, 19, 187, 198
Sammlung mit berechneten Rezepten, 163
Saunderson Korrektur, 161, 182, 185
   Gleichung, 140
Schwarzer Körper, 5–6, 48
Sehen, Farb-, 199
   Prüfungen, 152–153
Simon-Goodwin Farbabstandsdiagramme, 100–102, 108, 208
Simultankontrast, 21
SPE (Society of Plastics Engineers, Color and Appearance Division), 193–194
spektral, Definition, 13
spektrale Durchlässigkeitskurven, 13
spektrale Empfindlichkeitskurven, 16, 37–44, 86
   Auge, 16, 37–44
   CIE-Normalbeobachater, 37–44
   Kolorimeter, 86
   Photoempfänger, 16
spektrale Reflexionskurve, 13–14, 20
spektrale Strahlungsverteilungskurven, 4–7
spektraler Farbanteil, 47, 49, 171, 189
spektraler Hellempfindlichkeitsgrad, 40, 77
Spektralphotometer, 78–85, 90–96, 180–182
   ACS, 92
   bei der Farbmittelidentifikation, 148
   bei der Farbnachstellung, 154, 158–160
   Diano, 90–92
   Eichung, 84
   für Relativmessungen, 89
   Genauigkeit, 82, 84–85

Hardy, 90-91
Hunter, 92
IBM, 92-93
käufliche, 90-96
Leistung, 180-182
Macbeth, 93-94, 96
„Match-Scan", 91-92
Normung, 84
„Spectro Sensor", 92
verkürzte, 93-96
Zusatzgeräte, Beschreibung, 154-155, 158-159
Spektralphotometrie, 78-85, 205
verkürzte, 79
Lösungsmessung, 148
Spektralphotometrische Kurve, siehe spektrale Durchlässigkeitskurven; spektrale Reflexionskurven
Spektralphotometrische Nachstellung, 142-144
Spektrum, 4
Spektralfarben, 4, 38, 48
Spektralfarbenzug, 47
Strahlung, 38
Spinnfärbung, spinngefärbte Fasern, 121
Stärke von Farbmitteln, 149-152, 191
Absorption, 151
Färbeäquivalent, 149
Farbstoffe, 150-151
meßtechnisch, 150-152
Pigmente, 151-152, 191
Streuung, 151
visuell, 150
Standardabweichung bei der Rezeptberechnung, 100
Standards, materielle 72-75, 82, 84-85
Arbeits, 84
Eichung, 82, 84-85
Email, 84
Geräte, 84
Grenz, 74-75
NBS Filter, 84
NPL Keramikproben, 84, 182
numerisch gespeicherte, 82, 84-85
Opalglas, 84
Porzellan, 84
Reflexion, 84
Sekundär, 84
Soll, 74
visuelle, 74-75
Streulicht in trüben Medien, 190

Streutheorien, 189-191
siehe auch Kubelka-Munk Theorie
Streuung, 10-12, 140, 164, 185, 189-191
abhängige, 185
Winkelabhängigkeit, 190-191
Streuung, Farbstärke, 151
subjective Farbbegriffe, 186-187
subtraktive Farbmischung, 137-141
einfache, 137-139
komplexe, 139-141
subtraktive Primärfarben, 137-138

## T

Tageslicht, 5-8
TAPPI (Technical Association of the Pulp and Paper Industry), 194
*Technical Manual of American Association of Textile Chemists and Colorists,* 200
technische Gesichtspunkte der Farbe, 122-131
Teilchengröße, Pigmente, 12, 114, 117, 191
Temperatur, absolute, 5
ähnlichste Farb-, 8
Farb, 5, 48
Kelvin, 5
Toleranzdiagramme, 107-108
Toleranzen, 74-75, 106-109, 165-166
Transferdruck, 132
Transluzente Materialien, 11, 182-183, 185-186, 190
Transmission, siehe Durchlässigkeit
Transparenz (Durchlässigkeit) Farbstoffe gegenüber Pigmenten, 114
Tristimulus Koeffizienten, CIE Normfarbwertanteile, 47
Trübung, 172

## U

UCS (uniform-chromaticity-scale) System, 57
Überwachung, 169
Ulbrichtsche Kugel, 80-81, 91-94, 182-183
„Ultralume", 174, 178
ultraviolettes Licht, Strahlung, 4, 117
Umgebung, 19, 21
unbezogene Farben, 187
unbunte Farben, 18, 186

undurchsichtige Proben, 11
Union-Carbide Farbabstandsdiagramme, 101-102, 108, 128
Universal Color Language, 31-34, 198
unveränderliche Nachstellung, 22, 142-144, 162
u, v System, 57-59

## V

Value, 18, 28
Vergilbungsskala, 65
Verkürzte Spektralphotometer, Spektralphotometrie, 79, 93-96
„Versuch auf der einsamen Insel", 18-19
Vielkanaltheorie, 189-191, 211
visuelle Farbabmusterung, 71-75
visuelle Farbnachstellung, 152-153, 175, 199
vollkommen mattweißer Standard, 84
Vorliebe von Farben, 177-178

## W

wahrgenommene Buntheit, 187, 189
Farbe, 186
Wahrnehmbarkeit gegen Akzeptierbarkeit, 105
Wahrnehmbarkeit, 198
von Farbabständen, 178-180
Wahrnehmbarkeit, Farbbegriffe, 186-187, 189
Wahrnehmung von Farben, 3, 33, 135
Weißgradskalen, 66
Weißtöner, 34-35, 118-119
Wellenlänge, Einheit der, 4
von bekannten Farben, 4
Weltkarte, 56

## X

x, y, Y System (CIE), 50-52
X, Y, Z System (CIE), 37-52

## Z

Zeitschriften, die sich mit Farbe befassen, 200-202